TASCABILI BOMPIANI 620

Dello stesso autore presso Bompiani

BREVE STORIA DELLE GRANDI SCOPERTE SCIENTIFICHE

GIOVANNI CAPRARA

STORIA ITALIANA DELLO SPAZIO

Visionari, scienziati e conquiste
dal XIV secolo alla stazione lunare

I GRANDI TASCABILI
BOMPIANI

www.giunti.it
www.bompiani.it

ISBN 978-88-301-0065-7

Via Bolognese 165 – 50139 Firenze – Italia
Piazza Virgilio 4 – 20123 Milano – Italia

Prima edizione Tascabili Bompiani: giugno 2019

INTRODUZIONE

Lo spazio sta vivendo un periodo di grande rinascita. Dopo essere stati confinati per mezzo secolo nell'orbita terrestre, il ritorno dell'uomo sulla Luna e la preparazione del balzo verso Marte a lungo sognati sono diventati progetti da realizzare. Siamo entrati in un vero "rinascimento spaziale" di cui anche l'Italia è protagonista continuando una storia di iniziative e coraggiose visioni. Una storia che inizia da lontano, da Venezia, dove alla fine del Trecento nasceva la parola "razzo". E da allora veniva usata in tutto il mondo.

Il libro la racconta ricostruendo fatti e personaggi che ne sono stati protagonisti per sette secoli mettendo a confronto ciò che accadeva nella Penisola con quanto succedeva altrove, negli altri Paesi. Inizialmente è una storia di razzi, compresi quelli pirotecnici, utili persino ai grandi architetti come Brunelleschi per manifestare la loro creatività. Poi i razzi diventavano uno strumento militare, un campo di sviluppo tecnologico d'avanguardia e, infine, un mezzo per uscire dalla Terra, far progredire la scienza e lanciare satelliti utili all'uomo.

Ma in primo luogo la strada veniva aperta da appassionati visionari che con coraggio, in solitudine e con i propri mezzi, tentavano di progettare e talvolta costruire mezzi per salire verso lo spazio. Alcuni lo sognavano soltanto, altri ancora provando direttamente ne rimanevano vittime. Ed era così che anche in Italia lievitava e cresceva il desiderio della conquista cosmica che solo la fantascienza era stata in grado di alimentare.

Dai primi pionieri siamo passati ai primi costruttori, tutti uniti da un grande coraggio perché le sfide sembravano impossibili, sì, ma non a loro che ci credevano e trovavano la giusta via per compiere passi avanti.

Il libro, dunque, è prima di tutto una storia di uomini, di vite spesso non facili perché impegnate soprattutto nel vincere l'indifferenza e talvolta le ostilità, anche scientifiche, che li circondavano. Ma loro ci credevano e la storia continuava. E mentre le tecnologie progredivano, l'Italia cercava di giocare il ruolo che le era permesso. Nelle possibilità che il Paese offriva ha sempre saputo sviluppare un ruolo di valore significativo. Magari tra notevoli difficoltà e non pochi conflitti, spesso legati all'italica natura umana. Alla fine, però, i risultati si raggiungevano mostrando capacità riconosciute internazionalmente.

Questi fatti e questi uomini tra successi, debolezze e illusioni formano le storie raccontate nel libro nato dall'idea e dalla proposta dell'amico Francesco Rea responsabile della comunicazione in ASI e a cui sono grato. La sua idea (allora approvata nella prima edizione dal presidente Enrico Saggese) di ricostruire il filo culturale, umano e politico, mi ha subito affascinato materializzando un sogno che avevo da tempo coltivato. Così si creava l'occasione per dare un'identità alle tante aspirazioni emerse nel tempo e mostrare come, appunto, una trama magari invisibile le unisse, in sintonia con le conquiste di altre nazioni. Sino ad arrivare, ora, a condividere il "rinascimento spaziale" dove l'esplorazione, la scienza e la tecnologia sono diventate anche motore significativo di sviluppo economico concretizzando la nuova dimensione della Space Economy.

È stata una magnifica avventura scavare negli archivi e nei documenti parlamentari, scoprire personaggi sconosciuti, unire le analisi di specialisti dei vari periodi e immergere tutto nelle epoche che intanto scorrevano nella Penisola tra ardimentosi balzi, difficoltà economiche, infinite crisi politiche. Ne esce una storia di conquiste che hanno fatto la storia della scienza e della tecnologia, hanno aiutato il nostro mondo culturale a evolvere e quello economico a crescere secondo una logica moderna e internazionale.

Lo spazio continua ad affascinare proprio perché unisce aspirazioni, rischi, sfide ma anche grandi risultati. Sono grato delle attente letture dei vari capitoli a Marcello Spagnulo, Fabrizio Zucchini, Luciano Guerriero, Arturo Russo, John Krige, Mariano Andrenucci, Claudio Magris, e soprattutto dei loro suggerimenti di cui ho, ovviamente, tenuto conto. Per ogni eventuale manchevolezza la responsabilità è mia.

Sono trascorsi sette anni dalla prima edizione di questa Storia ed era opportuno integrarla e aggiornarla (come condiviso dal presidente Roberto Battiston) perché sia il contesto internazionale sia la realtà italiana sono fortemente cambiati. Il vento della Space Economy ha favorito profonde mutazioni, acceso iniziative, trasformato il modo di vedere anche politico nella gestione, ancorando lo spazio in modo più solido da una parte all'economia quotidiana del Paese e dall'altra alla condivisione delle nuove esplorazioni per garantire un'evoluzione.

Naturalmente ho raccontato ciò che ritenevo importante e utile, i passi salienti di vicende ramificate soprattutto tra l'Italia, l'Europa, gli Stati Uniti, la Cina, la Russia e altre nazioni delle quali ho cercato di cogliere lo spirito, la logica e la strategia. Alla fine, certo, parlano i fatti, ma l'aspetto più entusiasmante rimane soprattutto la passione, il coraggio di affrontare i rischi e la determinazione umana di tutti coloro che questi fatti li hanno concretizzati credendo nel futuro.

GC

1.
A Venezia nasce la parola “razzo”

Tra Genova e Venezia la guerra era ormai inevitabile. La Serenissima da anni non sopportava più le crescenti ingerenze dei genovesi nei traffici commerciali con il Levante, dei quali voleva avere il controllo. Spesso nascevano occasioni di scontro consumate nelle stanze della diplomazia o negli scambi d’affari. Ma nel 1376 una congiura di palazzo a Costantinopoli, sostenuta dai genovesi, finì per coinvolgere e maltrattare anche i mercanti veneziani residenti nella città senza che nessun intervento di mediazione ponesse fine ai soprusi. Era l’ultima scintilla e il doge Andrea Contarini con il Maggior consiglio al governo della Repubblica Serenissima decisero la guerra trovando alleati in Pietro II di Cipro e nei Visconti, che coltivavano mire genovesi. Genova, invece, si vide accanto re Luigi d’Ungheria, Francesco I da Carrara, il patriarca di Aquileia Marquardo di Randeck, il duca d’Austria Leopoldo d’Asburgo, la città di Ancona, la signoria di Padova e la regina Giovanna di Napoli.

Si materializzava così una profezia che aveva portato Andrea Contarini a sottrarsi già due volte alla candidatura di Palazzo Ducale. Durante un viaggio in Oriente un arabo gli aveva predetto la sua nomina a doge, aggiungendo che avrebbe poi dovuto affrontare un grave problema. La prospettiva lo scoraggiava. Difficile dire se ciò sia storia o leggenda. I fatti, comunque, si avveravano.

Al momento dell’elezione, Contarini si trovava nella sua villa padovana e il Maggior consiglio, consapevole della sua nota ritrosia, gli ordinava di accettare minacciandolo altrimenti della confisca dei beni. Per evitare guai peggiori, dunque, tornava in laguna assumendosi il grave impegno.

Il primo scontro tra forze genovesi e veneziane avveniva il 30 maggio 1378 alle foci del Tevere. Vettor Pisani, *capitano generale da mar*, con 14 galee affrontava e sconfiggeva 16 galee genovesi comandate da Luigi del Fiesco. Ma era solo l'inizio. L'anno successivo Pietro Doria, alla guida dei genovesi, con una più consistente flotta giungeva in Adriatico e nel mese d'agosto occupava Chioggia, aprendosi la strada verso Venezia, che subito sembrava disposta a cedere in cambio della libertà. Pietro Doria tuttavia non accettava trattative né intendeva accordare la pace, se prima i veneziani, diceva, non avessero imbrigliato i cavalli di bronzo della Basilica di San Marco. L'oltraggio era insopportabile e segnava la riscossa della Serenissima.

L'arsenale armava 40 galee e molte altre imbarcazioni erano messe a disposizione dai privati. Vettor Pisani, con l'appoggio dei cittadini, tornava al comando dopo essere stato incarcerato per la sconfitta subita a Chioggia. La riscossa, che vedeva persino i preti imbracciare le armi, segnava per i genovesi l'inizio della fine. Il 22 dicembre la flotta della Serenissima, con l'ottantenne doge Andrea Contarini a fianco dell'ammiraglio, salpava alla riconquista di Chioggia. I genovesi venivano accerchiati mentre l'aiuto promesso loro dagli alleati padovani non giungeva. Il 23 giugno 1380, nel terzo anno di guerra, c'era l'attacco finale alle difese della città e l'ultima a cadere era la torre delle Bebbe, all'interno della quale si era rifugiato Ambrogio Doria, trovandovi la morte.

Rinasce Venezia, Genova decade

La cronaca di quei giorni, che sancivano la rinascita di Venezia e l'inizio della decadenza di Genova, era ricostruita dallo storico Ludovico Antonio Muratori nell'opera *Rerum Italicarum Scriptores*, pubblicata tra il 1723 e il 1751. Egli raccontava che nel 1379 una torre di Chioggia fu messa a ferro e a fuoco per mezzo di un nuovo congegno: "Pure una rocchetta fu tirata nel tetto della torre de si fatto modo, que il tetto s'accese," scriveva Muratori.

Si trattava della famosa torre delle Bebbe, luogo simbolo di scontri sia durante la guerra di Chioggia (anche se l'anno indicato sarebbe il 1380) sia nel corso dei conflitti scoppiati a partire dalla sua costruzione. Dell'edificio è sopravvissuto un rudere sul quale è posta una lapide con sopra inciso: "Questa torre di Bebbe a difesa delle Venezie dal doge Teodato Ipato eretta (742-755), assalita dai Franchi e Ungheri (800-810), da Adriesi e Ravennati (1010-1015), da Trevigiani e Padovani nella lotta per castello d'Amore, da Clodiensi sotto la guida di Marco Cauco strenuamente difesa (1214) donde mossero gli eserciti confederati contro Ezzelino (1256) cadde in mano de' Genovesi (1379). Vettor Pisani e Carlo Zeno ricuperata Chioggia anche da questo ultimo rifugio i nemici snidavano (1380)."

La torre era posta sul confine del territorio veneziano ed era considerata un punto strategico di primario valore, a due chilometri e mezzo a sudovest di Brontolo, sulla destra del Brenta antico. Qui nell'VIII secolo si incrociavano due vie di comunicazione: quella che da Monselice portava a Chioggia e l'altra che da Monselice scendeva per Conselve, allacciandosi alla destra del Brenta.

Ma l'aspetto importante riferito da Ludovico Muratori riguarda l'uso di un'arma battezzata "rocchetta", cioè di un razzo. Era stata chiamata così perché assomigliava all'affusolata rocca impiegata per filare la lana. Successivamente il termine "razzo" sarà derivato proprio dal vocabolo "rocchetta", che diventa *roquette* in francese, *rocket* in inglese, *rakete* in tedesco e *raketa* in russo. Dunque la famosa parola che marcherà la conquista dello spazio ha origini italiane.

Come mai i veneziani facevano ricorso al nuovo strumento bellico? Da dove avevano ricavato tale conoscenza?

I razzi allora bruciavano polvere pirica (o polvere nera o polvere da sparo), che è ritenuta una scoperta accidentale del XIII secolo, ottenuta dagli alchimisti cinesi mentre erano alla ricerca dell'elisir di lunga vita. Mischiando varie sostanze come il carbone di legna e lo zolfo, aggiungendo il nitrato di potassio, quelli si rendevano conto del potere esplosivo della miscela. E constatavano anche che, inserendo tale miscela in una canna di bambù chiusa a un'estremità e aperta dall'altra, e accendendola, la canna si lanciava nella direzione dell'estremità chiusa. Era appunto un razzo che però inizialmente veniva apprezzato come fuoco d'artificio.

I cinesi tuttavia allora non conoscevano né il principio di azione e reazione (la terza legge di Isaac Newton), né i processi chimici di combustione. E ancora nel Seicento si limitavano a spiegare il potere della polvere da sparo impiegata nelle "frecce di fuoco" (frecce a cui era attaccato un piccolo razzo) con la filosofia dello yin-yang, secondo la quale tutte le forze dell'universo sono frutto di un bilanciamento tra gli elementi dello yin, lo stato passivo, e lo yang, lo stato attivo. Nel miscuglio il salnitro rappresentava lo yin e lo zolfo lo yang, mentre il carbone non era considerato.

Bisognerà aspettare l'inglese John Dalton all'inizio dell'Ottocento per assistere alla nascita della moderna chimica, nella quale la formula della polvere da sparo prevede il 75% di nitrato di potassio, il 10% di zolfo e il 15% di carbonio.

Dagli arabi all'Europa

In Europa la sua conoscenza arrivava attraverso gli arabi, che avevano scambi commerciali con i cinesi, e se ne avevano tracce verso la fine del Duecento, come raccontava Marcus Graecus, autore molto noto tra gli alchimisti medievali, nel suo *Liber ignium ad comburendos hostes*, in cui descriveva piccoli e piuttosto primitivi razzi adoperati come fuochi d'artificio. A quell'epoca negli eserciti europei come mezzo bellico si preferivano le armi da fuoco, mentre i razzi rimanevano confinati alla pirotecnia.

Tuttavia le origini della polvere pirica non hanno date e scopritori molto precisi e sicuri. In Europa si ritiene che i "padri" della miscela esplosiva possano essere almeno due. Ci sarebbe innanzitutto Ruggero Bacone, il frate francescano filosofo e "scienziato" che ne descriveva i costituenti nell'opera *De secretis operibus artis et naturae* alla fine del Duecento, senza però specificare di aver condotto alcun esperimento. Il secondo sarebbe invece un monaco e alchimista tedesco di Friburgo, Berthold Schwarz, figura leggendaria vissuta tra il 1310 e il 1384. A lui si attribuiscono pure le costruzioni delle prime pistole e dei cannoni, ma i documenti del monastero in cui morì vennero distrutti e rimangono solo testimonianze indirette. Per celebrare le sue scoperte, nel 1853 la città di Friburgo gli dedicava un monumento.

Schwarz, che come alchimista non ignorava certo le opere di Marcus Graecus facenti riferimento ai razzi, avrebbe inventato la polvere pirica a Venezia intorno al 1380, quando si trovava in laguna al servizio del doge come consulente militare, proprio nel periodo in cui la Serenissima era in guerra con Genova. Sarebbe dunque stato lui a fabbricare le rocchette incendiarie scagliate contro la torre di Chioggia di cui racconta Muratori. Le loro caratteristiche rimangono sconosciute, ma il risultato ottenuto garantiva una buona efficacia.

Se questa è la traccia più evidente del primo impiego bellico dei razzi in Europa e altrove, essi non avevano tuttavia un grande seguito. Il Vecchio continente li usava soprattutto come strumenti di divertimento, i cosiddetti "fuochi di gioia e allegrezza", sviluppando la pirotecnia, che solo marginalmente aveva uno scopo militare. Per la guerra, dagli inizi del XIII secolo si preferivano invece i cannoni e le armi da fuoco in genere.

Le cronache di Firenze dei primi anni del Trecento riferiscono dell'uso di fuochi artificiali nelle feste. Spesso si usavano dei "razzi correntini" camuffati da animali, che scorrevano lungo dei fili metallici con un percorso stabilito. Ma qualche volta il sistema non funzionava perfettamente. Nelle *Istorie fiorentine* si racconta della distruzione nel 1471 del tempio di Santo Spirito per un incendio sviluppatosi durante le recite del dramma religioso *Quando egli manda lo Spirito Santo agli Apostoli.* Tra gli spettatori c'era anche Gian Galeazzo Visconti, il signore di Milano, che colpito dal fatto donava duemila ducati per la ricostruzione dell'edificio.

Toscana, culla della pirotecnia

La Toscana era la culla della pirotecnia italiana, la quale trovava applicazione innanzitutto nei teatri popolari, coinvolgendo anche la Commedia dell'Arte. Poi si estenderà in altre città, tra cui Roma e Bologna, dove si formarono delle vere e proprie scuole. I razzi impiegati a questo scopo non avevano grandi portate e nel giro di pochi secondi, dopo un centinaio di metri, il loro effetto si esauriva.

Uno dei primi personaggi di cui si conosca il lavoro grazie a un manoscritto del 1420 conservato alla Biblioteca nazionale di Monaco di Baviera, il *Bellicorum et instrumentorum liber*, è Giovanni de Fontana (1395-1455). Questi studiava a Padova, dove si laureava nel 1418 circa, ed era tra i primi a citare armi da fuoco come le bombarde. Il testo, scritto in codice per paura di eventuali furti, descriveva svariati apparecchi che si muovevano spinti da razzi. Alcuni di essi erano suggeriti per scopi militari perché capaci, con le loro forme strane (pesci e uccelli in particolare) e con il fuoco che generavano, di spaventare i nemici.

Tra i disegni da lui lasciati uno è dedicato a un veicolo su ruote spinto da un motore a razzo e con la parte anteriore appuntita, il tutto concepito per abbattere mura difensive o resistenti portoni d'ingresso. Al National Air and Space Museum di Washington ne è esposta una riproduzione in legno. Ne esiste pure una versione marina, una sorta di siluro che scivola sulle acque con la sua fiamma in uscita dalla coda.

I nobili facevano spesso ricorso all'ingegno dei pirotecnici per rendere le loro feste spettacolari. Di eccezionali fuochi artificiali parlano le cronache del re Alfonso d'Aragona a Napoli (1423). Tra i nomi celebri che usarono simili artifici c'è anche Filippo Brunelleschi. Dai pochi documenti rimasti emerge in particolare l'uso che questi ne fece in un dramma liturgico rappresentato nella chiesa della SS. Annunziata di Firenze nel 1439 utilizzando, presumibilmente, dei razzi correntini.

Quando Lorenzo de' Medici salì al potere nel 1469 l'impiego di questi mezzi nelle feste si accentuò diventando prevalente rispetto alle altre città della penisola come Venezia, Roma, Napoli e Milano. Nella seconda metà del Quattrocento il Rinascimento si diffondeva infatti da Firenze, città che in quel momento viveva di grande fama ospitando Botticelli, Michelangelo e Leonardo da Vinci.

Celebri rimangono le girandole di Cosimo I nei festeggiamenti del giugno 1539 per il suo matrimonio con Eleonora di Toledo, figlia del viceré di Napoli. Già il Vasari descriveva le girandole: "Le trombe [getti di fuoco in uscita da piccoli razzi, *N.d.R.*] similmente si vanno accomodando negli ornamenti, e si fanno uscire le più volte per bocca di maschere o d'altre cose simili. Ma l'importante sta nell'accomodarla in modo che i lumi, che ardono in certi vasi, durino tutta la notte, e faccino la piazza luminosa: onde tutta l'opera è guidata da un semplice stoppino che, bagnato in polvere piena di zolfo ed acquavite, a poco a poco cammina ai luoghi dove egli ha di mano in mano a dar fuoco, tanto che abbia fatto tutto."

Con l'invenzione della stampa alla fine del Quattrocento diventò più facile la diffusione delle conoscenze e tra queste ne beneficiò pure la pirotecnica.

Biringuccio, ingegnere metallurgico

Uno dei primi libri, forse il primo per importanza, dedicato in Italia all'argomento appariva nel 1540 e ne era autore Vannoccio Biringuccio, alchimista in origine ma diventato poi un vero ingegnere metallurgico, con competenze chimiche e metodi scientifici che anticipavano quelli definiti un secolo dopo da Galileo Galilei. Egli nasceva il 20 ottobre 1480 a Siena e si occupava di miniere conoscendo bene, grazie ai suoi continui viaggi, sia quelle italiane che quelle straniere. A Milano incontrava Leonardo da Vinci, curioso di farsi raccontare i segreti della sua arte.

Quando nel 1512 il suo protettore Pandolfo Petrucci moriva, egli cadeva vittima delle lotte politiche senesi, tanto da essere costretto a fuggire dalla città peregrinando per la Penisola, inseguito dall'accusa di aver falsificato la lega con cui si coniavano le monete della repubblica. Al ritorno undici anni dopo ottenne la concessione per la fabbricazione del salnitro nell'intero stato senese. Il suo spostarsi di continuo gli tornò utile, perché rafforzò le conoscenze accumulate nel campo dell'artiglieria e delle fusioni artistiche e gli permise di compiere preziose e svariate esperienze. Tanto che, dopo essere stato cacciato per la seconda volta, ed essersi recato in Germania, nel 1536 papa Paolo III lo chiamava a Roma assegnandogli il titolo di "maestro" della fonderia della Camera apostolica e l'incarico di direttore dell'Artiglieria papale. Moriva nel 1539, lasciando in eredità molto materiale descrittivo delle conoscenze accumulate compilato negli ultimi dieci anni della sua vita. Con tale materiale, un anno dopo, si pubblicava il libro *De la pirotecnia*, considerato il primo testo di arte mineraria e metallurgica. Stampato a Venezia, veniva tradotto in Francia e in Germania. Nelle sue pagine, Biringuccio insegnava il modo di preparare metalli e leghe, dettava regole per l'arte della fusione e del getto dei metalli, e del bronzo in particolare.

L'opera di Biringuccio è divisa in dieci parti e nell'ultima undici capitoli sono dedicati ai "fuochi di guerra e di gioia", cioè ai razzi. Ma nelle ultime righe egli quasi si scusava di essersi occupato dell'argomento: "Mi è parso di non volere che il fin di tale mia scrittura sia in tragedia, e per questo v'ho voluto dire come ancora di questi fuochi composti di materie impetuose e orribili, che rendono agli uomini danno e spavento, se ne fa ancora effetto lieto e piacevole."

Il trattato spiegava ciò che veniva costruito per le feste: "Di poi, dipinta e fatta vaga, haveva fatti due o tremila razzi di varie forti e grandesse, qual perché facesse schioppo, e qual mettevano adatti che andassero a l'alto verso il cielo, altri per piano, e altri ferisse la terra."

Inoltre si soffermava sulla "girandola" dai molti razzi che si usava allestire in Castel Sant'Angelo nell'occasione dell'elezione di nuovi papi o di altre importanti ricorrenze.

A Napoli i primi rilevanti marchingegni pirotecnici apparivano intorno alla metà del Cinquecento a opera di Pirro Ligorio. Nato nella città partenopea nel 1510, morirà a Ferrara nel 1580 lasciando ampia documentazione dell'attività svolta per l'allestimento di scenografie spesso simulanti battaglie, nelle quali si faceva uso di razzi in funzione guerresca. Proprio con uno spettacolo di battaglia simulata Venezia celebrava per quattro giorni, a partire dal 18 ottobre 1571, la vittoria di Lepanto.

Un altro personaggio fiorentino spiccava alla fine del Cinquecento per le sue innovazioni. Era l'architetto, pittore e scenografo Bernardo Buontalenti, vissuto tra il 1531 circa e il 1608. Allievo del Vasari, ricevette l'incarico di progettare la città di Livorno e realizzò tra le altre cose le decorazioni di Palazzo Pitti e del Giardino di Boboli. Ma soprattutto divenne così noto nella sperimentazione di fuochi artificiali da essere soprannominato "Bernardo delle girandole", girandole che applicava in allestimenti diversi: dagli spettacoli navali ("naumachie") ai carri per i trionfi.

Razzi pirotecnici a più stadi

Un passo avanti nella storia dei razzi pirotecnici si compiva con la pubblicazione in Europa, a Norimberga, nel 1591 di un'opera scritta da Johann Schmidlap. Era un vero trattato scientifico nel quale si esaminavano le tecniche costruttive dei razzi in genere per raggiungere altezze più consistenti. Schmidlap sembra sia stato il primo ad avere l'idea di realizzare un razzo a più stadi aggiungendo al primo, più grande, un secondo di dimensioni più ridotte. Alcuni attribuiscono però tale idea all'ingegnere militare Conrad Haas, nato a Vienna nel 1509 e morto nel 1576. I lavori di entrambi i personaggi contribuirono comunque a sviluppare questa non facile tecnologia.

Non a caso con il XVII secolo, il secolo del Barocco, la pirotecnica mostrava una diffusione sempre maggiore, che aveva due poli di riferimento in Europa: uno legato a Norimberga e a Schmidlap, l'altro all'Italia, concentrato soprattutto tra Roma e Napoli, anche se nelle cronache si trova notizia di celebri festeggiamenti con razzi pure a Milano e a Venezia.

A Roma ne faceva grande uso lo stesso Gian Lorenzo Bernini, il quale nell'ottobre 1651, in occasione della nascita della figlia di Filippo IV, presentava alcune macchine pirotecniche da lui progettate capaci di offrire spettacolari effetti inusitati.

A Napoli, l'anno successivo la peste che nel 1656 uccideva 250 mila abitanti, si organizzavano grandi manifestazioni a Piedigrotta introducendo il "fuoco a mare", cioè razzi sparati da venti imbarcazioni come aveva chiesto il viceré Garcia de Avellaneda. Qui a vincere la gara delle prodezze era Giuseppe dell'Orca, artificiere di Torre del Greco. La tradizione ancora oggi viene mantenuta.

Ma anche Torino aveva le sue iniziative e nel 1678, in occasione del dodicesimo compleanno di Vittorio Amedeo II di Savoia, il conte Amedeo di Castellamonte organizzava uno spettacolo di macchine pirotecniche sulla riva del Po, di fronte al Castello del Valentino.

Nel Settecento, il secolo della ragione, la pirotecnia entrava in una fase di rinnovamento (i fuochi, ad esempio, diventavano finalmente colorati) grazie a diverse nuove pubblicazioni, che abbandonavano gli aspetti di superficiale curiosità adottando invece criteri più scientifici e rigorosi. Tra queste c'erano le *Istituzioni di pirotecnia per istruzione di coloro che vogliono apprendere a lavorare i fochi d'artifizio* di Marcello Calà Ossorio di Napoli, in cui si descrivevano "razzi volanti e utensili per formarli".

I più famosi pirotecnici d'Europa agli inizi del Settecento erano comunque i quattro fratelli Ruggieri di Bologna. Il maggiore, Gaetano, nasceva nel 1699, seguito da Pietro, Antonio e Petronio; quest'ultimo accompagnava gli altri tre in Francia quando aveva solo 15 anni. La loro notorietà, frutto di innovazioni spettacolari, infatti giungeva a Parigi e Luigi XIV li chiamava a corte, a Versailles, per allestire nuovi tipi di manifestazioni con i loro fuochi artificiali. Il longevo Re Sole conosceva già la scuola pirotecnica italiana, perché in precedenza aveva avuto al servizio come "fuochisti" l'architetto modenese Gaspare Vigarani, vissuto tra il 1586 e il 1663, e il figlio Carlo (1625-1713).

Ruggieri e il gioco alla bolognese

I Ruggieri destavano sensazione con il cosiddetto "gioco alla bolognese", che prevedeva scenari trasparenti colorati, un preciso ricorso alla chimica per disporre di razzi colorati, l'accensione in sequenza dei vari pezzi pirici con collegamenti che consentivano di non dare fuoco singolarmente a tutti i razzi. La scena era animata da numerose combinazioni nell'attivazione dei vari elementi e persino da razzi che erano sparati da palloni aerostatici in volo. A Londra sarebbero stati sempre loro a realizzare, nel 1749, la festa per ricordare il primo anniversario della pace di Aquisgrana. Lo aveva richiesto il re Giorgio II, il quale nell'occasione volle che per accompagnare musicalmente l'evento il grande Händel scrivesse una composizione alla quale venne ovviamente dato il titolo *Fuochi d'artificio*. La celebrazione, tuttavia, fu guastata dalla pioggia; pochi razzi vennero sparati e Handel riuscì così a far sentire meglio le sue note.

Il successo in Francia della famiglia Ruggieri perdurava nel tempo anche nell'era napoleonica in occasione delle feste militari volute dall'imperatore e questo grazie ai figli di Petronio, Carlo e Claudio Fortunato, celebre, il secondo, per aver pubblicato nel 1802 il trattato *Elementi di pirotecnia*. E quando Napoleone arrivò a Bologna nel 1805 furono loro a essere impegnati in uno spettacolo con i fuochi che rimase celebre. Il più abile tra i due nelle fabbricazioni era considerato Claudio, il quale veniva da molti battezzato il "primo pirotecnico d'Europa". Era il suggello della celebrità dei maestri e della scuola bolognese.

Intorno alla metà del Settecento un altro personaggio animava sempre la scena bolognese. Era Giuseppe Antonio Alberti (1712-1768), noto sia come ingegnere idraulico e stradale a Bagnacavallo, sia per la passione nei "giuochi numerici" (trucchi con carte e dadi, enigmi e problemi legati alla teoria dei numeri) e per la prestidigitazione. Il tutto era descritto in un libro pubblicato nel 1795. Ma prima ancora, il suo sapere eclettico si manifestava nella pirotecnia, stampando a Venezia nel 1749 il *Trattato di fuochi d'artificio*, nel quale ricostruiva e raccontava storia e tradizione di Bologna nell'arte dei fuochi. Non a caso nel 1731 vi si costituiva la prima associazione di artificieri, la Pia unione Santa Barbara, che nel 1863 si trasformava nella Società pirotecnica italiana. Dopo l'8 agosto 1848, quando gli austriaci furono cacciati dalla città, la Società inserirà nel suo statuto l'impegno a organizzare ogni anno in quel giorno una festa con fuochi artificiali proprio per celebrare la liberazione.

Razzi a colori

Tra il Seicento e il Settecento, dunque, l'Italia era la sede delle scuole più importanti in Europa per la produzione di fuochi d'artificio ed era certamente la più autorevole per la loro spettacolarità. Il XVIII secolo era però segnato da una curiosa polemica sull'origine del colore nei fuochi che si era accesa a Napoli nel 1750. Il principe Raimondo di Sangro di San Severo, strana figura di inventore amante dell'alchimia, dell'esoterismo, della scrittura, della strategia e della pirotecnia, pubblicava un libro, *Lettera apologetica*, nel quale sosteneva di essere stato il primo a realizzare razzi variopinti, accusando di falso il conte Rutowscki di Dresda, il quale ne rivendicava la priorità per avere colorato di verde i suoi fuochi nel 1743. A quella data, scriveva il principe, egli già sparava razzi dal 1739, non solo con varie gradazioni di verde, ma pure di "color rubino, il pagonazzo dei più forti, il color di cedro, ed il rancio, che forse in oggi ancora conosciuti non sono".

In effetti il principe faceva ricorso a mescolanze nuove da cui otteneva effetti cromatici diversi, e non più e solo il bianco e il nero del passato. Per lui, inoltre, ogni colore assumeva un significato esoterico di difficile comunicazione agli spettatori. Al di là delle stravaganze, comunque, gli viene riconosciuta una certa perizia tecnica e le sue miscele si scoprono abbastanza simili a quelle adottate dal francese Frézier, illustrate nel *Traité des feux d'artifice*, edito da Jombert nel 1706, rivisitato e riedito nel 1747. Questo era un testo molto seguito nel Settecento per completezza della materia e scientificità. Frézier dedicava un intero capitolo a un aspetto fino ad allora poco considerato, ossia gli innovativi fuochi d'acqua galleggianti e sommersi, dei razzi i cui effetti luminosi si potevano osservare mentre correvano immersi. A richiedere tale stranezza erano soprattutto i grandi aristocratici, che nei parchi intorno ai palazzi avevano a disposizione laghi o vasti specchi stagnanti.

A segnare i progressi compiuti e il cambio di ruolo interveniva l'opera di Frézier, il *Traité des feux d'artifice*, rivelatasi di grande successo tanto da vedere una seconda edizione nel 1747.

In Italia ad approfondire questa particolare applicazione sarà proprio il bolognese Giuseppe Antonio Alberti, illustrandola nelle tavole del suo trattato.

Se nell'*Encyclopédie* di Diderot e D'Alembert, completata a Parigi nel 1772 in ventotto libri, la pirotecnia conquistava un riassunto in otto pagine riguardanti materiali e meccanismi fondamentali, il periodo della Rivoluzione francese vedeva un uso limitato dei fuochi, spesso utilizzati non per festeggiamenti, ma per proporre un'immagine di severità con richiami addirittura mortuari ben contrastanti con il passato. E ciò segnava il declino dell'epoca d'oro della pirotecnia. Certo, Napoleone ricorreva ancora ai fuochi artificiali, ma più come simboli bellici, mentre le città italiane, da Venezia a Milano, che lo accoglievano o lo celebravano li utilizzavano secondo la gioiosa tradizione.

In conclusione, gli italiani erano stati i primi in Europa a far progredire in maniera significativa la tecnologia di fabbricazione dei fuochi artificiali soprattutto per la creatività di fiorentini e senesi. Spettacoli legati alle celebrazioni religiose, alla Commedia dell'Arte o a feste patronali si diffondevano in varie città della penisola. La pirotecnia italiana manteneva la supremazia sul continente fino alla fine del XVII secolo, quando i francesi, con Luigi XIV e Luigi XV, raccoglievano l'eredità diventando loro i maestri. Ciò anche grazie ai cervelli italiani attratti da Parigi, come i fratelli Ruggieri.

I razzi delle armate francesi

Tuttavia le armate francesi avevano mantenuto una tradizione nell'impiego dei razzi, sia pur limitato a causa della loro relativa efficacia, a partire dal 1429, quando erano stati utilizzati nella difesa della città di Orléans, nel 1449 durante l'assedio di Pont-Audemer e nel 1452 e nel 1453 contro Bordeaux e Gand.

Qualcosa di analogo e in maniera sporadica e contenuta succedeva altrove, in altri eserciti europei, e vari libri li accompagnavano sulla scena. Nel 1650 il polacco Kazimiers Siemienowicz stampava ad Amsterdam *Artis magnae artilleriae*, descrivendo diversi tipi di razzi militari e nel 1668 il colonnello dell'artiglieria tedesca Christoph Friedrich von Geissler sperimentava dei razzi che pesavano fino a una sessantina di chilogrammi. In Gran Bretagna Robert Anderson dava alle stampe nel 1696 un trattato diviso in due parti, nel quale indicava come disegnare razzi e predisporre propellenti facendo ricorso a opportuni calcoli. Dalle varie esperienze che avevano le radici nei fuochi artificiali stava dunque maturando una tecnologia più evoluta e affidabile orientata a impieghi bellici e sviluppata con regole sempre più scientifiche.

Nel 1687 Isaac Newton nel *Philosophiae Naturalis Principia Mathematica* poneva le basi della razzotecnica. Non era questo il suo obiettivo, naturalmente, ma le sue intuizioni offrivano la teoria e la matematica necessaria (la terza legge della dinamica con il principio di azione e reazione), cioè le basi teoriche della propulsione a razzo. Sarebbero occorsi però oltre due secoli prima che fossero riconosciute e applicate. Intanto, nell'Ottocento, si compirà il primo passo importante nella storia dei razzi, quello che porterà poi verso lo spazio.

2.
L'Ottocento, i razzieri dell'esercito sabaudo e del Regno delle Due Sicilie

Dopo secoli di fuochi d'artificio che avevano visto l'Italia brillare a livello internazionale nella loro ideazione e realizzazione, agli inizi dell'Ottocento, in Inghilterra, si compiva il primo passo decisivo verso i "razzi da guerra". Questo dava il via allo sviluppo della tecnologia di propulsione. Ne era protagonista William Congreve Junior, favorito in ciò da un lungo scontro nel continente indiano tra il 1792 e il 1799 in cui i reggimenti britannici si erano trovati in difficoltà nel fronteggiare gli attacchi nemici, capaci spesso di prevalere grazie a un uso massiccio dei razzi. Accadeva nell'assedio di Seringapatam, nel sud dell'India, al termine del quale, il 20 maggio 1799, le truppe di sua maestà si impadronivano di 9700 razzi di taglia diversa e di 600 apparecchiature necessarie al loro lancio. Altrettanto numerosi erano stati quelli piovuti dal cielo durante le battaglie.

Era il primo evento nel quale la storia registrava un considerevole ricorso alla nuova arma, che gli indiani avevano sviluppato per due ragioni al fine di contrastare le invasioni inglesi e francesi. La prima perché i razzi si adattavano bene al loro territorio e alle tattiche scelte, la seconda perché i loro cannoni non erano molto efficienti. Così alla fine del Settecento l'armata del sultano Tippoo, composta di 48 mila uomini, risultava divisa in 27 brigate, ciascuna delle quali disponeva di una compagnia di 39 soldati specializzata nel lancio di razzi, per un totale quindi di 1026 unità ben organizzate secondo i diversi ruoli.

I razzi erano fabbricati in metallo (prima erano di carta) come aveva voluto Hyder Ali, principe di Mysore e padre del sultano Tippoo, erano lunghi una ventina di centimetri e forniti di una sottile asticella di bambù che fungeva da coda per stabilizzarli lungo la traiettoria. Non si sa se gli indiani fossero stati favoriti da conoscenze cinesi o europee in qualche modo pervenute loro, oppure se quei razzi fossero il frutto di uno sviluppo indigeno, ma è dimostrato che dalla fine del Cinquecento, a partire dal regno di Akbar, il loro impiego nei combattimenti era particolarmente consistente e per nulla marginale come invece succedeva in Europa, dove si preferivano le armi da fuoco. Due elementi giocavano a favore degli indiani: l'abbondanza di bambù e di salnitro, quest'ultimo in particolare necessario alla polvere nera la quale, bruciando, garantiva la spinta.

I britannici erano impressionati dai risultati dei nemici in battaglia e invano la East India Company cercava esperti per riprodurre l'arma. Rimasero solo alcuni esemplari portati al museo del Royal Artillery Depository, vicino al Royal Arsenal di Woolwich, fondato nel 1778 dal capitano dell'artiglieria William Congreve Senior. Il figlio William Congreve Junior ascoltava i racconti del padre che disegnava cannoni e aveva combattuto anche in America. Lo accompagnava nelle campagne di tiro all'arsenale e, pur avendo studiato legge a Cambridge e pur essendo stato inizialmente intenzionato a occuparsi di business, era affascinato dalla nuova tecnologia e proponeva di svilupparla per affrontare meglio la guerra in atto con Napoleone Bonaparte.

Amicizia con il principe di Galles

A suo favore giocava soprattutto, oltre al materiale conservato dal padre e ai facili rapporti con il mondo dell'artiglieria, il rapporto d'amicizia con il principe di Galles, futuro re Giorgio IV, con il quale condivideva idee politiche, visioni militari e passione per la scienza. Infatti, il principe sarà attratto dai razzi e favorirà addirittura la nascita di una fabbrica a Woolwich.

Qui Congreve Junior avvierà dal 1805 lo studio e la costruzione della nuova arma, il cui impiego sarà condiviso dall'allora primo ministro William Pitt. Otto anni dopo, la produzione giornaliera avrebbe raggiunto i 36 razzi da 14,5 chilogrammi.

Il merito di Congreve Junior era quello di aver impostato un lavoro secondo regole tecnico-scientifiche rigorose, conducendo test che permettevano di compilare tabelle d'impiego con le prestazioni raggiungibili a seconda dell'utilizzo richiesto. Organizzava poi i gruppi degli specialisti militari che li dovevano sparare e avviava, con particolare abilità, una campagna di promozione in altri paesi, sostenendone la superiorità e l'efficacia nei confronti dei cannoni tradizionali. Nella sua opera egli si rivelava, diremmo oggi, un ottimo uomo di marketing, tanto che le sue pubblicazioni rimaste non descrivono i dettagli tecnici ma le qualità dei prodotti, esaltandoli al fine di aumentare le vendite.

Già all'inizio della produzione nel 1805 Congreve e il comando dell'artiglieria discutevano dove provare in battaglia i razzi, e tra le città-obiettivo considerate emergeva Genova, governata dai francesi. Si preferirà invece Boulogne e all'artiglieria della marina sarà assegnato il compito di mettere in atto l'attacco effettuato poi il 20 novembre, rivelatosi però un fallimento. Il successo arriverà in Italia l'anno successivo, nell'aprile 1806, quando i razzi Congreve interverranno in aiuto del re di Napoli contro i francesi nell'assedio di Gaeta. Il buon esito si ripeterà poco dopo nel secondo attacco a Boulogne, l'8 ottobre 1806, e di nuovo a Copenhagen nel settembre 1807, quando in tre giorni la città sarà quasi interamente distrutta.

L'efficacia dei razzi, pur essendo contenuta per le loro ridotte qualità tecnologiche, dimostrava comunque la sua utilità sul campo di battaglia. Ciò influenzava immediatamente le nazioni europee che, nel giro di pochi anni, si mobilitavano anch'esse per disporre della nuova arma.

Gli artiglieri del Regno di Sardegna cominciavano dunque a occuparsene a partire dal 1814 con alcuni parziali studi, rafforzati successivamente dal reale decreto dell'8 gennaio 1823, che riorganizzava l'artiglieria creando la Compagnia artificieri. Di conseguenza nasceva in Torino una fabbrica di razzi pirotecnici a fini militari. Pochi fondi, tuttavia, erano dedicati al settore e solo nel 1828 si avviava un più consistente programma di ricerca.

Ma bisognerà aspettare un decreto del re Carlo Felice firmato il 25 novembre 1830 per assistere al via ufficiale nella storia d'Italia delle attività sulla propulsione a razzo e dell'impiego nelle operazioni belliche.

"Ci viene riferito," scrive il re nel decreto, "che dopo esperimenti in vari anni ripetuti ed in seguito a miglioramenti che progressivamente si adottarono, una commissione di ufficiali superiori e capitani del Corpo Reale d'Artiglieria presieduta dal Maggiore Generale Comandante il Corpo medesimo Ispettore del materiale riconobbe che i razzi da guerra da pollici 3/8 kg e da pollici 2 ½/4 kg colla bacchetta al centro alla foggia inglese possano venire utilmente impiegati nelle fazioni campali nella guerra di montagna e nella difesa delle piazze. Per la qualcosa disposti noi ad accogliere favorevolmente tutto ciò ch'è riconosciuto conveniente al miglior successo delle nostre armi, abbiamo determinato che i razzi suddetti facciano d'or innanzi parte del materiale della nostra artiglieria senza pregiudizio di nuovi sperimenti tanto nel miglioramento di essi quanto pè razzi di maggior calibro e per quelli senza bacchetta."

Da Carlo Felice a Carlo Alberto

Il 31 gennaio 1831 seguirà un regolamento che preciserà meglio l'orientamento. Carlo Felice regnava da nove anni con uno spirito molto conservatore e non fece in tempo a vedere gli effetti del suo decreto, perché moriva il 27 aprile 1831 a Palazzo Chiablese a Torino. Aveva 66 anni. La moglie era Maria Cristina di Borbone-Napoli, figlia del re delle Due Sicilie, e non avendo figli dovette designare a malincuore suo successore il cugino più liberale Carlo Alberto.

Il nuovo monarca, uomo di cultura e preparato in economia, riformava lo Stato sabaudo adeguandolo alle necessità dei tempi e aprendolo alle idee nuove che ormai chiedevano sollecita risposta. Interessato alla scienza e alla tecnologia, volendo ammodernare il suo esercito non solo condividerà la decisione sui razzi del predecessore, che l'aveva presa in realtà con non troppa convinzione dato che non amava molto il mondo delle armi, ma la rafforzerà con alcuni provvedimenti varati nell'ottobre 1831. La scelta non era causale.

Carlo Alberto, al contrario del suo predecessore, aveva manifestato passione per le cose militari ancor prima di salire al trono e soffriva delle condizioni inadeguate e arretrate in cui l'esercito versava, e che erano tra l'altro fonte di malcontento. A dimostrazione dei suoi intenti, oltre che re egli intendeva essere il comandante delle forze armate in guerra e a tal fine dettava regole precise. L'avvio della riorganizzazione militare portava la data del 14 marzo 1832, quando il sovrano aveva un lungo colloquio di quattro ore con il ministro degli esteri maresciallo de La Tour, il comandante della divisione di Torino generale Giuseppe Righini, il ministro della guerra generale d'Agliè, più gli ufficiali di vario grado Paolo Appiani, Gaspare Andreis e il generale Giuseppe Roberti di Castelvero.

Nel nuovo assetto entravano i razzi, secondo le disposizioni dei provvedimenti approvati nell'ottobre precedente. Questi stabilivano che ogni batteria dell'artiglieria fosse dotata di 200 razzi da 7,6 centimetri di calibro con testate incendiarie e granate. Le batterie di montagna invece erano equipaggiate con razzi di minor calibro (6,3 centimetri), mentre nelle fortezze difensive erano installati 180 razzi. Predisponendo le dotazioni, il sovrano precisava che le operazioni sarebbero state gestite dalla stessa artiglieria, evitando di creare un nuovo corpo specializzato. Ogni batteria disponeva di quattro uomini e di un sottufficiale. I razzi venivano trasportati all'interno di cassoni ciascuno dei quali conteneva 60 esemplari. Ogni batteria era dotata di quattro cassoni più altri quattro di riserva.

Nello stesso tempo si autorizzava il Laboratorio reale di Torino a fabbricare i razzi giudicati necessari, il cui controllo di qualità doveva essere effettuato dal suo direttore attraverso un'ispezione diretta, suggerendo eventuali miglioramenti. La produzione veniva posta sotto il coordinamento del capo "razziere" e il Laboratorio era invitato a elaborare le linee guida per l'addestramento degli artiglieri. Una curiosità: lo stipendio di chi lavorava era stabilito in base all'abilità dimostrata.

Il "Manuale dell'artificiere"

Carlo Alberto amava le parate e gli spettacoli coreografici. A una di queste manifestazioni tenutasi nell'aprile 1832 partecipavano anche formazioni di razzi accanto a otto batterie d'artiglieria e il re si dichiarò molto soddisfatto e orgoglioso dell'espressione di potenza che le sue armi mostravano.

Per la verità, nel *Manuale dell'Artificiere del Corpo Reale d'Artiglieria* del 1830 tra gli "artifizi" in uso risultavano già i razzi da guerra, ma la loro presenza era estremamente contenuta e di scarso effetto. Trascorso un quinquennio, grazie al nuovo sovrano, nel 1836 l'esercito sabaudo risultava dotato di razzi da 67 e 81 millimetri di calibro con integrate nella testata soprattutto granate o cariche incendiarie, razzi che erano lanciati da "cavalletti" (rampe a treppiede) e successivamente da tubi. Alcuni esemplari di razzi "alla Congreve" con cavalletti di lancio sono conservati al Museo storico nazionale dell'artiglieria di Torino.

Tuttavia, il loro impiego non doveva essere pienamente soddisfacente se nel 1845 Carlo Alberto accettava la proposta del tenente colonnello d'artiglieria Adolphe Pictet allo stato maggiore della Confederazione Svizzera, per dimostrare l'efficacia dei razzi che aveva sviluppato di propria iniziativa e con fondi personali a partire dal 1828. Durante una serie di test alla Scuola di artiglieria di Thun, nel cantone di Berna, il consiglio di guerra federale esprimeva un consenso favorevole. Alla stessa conclusione giungeva una commissione di esperti nel 1834, dopo una seconda verifica con il lancio di 200 razzi nella pianura di Bière, nel cantone Vallese, proponendo anzi all'alta dieta, l'assemblea legislativa, la loro introduzione nell'esercito federale. Questa però, adducendo ragioni economiche e politiche, rinviava la decisione senza arrivare mai a una scelta. Nel frattempo l'ufficiale compiva anche due viaggi in Inghilterra effettuando esperienze nella fabbrica di Congreve a Woolwich. Dopo anni di solleciti inutili Pictet tentava quindi di esportare i suoi razzi e di convincere il re di Sardegna ad adottarli. Il sovrano accettava una dimostrazione convinto dal fatto che le prestazioni fossero superiori a quelle dei razzi piemontesi, perché portavano granate da 9, 12 e anche 15 centimetri, rivelandosi quindi più potenti.

Le prove erano condotte nell'area di Venaria Reale, vicino a Torino, sotto il controllo di una commissione presieduta prima dal generale Sobrero e poi dal generale Rossi. Cinquanta razzi del diametro interno di 50 millimetri e con un peso variabile da 3,5 a 8 chilogrammi venivano sparati con cariche belliche diverse, capaci di raggiungere la gittata di 1300 metri con un'inclinazione della rampa di 12 gradi.

Dalla dimostrazione emergevano aspetti di superiorità rispetto ai concorrenti razzi francesi e britannici e anche una precisione comparabile con quella di un "cannone da 8".

Per questo, inizialmente, lo stato maggiore stabiliva di dotare dei razzi Pictet le batterie da campagna, sostituendo i razzi di produzione torinese da 67 millimetri. In parallelo si studiava la possibilità di creare delle grandi batterie di razzi formate da 150 uomini, 104 cavalli e 12 carri fornite di 2304 colpi.

Le prove a Venaria

Intanto proseguivano i test di Venaria, sottoponendo i materiali a prove di trasporto in condizioni difficili, di conservazione nel tempo in ambienti sfavorevoli con molta umidità e che potevano influire sul mantenimento della qualità. E il grande entusiasmo così svaniva presto. Le verifiche dimostrarono purtroppo alterazioni dannose della carica, che talvolta scoppiava ancora sul cavalletto subito dopo l'accensione, o modificavano la traiettoria in maniera vistosa e talvolta pericolosa per gli stessi lanciatori.

Di conseguenza la Casa Reale lasciò perdere la proposta di Pictet, il quale divenne in seguito più noto come professore di estetica e di letteratura mentre ai suoi razzi, anche nei cantoni svizzeri, venivano preferiti quelli basati su tecnologia austriaca.

Era infatti l'Austria che, come grande potenza europea del XIX secolo, sviluppava e impiegava correntemente la nuova arma in concorrenza con gli inglesi. L'esercito piemontese, al contrario, non ne faceva un grande utilizzo, come dimostravano le tre guerre d'indipendenza. Tuttavia essa esercitava un'indiscussa attrazione se nel 1848, durante il governo provvisorio di Milano formatosi dopo la cacciata degli austriaci in seguito alle "cinque giornate", il "ministero di guerra della Lombardia" in una lettera del 29 maggio con le intestazioni "Viva l'Italia" e "Viva Pio IX" esaminava il finanziamento per l'acquisto di materiali inerenti a batterie di razzi.

Nella prima guerra d'indipendenza, nonostante alla guida vi fosse Carlo Alberto, che abdicava dopo la sconfitta di Novara del 23 marzo 1849, gli unici razzi che comparivano in battaglia erano quelli austriaci la cui efficacia era registrata in particolare nelle cronache dell'assedio di Ancona, nel giugno 1849. Altrettanto si verificava nella seconda. Nelle battaglie di Magenta, Solferino e San Martino del giugno 1859 nell'esercito sabaudo i razzi sono contemplati solo nelle batterie di riserva e di fatto non sono utilizzati, al contrario di quanto capitava nelle artiglierie austriaca (con calibri da 53 e 56 millimetri) e francese. Al museo di San Martino sono ancora conservati ed esposti degli esemplari delle due armate straniere sopravvissuti agli scontri e appartenenti alla prima generazione, con la bacchetta di stabilizzazione laterale detta anche "governale laterale". Lo stesso accadeva nell'assedio di Gaeta, conclusosi il 13 febbraio 1861 con la resa del generale Cialdini.

Nella conquista dell'Unità d'Italia, proclamata nel marzo 1861, e nella terza guerra d'indipendenza del Risorgimento italiano, terminata con il trattato di Vienna il 3 ottobre 1866, i razzi figurarono dunque soprattutto come armi del nemico. Ne rimarrà traccia anche negli scontri in Veneto, soprattutto a Vicenza nell'estate 1866, quando gli austriaci già da sei anni facevano ricorso alla nuova tecnologia dei "razzi a rotazione", cioè senza bacchetta esterna, costruiti dopo aver acquisito una partita dal britannico William Hale, che li aveva ideati addirittura nel 1844 e che entreranno in servizio nell'arsenale inglese a partire dal 1867.

I razzi borbonici

Con i razzi era armato pure l'esercito borbonico, che aveva organizzato già dal 1857 una compagnia con il nome di "razzieri". Nei giorni successivi l'ingresso di Garibaldi in Palermo il 27 maggio 1860, la città sarà distrutta e incendiata dalle forze borboniche sparando razzi, senza tuttavia riuscire a riconquistarla. La sconfitta segnava la fine dell'impiego della nuova arma nell'esercito del Regno delle Due Sicilie, sebbene fino ad allora fosse stato accompagnato da interessanti studi ed esperienze. A sostenere la sua adozione era stato infatti il re Ferdinando II, salito al trono nel novembre 1830. In parallelo con Carlo Alberto in Piemonte, questi subito dimostrava grande attenzione per la modernizzazione del Regno e a lui si dovevano la costruzione della prima ferrovia in Italia per collegare Napoli a Portici, inaugurata nel 1839, e del primo telegrafo elettrico. Nello stesso tempo incrementava la marineria mercantile a vapore e ammodernava le forze armate, a cui guardava con un occhio di riguardo. A Napoli e provincia erano concentrate le manifatture militari. A Capodimonte era attiva la Real fabbrica dell'acciaio, alla quale si aggiungevano l'arsenale di marina e la fortezza di Castelnuovo. L'arsenale di artiglieria disponeva di 500 addetti, di una fonderia in bronzo e della montatura d'armi. Tra gli altri insediamenti legati alla difesa, importanti erano la Real fabbrica d'armi di Torre Annunziata e il Real opificio pirotecnico di Capua; altri due opifici pirotecnici erano situati a Gaeta e in Sicilia. Questi impianti erano coinvolti nella fabbricazione dei razzi "alla Congreve", entrati nell'armamento ordinario dell'artiglieria a partire dal 1846. La loro tecnologia era dunque di derivazione inglese, con calibri di pollici 2, 2 ½ per i razzi da campo e 3, 3 ½, 4 per i razzi da piazza. Tutti erano realizzati in lamiera con governale esterno e la loro gittata andava oltre le duemila tese (una tesa era uguale a 1,94 metri), superando quindi quella dei cannoni in uso. Ma nel marzo 1861 la caduta del Regno governato da Francesco II che era succeduto a Ferdinando II, morto giovanissimo a 49 anni, segnò ovviamente anche la cessazione della loro produzione.

In Europa i primi, dopo gli inglesi, a guardare ai razzi da guerra furono i danesi, i quali furono pure i primi nel subire il più grande danno causato dalla nuova arma. I tre quarti della città di Copenhagen venivano distrutti agli inizi del settembre 1807, dopo tre giorni di intensi bombardamenti con razzi Congreve da parte delle navi britanniche che volevano impedire ai francesi di impossessarsi della flotta danese. Due anni dopo, Andreas Anton Frederick Schumacher, ingegnere dell'esercito, ideava un tipo di razzo sul modello Congreve prodotto sull'isola di Hjelm, nel mare Kattegat, che sarà poi usato nella forza armata.

Sono tuttavia gli austriaci, a loro volta influenzati dai danesi, a rivelarsi più interessati e più impegnati sul nuovo fronte a partire dal 1808, iniziando dalle conoscenze fornite dagli stessi ingegneri di Copenhagen. Vari razzi erano prodotti dal Kriegs-Raketen-Anstaldt (Stabilimento dei razzi da guerra) che diventerà il più grande e sofisticato polo industriale europeo dell'Ottocento. Pur mantenendo una rigorosa segretezza sulla tecnologia, Vienna riusciva a esportare i suoi modelli oltre a impiegarli normalmente nel K. K. Raketeur-Corps durante i conflitti, soprattutto in Italia e in Ungheria. Già nel 1835 dispiegava batterie fisse nel Lombardo Veneto. Uno dei momenti di maggior successo del loro utilizzo si registrava nel 1866, quando venivano lanciati dal forte di Peschiera sul lago di Garda contro i garibaldini.

Entra in scena la Russia

La Polonia dal 1813 fabbricava e adoperava i razzi, mentre la Russia entrava in scena nel 1810 con un Military study committee investigando le loro potenzialità. Un sostegno giungeva dall'interesse manifestato dallo zar Alessandro, testimone del loro impiego a Lipsia, e dal futuro zar Nicola I che, visitando la Gran Bretagna, assisteva ad alcune prove di Congreve. Il colonnello Aleksandr Dmitrievič Zasjadko effettuava i primi lanci dal 1817 e nel laboratorio dell'artiglieria di San Pietroburgo si installavano gli impianti per la produzione sotto la guida dello stesso Zasjadko. La città, del resto, aveva un antico interesse per questa tecnologia tanto da aver già creato oltre un secolo prima, nel 1680, un Istituto dei razzi, del quale nel 1847 diventerà direttore il colonnello Konstantin Ivanovič Konstantinov. L'ufficiale, che nutriva interessi da scienziato, partendo dall'acquisizione delle conoscenze austriache introdurrà numerose innovazioni, tanto da essere considerato il principale protagonista dello sviluppo della razzotecnica in Russia rendendola all'epoca la più avanzata d'Europa.

Le forze armate francesi, in particolare grazie all'interesse dimostrato da Napoleone Bonaparte, nel 1810 avviavano una fase sperimentale riproducendo i razzi inglesi che avevano sfortunatamente conosciuto e subito nell'attacco di Boulogne. Ma è solo dal 1827 che l'esercito verrà dotato di batterie di razzi i quali, l'anno successivo, saranno sparati contro i turchi in appoggio alla Grecia nella guerra d'indipendenza.

Nel primo decennio dell'Ottocento anche altre nazioni europee come Svezia, Svizzera, Germania, Olanda, Portogallo, Grecia, Belgio, Spagna e Ungheria costruivano e impiegavano razzi. Ma nella seconda metà del secolo il confronto con lo sviluppo tecnologico dei cannoni diventava sfavorevole. Caricati posteriormente e, grazie soprattutto all'introduzione della canna rigata che rendeva la traiettoria del proiettile più regolare, aumentando la precisione nel colpire il bersaglio, i razzi venivano lentamente messi da parte. A loro svantaggio rimaneva sempre una certa difficoltà nella conservazione, nel trasporto e nell'esattezza del tiro, oltre ai costi ritenuti più elevati rispetto ad altre armi. Mantenevano comunque vantaggi ineguagliabili su certi campi di battaglia, perché potevano essere facilmente trasportati in luoghi inaccessibili ai cannoni.

Nel 1869 l'Austria ne interrompeva l'impiego. Altrettanto decideva nel 1872 la Francia e anche l'esercito italiano li abbandonava nel 1873, pur continuando sino agli inizi del Novecento con qualche isolata sperimentazione.

I britannici chiuderanno invece un po' più tardi, con la fine del secolo e la guerra anglo-boera (gli ultimi spari sono nel 1902) in Sudafrica. Tramontava così l'era di Congreve e di Hale, che era stata capace di influenzare in modo determinante gli altri paesi europei.

Al di là dell'impiego bellico, in Italia nell'Ottocento emergevano due personaggi che da una parte cercavano di approfondire gli aspetti teorici del nuovo mezzo, dall'altra correvano con la fantasia verso applicazioni futuribili.

La ricerca del professor Ruffini

Nel 1833 nelle *Memorie della Reale Accademia di Scienze, Lettere ed Arti di Modena*, nel Ducato retto da Francesco IV, si pubblicava una ricerca del professor Paolo Ruffini dedicata a *Osservazioni intorno al moto dei razzi Congreve*, nella quale si esaminavano da un punto di vista teorico il loro impiego, le caratteristiche del funzionamento nell'aria, il loro movimento lungo la traiettoria, soffermandosi in particolare sull'angolo di lancio per ottenere migliori risultati. Lo studio di Ruffini, il quale si riferiva a "esperienze del signor professore Avanzini", era stato presentato all'Accademia dieci giorni dopo la sua scomparsa, avvenuta il 10 maggio 1822. La ricerca rimarrà come la prima approfondita indagine teorica sull'argomento effettuata in Italia.

Ruffini nasceva a Valentano, in provincia di Roma, il 22 settembre 1765 e studiava medicina e matematica all'Università di Modena, della quale diventava subito professore, terminati gli esami, per le sue eccezionali capacità. Ma rifiutando di giurare fedeltà a Napoleone dopo che le sue truppe erano entrate in città, veniva allontanato dalla cattedra di matematica applicata e medicina, che riconquistava dopo la liberazione, ricoprendo anche la carica di rettore. Moriva giovane a 56 anni d'età lasciando un'opera fondamentale, la *Teoria generale delle equazioni*, pubblicata a Bologna nel 1799, nella quale compariva una dimostrazione diventata nota come "teorema di Ruffini-Abel", riguardante l'impossibilità di trovare una soluzione algebrica per l'equazione generale di quinto grado.

Verso il finire del secolo un solitario personaggio triestino, Francesco de Grisogono, pubblicava a sue spese il libro *Sulla possibilità di viaggiare gli spazi celesti. Studio basato sopra la scoperta dell'oscillante, un mezzo fisico per volare nel vacuo.* Era il 1883 e uno degli argomenti dibattuti dai giornali del periodo era la possibilità di vita su altri pianeti sotto l'influenza della recente scoperta, effettuata da Giovanni Virginio Schiaparelli dall'Osservatorio di Brera a Milano, dei famosi canali su Marte, individuati cinque anni prima in occasione della grande opposizione che portava il pianeta a soli 57 milioni chilometri di distanza dalla Terra. Proprio queste osservazioni favoriranno la nascita del ricco filone della fantascienza marziana, mai tramontato.

Egli, inoltre, leggeva i libri di Camille Flammarion, che delle nuove scoperte era in quegli anni un eccellente divulgatore in Europa.

Grisogono era nato a Sebenico nel 1861 da un'antica famiglia patrizia. Dopo aver frequentato l'Accademia della marina austriaca a Pola studiando nautica e tecnica navale si arruolava nella marina da guerra con il grado di cadetto. Nel 1886 diventata alfiere di vascello rimanendo in servizio fino al 1889.

Da sempre attratto dai temi scientifici scriveva articoli di vario argomento ma era il fascino dell'esplorazione cosmica che lo portava a indagare le possibilità di metterla in pratica. E nel 1879, come egli stesso preciserà più tardi, incominciava a studiare un tipo di motore che potesse materializzare il sogno, descrivendolo nella sua opera del 1883 e includendo oltre ai calcoli, tavole e disegni. Il propulsore che definisce "oscillante" si basa sullo sfruttamento della forza centrifuga per vincere la gravitazione della Terra e lanciarsi oltre l'atmosfera.

Grisogono poi, considerando la vita degli astronauti a bordo, analizzava gli altri aspetti del volo spaziale, come gli alimenti da consumare, le scorte di acqua, l'illuminazione, il riscaldamento. Il suo metodo è scientifico anche se generico, e lo riprenderà negli anni successivi.

Astronautica, il più caro dei sogni

L'astronautica era stata "il più caro dei suoi sogni" e la "meta suprema di tutta la sua vita spirituale": se ne occupava infatti in continuazione sin da giovanissimo, perfezionando le idee che via via inseguiva. Lo attesta un racconto scritto poco più che ragazzo, nel quale immaginava un incontro con un essere extraterrestre di intelligenza superiore.

Lo studioso triestino dopo il congedo dalla vita militare insegnò nelle scuole cittadine dedicandosi alle sue passioni, cioè la matematica e la filosofia, che diventeranno materia di articoli pubblicati su varie riviste. Alcuni racconti e pensieri saranno riuniti i due libri (*Lampi del pensiero* e *Quadretti*) pubblicati postumi. Nelle loro pagine spesso traspare un pessimismo di fondo, una visione triste della vita, acuita dal fatto di non poter approfondire quanto vorrebbe le sue ricerche e di non disporre dei mezzi per sperimentare le sue intuizioni.

Nel 1914 maturava un'elaborazione ulteriore degli studi sul propulsore oscillante che univa ad altri approfondimenti filosofici, dando vita alla sua maggiore opera, frutto degli studi di un'intera esistenza, *Germi di scienze nuove*. Il momento non era però favorevole e lo scoppio della guerra ne impedì la pubblicazione. Sarà stampata postuma nel 1944, molto tempo dopo la sua morte, avvenuta a Trieste il 15 febbraio 1921.

Nel libro raccontava di aver saputo che i francesi Mass e Drouet avevano sviluppato il progetto di un veicolo spaziale utilizzando un propulsore funzionante con lo stesso principio della forza centrifuga del suo "oscillante" e rivendica la priorità dell'intuizione, già descritta nel suo primo libro del 1883. Lo scrittore triestino Claudio Magris, nipote di Grisogono, ricorda e descrive il nonno materno: "Nel suo modesto studio e sul tavolinetto pieghevole che si portava dietro anche la domenica, quando la famiglia andava a passeggiare e a pranzare sul Carso." E offre l'immagine di una mente sempre impegnata a pensare e a scrivere, attratta da un'idea per lui fondamentale e definita "calcolo concettuale", altra sua fondamentale passione. Con questa definizione intendeva creare un metodo basato su tavole in cui tutto trovava classificazione; una sorta di "classificazione universale" attraverso la quale il genio, ma anche il comune individuo, avrebbe potuto eliminare il caso nel suo processo di scoperta. In tal modo si sarebbe avuta la possibilità di individuare nuovi collegamenti tra i fenomeni della natura, favorendo un più intenso progresso scientifico.

Grisogono applicava il calcolo concettuale anche alla navigazione spaziale cercando, attraverso i suoi principi, di riuscire a descriverla scientificamente. Si era tuttavia ancora lontani dalle formulazioni che solo nei primi decenni del Novecento troveranno vera risposta scientifica. Lo stesso Grisogono era consapevole delle grandi difficoltà e scriveva ironicamente che la soluzione sarebbe potuta forse arrivare da "qualche geniale abitante di un altro pianeta", di cui non escludeva l'esistenza. Comunque, quando ciò avverrà – aggiungeva – "l'uomo potrà squarciare finalmente le catene della gravità che per tanti e tanti secoli lo tenne prigioniero su questo angusto globo."

Curiosamente, alla fine degli anni sessanta del XX secolo nasceva una disputa proprio sull'idea del propulsore oscillante. Nel 1968 Alfio Di Bella, professore di architettura navale all'Università di Genova, sosteneva di averlo inventato, sperimentato e brevettato. Ma il professor Mario Todeschini di Bergamo lo accusava di averlo copiato, affermando a sua volta di essere lui l'inventore e di aver brevettato il risultato addirittura nel 1928. Nello scontro, finito nel silenzio, nessuno dei due ricordava il lavoro (e l'eventuale priorità) di Francesco de Grisogono, il primo visionario e precursore italiano che aveva cercato di affrontare il sogno dei viaggi spaziali.

L'anticipatore di Salerno

Un altro fantasioso precursore ottocentesco era stato il salernitano Stanislao Abate, il quale il 27 febbraio 1877 otteneva un "Attestato di privativa industriale" valido un anno per "un trovato", un'invenzione, chiamata "Direzione delle macchine aerostatiche mediante un sistema di razzi ad accensione successiva continua". In pratica, egli riuniva in un contenitore circolare manovrabile, collegato a un pallone aerostatico, una serie di razzi a propellente solido da accendere e dirigere nella direzione voluta per avanzare con la velocità desiderata.

Qualcosa di analogo veniva descritto nell'opera *Direzione del globo aerostatico*, pubblicata a Venezia nel 1831, in cui si ipotizzava l'utilizzo dei razzi Congreve riuniti in fascio tra la navicella e il globo di un pallone aerostatico. Accendendoli e muovendo l'insieme con una corda si poteva governare lo spostamento a piacere. Alcuni attribuivano il lavoro all'inventore mantovano Giambattista Toselli, ma si ritiene più probabile che il progetto sia frutto dello stesso stampatore del libro, il signor Molinari.

Certamente più concreta era invece la sperimentazione con i razzi condotta da un illustre protagonista della storia dell'aviazione, l'ingegnere milanese Enrico Forlanini, uscito dal Politecnico nel 1875.

Forlanini inventava e faceva volare nel luglio 1877 il primo elicottero a vapore davanti a personalità industriali e scientifiche. Dal 1906 sarà inoltre il costruttore di vari dirigibili. Ma rendendosi conto che la tecnologia avrebbe presto fatto vincere gli aeroplani, dal 1878 si dedicava al loro studio analizzando il comportamento di alcuni piccoli prototipi nel volo orizzontale e applicando alla loro struttura dei razzi a propellente solido. Uno di questi era un monoplano con ali convesse, dietro le quali era sistemato un contenitore cilindrico con vari razzi a polvere pirica che, accesi, spingevano il velivolo.

Di Forlanini rimaneva un diario delle prove compiute nell'ottobre 1890, nel quale descriveva l'aereo decollato da un binario formato da due fili d'acciaio, riuscendo a farlo volare in linea retta per 180 metri. Era il primo modello di aeroplano a razzo senza pilota costruito in Italia. Ed era un'intuizione del futuro sperimentata in laboratorio. "Da quarant'anni," scriveva Forlanini nel 1927 in un articolo, "penso che questa possibilità esiste, per quanto ancora lontana, quando si impieghino apparecchi a razzo, cioè apparecchi a reazione, atti a lanciare, in modo continuo, una certa quantità di materia, con velocità grandissima, in direzione opposta a quella della marcia." Tra le sue idee c'era anche quella del propulsore a razzo a benzina di cui parlava spesso con il suo collaboratore Silvio Bassi.

Lo scienziato milanese estendeva le sue sperimentazioni utilizzando sistemi a reazione applicati all'estremità delle pale dell'elicottero per provocarne la rotazione, trasformandole in vere eliche a reazione con getti di vapore (1877). Successivamente integrava lo stesso sistema nel piccolo ma innovativo dirigibile Omnia Dir, che volerà nel 1931. Si trattava di un generatore di getti d'aria pompati da un ventilatore e collocati alle due estremità della nave aerea. Era la materializzazione di un'idea coltivata dall'inizio della sua attività, mirata a consentire la manovrabilità del mezzo anche quando il propulsore era fermo. L'innovazione voleva dimostrare come anche i privati fossero in grado di progettare piccoli dirigibili di nuovo tipo che non richiedevano il pilone d'ancoraggio e il supporto del personale a terra. Nello stesso tempo Forlanini intendeva pure rispondere allo scetticismo dimostrato sui dirigibili da Italo Balbo, ministro dell'aeronautica.

Forlanini, dagli elicotteri ai razzi

Forlanini, figlio di un medico, era nato il 13 dicembre 1848 e nella sua carriera di ingegnere si dimostrò sempre creativo, progettando dagli edifici agli idroplani, anche se espresse le sue migliori doti nella costruzione dei dirigibili, diventati noti a livello internazionale per le loro caratteristiche. Ma sarebbe rimasto pure nella storia della tecnologia per la sperimentazione del primo elicottero e per aver saputo guardare già con fiducia al futuro dell'aeroplano, non esitando a sperimentare addirittura i razzi per studiarne le possibilità di volo.

L'Ottocento dunque, pur vedendo lo sviluppo dei razzi a propellente solido sotto la spinta delle applicazioni militari registrava altri tentativi di studio più civili. Si pensava, ad esempio, di far loro ricorso adoperandoli come strumenti di salvataggio per le navi in difficoltà nell'avvicinarsi alle coste lanciando corde, o al contrario, dalle navi verso la costa spedendo un arpione in grado di conficcarsi nel suolo stabilendo un solido aggancio. Diverse furono le sperimentazioni e gli impieghi effettuati a tal scopo tra l'Ottocento e il Novecento. Mitchell R. Sharpe ha calcolato che con queste tecniche, dal 1871 al 1962, soltanto in Gran Bretagna furono salvate almeno 15 mila persone. Qui il metodo venne sviluppato in particolare da John Dennett, di Newport, nell'isola di Wight. Celebre rimarrà il salvataggio compiuto nel 1832 con razzo e corda da lui lanciati verso la nave Bainbridge, di 430 tonnellate, naufragata sulle rocce di Atherfield, sull'isola di Wight, nel corso di una terribile tempesta. Il comandante William Miller redigerà un rapporto testimoniando l'efficacia del mezzo utilizzato da Dennett.

A Parigi se ne era occupato anche il pirotecnico di origine italiana Petronio Ruggieri, elaborando un progetto con una corda lunga 600 metri. Il Ruggieri era il discendente della famiglia di pirotecnici trasferitasi nella capitale francese nel Settecento per fabbricare, con successo, fuochi artificiali per la corte reale.

Sempre agli inizi dell'Ottocento un altro appartenente alla famiglia Ruggieri sosteneva di aver lanciato dal Campo di Marte parigino con un razzo artificiale dei topi vivi, poi recuperati con un paracadute. Ripeteva la stessa esperienza a Marsiglia nel 1806 ma con un razzo più grande, nel quale accomodava una pecora o un montone, spedendo il malcapitato animale sino a 300 metri d'altezza. Nessuno, tuttavia, ha mai potuto verificare la verità di queste storie, che comunque dimostravano come la fantasia cominciasse a correre verso la concretizzazione del volo nel cosmo.

3.
Pionieri e visionari del primo Novecento

Agli inizi del Novecento l'interesse per i razzi e il volo spaziale emergeva soprattutto dalla fantascienza, che aveva cominciato a raccontare storie affascinanti. A stimolare la fantasia aveva soprattutto contribuito la scoperta nel 1877 dei canali di Marte da parte di Giovanni Virginio Schiaparelli dall'Osservatorio milanese di Brera. I canali erano stati interpretati come opere di esseri intelligenti in particolare dal ricco americano Percival Lowell, che aveva sostenuto e diffuso questa tesi attraverso continue ricognizioni telescopiche effettuate da un osservatorio in Arizona appositamente finanziato con le sue risorse personali. Tuttavia, anche se qui venivano chiamati illustri astronomi, la convinzione dell'esistenza dei marziani rimaneva solo di Lowell e di coloro che, sempre più numerosi, gli credevano.

In Europa a cavallo tra i due secoli due francesi alimentavano prepotentemente il fascino del cosmo e della sua esplorazione. Il primo lo faceva ancora con la fantasia ed era Jules Verne, che tra le innumerevoli storie scriveva nel 1862 anche *Un viaggio dalla Terra alla Luna*, libro diventato simbolo di una meta conquistata un secolo dopo dalla NASA. Sul piano scientifico, invece, c'erano le opere dell'astronomo e divulgatore Camille Flammarion, capace di descrivere gli altri mondi e la suggestione della vita oltre la Terra.

Non a caso in Russia Konstantin E. Ciolkovskij (1857-1935), il primo "padre dello spazio", suggestionato, come egli stesso ricordava, dai libri di Verne dopo aver iniziato nel 1883 a interessarsi del mondo spaziale nel gruppo di studenti che si raccoglievano attorno al filosofo Nikolaj Fëdorovič Fëdorov, dieci anni più tardi pubblicava a Mosca il libro *Sulla Luna*, la prima di un gruppo di storie nelle quali fondeva elementi e spiegazioni scientifiche destinate a far comprendere in modo semplice e attraente l'importanza dei viaggi cosmici. Ma quasi allo scadere del secolo interrompeva questo tipo di scritture per approfondire gli studi sulle teorie scientifiche legate ai razzi e al loro impiego nel cosmo pubblicando nel 1903 il primo articolo *L'esplorazione dell'universo con un veicolo a reazione*, nel quale esponeva la meccanica del volo di un razzo. Altri ne seguiranno indagando aspetti aerodinamici, razzi multistadio, propellenti come idrogeno e ossigeno, e concependo persino una stazione orbitante.

In questo clima di inizio secolo, già ben oltre i "razzi da guerra" ottocenteschi, in Italia il primo scritto che esaminava con criteri scientifici la possibilità di volare al di fuori della Terra era frutto dell'ingegnere civile Giulio Costanzi (1875-1965), ufficiale di artiglieria dell'esercito e poi del battaglione specialisti del genio, dove si impiegavano dirigibili e palloni aerostatici, e che costituirà il nucleo d'origine della futura aeronautica militare italiana. Costanzi era stato pilota di una squadra di ricognitori durante la prima guerra mondiale, alla fine della quale con il grado di tenente colonnello guiderà la stazione sperimentale dell'aeronautica, che finalmente nascerà come arma autonoma nel 1923. Nella nuova forza armata continuerà a occuparsi di aspetti tecnici, diventando anche assistente del ministro dell'aviazione e professore all'Accademia aeronautica. In questa veste sarà uno dei tecnologi di punta della nascente aviazione, apportando contributi significativi nel campo del volo sia per i dirigibili che per gli aeroplani.

Abbandonerà la divisa nel 1938 per assumere la carica di presidente del Registro aeronautico italiano, posizione mantenuta sino al 1945. Numerose erano le sue innovazioni elaborate nel corso di una lunga vita che si concluderà nel 1956, all'età di novant'anni.

Costanzi, dalla Luna a Venere

Ma il contributo che lo distinguerà come primo pioniere dello spazio italiano lo pubblicava nel 1914 sulla rivista AER, mentre la nazione si stava preparando alla Grande guerra. Lo studio, dal titolo *Per uscire dal pianeta*, esaminava le caratteristiche e i problemi del volo spaziale, arrivando a valutare la possibilità di ricorrere all'energia nucleare (nel caso specifico il materiale utilizzato doveva essere il radio) per generare la spinta dei propulsori. Inoltre, Costanzi indagava gli aspetti di un viaggio di andata e ritorno sulla Luna stimando velocità e tempi delle varie fasi, per estendere poi i confini dell'esplorazione a Marte e a Venere. Nello stesso tempo si occupava degli aspetti fisiologici legati alla sopravvivenza degli astronauti, in particolare a come ovviare ai disagi provocati dall'assenza di gravità. Per neutralizzarne gli effetti negativi egli proponeva di generare una costante accelerazione nel veicolo. Indubbiamente l'aspetto che più colpisce è l'intuizione dei vantaggi offerti dall'uso dell'energia nucleare per rendere più facile e veloce il volo spaziale.

Agli inizi del Novecento, dunque, la fantasia correva rapida e negli stessi anni in cui Costanzi effettuava i suoi calcoli cosmici per esclusivo interesse personale, c'era un altro studioso che iniziava non solo a progettare astronavi e viaggi siderali, ma cercava anche, per la prima volta, di costruire un propulsore cosmico adatto alla grande avventura. Era l'ingegner Luigi Gussalli (1885-1950), residente a Brescia ma nato a Bologna, dove il padre era ufficiale. Come Costanzi, Gussalli lavorava in completa solitudine di idee e mezzi.

Nel 1923, mentre l'Italia viveva un turbolento momento politico celebrando il primo anniversario della Marcia su Roma e con un regio decreto nasceva la radio pubblica, che l'anno successivo avrebbe iniziato le trasmissioni, egli pubblicava il libro *Si può già tentare un viaggio dalla Terra alla Luna?*, descrivendo le esperienze fino allora compiute a partire dal 1909 per costruire un motore, come lo chiamava lui, "a doppia reazione", la quale era ottenuta con un eiettore di gas diretto su una ruota di turbina. I due elementi, integrati insieme, avrebbero generato due spinte che sommate sarebbero state in grado di produrre la spinta totale necessaria per viaggiare nello spazio. Una volta realizzato il prototipo lo sperimentava installandolo sullo *chassis* di un'automobile, valutandone gli effetti mentre si muoveva su rotaie.

Le idee dell'inventore bresciano uscivano dalla cerchia scientifica sensibilizzando anche altri mondi culturali. Lo dimostrava la risposta ricevuta da Filippo Tommaso Marinetti, iniziatore alla fine del primo decennio del secolo del movimento futurista, a cui Gussalli inviava copia della sua opera. Marinetti era il fondatore di una corrente artistica di risonanza europea che abbracciava poesia, arte figurativa, teatro, includendo tematiche moderne legate alle conquiste tecnologiche. Oltre che in Italia il futurismo prendeva piede soprattutto in Francia. Il soggetto del viaggio spaziale appassionava dunque Marinetti, che per ringraziarlo gli spediva il suo romanzo *L'aeroplano del papa*, scrivendo sul frontespizio del libro: "A Luigi Gussalli autore di *Si può già tentare un viaggio dalla Terra alla Luna?* rispondo a priori: Sì! Sì!? Con viva simpatia futurista F. T. Marinetti."

Il signore di Brescia che inventava astronavi

Il Gussalli era un signore benestante che, dopo aver completato il biennio di ingegneria all'Università di Parma, si iscriveva al Politecnico belga di Glons, a Liegi, diplomandosi in ingegneria industriale nel 1909. La sua inclinazione era quella dell'inventore e varie sono le innovazioni che progettava e realizzava: dall'ippomobile, a uno speciale fucile lancia messaggi, dai pattini per motoscafo a un nuovo tipo di carro armato, dai sistemi di visione stereoscopica ai dirigibili stratosferici. E nel garage del suo signorile palazzo in pietra in via Monte Suello, a Brescia, sperimentava le numerose idee.

Ma la sua vera grande passione era la navigazione spaziale, alla quale dedicherà la quasi totalità dell'impegno e degli interessi per l'intera vita. Nel 1930 al XIX Congresso della SIPS (Società italiana per il progresso delle scienze) presentò una memoria (*Astronautica e propulsori a reazione*) dove ampliava il raggio delle sue ricerche e per suscitare interesse per lo spazio propone l'istituzione di un premio internazionale di altezza per l'astronautica, ma l'idea sarà bocciata dalla commissione scientifica della SIPS.

Intanto stabiliva, seppur con scarso successo, rapporti con il mondo scientifico nazionale, che non lo vedeva di buon occhio per il suo isolamento da qualsiasi istituzione, e inviava le sue ricerche ai grandi pionieri del cosmo dell'epoca, attivi in Europa, in Unione Sovietica e negli Stati Uniti, scambiando pareri e valutazioni. Tra questi Robert Esnault-Pelterie in Francia, Nicholas Rynin professore delle vie aeree al Politecnico di Leningrado, Guido von Pirquet in Austria, Alfred Africano dell'American rocket society, Robert Goddard sempre negli Stati Uniti, il primo al mondo a lanciare nel 1926 un razzo con motore a propellenti liquidi, e infine Hermann Oberth in Germania. Oberth stampava, anche lui nel 1923, il libro *Die Rakete zu den Planetenraumen*, che diventerà la bibbia degli studi spaziali e sarà il maestro di Wernher von Braun, il costruttore della V2, primo missile balistico della storia. Le risposte che Gussalli riceveva erano spesso molto critiche, mettendo in evidenza errori concettuali. Ma egli non si arrendeva e proseguiva, dando alle stampe nel 1941 il secondo libro *Propulsori a reazione per l'astronautica. La riduzione del consumo dei propulsori può rendere possibile la navigazione negli spazi siderali.* In esso presentava il progetto del "Veicolo per l'astronautica Mod. 1939": si trattava in pratica di un'astronave dotata del propulsore a doppia reazione, il quale traeva buona parte dell'energia necessaria al funzionamento dalla radiazione solare.

E sempre guardando al Sole, mentre l'Italia e l'Europa erano sconvolte dalla guerra, Gussalli affrontava l'ultima tappa della sua ricerca, rimasta sempre teorica dopo la sperimentazione del propulsore a doppia reazione. Appena terminato il conflitto, nel 1946, pubblicava il volume *I viaggi interplanetari per mezzo delle radiazioni solari*, diffuso nel 1946 in edizione bilingue (italiano e inglese). Nelle sue pagine illustrava il nuovo progetto quasi fantascientifico ("Sistema Gussalli 1946") che lo aveva impegnato per cinque anni e che teneva conto degli sviluppi fino a quel momento raggiunti, tanto da considerare persino le possibilità offerte dal missile V2 di Wernher von Braun, con il quale Hitler aveva bombardato Londra. Nel disegno ipotizzava un'astronave capace di viaggiare sfruttando la pressione della radiazione solare, la quale accelerava dei cordoni di particelle lanciati dalla Terra con dei razzi. Le particelle, colpendo uno schermo apposito (o una vela) della nave spaziale, le imprimevano la spinta necessaria allo spostamento. Nel 1969 mandai una copia di quest'ultimo libro di Gussalli a Wernher von Braun per un parere. Mi rispose che la NASA aveva considerato questo genere di prospettive ma le aveva abbandonate perché impossibili da realizzare.

Svariate furono nel corso degli anni le valutazioni autorevoli espresse sui suoi lavori: dal comitato tecnico della British Interplanetary Society al National Advisory Committee for Aeronautics di Washington. L'unica consolazione arrivava tuttavia dalla Pacific Rocket Society che, in riconoscimento del "lavoro sulla teoria della propulsione interplanetaria", nell'aprile 1948 lo eleggeva socio onorario.

A quel punto Gussalli era soprattutto indaffarato a rivendicare il valore delle sue idee e nel 1950, ormai malato e in solitudine perché non si era mai sposato, si spegnerà a Barbarano di Salò, sul lago di Garda, dove si era recato pensando che il clima migliore lo avrebbe aiutato a guarire.

Badoglio finanzia i razzi

Mentre a Brescia si sviluppavano visioni proiettate nel futuro, a Roma iniziava un'attività di ricerca con il supporto anche finanziario dello stato. Erano trascorsi quasi cento anni dall'impegno del re Carlo Felice e del successore Carlo Alberto e ora, sempre con lo sguardo alla difesa, si tornava a guardare verso i razzi. Interessato a lavorare sulla nuova frontiera era Gaetano Arturo Crocco (1877-1968), scienziato illustre e ufficiale del genio aeronautico durante la prima guerra mondiale. L'anno che segnava la svolta era il 1927: mentre la storia registrava l'incontro a Roma tra Benito Mussolini e Wiston Churchill, Charles Lindbergh compiva la prima trasvolata dell'oceano Atlantico a bordo dello *Spirit of Saint Louis*. In quei mesi Pietro Badoglio, capo di stato maggiore generale, attratto dalle possibili applicazioni militari, concedeva un finanziamento di centomila lire per garantire l'avvio degli studi con razzi a propellente solido. Con questo Badoglio dimostrava un certo interesse verso la ricerca e l'innovazione, atteggiamento che forse influenzò l'incarico che dieci anni dopo avrebbe ricevuto da Mussolini, quando nel novembre 1937, dopo essere stato governatore della Libia, veniva nominato presidente del Consiglio nazionale delle ricerche (CNR), succedendo nientemeno che a Guglielmo Marconi, e manteneva la carica per quattro anni, sino al 1941.

Gaetano Arturo Crocco era già famoso per la sua attività aeronautica di pioniere su fronti diversi. Nel 1908 aveva costruito e fatto volare il primo dirigibile italiano sul lago di Bracciano e poi su Roma, iniziando una produzione di macchine utilizzate dall'esercito. La sua formazione di base era ricca e variegata. Nato il 26 ottobre 1877 a Napoli, dopo il biennio di matematica e fisica all'Università di Palermo entrò all'Accademia militare di Torino, proseguendo poi con la Scuola di applicazione dell'artiglieria e del genio, da cui uscì a 23 anni con il grado di tenente. Iniziava quindi la carriera militare nella brigata specialisti sotto la guida del capitano Maurizio Mario Moris, personaggio chiave dei primordi della storia aeronautica nazionale. E proprio su sollecitazione di quest'ultimo, percependo le potenzialità delle macchine telefotografiche, Crocco iniziava anche la carriera di innovatore sviluppando per la marina questi dispositivi. Dopo un paio d'anni completava la sua preparazione con un corso di elettrotecnica all'Istituto Montefiore di Liegi diventando ingegnere elettrotecnico. Rientrato in Italia, in seguito a un incontro a Londra per un'interessante proposta di lavoro dalla Westinghouse, che rifiutava, nel luglio 1905 sposerà a Palermo la nobile Bice Licastri Patti dei baroni del Piraino e proseguiva le sue ricerche, riuscendo sempre ad abbinare gli aspetti teorici con quelli pratici.

In quegli anni costruiva un primo rudimentale impianto aerodinamico utilizzando un gasometro che, raccontava, impiegava tre giorni per essere riempito d'aria e soli tre minuti per essere svuotato, effettuando in questo brevissimo tempo poche analisi dei profili alari e qualche verifica di intuizioni teoriche. Già nel 1908 aveva fondato l'Istituto centrale aeronautico, tenendo i primi corsi in Italia sul volo e collaborando con il grande matematico Vito Volterra. Aggiungeva presto altre due gallerie aerodinamiche più potenti fino a che nel 1935 concepì il piano di Guidonia, la "città del volo", promuovendone la realizzazione. Guidonia, dedicata ad Alessandro Guidoni, che era morto sperimentando nel cielo sopra la futura base un paracadute, diventerà e rimarrà sino al 1943 uno dei più importanti centri di ricerca aeronautica a livello internazionale.

Nominato per "meriti eccezionali" professore alla Scuola di ingegneria aeronautica generale dell'Università di Roma nel 1927, l'anno successivo era promosso tenente generale della riserva del genio aeronautico. In parallelo e fino al 1952, quando venne collocato a riposo, rivestiva altri ruoli nel Registro aeronautico, nel Consiglio superiore dell'istruzione e nel Consiglio nazionale delle ricerche.

Quando Crocco otteneva il finanziamento da Badoglio era già un celebre punto di riferimento del mondo dell'aviazione, dimostrando anche qualche interesse nel campo spaziale. Nel 1923 aveva pubblicato uno studio sulla possibilità della navigazione extra-atmosferica nel quale, quasi influenzato dalla precedente ipotesi di Giulio Costanzi, faceva ricorso all'atomo per la propulsione, anche se in maniera diversa, perché preconizzava il motore ionico.

Le esperienze in Europa e negli Stati Uniti

La sua indole di ricercatore non poteva non essere attirata dai razzi, che in quegli anni cominciavano a diventare popolari in Europa, negli Stati Uniti e in Russia, grazie a iniziative condotte da varie associazioni di appassionati. E ciò accadeva soprattutto in Germania, ma anche in Italia.

Nel 1923 Hermann Oberth e Luigi Gussalli pubblicavano i loro libri e proprio nel 1927, in Germania, Winkler fondava la Società per il volo spaziale (Verein für Raumschiffahrt), stampando anche la rivista *Die Rakete* per diffondere e farne conoscere le attività. Un'associazione analoga nasceva l'anno successivo a Mosca. Ai primi del Novecento il paese tedesco era la patria per eccellenza della ricerca e tutto il mondo guardava a Berlino. In Germania si andava a studiare e a perfezionarsi come oggi si va negli Stati Uniti, quindi tutto ciò che succedeva era seguito e visto con particolare attenzione.

Nel 1928 in Francia Esnault-Pelterie pubblicava un libro sull'esplorazione dell'alta atmosfera con i razzi, Walter Hohmann in Germania stampava *Die Erreichbarkeit der Himmelskörper*, nel quale descriveva le orbite per navigare tra i pianeti che ancora oggi sono seguite dalle sonde interplanetarie. Da due anni Robert Goddard faceva volare negli Stati Uniti i suoi primi razzi a propellenti liquidi suscitando curiosità nella stampa. Ma ancor di più impressionavano le corse delle automobili Rak dotate di razzi a propellente solido realizzati a partire dal 1928 da Fritz von Opel, corse organizzate prima a Hannover e poi a Francoforte, per sostenere pubblicitariamente la sua fabbrica di automobili. All'impresa era stato convinto dal progettista Max Valier, di Bolzano, allora territorio austriaco, e già ai primi tentativi si superava la velocità di 160 chilometri orari. Era solo il primo passo, al quale seguivano prove con un locomotore ferroviario, su slitta e infine un volo in aeroplano. Ma su un aliante a razzo battezzato Ente aveva già volato prima di lui, l'11 giugno 1928, Fritz Stamer decollando per 60 secondi tra le montagne di Wasserkuppe. Von Opel compirà il suo test aereo da Francoforte tre mesi dopo, il 30 settembre.

Ma Opel abbandonava presto la partita, non credendo più nell'investimento pubblicitario e per disaccordi insorti con Valier, il quale invece continuava, trovando la morte proprio nel collaudo di un motore a razzo a propellenti liquidi. Era il 1930 e un altro libro più approfondito di Oberth uscito da pochi mesi (1929) concretizzava definitivamente la nascita della scienza astronautica.

Tutto ciò accadeva sempre in forma privata, tra appassionati che raccoglievano con difficoltà le risorse per studiare e provare i primi propulsori a razzo. Tuttavia, nonostante le ristrettezze, a Berlino entrava in attività nel settembre 1930 il primo centro di sperimentazione, il Raketenflugplatz, dove i componenti della Società per i voli spaziali potevano condurre i loro test, ed Hermann Oberth, ormai noto come "il maestro", veniva invitato dal regista Fritz Lang a costruire un razzo per il suo film *Una donna sulla Luna*.

Anche a Roma si respirava in quegli anni il clima della nuova frontiera cosmica e si avviavano progetti e sperimentazioni con motori a propellente solido, per poi compiere il più difficile passo verso i propellenti liquidi.

Lo studente Luigi Crocco

I fondi iniziali concessi da Badoglio non consentivano comunque grandi possibilità, quindi Crocco doveva trovare una collaborazione che garantisse un lavoro più serio. Per questo riusciva a concludere un accordo con la Bomprini Parodi Delfino (BPD), una società produttrice di esplosivi, ottenendo gratuitamente la partecipazione del suo direttore tecnico, il dottor Marenco, e l'utilizzo per i test del poligono di Segni. Al progetto si aggiungeva il figlio di Crocco, Luigi, allora diciottenne studente di ingegneria. Così si costruivano e si provano a terra dei razzi con cordite e polveri "a doppia base" fornite dall'arsenale navale, le cui conoscenze erano note a Crocco per gli studi di artiglieria, mentre non era incline a considerare le tecniche dei fuochi artificiali.

Si allestivano banchi di prova con strumenti per indagare varie soluzioni e si effettuavano anche dei lanci con razzi dotati di piccole ali stabilizzatrici del volo. Le cose cambiavano, però, quando lo scienziato nel 1928 veniva nominato direttore generale delle costruzioni aeronautiche al ministero dell'aeronautica con due effetti, positivi e negativi allo stesso tempo. Grazie al nuovo incarico, infatti, da quel momento diventavano disponibili sia le infrastrutture dell'aeronautica per la prosecuzione delle attività, sia ulteriori risorse economiche, aspetto questo essenziale, perché le centomila lire originariamente stanziate erano quasi esaurite. Il secondo effetto era che Crocco si trovava più coinvolto dai nuovi compiti e poco tempo poteva dedicare alle ricerche, condotte ormai solo dal figlio Luigi, cosicché i due ne discutevano più spesso a casa che in laboratorio.

La nuova situazione, inoltre, allontanava da un orientamento verso le possibili applicazioni immediate, favorendo la prevalenza degli studi più teorici e fondamentali. Ciò coincideva, in particolare, con gli interessi e l'inclinazione del giovanissimo Luigi. Concretamente il lavoro si trasferì in due stanze assegnate nello Stabilimento di costruzioni aeronautiche (SCA) in viale Giulio Cesare a Roma, con l'assistenza di un bravo tecnico, il signor Laghi.

Un bilancio compiuto dallo staff militare di verifica alla fine del 1929 si concludeva però in modo poco soddisfacente: la dispersione dei razzi nei lanci risultava troppo grande rispetto al tiro dei cannoni e le velocità troppo basse. Cadeva quindi l'interesse per i propellenti solidi e si decideva la sospensione delle ricerche. Nel contempo ci si orientava verso altri studi suscettibili di future applicazioni in grado di dare risposte ai problemi aeronautici e al volo supersonico.

Iniziava così una nuova fase di indagini sostenute in buona parte da un secondo finanziamento, garantito da un fondo segreto, e rivolte ai propellenti liquidi. La scelta, date le condizioni, era coraggiosa e avviava la vera fase di ricerche su cui si impegnava in quegli anni la frontiera della tecnologia dei razzi, dagli Stati Uniti alla Germania. La sfida era duplice e puntava alla costruzione di un propulsore che non avesse bisogno dell'aria per funzionare, bruciando insieme un combustibile e un comburente, e dei sistemi di guida indispensabili per governare la traiettoria di un veicolo viaggiando anche oltre l'atmosfera.

1930: si accende la prima camera di combustione

Proprio per affrontare la realizzazione del propulsore Arturo Crocco discuteva con il professor Francesco Giordani la possibile scelta dei propellenti più adatti. Giordani (1896-1961) era un illustre chimico, docente all'Università di Napoli, noto internazionalmente per le sue ricerche di elettrochimica e per aver ideato un metodo per l'estrazione della cellulosa dalla paglia dei cereali. Nel 1956 diventerà presidente del Consiglio nazionale delle ricerche e sarà pure alla guida dell'IRI e del CNEN (Comitato nazionale per l'energia nucleare). Dalle valutazioni emergeva il ricorso al benzene come combustibile e

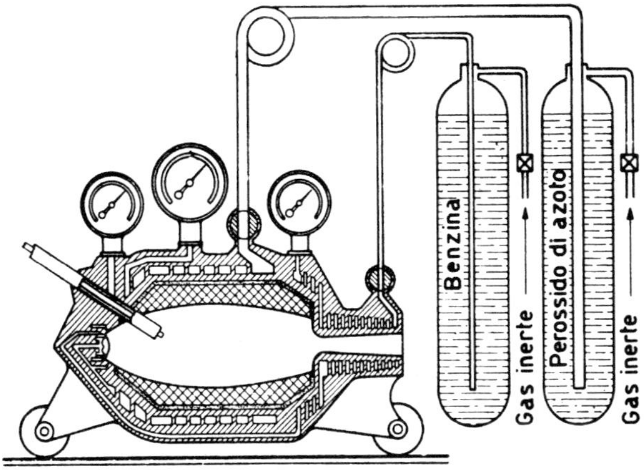

Figura 1

al tetrossido d'azoto come comburente. La manipolazione di questi prodotti era però rischiosa e a tal fine veniva assunto un esperto, il dottor Corrado Landi, che per due anni collaborerà con Luigi Crocco, concentrato invece sulla progettazione della camera di combustione assieme all'ingegner G. Garofoli. Arturo Crocco supervisionava l'opera che poneva difficoltà non solo per la concezione ma anche per la scelta dei materiali adeguati. Finalmente alla fine del 1930 la camera di combustione era pronta (figura 1) e veniva accesa per la prima volta in un laboratorio dell'Istituto di chimica dell'Università di Roma situato in via Panisperna, un luogo che presto diventerà famoso perché tra quelle pareti Enrico Fermi conquisterà la scoperta che lo porterà al Nobel per la fisica.

Crocco, dal momento che lo studio era finanziato dalla difesa, aveva preferito non condurre i test in un laboratorio dell'aeronautica e per questo chiese ospitalità al direttore dell'Istituto, il professor Nicola Parravano. "Per dieci minuti, ricordava Luigi Crocco, il propulsore rimase acceso mentre la nostra eccitazione cresceva, raggiungendo il massimo con la positiva conclusione del primo test." Nell'entusiasmo del successo gli sperimentatori non si rendevano conto dell'assordante rumore generato dal primo propulsore a razzo a propellenti liquidi entrato in funzione in Italia e nemmeno dei rischi che il test poteva comportare. E infatti Crocco e Parravano decidevano di proseguire le prove in un altro luogo più adatto e più sicuro. Ma un evento triste raggelò la soddisfazione per il brillante inizio. In quelle settimane e nel giro di poco tempo il dottor Landi moriva alla giovanissima età di 25 anni, lasciando nei colleghi il terribile dubbio che ciò fosse conseguenza delle inalazioni dei vapori tossici durante la manipolazione dei propellenti. Il grave fatto, sommato alla necessità di completare la tesi in ingegneria da parte di Luigi Crocco, che conquistava la laurea nel luglio 1931, provocava il temporaneo arresto delle ricerche. Queste non sarebbero potute comunque proseguire a causa dell'esaurimento dei fondi messi a disposizione e per il mancato rinnovo del contratto da parte del comando delle forze armate, nonostante le continue promesse.

Solo nella seconda metà del 1932 i lavori venivano ripresi e si concentravano sullo studio di un monopropellente che avrebbe semplificato il sistema propulsivo. A garantire la continuazione erano intervenuti i finanziamenti dell'aeronautica militare, mentre i test venivano trasferiti nei laboratori dell'Istituto di aeronautica generale della Scuola di ingegneria aeronautica dell'Università di Roma.

Nella nuova fase il gruppo era rinforzato dall'arrivo di un nuovo competente collaboratore, il chimico Riccardo M. Corelli, più tardi docente di tecnologia aeronautica nella stessa scuola.

Gli studi, tuttavia, non si mostravano facili per le inadeguate tecnologie allora disponibili e ciò costringeva ad abbandonare le sperimentazioni del nitrometano, giudicate inizialmente con grande entusiasmo. Anzi, per cercare di convincere l'aeronautica a condividere la scelta, si era proposto il suo impiego nei motori d'aeroplano in volo ad alte quote, dove l'aria era rarefatta. Intanto un incidente durante un test provocava ferite, per fortuna non gravi, sia a Luigi Crocco che a Corelli. I rischi dunque, sommati ad altri aspetti critici, favorivano un cambiamento di rotta e il ritorno a una combinazione di due propellenti, impiegando il tetronitrometano come ossidante.

Von Kármán a Como

Così si arrivava alla data del 1935, quando sul lago di Como si svolgeva sotto la presidenza di Gaetano Arturo Crocco la V Conferenza Volta, dedicata alle alte velocità nel volo. Il meeting rimarrà celebre perché raccoglierà i più eminenti studiosi del momento, come Theodore von Kármán e Adolf Busemann. Il successo dimostrava il livello delle ricerche aeronautiche condotte in Italia, a Guidonia, nei laboratori della Direzione superiore studi ed esperienze della Regia aeronautica, e l'attrazione che questo luogo suscitava a livello internazionale.

Ma l'annata segnava purtroppo anche la cessazione dell'interesse da parte delle forze armate a sostenere le ricerche sui razzi. Negli stessi mesi gli impegni militari prioritari diventavano altri. Mentre la crisi economica scoppiata dopo il 1929 faceva sentire i suoi effetti negativi anche in Europa, l'Italia iniziava la guerra d'Etiopia. La Società delle nazioni imponeva di conseguenza pesanti sanzioni al nostro paese e così si entrava ufficialmente nel periodo dell'autarchia. In questa direzione Mussolini stava guardando già da tempo, sollecitando "produzioni nazionali". Per sostenere l'obiettivo, dall'anno successivo il Consiglio nazionale delle ricerche vedrà quasi raddoppiato il proprio bilancio, soddisfacendo finalmente le richieste fino ad allora inascoltate del suo presidente Guglielmo Marconi. Ma le attività saranno concentrate verso la realizzazione di beni utili all'economia nazionale e non al sostegno di ricerche come quelle sui razzi. Lo stesso Enrico Fermi, rendendosi conto di non poter disporre dei mezzi necessari per continuare i suoi studi di fisica nucleare, meditava la partenza, decisa dopo l'approvazione delle leggi razziali. E quando nel 1938 andrà a Stoccolma per ricevere il premio Nobel per la fisica proseguirà per gli Stati Uniti, senza più far ritorno in Italia.

Quando nel 1937 Marconi moriva, sulla poltrona presidenziale del CNR si siederà il maresciallo Badoglio. Il suo arrivo sollevava speranze per la ripresa degli studi sui razzi, ricordando che proprio dieci anni prima era stato lui ad avervi dato il via con un finanziamento. Ma l'illusione durerà poco, perché il maresciallo non si occuperà granché del grande ente di ricerca e, in particolare, dalla sua posizione non dimostrerà alcun interesse e non aprirà alcuna possibilità al nuovo tipo di propulsione.

Cattaneo e il primo aereo a razzo

Agli inizi degli anni trenta, mentre Crocco e figlio conducevano a Roma le loro prime sperimentazioni, nel nord della penisola prendevano corpo alcune iniziative di nuovo dovute alla passione e all'interesse personale, che dimostravano comunque come la conquista dello spazio fosse viva anche in Italia. Influenzato probabilmente dai tentativi di von Opel e di Max Valier in Germania, alla fine degli anni venti a Milano Ettore Cattaneo, un medico odontoiatra nato a Turano il 6 dicembre 1898, si dedicava a interessanti esperienze. Già da studente all'Università di Pavia era appassionato di volo con alianti e aveva creato un club con i colleghi. Non solo, partecipando nel 1924 al primo concorso italiano di volo a vela ad Asiago, conquistava il record d'altezza. E due anni dopo, in dicembre, a Campo dei Fiori a Varese otteneva un secondo record di distanza, questa volta mondiale. Il volo era il suo mondo e amici suoi erano illustri piloti come il bergamasco Antonio Locatelli, il trasvolatore delle Ande. Come loro amava spesso affrontare i limiti, la frontiera. Per questo nel 1927, attratto dai razzi, in collaborazione con Flavio Torello Baracchini, famoso pilota della prima guerra mondiale, iniziava a studiare e a sperimentare in laboratorio l'impiego di propellenti solidi e liquidi. Ma questi ultimi furono abbandonati in fretta dopo un incidente che lo portò in ospedale, ritenendo che sarebbe stato impossibile con le sue conoscenze e risorse affrontare la progettazione corretta di un simile, complicato propulsore. Si concentrava quindi sui razzi a propellente solido e, per non incorrere in altri guai, riusciva a ottenere la collaborazione di due docenti del Politecnico di Milano, Carlo Bianchi e Henry Molinari. Così, dopo alcune prove su un isolotto nel fiume Ticino, vicino a Pavia, ritenendo di aver trovato la miscela giusta (polvere da sparo, cloro e paraffina) con i tecnici della società Pietro Magni Aviazione modificava il suo vecchio aliante GP1, sul quale aveva conquistato il record di distanza, in modo da ospitare nella coda della fusoliera un gruppo di sei razzi sistemati in una batteria di tubi metallici. L'apertura alare veniva ridotta da 18 a 16,80 metri, la struttura delle semiali rafforzata e la fusoliera tagliata, e dopo il posto di pilotaggio spuntavano due travi che reggevano i piani di coda. Il tutto comportava un aumento di peso: da 138 a 198 chilogrammi che diventavano 300 al decollo, con una dotazione di sei razzi. A lavori ultimati cambiava anche la sigla del velivolo in RR. Il 25 giugno 1931 arrivava il momento del collaudo. Dopo il decollo, aiutato da un cavo elastico e dal traino di due squadre di dieci uomini, accendeva due razzi percorrendo 800 metri a pochi metri dal suolo. Altri voli avvenivano il 28 e il 29 giugno durante una manifestazione dell'Aero club di Milano sul campo di Taliedo. Non tutti i tentativi erano coronati da pieno successo, ma nelle cinque prove compiute senza alcun incidente nell'arco del mese percorreva tratte variabili da 300 a 1000 metri e la più lunga durava due minuti. Non tentava mai, comunque, l'accensione di tutti i sei razzi.

I risultati potevano considerarsi soddisfacenti e decisamente superiori a quelli ottenuti tre anni prima in Germania. Ciò spingeva Cattaneo a stendere addirittura un progetto per la traversata della Manica con un aeroplano a razzo, riprendendo l'obiettivo che Fritz von Opel si era posto dopo il volo a Berlino, senza tuttavia mai affrontarlo.

L'impresa richiedeva risorse finanziarie, ricerche e competenze ben più ampie di quelle possibili al "medico volante", come lo aveva battezzato l'asso tedesco Ernst Udet assistendo ai test di Taliedo. Così, con un sogno irrealizzabile, si concludeva l'esperienza di Ettore Cattaneo, che tornava a cimentarsi nel volo con alianti tradizionali ma con un nuovo impegno da costruttore, fondando nel 1935 la società CAT (Costruzioni aeronautiche Taliedo) e producendo alianti, alcuni su licenza austriaca e tedesca, e altri invece su proprio disegno, aiutato da vari ingegneri. Il primo (CAT 15) volava nel 1937, poi si aggiungevano il CAT 20 e CAT 28, effettuando lui stesso tutti i collaudi. Nel 1939, quando l'Italia si preparava a entrare in guerra, proponeva alla Regia aeronautica un grande aliante militare per il trasporto di truppe (CAT TM), ma otteneva un rifiuto. Con questo si concludeva l'avventura aeronautica di Ettore Cattaneo che, dopo il matrimonio con Helda Pedrinella nel 1943, si limitava ad ammirare gli aerei altrui in cielo e a scrivere di aviazione, passione che aveva sempre coltivato, fondando la rivista *Stampa Aeronautica* agli inizi del 1935. La sua vita, sempre attivissima e sostenuta dall'amore per il volo a vela, lo segnò però nel fisico. Aveva condiviso l'avventura di Fiume con Gabriele D'Annunzio, che lo chiamava "l'apostolo biondo dell'aviazione" e aveva combattuto nella seconda guerra mondiale subendo ferite che lo avevano indebolito. Continuò a esercitare come dentista, spegnendosi a Milano il 12 gennaio 1972. Aveva 73 anni.

Il misterioso tedesco a Torino

Negli stessi mesi in cui a Milano prendeva il volo il primo aereo a razzo italiano, a Torino aveva inizio una storia dai contorni rimasti ancora oggi misteriosi. Nel capoluogo piemontese giungeva un professore tedesco vicino al gruppo che a Berlino sperimentava i primi razzi, fuggito dalla Germania nazista perché perseguitato per le sue origini ebraiche.

Non si sa come e attraverso chi, questi entrava in contatto con la ditta Conrero di via Verona, nota officina meccanica, cui proponeva la costruzione di razzi utilizzando le tecnologie fino allora sviluppate a Berlino. Il proprietario accettava realizzando alcuni prototipi, ma dalle tracce rimaste non si capisce se utilizzasse propellenti solidi o un propulsore a liquidi. Alcuni esperti degli stati maggiori delle forze armate italiane che erano stati contattati, dimostrandosi interessati, assistettero alle prime prove rilevandone la buona capacità di perforare alcuni obiettivi. Dopo i test preliminari in Val di Susa, si predispose una verifica più ampia al fine di misurare le capacità della gittata e la dirigibilità, cioè la possibilità di una corretta traiettoria verso l'obiettivo. Il bersaglio, posto dall'altra parte della valle, dimostrò che, se il primo aspetto era soddisfacente il secondo lo era un po' meno. Nel dubbio, e per approfondire le qualità della potenziale nuova arma a razzo, lo stato maggiore della Regia aeronautica si assunse il compito di effettuare un'ulteriore prova a Vigna di Valle, cioè in quella che allora era la sua base sperimentale. Nella primavera del 1932 una commissione formata dal generale Pinna, sottocapo di stato maggiore, dal tenente colonnello Raffaelli della segreteria tecnica dello stato maggiore, dal capitano Luigi Gallo pilota del centro sperimentale, da un motoscafo nelle acque dell'antistante lago di Bracciano assisteva al collaudo, il cui scopo era colpire un bersaglio posto al centro del bacino. Lo stesso razzo veniva lanciato da una piccola rampa posta su un altro natante. Purtroppo le cose non si svolsero come il professore tedesco aveva sperato e descritto. Il razzo, dopo l'accensione, prese a zigzagare sulle acque tanto da costringere i componenti della commissione giudicatrice a tuffarsi e raggiungere la riva a nuoto per evitare il rischio di essere colpiti. Così si concludeva senza alcun seguito l'avventura misteriosa dello specialista berlinese.

"Dati i rapporti nell'ambito dell'Asse," scrisse il generale Giuseppe Pesce dell'aeronautica militare, "il nome del professore israelita tedesco passato dalla parte degli italiani rimase sempre segreto e altri inventori dissidenti tedeschi ebbero successivamente contatti con il Consiglio Nazionale delle Ricerche italiano, ma sempre in via del tutto riservata."

Il persistere del disinteresse ufficiale per la nuova tecnologia non scoraggiava la passione individuale la quale, sottovalutando spesso i rischi, affrontava realizzazioni meritevoli di essere ricordate almeno per il coraggio che dimostravano.

Cicogna, la prima vittima in laboratorio

Questo spirito animava certamente Giorgio Cicogna, successore di un'antica famiglia veneziana che aveva dato alla città anche l'ottantesimo doge. L'antenato Pasquale Cicogna aveva retto la Repubblica dal 1585 sino alla morte, avvenuta dopo un decennio di tranquillo governo. Giorgio era nato a Venezia il 19 marzo 1899 e terminata l'Accademia navale di Livorno, nel 1917, verso la fine della prima guerra mondiale, gli veniva assegnato il comando di un MAS per la difesa della laguna veneta. Rimase in servizio come ufficiale di marina per sedici anni, durante i quali sposava Elena Penta. Quando abbandonava la divisa nel 1929 con il grado di tenente di vascello, iniziava una nuova vita dando sfogo ai suoi interessi più naturali e profondi fino allora coltivati con fatica, cioè la letteratura e la scienza. Intanto si occupava di pubbliche relazioni in ambito industriale trasferendosi a Torino, in una villetta di via Sforzesca. Già durante la carriera militare aveva dimostrato il suo ingegno inventando un idrofono, cioè un apparecchio per lo scandaglio acustico, e un segnalatore di rotta premiato dal Consiglio nazionale delle ricerche. Talvolta si dilettava con i versi.

Ma è nel 1931, ormai libero dagli impegni, che pubblicava due libri giudicati dalla critica i migliori della sua attività di scrittore: *Canti per i nostri giorni* e *I ciechi e le stelle*. Il primo era un volume di poesie, il secondo una raccolta di racconti, che diventava uno dei punti di riferimento della fantascienza italiana dell'epoca. Cicogna, però, non si limitava a correre con la fantasia e, stimolato dalle notizie relative alle imprese di Opel che arrivavano dalla Germania, cercava di affrontare quello che era il problema fondamentale per coloro che guardavano allo spazio, vale a dire la costruzione di un propulsore a propellenti liquidi. Lui stesso rendeva noto, sia pure con circospezione, il suo impegno in questa direzione in una lettera del 17 marzo 1932 (pubblicata dalla rivista *L'Eroica* nel settembre-ottobre 1932) all'amico Francesco Oristano, un filosofo abbastanza conosciuto tra le due guerre. Nello scritto precisava che tutto era iniziato grazie al sostegno finanziario di un amico industriale che lo ospitava nell'officina di via Verona, a Torino (con tutta probabilità la stessa ditta Conrero, dove aveva lavorato il misterioso specialista tedesco). E raccontava: "Da più di un anno sto studiando un problema estremamente interessante, quello del motore a reazione: il mezzo cioè necessario e sufficiente a far compiere all'aviazione il passo innanzi che si attende già da qualche tempo; quello della navigazione ultrastratosferica, preludio alla successiva astronautica. Da pochi mesi io sono a Torino [...] esclusivamente per questo motivo, cioè per dirigere e condurre le necessarie esperienze. Esperienze similari, concluse nel dicembre scorso e tenute segretissime, hanno dato risultati così incoraggianti e probativi che, fiducioso di aver trovata la via buona e per lo meno raggiunti i nostri concorrenti esteri, ho da tempo iniziata la costruzione di un esemplare del mio motore quasi definitivo; e le prove che dovranno dare (o meno) la sicurezza assoluta della rispondenza del funzionamento alle mie previsioni incominceranno fra poco; entro tre mesi probabilmente tutto sarà fatto. In vista della grande importanza, anche morale, che avrebbe un'affermazione di priorità italiana anche in questo campo della tecnica modernissima."

Purtroppo le sue ricerche nel campo dureranno poco e si concluderanno rapidamente in tragedia. Il 3 agosto 1932, durante un test al banco, il propulsore che bruciava benzina e ossigeno liquido esplodeva e un frammento di rame di 10 centimetri si conficcava nel petto di Cicogna, uccidendolo all'età di 33 anni. Stessa infelice sorte subivano due suoi collaboratori e il padrone dell'officina. Rimaneva invece ferito, sia pure gravemente, l'ingegner Giorgio Rabbeno, generale del genio navale e docente di Cicogna all'Accademia di Livorno, di passaggio da Torino e invitato da Cicogna ad assistere alla prova.

Si concludeva così una sperimentazione suscettibile di interessanti sviluppi, ma che per la sua complessità richiedeva un approccio meno solitario, come dimostravano i lavori in corso parallelamente all'Università di Roma con Gaetano Arturo Crocco, coadiuvato da altri specialisti.

Cicogna diventava comunque la prima vittima della ricerca spaziale italiana. Il valore del personaggio era sottolineato dallo stesso Guglielmo Marconi il 19 novembre 1933 durante l'apertura dei lavori del CNR di cui era presidente. Egli ne ricordava le doti con queste parole: "Particolare considerazione è stata rivolta all'esame di un motore a reazione, destinato a realizzare voli ad altissima velocità e ad altissima quota. Un disgraziato incidente ha troncato però la giovane vita dell'inventore, l'ingegner Giorgio Cicogna, ufficiale della Regia Marina, che all'affascinante studio aveva dedicato il suo altissimo ingegno e il suo limitato patrimonio."

L'auditorium della Fiera di Milano nel "Padiglione della civiltà nucleare e degli spazi" veniva dedicato nel 1958 a Giorgio Cicogna, così ricordato da una lapide: "Finissimo poeta ed umanista, geniale ricercatore ed inventore, precursore della moderna missilistica, pioniere dell'astronautica." E l'anno successivo si aggiungeva una scultura di Nuzzi Chierego, che offriva l'immagine del suo volto e l'auditorium diventava "Sala Cicogna".

Fenoglio e l'associazione piemontese

Nella seconda metà degli anni trenta, mentre l'Italia sempre più isolata nell'autarchia si avviava verso il conflitto mondiale, un terzo sognatore si accompagnava a Cattaneo e a Cicogna. Era Alberto Fenoglio che, sempre a Torino, animava l'Associazione piemontese razzi, creata nel 1936 da un gruppo di ambiziosi appassionati, una decina (poi diventeranno 25), determinati a progettare e costruire razzi. Tra i nomi si citavano l'ingegnere Fabbri, il chimico Grandi, l'elettrotecnico Sacco e il maggiore Cassano, tutti tecnici con una certa preparazione. In un'antica fornace del basso Canavese installavano un laboratorio per la manipolazione delle polveri e dei prodotti chimici e per la lavorazione delle parti metalliche. Qui si sperimentavano miscugli di diversa composizione cercando di ottenere con una combustione lenta la spinta più elevata. Era durante uno di questi test che nel riempimento del razzo si produceva un'esplosione in grado di distruggere la tettoia e le infrastrutture circostanti, e che per poco non si rivelava pure fatale per gli sperimentatori, i quali riportavano però fortunatamente solo ferite guaribili.

Seguendo le orme di von Opel e di Cattaneo l'Associazione piemontese metteva a punto un tipo di razzo a polvere piuttosto consistente: lungo 110 centimetri, con il diametro di 14 centimetri funzionava per 20 secondi, generando una spinta di 120 chilogrammi. Questo razzo, che ne aveva attorno altri quattro di uguale lunghezza ma di diametro minore (10 cm e bruciavano per 12 secondi fornendo 65 chilogrammi di spinta), era istallato in coda su un aliante Cantù. Era lo stesso Fenoglio, il 29 giugno 1935, a sedersi ai comandi per il collaudo dopo la rinuncia all'ultimo momento del pilota designato, timoroso davanti alla strana macchina volante.

"Come costruttore dell'aliante," scriveva Fenoglio, "ne conoscevo i difetti quindi per la nuova versione chiesi di avere il piacere di collaudarlo. Mio padre e mio zio tentarono di farmi recedere dal proposito, ma risposi che ero pronto. In testa infilai un casco rigido da corridore motociclistico." Per facilitare il decollo del velivolo, che si manteneva in equilibrio su un pattino grazie a due appoggi in acciaio flessibile sistemati alle estremità alari, fu costruita una pista inclinata in legno posta su una cresta del terreno. Con una miccia si accendeva il razzo principale la cui spinta faceva decollare l'aereo. A una decina di metri d'altezza, esaurita la carica, il pilota azionava l'accensione del razzo numero 2 salendo ulteriormente a 15 metri e compiendo una virata, sfiorando le cime di alcune querce. Tuttavia, avvertendo delle vibrazioni in coda, Fenoglio puntava verso la zona prevista per l'atterraggio mentre azionava il terzo razzo. Quasi subito udiva una "sorda detonazione, un sobbalzo, scricchiolii nella fusoliera e l'apparecchio abbassò di colpo il muso. Tirai la leva per raddrizzarlo, nulla, mi girai e rimasi di stucco: tutta la parte posteriore con gli impennaggi era scomparsa".

Un volo contro i pioppi

Il velivolo urtò contro dei pioppi perdendo la semiala destra e infine si schiantò su un grosso cespuglio di acacie. "Per il contraccolpo eseguii una bella capriola e finii in un terreno acquitrinoso," scrive ancora. "Rimasi stordito. Mi rialzai sprofondando fino a metà gamba nel fango con l'aiuto di alcuni sperimentatori accorsi temendo il peggio. Solo dopo mi accorsi che da un taglio netto e profondo alla coscia sinistra sgorgava abbondante sangue." Le conseguenze avrebbero potuto essere ben peggiori, perché dall'esame del relitto emerse che, a causa della temperatura, i propellenti si erano alterati ostruendo con dei frammenti l'ugello di scarico e arrivando a provocare l'esplosione. La fortuna volle che lo scoppio non si propagasse agli altri due razzi rimasti. Se così fosse accaduto le sorti di Fenoglio sarebbero state segnate. L'infelice conclusione portò ad abbandonare l'idea dell'aereo a razzo, orientando l'Associazione verso la costruzione di un razzo alto 150 centimetri e dotato di impennaggi per governarne la traiettoria. Il corpo centrale, del diametro di 50 centimetri, conteneva 15 razzi di 80 centimetri riempiti di un combustibile solido non precisato di tipo nuovo, capaci di fornire ciascuno la spinta di 150 chilogrammi per 6 secondi. Un interruttore automatico alimentato da una pila accendeva i razzi in successione. Durante il primo collaudo il razzo completo saliva sino a 600 metri e poi volava obliquamente per 4 chilometri, cadendo infine a terra rovinandosi irreparabilmente. Il passo successivo, ancora rivolto soprattutto alla sperimentazione di nuovi propellenti solidi, fu la realizzazione di un razzo a tre stadi alto complessivamente 2,8 metri e fantasiosamente battezzato "obelisco volante". I risultati di alcuni lanci erano giudicati da Fenoglio "discreti, quantunque le quote raggiunte non fossero eccessive". Successivamente emergevano progetti e qualche realizzazione con i più complicati propellenti liquidi. Rimaneva traccia di due razzi sperimentali, FC1 e FC3 a ossigeno e benzina, il secondo dei quali avente la camera di combustione in testa e i serbatoi dei propellenti in coda: sembrava la riedizione del razzo Mirak III, brevettato e collaudato da Rudolf Nebel e Klaus Riedel nel 1931 in Germania, a Berlino. Il propulsore dell'F.C.3 durante i test a terra forniva una spinta di 85 chilogrammi, con velocità di scarico di 2200 metri al secondo. Durante alcune prove il razzo, alto 2,8 metri e pesante 10,5 chilogrammi, raggiungeva la quota di 6200 metri. Nel 1943 l'Associazione proponeva, senza successo, anche l'impiego dell'idrogeno e dell'ossigeno liquidi.

Intanto i collaudi pratici sembravano lasciare il posto alla progettazione di razzi tanto grandi e complicati quanto impossibili da costruire con le risorse economiche e le conoscenze tecnologiche dell'Associazione. La fantasia sembrava aver preso il sopravvento e così si disegnavano "razzi stratosferici" di enormi dimensioni (18 metri di altezza e 1,5 di diametro), dotati di quattro razzi frenanti che avrebbero dovuto rallentare la discesa a terra al ritorno, al fine di salvare la strumentazione scientifica a bordo. I propulsori, almeno quelli frenanti, dovevano essere a propellenti liquidi contenuti in serbatoi collocati nel corpo principale del vettore. Un'evoluzione di questo progetto prevedeva un razzo alto addirittura 25 metri, di 3 metri di diametro e con un peso di 27 tonnellate. Per controllare meglio la traiettoria gli impennaggi diventavano sei e altrettanti erano i razzi per frenare l'impatto al ritorno. Di queste idee si producevano soprattutto modellini di legno, disegni e dettagliate descrizioni, ma tutto sfortunatamente andò distrutto dal fuoco durante un bombardamento incendiario il 17 agosto 1943. Non rimaneva dunque traccia delle tecnologie collaudate e allora innovative come la connessione dei tre stadi sovrapposti, anche se dalle parole di Fenoglio non sembravano emergere grandi soddisfazioni. E dopo quella fase pionieristica conclusa dall'incendio, negli anni del dopoguerra lo stesso Fenoglio si dedicherà soltanto alla divulgazione del volo spaziale scrivendo libri e articoli. Ma si ha altresì notizia di una sua attività nel campo dei più semplici razzi antigrandine, di cui realizzò vari modelli.

La nascita di "Oltre il cielo"

Con la nascita a Roma della rivista spaziale *Oltre il Cielo* nel 1957, diretta da Armando Silvestri e Cesare Falessi, egli ne diventerà collaboratore raccontando progetti del passato e prospettive future. I suoi interessi prenderanno tuttavia anche altre strade meno scientifiche, occupandosi assieme alla moglie Maria di UFO, magia e misteri egizi. Quando il 31 maggio 1995 si spegneva in tarda età i missili erano per lui un tema ormai dimenticato da anni.

Nel 1938, intanto, il *Bulletin de la Société Astronomique de France* riferiva che il premio REP-Hirsch (dai nomi di due pionieri francesi Robert Esnault-Pelterie e André Louis-Hirsch) assegnato l'anno precedente a Parigi per gli studi attinenti il 1936 aveva segnalato con una menzione il professor Giovanni Serragli dell'Università di Firenze per un lavoro teorico dal titolo *Research on Slow (rocket propellant) Powders and their Usage for the Exploration of Upper Atmosphere.* Serragli aveva 44 anni e dal 1928 scriveva di veicoli a reazione.

A livello internazionale gli anni trenta vedevano intensificarsi le sperimentazioni sui propulsori a propellenti liquidi. In Unione Sovietica Sergej Korolëv e Mikhail Tichonravov lanciavano il primo razzo GIRD09 da Nakhabino, vicino a Mosca, il 17 agosto 1933. Pesante 19 chilogrammi, si alzava sino a 400 metri. Negli Stati Uniti, al CALTECH in California, sotto la guida di Theodore von Kármán nel 1936 si riprenderanno i lavori iniziati in solitudine nel decennio precedente da Robert Goddard e che erano rimasti interrotti. Ma è tra la fine degli anni trenta e l'inizio degli anni quaranta che gli scienziati tedeschi alle dipendenze dell'esercito e guidati da Wernher von Braun, avvolti da un impenetrabile segreto, costruivano nella base di Peenemünde sul mar Baltico il primo missile balistico guidato della storia. Battezzato A4 (Aggregat 4) e poi diventato noto come V2 (Vergeltungswaffe, "arma di rappresaglia") era alto 14 metri e pesava 12,9 tonnellate al decollo. Il suo propulsore, alimentato da propellenti liquidi (ossigeno liquido e alcol), forniva la spinta di 25 tonnellate portando il carico utile esplosivo di 1000 chilogrammi a una distanza di 320 chilometri. Durante la traiettoria raggiungeva la quota di 90 chilometri e una velocità massima 1600 metri al secondo. Il 3 ottobre 1942 la V2 otteneva il suo primo successo e nel settembre 1944 Hitler inizierà a usare la nuova arma lanciandola su Parigi e poi su Londra. Pur essendo una meraviglia della tecnologia, il missile ancora non era completamente sviluppato abbassando di conseguenza la sua efficacia. Inoltre, anche per il tardivo utilizzo, per fortuna non diventerà mai l'arma della vendetta risolutiva come il Führer aveva sperato.

Ricci, un progetto per la difesa

Durante la guerra in Italia emergerà solo un progetto elaborato privatamente da Ettore Ricci, costruttore aeronautico, assieme al fratello Umberto, nell'area di Napoli. Il suo primo velivolo, realizzato nel 1917, era un idrovolante biplano con tre motori. Attratto dall'evoluzione del volo, Ettore Ricci progettava nel 1942 un "siluro-razzo a grande gittata", come lo chiamava, battezzandolo Ricci 1942. Dalle forme avveniristiche, questo utilizzava un propulsore a propellenti liquidi (tetrossido d'azoto e benzina) con il quale intendeva superare la distanza di 4000 chilometri. Lungo 20 metri, raggiungeva la quota massima di 50 chilometri e la velocità di 7500 chilometri orari, spinto da cinque ugelli di scarico. La carica bellica era sistemata nell'ogiva e la direzione di volo, controllata da quattro ali, era effettuata automaticamente con radiocomandi. Lanciato con un'inclinazione di 45 gradi, giunto sul bersaglio il siluro-razzo cadeva verticalmente da un'altezza di 5 chilometri. Ma tutto rimase sulla carta.

Le idee di Ettore Ricci erano il canto del cigno della fase pionieristica italiana, segnandone la fine. I suoi maggiori protagonisti erano stati singoli studiosi animati da grandi passioni, ma le cui condizioni economiche, di studio e sperimentazione ponevano limiti invalicabili. Solo Gaetano Arturo Crocco e il figlio Luigi, divenuto anche lui professore all'Università di Roma, avevano imboccato la strada giusta ma il mancato sostegno da parte dello Stato aveva impedito loro di proseguire.

4.
I primi razzi italiani e due scienziati tedeschi in Italia

Conclusa la seconda guerra mondiale, il 10 febbraio 1947 l'ambasciatore italiano Antonio Meli Lupi di Soragna firmava a Parigi il trattato di pace con le potenze alleate vincitrici. Le limitazioni imposte erano notevoli, soprattutto quelle riguardanti i possibili futuri armamenti. L'articolo 51 della parte IV (seconda sezione) delle "clausole navali, militari e aeronautiche" precisava che l'Italia non poteva costruire o sperimentare armi atomiche o alcun tipo di missile autopropulso o guidato. E l'articolo successivo aggiungeva il divieto di acquisire materiale di origine o progettazione tedesca. La Germania di Hitler aveva infatti fatto volare la V2, il primo missile balistico guidato della storia progettato da Wernher von Braun, ma aveva anche realizzato una variegata serie di missili per diversi scopi. L'avanzatissima tecnologia militare era dunque un prezioso bottino di guerra per gli Alleati e doveva rimanere un desiderio proibito per l'Italia. Inoltre, il trattato impediva ai nostri scienziati di elaborare progetti o condurre studi nel nuovo campo tecnologico, che era certamente di grande interesse militare, ma offriva altresì prospettive di utili applicazioni di tipo civile.

La realtà che si era venuta a creare, inevitabile per un paese sconfitto (le limitazioni resteranno in vigore sino alla fine del 1951, quando saranno revocate) generava tuttavia il presupposto perché alcuni nostri illustri scienziati decidessero di abbandonare l'Italia cercando negli Stati Uniti più sicure prospettive. Per la verità questi nostri "cervelli" erano già così noti a livello internazionale che non dovettero aspettare molto perché venisse loro offerta l'opportunità di emigrare.

Ancora nel 1935 l'aeronautica militare fondava a Montecelio, vicino a Roma, un centro in cui ospitava la Direzione superiore studi ed esperienze, raccogliendo un'illustre eredità che la storia aveva riservato a quel luogo. Già dopo la prima guerra mondiale vi si conducevano attività sperimentali e negli anni venti era stata installata una galleria del vento a bassa velocità per studi aerodinamici. Quando Italo Balbo nel 1929 diventava ministro dell'aeronautica, al fine di promuoverne lo sviluppo stimolava la nascita a Montecelio di un grande centro studi, del quale uno dei maggiori sostenitori era stato Gaetano Arturo Crocco. Proprio lì nel 1928, collaudando un nuovo tipo di paracadute, Alessandro Guidoni, allora alla guida della Direzione superiore del genio e delle costruzioni aeronautiche, si schiantava al suolo. Con il suo nome verrà battezzata la cittadina sorta nei pressi del centro, la cui prima pietra era posta da Benito Mussolini il 27 aprile 1935, proprio nell'anniversario della morte di Guidoni, e che diventava subito famoso come il centro di Guidonia. Trascorso un biennio, nei nuovi laboratori iniziava importanti ricerche Antonio Ferri (1912-1975), uno degli allievi di Crocco.

Nato a Norcia, in provincia di Perugia, dopo la laurea in ingegneria all'Università di Roma si specializzava negli studi di frontiera del momento riguardanti le alte velocità in aviazione. A Guidonia si costruivano sei gallerie del vento per varie velocità subsoniche e per una supersonica, all'epoca una delle più grandi esistenti al mondo. La prima di questo genere era sorta nel 1936 nella base segreta tedesca di Peenemünde sul mar Baltico per studiare il volo del missile V2. I realizzatori dell'impresa italiana erano Antonio Ferri e Luigi Crocco e con essa Ferri conduceva dal 1939 al 1943 studi d'avanguardia a livello mondiale grazie ai quali l'istituzione diventava un punto di riferimento della ricerca aeronautica internazionale.

Ferri fugge da Guidonia

Dopo la caduta del fascismo il 25 aprile 1943, Ferri decideva di fuggire per entrare a far parte di un gruppo partigiano sulle montagne dell'Appennino assieme al padre Giovanni Battista, giudice della corte suprema, e ai due fratelli. Ma prima di abbandonare Guidonia danneggiava irreparabilmente gli impianti del centro rendendoli inutilizzabili. In Europa gli americani e gli inglesi avevano dato il via alle grandi operazioni per individuare gli scienziati tedeschi legati alla costruzione dei missili V2, alla possibile realizzazione della bomba atomica e a tutte le tecnologie avanzate sviluppate dal Reich. Alsos era la missione riguardante i fisici atomici, mentre le operazioni Crossbow e Paperclip erano rivolte agli esperti dei razzi.

In questo ambito si guardava anche all'Italia, per due ragioni. La prima è perché all'Università di Roma il gruppo di Enrico Fermi aveva condotto ricerche di fisica atomica con notevoli risultati, e quindi si pensava che avesse avuto scambi con i colleghi tedeschi; la seconda è che sempre a Roma, presso il centro di Guidonia e all'Università, altri studi riguardavano appunto le frontiere del volo, missili inclusi. A Firenze, inoltre, le Officine Galileo si pensava potessero essere coinvolte nella realizzazione dei sistemi di guida di eventuali razzi, mentre altre industrie del nord erano già state fornitrici dei tedeschi per alcune parti della produzione aeronautica.

Per raccogliere informazioni, incontrare gli scienziati coinvolti e valutare la possibilità di un eventuale trasferimento negli USA, in seguito a una adeguata indagine era stato inviato in Italia un agente dell'Office of Strategic Service (OSS), Moe Berg, personaggio di grande fascino e cultura, noto giocatore di baseball nella squadra dei Red Sox di Boston. Berg parlava correntemente numerose lingue, italiano compreso, si trovava a suo agio a Parigi, Londra o Bucarest e aveva già dimostrato le sue qualità di agente segreto sia in Giappone che in Sudamerica. Arrivava a Roma il 6 giugno 1944, lo stesso giorno dello sbarco in Normandia.

Qui incontrava Edoardo Amaldi e Gian Carlo Wick, che erano stati collaboratori di Enrico Fermi nel campo delle ricerche nucleari, ed entrambi gli confermavano di non aver sviluppato, nemmeno teoricamente, applicazioni militari e di non aver avuto scambi con gli scienziati tedeschi, delle cui attività in materia non conoscevano nulla. L'americano arriverà a contattare anche Luigi Crocco e poi si metterà alla caccia di Antonio Ferri, giudicato l'uomo chiave della ricerca aeronautica italiana, essendo stato alla guida della galleria supersonica di Guidonia e avendo condotto ricerche molto più avanzate di quelle fino ad allora effettuate negli Stati Uniti.

L'impresa non era facile e risultò inizialmente infruttuosa. Nel frattempo Berg andrà a Firenze e, ospitato da un partigiano di Rifredi, studierà il modo per entrare alle Officine Galileo, controllate dai tedeschi, e verificare se fossero impegnate nella costruzione di componenti per razzi o armi avanzate. Ci riuscirà con un'abile e perfetta sceneggiata nella quale, travestito da ufficiale tedesco, si fingeva inviato da Berlino per un controllo della produzione di cui era stata segnalata l'insufficienza. Berg non troverà tuttavia nulla di suo interesse. Intanto veniva a sapere che Ferri era giunto a Roma e quindi si metteva in viaggio verso la capitale, riuscendo finalmente a incontrarlo.

La caccia dei servizi segreti

I tedeschi avevano posto una taglia per la cattura dello scienziato e le SS si erano impegnate, inutilmente, per individuarne il nascondiglio. I servizi segreti inglesi e russi si erano già fatti avanti offrendogli notevoli possibilità nei loro paesi, ma Ferri non accettava. Analogo rifiuto manifestava nel primo incontro con l'agente americano, il quale riceveva nel frattempo dal direttore della NACA (National Advisory Committee for Aeronautics, poi diventata NASA nel 1958) l'ordine di convincere senza alternativa lo scienziato italiano a trasferirsi in America. Ci riuscirà il mese successivo, in settembre, anche se il patto prevedeva inizialmente un soggiorno di soli novanta giorni. Per agevolare e accelerare l'operazione il comandante dell'OSS (Office of Strategic Services), il generale William Donovan, chiedeva l'intervento anche del presidente Roosevelt. Così Ferri partiva da Caserta con un aereo militare ed entrava nei ranghi del centro di ricerca di Langley, in Virginia, diventando poi direttore del laboratorio aerospaziale del Politecnico di New York. La sua presenza consentirà di accelerare la conquista del volo supersonico nel 1947 ed egli diventerà in seguito uno degli scienziati coinvolti dai programmi spaziali.

Luigi Crocco, invece, nel 1947 andrà in Francia per lavorare con il ministero della difesa, nella Direction des études et fabrications d'armament. Qui partecipava a esperimenti per l'applicazione del nitrometano alla propulsione a razzo, sviluppando per il suo impiego una camera di combustione. Due anni più tardi, però, anche lui prenderà la strada verso gli Stati Uniti, diventando professore di propulsione aerospaziale al Dipartimento di ingegneria aeronautica dell'Università di Princeton. Lo scienziato italiano con le sue ricerche offriva importanti contributi alla teoria dell'instabilità nella propulsione a razzo, all'aerodinamica, alla gasdinamica e un teorema porta addirittura il suo nome. Grazie ai risultati conseguiti collaborava con varie società statunitensi e con la NASA nello sviluppo del motore F1, di cui era dotato il primo stadio del grande razzo Saturno V con cui gli americani conquistavano la Luna. Diventato cittadino americano, dirigerà il Guggenheim Jet Propulsion Center, ma alla fine degli anni sessanta rientrerà in Europa per ragioni familiari e insegnerà a Parigi alla Faculté des sciences. Ritornerà infine in Italia, dove era nato a Palermo il 2 febbraio 1909, e si spegnerà a Roma il 19 novembre 1986.

Nell'Italia del dopoguerra, mentre alcuni cervelli eccellenti sceglievano di emigrare negli Stati Uniti, dal 1947 i governi presieduti da Alcide De Gasperi erano impegnati nella ricostruzione di un paese distrutto, cercando nello stesso tempo di avviarlo verso una trasformazione che potesse farlo uscire da quello stadio di sottosviluppo in cui si trovava, in buona parte, già allo scoppio del conflitto. Una sfida ardua che richiedeva il coraggio di scelte politiche difficili, capaci di migliorare prima di tutto le disastrate condizioni sociali della maggior parte della popolazione. A partire dal 1950 la situazione si mostrava già in fase di recupero e l'economia si preparava a innescare una rapida crescita, che avrebbe segnato una fase brillante della nostra storia economica, anche se di breve durata.

CISE e ricerca nucleare a Milano

Il mondo della ricerca, dopo la rifondazione del CNR si impegnava ad avviare attività nei vari settori. L'industria aveva due riferimenti: la FIAT a Torino per la meccanica e le automobili, e la Montecatini a Milano per la chimica. Emergeva subito in modo prevalente un notevole interesse per la fisica nucleare, sia per la tradizione lasciata dalla scuola romana di Enrico Fermi, guidata ora da Edoardo Amaldi, sia per le possibili applicazioni pratiche soprattutto in campo energetico derivate dall'utilizzo dell'"atomo pacifico". A quest'ultima prospettiva, inoltre, si aggiungevano anche degli obiettivi di natura militare.

Per tali ragioni già nel 1946 veniva fondato a Milano il CISE, ovvero il Centro informazioni studi esperienze, un nome ambiguo che nascondeva una realtà di indagini nel campo delle applicazioni atomiche, e che serviva a scavalcare gli impedimenti posti dal trattato di pace, il quale impediva esplorazioni di potenziale interesse per la difesa. Il CISE comunque, finanziato anche dalle industrie, guardava soprattutto alle realizzazioni civili, come avveniva in altri paesi, mirando alla costruzione di reattori atomici per centrali produttrici di energia elettrica. Le iniziative evolvevano però rapidamente e nel 1951, dietro spinta di Edoardo Amaldi e Gilberto Bernardini, nasceva l'Istituto nazionale di fisica nucleare, per occuparsi di scienza di base legata soprattutto alla fisica delle particelle, mentre l'anno successivo si istituiva il Comitato nazionale di ricerche nucleari (CNRN), legato al Consiglio nazionale delle ricerche, allo scopo di gestire e orientare la tecnologia delle applicazioni. Ciò creerà un conflitto con il CISE, rimasto in parte privato, che non agevolerà il settore nascente.

Gli interessi internazionali e nazionali in questa direzione erano notevoli, tanto che a Roma nel marzo 1957, assieme alla firma per la nascita della Comunità economica europea, si firmerà pure la costituzione dell'EURATOM, cioè il trattato che darà vita alla Comunità europea dell'energia atomica di cui anche l'Italia farà parte. L'iniziativa era conseguenza della conferenza "Atomi per la pace" organizzata a Ginevra dalle Nazioni unite proprio al fine di promuovere l'utilizzo della nuova fonte, che allora si mostrava quasi miracolosa. In questo contesto nella seconda metà degli anni cinquanta l'Italia installerà a Ispra (Varese) il suo primo reattore nucleare sperimentale CP5 da 5 MW della American Car and Foundry Company. Appena completato nel 1959 sarà ceduto all'EURATOM assieme al Centro ricerche di Ispra in cui era ospitato.

L'altra direzione in cui si agiva con grande interesse per motivi industriali e di difesa riguardava l'aeronautica. Bisognava recuperare conoscenze e tecnologie sviluppandone di nuove. Il problema riguardava l'intera Europa del dopoguerra e se ne rendevano conto per primi gli americani, interessati a rafforzare le possibilità del Vecchio continente, che era il primo baluardo di difesa ai confini dell'Unione Sovietica, ormai nemico dichiarato della Guerra fredda. A tal fine nel 1950 si costituiva la NATO (North Atlantic Treaty Organisation) e nello stesso anno Lloyd V. Berkner, assistente speciale del segretario di stato americano per il programma di assistenza militare, era autore di un rapporto noto come Piano Marshall per la scienza rivolto all'Europa, nel quale proprio la scienza diventata strumento di politica estera oltre che di progresso sociale e di rafforzamento economico.

Mobilitazione atlantica per la scienza

A condividere una "mobilitazione atlantica" scientifico-tecnologica interveniva un grande scienziato di origini ungheresi, Theodore von Kármán, approdato negli Stati Uniti nel 1929 dopo essere diventato una celebrità in Germania dirigendo l'Istituto di aerodinamica di Aachen. Per incarico dell'aviazione militare von Kármán aveva preparato in quegli anni un rapporto sugli sviluppi tecnologici futuri, indicando le vie da percorrere nella ricerca per conquistare la superiorità tecnologica e militare. Negli USA aveva diretto il laboratorio aeronautico Guggenheim del California Institute of Technology, in California, e aveva avviato le prime sperimentazioni in campo missilistico: era insomma il cervello di riferimento per i nuovi progetti aerospaziali della difesa. Questi orientamenti, sostenuti da autorevoli e accreditati personaggi, portavano alla costituzione nell'ambito dell'Alleanza atlantica di un organismo, l'AGARD (Advisory Group for Aerospace Research and Development), per promuovere la ricerca scientifica e tecnologica nei paesi europei in quel campo.

Il primo passo si compiva nella riunione tenuta a Washington nel febbraio 1951 tra i delegati di Stati Uniti, Canada, Danimarca, Francia, Gran Bretagna, Olanda e Italia. Il nostro paese era rappresentato dal professor Luigi Broglio dell'Università di Roma e ufficiale del genio aeronautico, e da Franco Fiorio, addetto militare all'ambasciata italiana a Washington. La prima assemblea dell'AGARD aveva invece luogo a Parigi nel maggio 1952 e per l'Italia c'erano l'ingegner Giuseppe Gabrielli, responsabile della divisione aviazione della FIAT, e il generale Carlo Alippi dell'aeronautica militare; la seconda si tenne invece a Roma nel dicembre seguente. Qui i lavori, aperti da Gustavo Colonnetti, presidente del CNR, e da Enrico Pistolesi, dell'Associazione italiana di aerotecnica, vedevano protagonisti in particolare Gaetano Arturo Crocco ed Edoardo Amaldi, che approfittò dell'occasione per esporre le sue idee sulla creazione di un organismo europeo dedicato alla ricerca spaziale. Gli incontri aprirono inoltre la possibilità di scambi di personale, per cui diversi tecnici italiani andarono negli Stati Uniti per periodi di formazione.

Primo presidente dell'AGARD era nominato il suo fondatore, Theodore von Kármán, il quale manteneva uno stretto rapporto con l'ingegner Giuseppe Gabrielli, suo allievo ad Aachen. Tutto ciò fu particolarmente utile negli sviluppi successivi delle vicende aerospaziali italiane. La prima dimostrazione si coglieva quando la FIAT partecipava alla gara per realizzare un caccia tattico europeo, sviluppando una macchina che beneficiava delle conoscenze e dei buoni rapporti con gli Stati Uniti. Il risultato era il G91, un velivolo di buone qualità progettato da Gabrielli (fece il primo volo nel 1956) che vinceva la gara ed entrava anche nelle linee dall'aviazione tedesca. Gabrielli, tra l'altro, aveva sposato Lidia, figlia di Gaetano Arturo Crocco e sorella di Luigi Crocco, e quindi aveva uno stretto rapporto con le frontiere di ricerca nell'aeronautica.

In parallelo a queste vicende verso la fine degli anni quaranta, pur tra i vincoli e le limitazioni imposte dai trattati, nella marina cresceva l'interesse a esplorare la tecnologia dei razzi per eventuali applicazioni. Tutto il mondo militare, del resto, dopo le dimostrazioni della V2 tedesca ne coglievano l'importanza come arma del futuro. E se il trattato di pace impediva di importare dalla Germania materiali bellici, formalmente non ostacolava l'invito a scienziati tedeschi a collaborare.

L'ingaggio del professor Hermann Oberth

Così il capo di stato maggiore della marina, l'ammiraglio di squadra Emilio Ferreri, con l'approvazione del ministro della difesa Randolfo Pacciardi, autorizzava addirittura l'ingaggio di uno dei padri dell'astronautica, il professor Hermann Oberth, che era stato agli inizi degli anni trenta il maestro di Wernher von Braun, il creatore della V2. Tutto però avveniva nella massima segretezza, tanto che molte pratiche burocratiche erano evitate proprio per impedire il diffondersi della notizia.

Nella primavera del 1950 il generale del genio navale Sergio Pellegrini, a capo della Commissione permanente per gli esperimenti del materiale da guerra della marina militare (MARIPERMAN), riusciva a prendere contatti con Oberth, emigrato alla fine della seconda guerra mondiale a Oberried, sul lago svizzero di Brienz, dove lavorava come consulente per la fabbrica di fuochi artificiali di Hans Hemberger. L'invito della marina significava per lo scienziato tedesco la possibilità di tornare a occuparsi concretamente di propulsione spaziale, anche se limitata ai razzi militari, e quindi egli accettava la proposta di realizzare un sistema di lancio sviluppando le tecnologie necessarie. Tutto era codificato in un accordo preliminare il 30 maggio a Oberried, dopo lunghe trattative e vari incontri a Lugano e Lucerna. Nei mesi seguenti tale accordo subiva degli ampliamenti diventando prima, il 25 ottobre 1950, una convenzione più dettagliata e infine un vero contratto, sottoscritto il 22 febbraio 1951.

L'impegno era notevole e si presentava come una vera sfida sia per Oberth che per la marina militare, la quale riponeva molta fiducia in lui, dimostrando però di aver valutato in modo inadeguato le sue capacità realizzative e la sua storia personale. In pratica a La Spezia lo scienziato riprendeva le ricerche che aveva condotto negli ultimi anni di guerra vicino a Wittenberg, nei laboratori della WASAG, società produttrice di esplosivi, e che erano relative a razzi antiaerei a propellente solido.

In base all'accordo Oberth si trasferiva nella città ligure con la moglie Mathilda e con la terza figlia Erna, accompagnata dal marito Karl Markstaller. Qui si "impegnava a eseguire presso uno stabilimento di lavoro della marina militare da destinarsi da parte del ministero, studi ed esperienze intesi a mettere a punto alcuni suoi ritrovati precisati nell'appendice tecnica della convenzione ma che non viene ad essa allegata per ragioni di segreto militare".

Quattro erano gli obiettivi concordati, in base al raggiungimento dei quali sarebbero stati anche versati i 660 mila franchi svizzeri di compenso a seguito della realizzazione di due prototipi di razzi. Il primo obiettivo e il più importante riguardava la messa a punto di una miscela di propellente solido a base di nitrato d'ammonio. Gli altri erano legati a un sistema di regolazione della propulsione, alla messa a punto di un materiale con cui costruire il razzo che si polverizzava nell'aria dopo l'uso e infine a un sistema di teleguida a mezzo radio. Tutto era racchiuso nel "Progetto Lago", mantenuto segretissimo e che si sarebbe dovuto realizzare in 12 mesi.

Una casa a La Spezia

Così Oberth agli inizi del 1951 prendeva casa a La Spezia, in via Verdi 4, e mentre la marina predisponeva i laboratori a Lochi, nella polveriera di Vallegrande, e le installazioni sperimentali nel siluripedio di Punta Castagna, in prossimità di Porto Venere, lo scienziato organizzava la sua équipe che arriverà a coinvolgere fino a otto persone, tutti tecnici tedeschi. Tra questi c'era anche il figlio Adolf, che arrivava a La Spezia nell'ottobre 1952 dopo aver conseguito la laurea in chimica all'Università di Monaco di Baviera.

Le ricerche erano seguite, assistite e controllate giorno per giorno da Enzo Brandimarte, chimico capo e direttore dell'Istituto di chimica degli esplosivi della Commissione permanente per gli esperimenti del materiale da guerra. Nell'autunno 1951 gli impianti necessari erano completati e Oberth comunicava di poter iniziare dal 1° ottobre il periodo di un anno di attività pattuito. Dopo un tranquillo avvio, i lavori proseguivano con alterne fortune. Alcuni test funzionavano, però di frequente si verificavano difficoltà tecniche e persino qualche esplosione, che per fortuna non provocava danni gravi o vittime ma sicuramente degli slittamenti sul programma. Oberth, peraltro, non si curava molto della tempistica, dimostrandosi più interessato ai complessi aspetti scientifici e ai problemi tecnologici da superare.

A creare complicazioni intervenivano inoltre vicende personali con il genero, nate soprattutto dal suo carattere non facile. Egli lo accusava addirittura di furto e non mancava uno spiacevole strascico giudiziario. A ciò si aggiungevano ogni tanto discussioni sui pagamenti in ritardo della marina, insoddisfazioni per alcune coperture di spese non effettuate e, a suo dire, concordate invece in Svizzera: il clima nei rapporti con i comandi da Roma non era quindi sempre idilliaco.

In realtà, alla base dell'irrequietezza c'era una sfida difficile da vincere. Oberth, eccellente scienziato, era soprattutto un teorico, un visionario, scarsamente dotato di capacità ingegneristiche e il team che aveva creato non suppliva a queste mancanze rivelandosi non all'altezza del compito.

Nel settembre 1952 il contrammiraglio Francesco Tallarico dello stato maggiore della marina scriveva al generale Pellegrini informandolo di aver saputo da "fonti indirette" che Oberth stava cercando un altro lavoro presso una società americana, e chiedendogli di investigare. Ma Pellegrini gli rispondeva di non essere sorpreso, non tanto perché lo scienziato era prossimo a concludere il suo lavoro come il contratto stabiliva, ma proprio perché non si sentiva in grado di completarlo: "È comprensibile," scrive, "come il professor Oberth che ben conosce i suoi impegni e sa che non potrà mantenerli si preoccupi di trovarsi un'altra occupazione."

La marina scioglie il contratto

Nel dicembre 1952 la commissione di controllo valutava il lavoro svolto nell'anno concordato e, rilevando i limiti dell'opera compiuta ma non escludendo del tutto che si arrivasse a qualcosa di utile, concedeva una proroga di quattro mesi, a conclusione dei quali Oberth consegnava una relazione sulle sue ricerche e sui risultati ottenuti soddisfacendo "meno di un terzo degli impegni assunti per contratto," scrive Brandimarte. Nessun razzo era mai riuscito a volare. Il seguente 17 febbraio si proponeva allo stato maggiore della marina la rescissione del contratto. Così avveniva e Hermann Oberth scioglieva la squadra rientrando in Germania, a Feucht, nella casa di famiglia. Nessun altra società privata lo arruolava più per effettuare studi.

Un paio d'anni più tardi, nel 1955, Wernher von Braun, alla guida degli scienziati che all'arsenale Redstone di Huntsville, in Alabama, stavano realizzando nuovi missili per l'esercito americano, lo invitava a raggiungerlo per collaborare allo sviluppo di strategie future. Ma anche qui la permanenza sarà breve e dopo un triennio egli tornerà a casa in Germania.

La fine dell'esperienza di Oberth non arrestava comunque l'interesse dalla marina militare per la missilistica, che si manifestava contemporaneamente in altre forme. Infatti, mentre finanziava l'esperto tedesco, stava pure seguendo le ricerche di un italiano da tempo impegnato in questi studi. Nel settembre 1951 il generale Sergio Pellegrini si trovava al Poligono di tiro di Torre del Lago a Viareggio, dove assieme ad altri ufficiali di marina assisteva alle prove di lancio del razzo AR-2 dell'ingegner Aurelio Robotti.

Robotti aveva iniziato le ricerche sulla propulsione già nel 1941, mentre era nel genio aeronautico. Al centro di Guidonia sperimentava grani di polvere nera, progettava micro cariche a razzo per proiettili e disegnava la Aviobomba Robotti, funzionante con un propulsore a propellenti liquidi e che doveva essere costruita dall'Ansaldo di Genova. L'armistizio troncava tuttavia ogni attività e Robotti conduceva vita clandestina fino al giugno 1944, quando gli alleati entravano in Roma. In quei mesi riusciva però a mantenere i contatti con il capitano delle armi navali, l'ingegner A. Barontini, per sviluppare un sistema a razzo in grado di frenare l'effetto di rinculo sulle armi installate a bordo degli aeroplani. Tornato in servizio allo stato maggiore dell'aeronautica come ufficiale nell'ufficio informazioni doveva limitarsi a scrivere bollettini e quindi nel marzo 1949 dava le dimissioni. Voleva riprendere le ricerche sui razzi e a tal fine creava la piccola società TECO, che mirava anche ad applicazioni pratiche sempre nel campo dei razzi. Nasceva così il progetto di un missile contraereo teleguidato funzionante a ossigeno liquido e ad alcol etilico battezzato AR-1, dalle iniziali del suo nome. Lo presentava allo stato maggiore dell'aeronautica ma le clausule del trattato di pace proibivano simili realizzazioni. Allora decideva di proseguire con motori a razzo più piccoli, le cui spese di costruzione erano sostenibili dai ristretti bilanci della società e che egli sperimentava su un banco di prova allestito alla periferia di Torino. Era in quei mesi che prendeva forma il razzo AR-2 con la collaborazione temporanea del professor Corrado Casci del Politecnico di Milano. Ma il nuovo razzo a propellenti liquidi aveva bisogno di un piccolo razzo a propellenti solidi che lo doveva accelerare nella fase iniziale della traiettoria, ed era per questo che nella primavera del 1951 Robotti si rivolgeva al ministero della marina ottenendo l'appoggio del colonnello delle armi navali V. Re, che garantiva una piccola commessa e forniva il propellente solido necessario. I test a Torre del Lago davanti agli occhi del generale Pellegrini e successivamente a Punta Castagna vicino a La Spezia, dove stava lavorando Hermann Oberth, non davano però i risultati promessi e la marina ritirava il suo sostegno.

Robotti e il primo razzo italiano

Ma gli esperimenti erano utili a Robotti per capire come perfezionare il progetto. Nell'aprile 1952 il prototipo del motore AR-3 (figura 2) era pronto e lo collaudava in laboratorio. "Finalmente, il 9 maggio 1952 effettuai una prova di lancio," scriveva nei suoi diari, "al pian della Mussa, nell'alta val di Lanzo. Il missile, lanciato con una inclinazione di 80 gradi, si

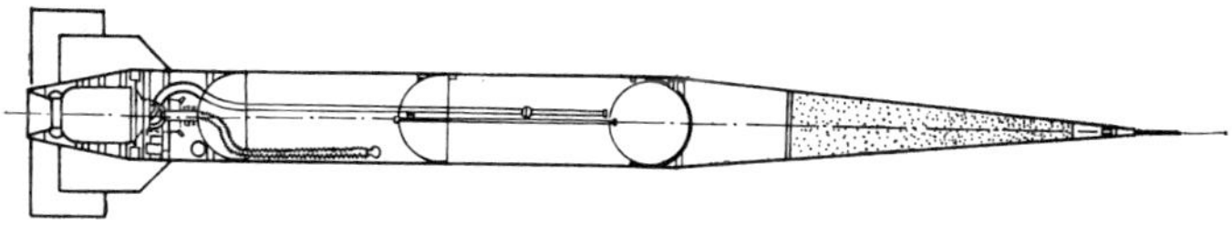

Figura 2

alzò per alcune centinaia di metri e poi inclinò la sua traiettoria scomparendo dietro un'altura. Fu per me un gran giorno sia perché era certamente la prima volta che un razzo a propellenti liquidi si staccava da terra in Italia, sia perché avevo la conferma che il principio della auto alimentazione era fondato e degno di sviluppo." I propellenti usati erano acido nitrico e anilina. Seguirono mesi di intenso lavoro di perfezionamento, finché invitava una commissione del ministero dell'aeronautica ad assistere a prove di laboratorio e a un lancio. Così il 7 ottobre il tenente colonnello professor Cesare Cremona, accompagnato dal tenente colonnello C. Cao e da un operatore cinematografico, giungevano a Torino e seguivano due test e una prova di lancio al Pian della Mussa. L'esito era buono e l'aeronautica nell'estate successiva commissionava a Robotti la realizzazione di trenta razzi sperimentali AR-3. Questi era però consapevole di dover migliorare ancora il suo progetto e quindi costruiva AR-4 e il 13 maggio 1954 si trovava sulla rampa di lancio mentre a distanza di sicurezza la commissione dell'aeronautica, sempre guidata dal professor Cremona, seguiva i lavori. In sette giorni si effettuavano venti lanci, tutti con successo, e il razzo, nell'autunno dello stesso anno, veniva esposto al Salone della tecnica di Torino.

Per proseguire con missili più potenti che potessero trovare impiego nelle forze armate era però necessario andare oltre. Ma le risorse della TECO a questo punto non erano sufficienti. Avendo però dimostrato di essere sulla buona strada, nella primavera 1954 chiedeva e otteneva dall'aeronautica una commessa per un razzo con capacità più rilevanti chiamato AR-15, da realizzare negli stabilimenti della società Whitehead-Motofides di Livorno usufruendo di impianti e metodi di produzione meno artigianali. Il risultato non mancava, come dimostravano le prime prove al banco nel maggio 1956 seguite da una commissione con rappresentanti di tutte le forze armate, aeronautica, esercito e marina. Date le dimensioni del nuovo razzo i lanci venivano effettuati dal più grande poligono interforze di Salto di Quirra in Sardegna e a uno di questi test nel marzo 1957 assisteva l'ammiraglio americano Briscoe, comandante della flotta NATO nel Mediterraneo. Tutto sembrava andare per il meglio, ma dalle analisi compiute emergeva un dato negativo: a fine combustione l'AR-15 non raggiungeva la velocità stabilita dal contratto. Robotti individuerà le cause del problema, correggendole, ma la commessa non avrà seguito. Complessivamente effettuava circa cinquanta lanci delle diverse versioni dei suoi razzi. Nel frattempo lo scienziato otteneva una cattedra al Politecnico di Torino, dove si era laureato in ingegneria aeronautica nel 1937. E dal 1960 iniziava qui a sperimentare con i fondi del Consiglio nazionale delle ricerche un propulsore elettrico ad arcogetto per impieghi spaziali, oltre a continuare i suoi studi sulla propulsione chimica. Negli anni seguenti i suoi interessi si estenderanno anche alle tecnologie per lo sfruttamento dell'energia solare. Lo incontrai l'ultima volta nella sua casa di via Assarotti a Torino agli inizi degli anni novanta, dove viveva solo. L'appartamento era spoglio e vuoto: pochi mobili, qualche giornale e le finestre semichiuse. "Ho appena eliminato tutte le mie carte," mi disse con l'aria fredda e distaccata di chi ha chiuso con gli interessi della vita. Nell'estate 1994 moriva a 81 anni, completamente dimenticato anche dalla sua città.

Sommergibile e nave nucleare per la marina

Tornando al 1956, nel frattempo la commissione della marina che aveva gestito le attività di Hermann Oberth chiedeva al suo Istituto di chimica degli esplosivi di riesaminare le indagini svolte dallo scienziato tedesco, avviando una nuova serie di esperienze per mettere a punto una miscela propellente per razzi battezzata "miscela gamma" a base di perclorato ammonico, di gomme sintetiche (tioplasti) e opportuni additivi, e poi di idruri alcalini.

L'iniziativa durerà sino al 1962 e, pur non consentendo l'avvio di alcuna produzione, si rivelerà utile per acquisire esperienza e competenza nel campo dei propellenti, che saranno utilizzati in seguito nei missili della forza navale, determinata negli anni cinquanta e sessanta ad acquisire nuovi sistemi d'arma. Ma non era la sola, perché tra il 1957 e il 1958 lo stesso governo attraverso il ministro della difesa Paolo Emilio Taviani condivideva con Germania e Francia il piano di una collaborazione nucleare militare al fine di sviluppare una bomba atomica europea. L'ipotesi cadeva però rapidamente per il veto posto da Washington; e quello non era l'ultimo. I tentativi proseguivano su altri fronti e alla fine degli anni cinquanta si annunciava in senato la costruzione del sommergibile nucleare *Guglielmo Marconi*, ma i colloqui tra il ministro della difesa Giulio Andreotti e il segretario alla difesa americano McNamara facevano fallire il progetto, perché gli USA non condividevano il progetto italiano. Allora seguirà il piano per la costruzione della nave nucleare *Enrico Fermi* da realizzarsi con la collaborazione di CNEN, FIAT e Ansaldo, ma anche questa idea tramonterà dopo notevoli resistenze americane. Infine, altrettanto sfortunato si rivelerà l'impegno a dotare l'incrociatore *Giuseppe Garibaldi*, pronto alla fine del 1961, di quattro tubi per lanciare i missili Polaris statunitensi. Solo un'altra nave al mondo, la *USS Long Beach*, veniva attrezzata a tale scopo. I missili Polaris, tuttavia, non sarebbero mai stati forniti per due ragioni. In primo luogo perché il Pentagono, strategicamente, preferì dotare con la nuova arma invece delle navi i suoi sottomarini, i quali godevano di una capacità di manovra e di un'invisibilità ben superiore ai battelli di superficie. In secondo luogo perché l'Italia rientrava nelle vicende di politica internazionale della crisi di Cuba.

Con l'insediamento di Amintore Fanfani alla presidenza del consiglio nel luglio 1958 (era il secondo governo Fanfani: il primo nel 1954 era sopravvissuto appena 20 giorni) si cominciava ad agire sul fronte della politica estera, fino ad allora quasi inesistente. Fanfani aveva una visione più ampia rispetto ai predecessori e ricordava che uno degli scopi più importanti della politica estera del paese era di "inserire sempre meglio e sempre più apertamente e profondamente l'Italia nei commerci e nella vita economica del mondo". Pur rimanendo fedeli all'Alleanza atlantica era così possibile compiere ulteriori progressi "per consolidare e conquistare nuovi sbocchi ai nostri tecnici, al nostro lavoro e ai nostri prodotti". Egli ne era estremamente convinto, tanto da ricoprire, oltre all'incarico di premier, anche quello di ministro degli esteri.

Fanfani e il boom economico

Fanfani cominciò allora a far sentire la sua voce in relazione ai paesi del Mediterraneo, mostrando aperture al mondo arabo e all'Europa orientale. Chiedeva, inoltre, una presenza più concreta alle Nazioni unite, ritenendo necessario un impegno italiano nei negoziati per il disarmo e per l'uso pacifico dell'energia nucleare. Consapevole delle abissali carenze delle strutture del paese, attribuiva particolare importanza alla "massima integrazione possibile dell'economia nazionale nell'economia mondiale, con larghi scambi di beni, di servizi, di capitali, di lavoro".

Si era allora nella fase di grande sviluppo, a cavallo del cosiddetto "boom economico". Protagonisti della scena erano personaggi come Enrico Mattei, caratterizzati da orizzonti economici ed energetici internazionali, mentre la FIAT discuteva con i sovietici per concludere l'accordo che sarebbe poi stato firmato nel 1965 per la fabbrica di Togliattigrad. Tra il 1958 e il 1963 l'Italia viveva il "miracolo economico": l'industria, le costruzioni, le esportazioni e gli investimenti crescevano a un ritmo tra il 9 e l'11% all'anno, aprendo sempre più il paese agli scambi con l'estero.

Questo quadro di attivismo politico oltre i confini, tra est e ovest, tra il sud e la nuova Europa, era sostenuto da un certo riarmo, giudicato evidentemente essenziale. I progetti atomici e missilistici della marina iniziavano proprio nel luglio 1958, quando Fanfani si recava a Washington incontrando il presidente Dwight Eisenhower per discutere della crisi mediorientale in atto. In quell'occasione, tuttavia, emergeva un altro tema per interesse reciproco dei due presidenti e riguardava l'installazione dei missili nucleari a raggio intermedio Jupiter nell'ambito dell'Alleanza atlantica.

Dopo che i sovietici con il lancio del primo Sputnik nell'ottobre 1957 avevano dimostrato di possedere un vettore strategico in grado di colpire l'America, Washington cercava di costruire un argine in grado di rappresentare una minaccia ravvicinata per Mosca e che consentisse quindi di riequilibrare almeno parzialmente le posizioni. Fanfani accettava la proposta e grazie a questa decisione l'Italia assumeva un ruolo di leadership, perché nessun altro paese europeo aveva ancora dato il proprio consenso. In quegli anni l'esercito italiano si era inoltre dotato dei missili tattici americani Honest John, la cui portata limitata raggiungeva una cinquantina di chilometri.

I Jupiter, invece, con la loro gittata di 2500 chilometri erano un'arma politica e costituivano il primo scudo protettivo nello schieramento della Guerra fredda, dato che garantivano la possibilità, partendo dall'Italia, di condurre l'offesa ben all'interno dell'Unione Sovietica e dei suoi paesi amici. La Turchia condividerà la stessa scelta italiana.

L'accordo per i missili in Puglia

Nel marzo 1959 veniva quindi firmato un accordo tra Roma e Washington con il quale, senza troppa enfasi per evitare reazioni politiche interne soprattutto da parte comunista, venivano installati tra Puglia e Basilicata 30 missili Jupiter intorno a un nuovo comando creato a Gioia del Colle, che riuniva e governava il nuovo sistema nell'ambito della 36ª brigata aerea di interdizione strategica. Quest'ultima era suddivisa in 10 gruppi, ognuno dei quali era dotato di tre missili Jupiter con testata termonucleare. L'Italia forniva le infrastrutture in cui ospitare gli impianti e tutto il resto doveva essere garantito dagli USA senza costo alcuno, compresa la formazione dei tecnici che dovevano operare assieme ai colleghi statunitensi. Il potere di lancio era condiviso tra comandanti italiani e americani, grazie alla famosa "doppia chiave". La brigata veniva aperta il 23 aprile 1960 sull'aeroporto militare Antonio Ramirez di Gioia del Colle e il suo primo comandante era il generale Giulio Cesare Graziani, illustre aerosilurante durante la seconda guerra mondiale e medaglia d'oro al valor militare.

Il missile Jupiter a propellenti liquidi era stato sviluppato dal gruppo di Wernher von Braun nell'arsenale Redstone in Alabama e poteva essere considerato l'ultima evoluzione della tecnologia inaugurata dallo stesso von Braun a Peenemünde con la V2 tedesca e proseguita poi con il missile Redstone per l'US Army.

Per l'aeronautica italiana l'operazione diventò una palestra tecnologica di grande valore, venendo a contatto con un mondo missilistico avanzato sia nelle conoscenze sia nella sua gestione oltre che negli strumenti, e da cui trarrà successivi preziosi benefici. I missili Jupiter nel sud Italia e i missili Polaris imbarcati sull'incrociatore *Garibaldi* facevano appunto parte della strategia del governo per conquistare un ruolo di spicco nell'Alleanza atlantica e quindi nella politica internazionale.

Ma la crisi di Cuba scoppiata nell'ottobre 1962 e la nuova presidenza di John Kennedy alla Casa bianca cambiavano lo scenario. Il confronto tra Kennedy e il leader sovietico Nikita Chruščëv, che aveva installato i missili SAM nell'isola di Fidel Castro portando l'Occidente sulla soglia di una guerra nucleare, si risolse con un accordo segreto che prevedeva, da parte americana, lo smantellamento delle rampe degli Jupiter in Italia e in Turchia. Così accadde nel 1963, dopo tre anni di attività. Tuttavia l'esperienza accumulata nella tecnologia si rivelerà utile.

Mentre tutto ciò si svolgeva tra politica e difesa, nell'ambito scientifico internazionale stava maturando un progetto che avrebbe creato le condizioni per la nascita dell'esplorazione spaziale a livello internazionale. Nel luglio 1957 sessantasette nazioni davano il via all'Anno geofisico internazionale (IGY), mobilitando migliaia di scienziati in vari campi. L'iniziativa partiva dall'International Council of Scientific Unions e faceva seguito alle precedenti operazioni degli Anni polari avvenute nel 1882 e nel 1932 per studiare globalmente le condizioni della Terra. Lo sviluppo tecnologico emerso dalla seconda guerra mondiale aveva messo a disposizione nuovi e più potenti mezzi di indagine come razzi, radar e computer, e quindi era giunta l'occasione per impiegarli a fini scientifici.

In un discorso alla radio il 30 giugno 1957 il presidente Dwight Eisenhower sottolineava però anche l'importanza politica dell'evento nel critico momento della Guerra fredda. "Il risultato più importante dell'Anno geofisico internazionale," diceva, "è la dimostrazione della capacità dei popoli di tutte le nazioni di lavorare insieme armoniosamente per il bene comune. Esprimo la speranza che ciò possa diventare una pratica comune in tutti i campi dell'attività umana." In realtà, con la scienza la politica cercava qualche volta di coprire l'incapacità di compiere passi avanti utili all'umanità, limitandosi a esprimere speranze.

A Roma il comitato dell'Anno geofisico internazionale

Il 4 ottobre 1954 il comitato internazionale creato per gestire l'IGY, riunito a Roma, adottava una risoluzione proposta dagli Stati Uniti che prevedeva il lancio di un satellite artificiale accendendo la corsa allo spazio. Nel luglio dell'anno seguente il presidente americano annuncerà l'approvazione del progetto, che non doveva comunque interferire con la realizzazione dei missili per la difesa. Non passerà nemmeno una settimana e il 2 agosto, durante il congresso della Federazione astronautica internazionale a Copenhagen, in Danimarca, Leonid Sedov, che era a capo del primo organismo sovietico creato per lo spazio (Commissione per il lavoro di coordinamento e controllo nel campo dell'organizzazione e della realizzazione delle comunicazioni interplanetarie), aggiungeva che "la realizzazione del progetto di un satellite [sovietico, *N.d.A.*] era da aspettarsi nel futuro vicino".

Anche gli ambienti scientifici italiani si erano mobilitati per l'Anno geofisico internazionale già da 1954, istituendo una commissione nazionale (CNIAGI) gestita dal CNR con un pesante coinvolgimento dell'aeronautica militare. Tutto ciò che riguardava l'atmosfera era allora competenza di quest'ultima che era interessata e responsabile soprattutto alle previsioni meteorologiche connesse al volo degli aerei militari e civili. Parte della sua rete di stazioni era coinvolta nelle rilevazioni ambientali. La marina militare aveva messo a disposizione tre navi per ricerche oceanografiche, il ministero delle telecomunicazioni organizzò servizi rapidi di trasmissione, l'Istituto nazionale di geofisica aveva gruppi di studio impegnati sul geomagnetismo, sulla fisica ionosferica, sulla sismologia. A questi si aggiungeva il "gruppo raggi cosmici" coordinato da Edoardo Amaldi dell'Università di Roma. Complessivamente 90 stazioni e osservatori di 29 istituzioni partecipavano a 12 dei 14 gruppi di ricerca internazionali organizzati dall'IGY.

L'allestimento e poi l'attività condotta in questo ambito nella seconda metà degli anni cinquanta avrebbero creato le premesse e favorito l'interesse per iniziative in campo spaziale, che proprio con l'IGY si erano materializzate dopo decenni di prospettive vissute solo nei racconti di fantascienza.

A rafforzare gli interessi in questa direzione certamente contribuiva nel 1956 anche un evento internazionale organizzato a Roma il 15 settembre. Per la prima volta, infatti, si teneva in Italia il VII Congresso della Federazione astronautica internazionale (IAF), il massimo consesso che riuniva tutti gli specialisti scientifici e tecnologici impegnati nel settore, anche se allora era soprattutto legato alla missilistica e solo in prospettiva al mondo dei satelliti e ad altre futuribili realizzazioni. Tale importante congresso era organizzato dall'Associazione italiana razzi (AIR), che era stata fondata nel 1951 da Gaetano Arturo Crocco con l'adesione dei primi esperti italiani della disciplina.

Crocco e l'orbita per Marte

In quest'occasione Crocco, ormai ottantenne, presentava la memoria dal titolo *Giro esplorativo di un anno Terra-Marte-Venere-Terra*, basata sullo sfruttamento del campo gravitazionale di Marte e di Venere per ridurre i tempi del viaggio. Il suo studio si rivelava importante ed era un primo contributo alla famosa manovra di "gravity assist" o "swing-by" che la NASA iniziò a utilizzare a partire dagli anni sessanta in alcune missioni interplanetarie. Con essa si sfruttava la forza gravitazionale di un pianeta attraverso un transito vicino opportunamente calcolato, che serviva a rilanciare la sonda verso la meta successiva; era una sferzata di energia che consentiva esplorazioni più in profondità nel sistema solare. Lo studio rimase famoso e a esso gli americani si riferivano come Crocco Mission e Crocco's Multiplanet Trajectory. Per Crocco fu l'ultimo, ma ancora una volta rilevante, contributo alla nascente scienza spaziale.

A testimoniare l'interesse militare per i temi trattati, il congresso era aperto dal sottosegretario al ministero della difesa Virginio Bertinelli e vi partecipavano 400 rappresentanti di 23 nazioni. Nelle diverse giornate si discuteva soprattutto del progetto del satellite artificiale americano presentato dal professor G. Milton, direttore delle ricerche geofisiche nei laboratori dell'USAF (United States Air Force), e dal professor Fred Singer dell'Università del Maryland. Per quanto riguardava i futuri satelliti della difesa, si sosteneva che dovevano essere quasi completamente invulnerabili all'attacco di missili e "invisibili" ai radar. Nell'occasione, inoltre, gli americani presentavano dei filmati in cui si mostravano gli esperimenti con delle scimmie lanciate con razzi. Ma particolare curiosità suscitava soprattutto la relazione del professor Eugene Sänger, lo scienziato austro-tedesco che aveva inizialmente collaborato con Hermann Oberth ed era stato il primo presidente e cofondatore dell'International Astronautical Federation nel 1951. Sänger illustrava il progetto di un "razzo a fotoni" in grado di volare quasi alla velocità della luce sotto la spinta, appunto, dei fotoni, le particelle di luce. Il congresso si chiuderà con l'intervento del professor Antonio Eula dell'Università di Roma dedicato a *Lo stato attuale dell'astronautica.*

Pochi giorni dopo la chiusura del grande consesso internazionale, tra lo stupore generale, il 4 ottobre 1957 l'Unione Sovietica lanciava il primo Sputnik. Estremamente semplice nella concezione e senza strumenti scientifici a bordo, lo realizzavano in fretta solo per anticipare l'America. Così il primo satellite della storia non raccoglieva alcun dato scientifico e si era dunque ben lontani dallo spirito dell'Anno geofisico internazionale nel cui ambito era nato. L'Explorer 1, invece, che gli Stati Uniti manderanno in orbita il 31 gennaio 1958 scoprirà l'esistenza delle fasce di van Allen intorno alla Terra; vale a dire delle zone dello spazio circumterrestre nelle quali il campo magnetico terrestre intrappola le particelle sparate dal Sole proteggendo la vita sulla Terra. Una scoperta, dunque, di notevole importanza che dimostrava l'efficacia dell'utilizzo dei satelliti per la scienza e, in generale, per l'osservazione della Terra e del suo ambiente cosmico.

Broglio e le ricerche per gli Stati Uniti

A favorire nel nostro paese l'interesse in questa direzione intervenivano alcuni fatti e l'azione illuminata di alcune persone. Il professor Luigi Broglio dell'Università di Roma, ufficiale del genio aeronautico, nel 1953 riceveva la prima commessa dall'AGARD, di cui faceva parte, per ricerche nel campo aeronautico. Ma già negli anni precedenti l'USAF aveva fornito contratti grazie all'interessamento di Antonio Ferri, docente al Politecnico di Brooklyn. Nel 1951, infatti, si istituiva presso l'università della capitale un corso sui missili e si avviavano progetti per gallerie aerodinamiche, la prima delle quali, per velocità supersoniche, si realizzava nel 1954 con i contributi dell'Office for Scientific Research dell'USAF, dell'Università e dell'aeronautica militare.

L'anno successivo si impostavano i disegni di altre gallerie ipersoniche capaci di arrivare a 12 mach (ovvero 12 volte la velocità del suono). Ciò avveniva grazie a un finanziamento di 180 milioni di lire da parte dell'aeronautica, più altri 360 ottenuti dal presidente dell'AGARD della NATO, il professor von Kármán. Ulteriori 250 milioni arrivarono in seguito dal presidente del CNR Giordani, dirottati dal fallimento di un'iniziativa internazionale destinata a una galleria supersonica proposta dalla Francia.

Fino al 1956 Luigi Broglio si era occupato di strutture aeronautiche e di aerodinamica e aveva compiuto tra il settembre 1950 e il luglio 1951 un'esperienza di dieci mesi all'Università americana di Purdue, a La Fayette, nello stato dell'Indiana, celebre per le sue facoltà scientifiche. Poco dopo il ritorno veniva eletto preside della Scuola di ingegneria aeronautica al posto del maestro Gaetano Arturo Crocco, che andava in pensione, e manteneva il ruolo di ufficiale del genio aeronautico in servizio presso la Direzione generale costruzioni. Era in questa veste che nel 1956 Broglio veniva chiamato dal segretario generale dell'aeronautica, il generale Mario Pezzi, per trovare un successore alla guida del Reparto studi direzione armi e munizioni, dove ci si voleva occupare anche di razzi.

Broglio precisava di non essere esperto di razzi ma alla fine accettava l'incarico, consapevole dell'importanza che stava assumendo il nuovo settore sia per la difesa che nelle attività scientifiche.

Nello stesso anno, essendo ormai inadeguato il 3° Centro sperimentale di Furbara, sulla costa a nord di Roma nel comune di Santa Marinella, usato per i primi test sui razzi, sotto il comando dell'aeronautica si costituiva formalmente il poligono di Salto di Quirra, in Sardegna, dove stavano iniziando le prove con il missile contraereo Tipo 56, sviluppato dalla società svizzera Oerlikon-Contraves, che nel 1952 aveva aperto una filiale in Italia. Proprio la sede italiana aveva sviluppato, dopo un ordine di acquisto di alcuni esemplari da parte dell'aeronautica nel 1954, una versione per l'addestramento (MTG-C1-56) che iniziò i lanci da Salto di Quirra il 25 ottobre 1956 con le attrezzature predisposte dalla stessa aeronautica. Il razzo a propellenti liquidi era nato alla Oerlikon-Contraves nel 1950 con la sigla RSC-51 ed era già stato collaudato, oltre che in Svizzera, anche in Francia e negli Stati Uniti. Nel 1957, in parallelo, si sperimentava in Sardegna il razzo AR-15 del professor Robotti. Con queste attività Broglio iniziava a occuparsi di spazio e, sempre nel 1956, convinceva il segretario generale del ministero della difesa per l'aviazione a cedere un'area sull'Aeroporto dell'Urbe a Roma per l'installazione delle nuove gallerie aerodinamiche del Centro ricerche aerospaziali, nato nel 1954 ma ancora privo di una sua area di sviluppo. Le stanze presso l'università in via San Pietro in Vincoli erano ormai decisamente insufficienti.

Ciò consentiva la costruzione delle gallerie ipersoniche fino a 12 mach e la galleria ad arco elettrico con velocità a 20 mach, nelle quali si avviavano studi connessi al rientro nell'atmosfera delle testate dei missili balistici.

I primi lanci spaziali sovietici e americani imprimevano un'accelerazione anche negli interessi italiani, analogamente a quanto avveniva in Francia e in Gran Bretagna. Parigi si era mobiliata per l'Anno geofisico internazionale varando la costruzione di 15 razzi Véronique AGI, in sperimentazione dal 1952, con tecnologia tutta francese. Erano dei grossi razzi a propellenti liquidi derivati dalla V2 tedesca e in grado di portare 65 chilogrammi di carico scientifico fino a 210 chilometri d'altezza. I primi lanci inizieranno nel marzo 1959 dal poligono di Hammaguir nel Sahara, liberando del sodio a quote elevate. Le attività poi continueranno con altri diversi tipi di razzi sonda a propellente solido sempre fabbricati in Francia. L'impulso arrivava dal Comité des Recherches Spatiales, creato nel febbraio 1959 e presieduto da Pierre Auger.

Commissione per le ricerche spaziali

L'Italia faceva altrettanto nel settembre dello stesso anno istituendo la Commissione ricerche spaziali nell'ambito del Consiglio nazionale delle ricerche. L'iniziativa era partita da Edoardo Amaldi, coinvolgendo sia Broglio, che rispondeva con interesse, sia il presidente del CNR Francesco Giordani, che condivideva l'apertura del suo ente verso il nuovo campo di studio. La Commissione rispecchiava nei suoi membri vari campi di conoscenze scientifiche e ingegneristiche e, costituita all'interno del CNR, era formata da Edoardo Amaldi e Luigi Broglio dell'Università di Roma, Nello Carrara e Guglielmo Righini dell'Università di Firenze, Corrado Casci del Politecnico di Milano, Mario Boella del Politecnico di Torino, Rodolfo Margaria dell'Università di Milano e Giampietro Puppi dell'Università di Bologna. La guida era affidata a Broglio, con l'indicazione di sviluppare un piano nazionale di attività nelle ricerche spaziali, garantendo le risorse economiche necessarie, e di esplorare le possibilità di condividere iniziative internazionali. Questo secondo aspetto in chiave europea era sostenuto con particolare interesse da Edoardo Amaldi, che nel 1954 era stato tra i fondatori del CERN di Ginevra, il laboratorio europeo per le ricerche nucleari. Amaldi, collaboratore di Enrico Fermi e fondatore nel 1951 dell'Istituto nazionale di fisica nucleare, sognava un'organizzazione europea anche per la ricerca spaziale e nel 1959 trovava in quest'ottica i primi consensi in Francia.

La Commissione raccoglieva in un certo modo l'eredità della partecipazione all'Anno geofisico internazionale, coinvolgendo buona parte dei ricercatori e degli enti che ne erano stati protagonisti, compresa l'aeronautica militare, e quindi la difesa, che in Broglio aveva il suo migliore e più efficace rappresentante.

Nell'autunno 1958 il convegno della Federazione astronautica internazionale ad Amsterdam era particolarmente acceso, perché per la prima volta si discutevano e si presentavano concretamente delle missioni spaziali dopo i primi lanci da parte americana e sovietica. Durante le giornate congressuali un gruppo di missilisti italiani della difesa e dell'industria, in particolare della SISPRE (Società italiana per lo studio della propulsione a reazione), si riunivano per discutere di possibili iniziative nazionali. Tra questi il principe d'Orléans della BPD, il comandante Glauco Partel, capitano di marina, il tenente colonnello Gelsomino Metallo della sezione ricerche della Divisione generale armi e munizioni (DGAM) dell'aeronautica, l'ingegner Antonio Angeloni e il tecnico tedesco Rolf Engel. L'idea era di avviare una campagna di lanci di razzi sonda.

Il 2 dicembre 1953 Finmeccanica (gruppo IRI) e FIAT avevano creato con quote paritetiche il Centro studi della propulsione a reazione (CESPRE), che iniziava ad affrontare la nuova tecnologia missilistica diventata sempre più interessante per le forze armate, in particolare per l'aeronautica, la quale affidava le prime commesse. Nel 1956 il Centro assumeva la struttura più funzionale di società di produzione e diventava SISPRE, avviando anche la sperimentazione del missile aria-aria C7, il primo di produzione interamente italiana. Il suo studio era iniziato subito dopo la creazione del centro, con la collaborazione della Oerlikon-Contraves, ed era sostenuto dai ministeri della difesa italiano e olandese. Lungo 2,1 metri e funzionante a propellente solido, il missile disponeva di una guida a infrarossi e veniva sperimentato con successo anche sui caccia F86 della 4ª aerobrigata, entrando in competizione con il missile americano Sidewinder, sempre a guida infrarossa, per rispondere alle necessità dell'aviazione. Nella gara vincerà quest'ultimo rispondendo a un orientamento espresso dalla NATO che chiedeva maggiore uniformità tra i sistemi d'arma impiegati dai vari paesi. Si aggiungeva, di certo, pure un interesse dell'industria statunitense costruttrice del Sidewinder. Per il C7 era la fine, almeno come arma.

Nelle forze armate gli interessi per l'acquisizione della nuova tecnologia si facevano sempre più rilevanti. Per tale ragione nel 1956 era entrato in attività il CORAMI (Comitato razzi e missili), un organismo governativo diretto dal generale di squadra aerea Casero e alle dipendenze del capo di stato maggiore generale, generale Giuseppe Mancinelli. Il suo scopo era di inquadrare e studiare nuovi programmi coordinando le ricerche nelle tre armi (aeronautica, marina ed esercito), regolando poi l'impiego dei nuovi razzi e delle basi per missili.

La SISPRE fabbrica razzi

La SISPRE, presieduta dall'ex capo di stato maggiore dell'aeronautica generale di squadra aerea Aldo Urbani, era finanziata e orientata nelle scelte, ed era di fatto diretta, oltre che dai due grandi gruppi industriali, anche dalla Bomprini Parodi

Delfino (BPD), produttrice soprattutto di propellenti, e dal ministero della difesa; essa agiva dunque da elemento d'unione fra il governo e l'industria nello sviluppo dei nuovi progetti.

Ma accanto alla SISPRE nella metà degli anni cinquanta erano già attive altre società italiane che si occupavano di razzi e cercavano di trovare un loro spazio in questo campo. La Stacchini & C. produceva, con la collaborazione del professor Salvadori dell'Università di Roma, una famiglia di razzi sperimentali non guidati con propellenti solidi forniti da BPD. Uno di questi, battezzato "Airone" e con un raggio d'azione di 10 chilometri, veniva ordinato dal Giappone.

In parallelo la Stacchini collaborava con la Italjet, società che aveva fondato assieme a Motofides del gruppo FIAT (dove il professor Robotti costruiva i suoi razzi AR) e all'Aerojet-General americana per fabbricare i razzi Jato, destinati alla NATO e utilizzati per assistere il decollo dei jet ai quali venivano applicati.

Durante il Congresso mondiale di astronautica di Roma, nel 1956, era esposto il razzo da ricerca MR27 studiato dalla società Contin & C., che aveva lo stabilimento alla periferia della capitale, su progetto del professor Sivori dell'Università di Roma e sotto la supervisione del professor Gaetano Arturo Crocco. Il razzo era a propellenti liquidi ma non raggiungeva la fase di lancio.

Sul mercato, inoltre, era presente la Boscari & C., diretta dall'ingegner F. Salvini, un pioniere italiano del settore, che assieme all'azienda spagnola Hispano Suiza e alle Industrie meccaniche napoletane costruiva un lanciarazzi multiplo a 20 elementi (HSS-R) del tipo russo Katjuša, adottato dagli eserciti olandese ed egiziano.

La società più forte nel tentare la nuova frontiera missilistica rimaneva comunque la SISPRE, sostenuta dai legami e dagli accordi sottoscritti con la difesa. Cercando di ampliare le proprie attività con il rafforzamento della ricerca, questa assumeva come consulente l'ingegnere tedesco Rolf Engel.

Rolf Engel dalla Germania

L'accordo coinvolgeva anche l'aeronautica militare che, analogamente a quanto aveva fatto in precedenza la marina con Hermann Oberth, guardava agli specialisti tedeschi per accelerare l'acquisizione delle tecnologie dei razzi. Engel aveva condiviso le esperienze del Raketenflugplatz di Berlino con il giovanissimo Wernher von Braun fino al 1933, quando si distaccava dall'esercito per diventare uno degli esperti delle SS nel campo dei missili a propellente solido. Chiuso il conflitto, prima si trasferiva in Francia collaborando con l'Office National d'Études et de Recherches Aérospatiales (ONERA) e poi nel 1952 in Egitto, mentre re Faruk veniva spodestato dal colonnello Gamal Nasser. Qui coordinava i progetti della Compagnie des Engines à Réaction pour Vol Accéleré (CERVA), società controllata dallo stato per la costruzione di razzi. L'opposizione e le minacce degli israeliani nel 1957 costringevano tuttavia il gruppo di tedeschi che si era creato ad andarsene. Engel non perdeva tempo e accettava l'offerta che gli era già stata avanzata da parte dell'aeronautica militare italiana. "Quando arrivai a Roma," scrive lo scienziato tedesco, "telefonai ad uno dei generali che avevo incontrato al congresso della Federazione astronautica internazionale. 'Abbiamo già preparato tutto,' mi disse. Alle 16.00 dello stesso giorno i due passarono con il contratto completo in tasca: diventai consigliere del ministero della difesa in questioni missilistiche e dovevo lavorare nella SISPRE."

L'anno successivo Engel si installava definitivamente a Colleferro presso la BPD, dove un gruppo di giovani ricercatori era già impegnato nello sviluppo del razzo C7, per il quale diventava il coordinatore. Engel si rendeva conto dei limiti esistenti nella realizzazione del sistema di guida e quindi stabiliva un contatto con Charles Christophini, direttore della SEREB (Société pour l'étude et la réalisation d'engins balistiques), la società francese nata nel 1959 per concretizzare la forza di dissuasione nucleare, la *force de frappe.* "Poiché i tempi della situazione politica non erano maturi per una collaborazione diretta," scrive Engel, "mi recai da Christophini a Parigi per un colloquio privato. 'La Sereb,' gli dissi, 'ha buone idee ma troppo pochi denari. Gli italiani hanno i soldi ma non hanno idee. Non possiamo mettere insieme entrambi?' Christophini accettò e ci mettemmo d'accordo per un incontro non ufficiale. Organizzai vicino a Milano un simposio per il gruppo italiano e come volle il caso nello stesso giorno e nello stesso luogo si trovarono anche gli scienziati francesi. Ovviamente successe che italiani e francesi la sera si vedessero e si parlassero. A questo primo incontro seguirono altri contatti. Non ne risultò una vera e propria collaborazione, ma almeno uno scambio di vedute fruttuoso per entrambi."

Però, dopo un anno, il lavoro della SISPRE cominciò a rallentare. Engel aveva realizzato un banco di prova che simulava il funzionamento del propulsore a varie altezze. "Finanziariamente il progetto C7 era ben sostenuto," ricorda Engel, "e tecnicamente cresceva bene fino a diventare un missile funzionante. Le prove che effettuammo in Sardegna si svolsero con successo. Ma quando finalmente avevamo concluso lo sviluppo, non c'erano più soldi per la produzione." La scelta infatti, imposta in ambito NATO, per il missile dell'aeronautica a cui era destinato era andata verso il concorrente americano Sidewinder.

Durante la sua permanenza in Italia Engel era stato contattato da Ludwig Bölkow, noto costruttore aeronautico tedesco intenzionato a occuparsi di missili approfittando del fatto che l'Europa cominciava a interessarsi a un vettore spaziale per lanciare satelliti. Bölkow diede il via alla sua produzione con il piccolo razzo Cobra per l'esercito ed Engel fece da tramite per la fornitura del propellente da parte della BPD. Intanto l'industriale sollecitava il connazionale perché accettasse di tornare in Germania lavorando nella sua società. "Quando alla BPD i mezzi per la ricerca diventarono sempre più esigui l'offerta di Bölkow incominciò a interessarmi. Già mi interessavo del programma del vettore europeo e ancora in Italia facevo da consulente a Bölkow per la partecipazione al grande progetto, diventando il primo delegato tedesco a partecipare alle riunioni comuni. E alla fine del 1961 decisi di fare definitivamente ritorno in Germania."

Quando Engel arrivò in Italia era stato il ministro della difesa Paolo Emilio Taviani ad autorizzare l'operazione, avvallata poi dai successori Antonio Segni e Giulio Andreotti. Pur nella segretezza, egli appariva pubblicamente nella veste di esperto del SISPRE, come era accaduto al congresso della IAF ad Amsterdam nell'autunno 1958. E proprio in quella circostanza emergeva la proposta all'aeronautica di costruire un razzo sonda da ricerca destinato all'esplorazione della parte alta dell'atmosfera. Il piano era organizzato in tappe successive. L'aeronautica accettava stanziando per la prima fase 14 milioni di lire e avviando un progetto condotto assieme alla SISPRE. I protagonisti erano il tenente colonnello Gelsomino Metallo della DGAM dell'aeronautica, a capo del programma, e l'ingegner Antonio Angeloni della SISPRE.

Il razzo sperimentale C41

Nasceva così il progetto del razzo C41 che utilizzava anche le esperienze condotte dalla BPD di Colleferro, dove nel 1952 si metteva a punto su commessa dell'aeronautica un propellente solido a doppia base (nitroglicerina e nitrato di cellulosa). Il C41 era un razzo sperimentale a due stadi che utilizzava dei motori militari già disponibili. Il primo stadio era formato da quattro di questi propulsori a propellente solido da 76 millimetri di diametro, le cui camere di combustione erano intercomunicanti. Uno stesso tipo di propulsore singolo fungeva da secondo stadio. Era una tecnologia da collaudare sia per le camere di combustione, il cui lavoro di test venne eseguito prima soprattutto ai banchi di prova a terra, sia per il sistema di separazione tra il primo e secondo stadio, verificabile soltanto in volo. L'insieme pesava 75 chilogrammi e il primo lancio avveniva nel poligono di Salto di Quirra, in Sardegna, il 9 luglio 1960, utilizzando una torre a traliccio. Fino al 1° agosto seguirono altri cinque lanci e nei primi tre il secondo stadio era un simulacro. Nel quarto lancio il secondo stadio vero non funzionò, ma negli ultimi due si rimediò ed essi furono un successo, raccogliendo dati preziosi sugli effetti del vento e sull'efficienza dei sistemi luminosi che aiutavano a visualizzare la traiettoria.

Si trattava dei primi passi ai quali seguì una seconda fase più consistente che si inserì nel programma avviato nel frattempo con la nascita della Commissione ricerche spaziali all'interno del CNR e diretta dal professor Luigi Broglio. Il CNR e il Comitato razzi e missili del ministero della difesa garantivano pariteticamente un finanziamento di 600 milioni di lire. Il programma agiva in due direzioni: da una parte stanziava fondi per nuove ricerche in Italia nel campo della missilistica, dall'altra tendeva ad acquisire dei razzi americani già ampiamente collaudati e disponibili per avviare con rapidità le prime ricerche scientifiche.

Inizialmente il tenente colonnello Metallo proponeva alla SISPRE di studiare e realizzare un razzo sonda a basso costo per scopi meteorologici, in grado di portare due chilogrammi di strumenti a cento chilometri di altezza. L'idea era di mettere assieme un razzo C7 sviluppato e mai utilizzato come primo stadio, più un secondo stadio costituito dal piccolo razzo Mighty Mouse (70 millimetri di diametro), impiegato sui caccia dell'aeronautica americana e della NATO, e del quale la BPD produceva il propellente solido. Il negoziato fallì e così il tenente colonnello Metallo si rivolgeva alla BPD, che avviava un progetto noto come "160/70" con i propulsori già disponibili. Anche questo era a due stadi: il primo (M2P30) da 160 millimetri di diametro e funzionante a polibutadiene, il secondo da 70 millimetri. La lunghezza totale era di 2,44 metri e il peso complessivo era di 45 chilogrammi. Raggiungeva i 70 chilometri di altezza portando un carico utile scientifico di 2 chilogrammi. I primi cinque lanci vennero effettuati da Salto di Quirra nel 1961, altri dieci l'anno successivo. Nell'ogiva portava un carico di *shafts*, cioè di aghetti metallici sottilissimi e leggeri che, inseguiti dai radar di terra, consentivano di determinare la velocità dei venti alle alte quote.

Nel frattempo, però, l'ingegner Antonio Angeloni della SISPRE riprendeva un'idea del tenente colonnello Metallo per un razzo da ricerca geofisica molto più complesso, formato addirittura da 12 propulsori sempre a propellente solido (è ancora l'M2P30 della BPD da 160 millimetri, cioè il motore del C7) distribuiti in cinque o sei stadi. Il piano, diventato noto come C-43, era ambizioso tecnologicamente, perché si trattava di un razzo pesante al decollo ben 400 chilogrammi e capace di portare sino a una quota di 200/300 chilometri un carico utile di 20 chilogrammi, davvero consistente per l'epoca. Il C-43 iniziava i collaudi in versione ridotta, formato soltanto da due stadi, nel 1963 con due lanci da Salto di Quirra e poi veniva abbandonato.

In quel periodo, alla fine degli anni cinquanta, tra la DGAM e la BPD si sviluppavano vari progetti e prototipi di razzi sonda bistadio a propellente solido, che utilizzavano il tradizionale primo stadio da 160 millimetri, derivato sempre dal C7, e un secondo stadio da 100 millimetri in grado di portare un carico scientifico massimo di 5 chilogrammi sino a 150 chilometri d'altezza. Una versione faceva ricorso al secondo stadio Dart della società americana Marquardt.

Buongiorno studia il Quirra

Contemporaneamente, il professor Carlo Buongiorno dell'Università di Roma con il professor Broglio avviava il programma e la sperimentazione di un più consistente razzo sonda a propellenti liquidi per ricerche nell'atmosfera battezzato Quirra. Il piano era importante perché coinvolgeva per la prima volta in maniera massiccia l'industria nazionale. Il progetto di Buongiorno prevedeva un primo stadio a propellenti liquidi (acido nitrico e cherosene) costruito dall'italiana Oerlikon-Contraves utilizzando tre propulsori del tipo già impiegato nel loro razzo antiaereo MTG-C1-56. Il secondo stadio a propellente solido sarebbe stato fornito invece dalla BPD. Buongiorno procedeva con i test nella galleria supersonica, mentre a Salto di Quirra, nella nuova zona civile, si costruiva una rampa di lancio alta 40 metri. I lavori prendevano l'avvio, il primo stadio era sottoposto a svariate prove ancorato nell'incastellatura del banco di prova realizzato nella valle del Diavolo, vicino a Roma, e tutto sembrava procedere per il meglio. Così bene che Broglio organizzava una dimostrazione in Sardegna con lancio del primo stadio invitando i capi di stato maggiore della marina e dell'aeronautica. "Purtroppo," racconta Broglio, "in quell'occasione il lancio fallì, il razzo scoppiò in aria e tutto finì." "Anche perché," aggiungeva Buongiorno, "ci dovevamo impegnare nel nuovo programma di razzi sonda da far partire nel 1961." La Oerlikon-Contraves continuava invece lo sviluppo del razzo che, battezzato Quirra II e pesante 521 chilogrammi, sarebbe stato capace di portare un carico scientifico di 18,5 chilogrammi a 70 chilometri d'altezza. Un suo primo lancio di collaudo era registrato nel 1963 ma poi non ebbe alcun seguito.

Quando nel 1958 nasceva la NASA, la legge che la istituiva prevedeva che il nuovo ente spaziale potesse intraprendere anche programmi di collaborazione con altri paesi. L'anno successivo la NASA chiedeva aiuto al comitato creato all'interno della National Academy of Science per le scienze spaziali al fine di impostare un piano in questa direzione, comprendente anche cooperazioni internazionali. A occuparsi di questo aspetto nel comitato c'era Arnold Frutkin, che passerà subito all'interno della NASA proprio per coordinare gli "affari internazionali". Il fronte era particolarmente critico, essendo ormai gli USA in piena Guerra fredda, e dal dibattito politico americano emergeva una preferenza verso i rapporti bilaterali, escludendo però collaborazioni "sullo sviluppo e l'utilizzo dei sistemi di lancio per ragioni di sicurezza nazionale". L'indirizzo si accompagnava alla scelta già compiuta e attuata nell'ambito NATO con l'agenzia AGARD per la ricerca aerospaziale.

L'esplorazione dell'alta atmosfera

Come eredità dell'Anno geofisico internazionale, e secondo gli orientamenti espressi dalla National Academy of Science, c'era particolare interesse a esplorare l'alta atmosfera, un ambiente del tutto sconosciuto per l'impossibilità di raggiungerlo con i mezzi allora a disposizione. Solo i razzi potevano aiutare a salire a quelle quote, come aveva dimostrato l'impiego del gruppo di missili V2 portati negli Stati Uniti dalla Germania come bottino di guerra e lanciati con apparecchiature scientifiche dal poligono di White Sands nel New Mexico (USA).

A ciò si aggiungeva un parallelo interesse della difesa, che aveva bisogno di conoscere l'alta atmosfera perché questa interagiva con il rientro delle testate nucleari lanciate dai missili influenzandone la precisione.

Seguendo tale indirizzo, l'Italia puntava a una collaborazione con gli USA nel programma scientifico varato dalla Commissione ricerche spaziali per l'esplorazione scientifica dell'alta atmosfera con razzi sonda, che si inseriva in un'attività già svolta dalla NASA con razzi lanciati dalla base di Wallops Island, in Virginia. Aggiungendo sondaggi da altre zone del pianeta le indagini si rafforzavano e quindi l'interesse a collaborare cresceva da ambedue le parti. Tra l'altro, nelle gallerie del vento del Centro ricerche aerospaziali sulla via Salaria a Roma già gli specialisti del professor Broglio si occupavano delle indagini aero-termodinamiche connesse al rientro dallo spazio su contratti garantiti dall'USAF. Quindi c'era già un'area di studio di interesse comune ben avviata, sul cui filone ora si aggiungevano i rilievi degli strati più elevati effettuati attraverso i razzi. Non fu perciò difficile trovare subito un accordo con la NASA, siglato nell'aprile 1960.

In realtà discussioni in tal senso erano in corso da tempo. Hugh Dryden, amministratore associato della NASA, veniva a Roma nell'ottobre 1959 proprio per esaminare simili possibilità compiendo, nell'occasione, un notevole passo avanti. L'incontro nella capitale avveniva un mese dopo la nascita della Commissione ricerche spaziali guidata da Luigi Broglio, e a facilitare la rapida conclusione erano i buoni rapporti di conoscenza che lo stesso Broglio aveva maturato da anni con Dryden nel campo aeronautico a partire dal suo soggiorno negli States.

Con il finanziamento ottenuto dalla Commissione venivano acquistati dalla NASA, al prezzo di 3 milioni di lire ciascuno, dei razzi americani Nike Cajun a due stadi a propellente solido, lunghi 8 metri e pesanti 700 chilogrammi, con cui predisporre le prime ricerche.

Il 12 gennaio 1961 il primo razzo era pronto sulla rampa di lancio del poligono di Salto di Quirra. La rampa non era come quella americana, ma veniva adattato il tipo usato dall'aeronautica per analoghi tipi di missili ed era stata allestita in una nuova area destinata solo alle attività civili, lontana 12 chilometri dalla zona prettamente militare. Per l'occasione si erano approntati due razzi per cui, se uno non funzionava, si spediva subito il secondo, ma le cose andarono per il verso giusto.

Il primo Nike vola dalla Sardegna

Il lancio, infatti, avveniva con successo alle 16.54 del pomeriggio, un'ora ideale per rendere più evidente in cielo i risultati che si volevano raggiungere. A partire dalla quota di

80 chilometri il secondo stadio del razzo liberava del sodio creando una nube che saliva sino a 170 chilometri, l'altezza massima raggiunta dal Nike Cajun. Cinque stazioni di osservazione seguivano e misuravano l'effetto: cinque in Sardegna (Olbia, Tempio Pausania, Oristano, Alghero, Decimomannu) e due nella penisola (Furbara e Borgo Piave). Gli effetti furono talmente visibili da rivelare alla stampa, per la prima volta, l'inizio di un'attività spaziale sia pure limitata al lancio di razzi scientifici. Da aprile a settembre Broglio lanciava cinque razzi sonda Nike Asp (analoghi ai Nike Cajun), a cui facevano seguito altri due Nike Cajun in settembre e un successivo ancora nel dicembre 1962. Le quote massime raggiunte nella dispersione del sodio erano di 200 chilometri.

Già il primo lancio di gennaio, effettuato in contemporanea con altri razzi spediti dalla base della NASA di Wallops Island sulla costa est, avevano prodotto risultati interessanti sulle caratteristiche dell'alta atmosfera. L'occasione propizia per presentarli e dimostrare il buon avvio delle attività arrivava presto, il 12 aprile 1961, quando a Firenze si teneva il convegno internazionale del COSPAR (Committee on Space Research). E Broglio la coglieva ottenendo consensi da parte americana e dimostrando che l'Italia era il primo paese europeo a impegnarsi in questo tipo di ricerche. Intanto il crescente interesse industriale spingeva a un riassetto che vedeva un rafforzamento tra il settore pubblico e quello privato. Il 12 luglio 1961 la SISPRE era inglobata nella Società generale missilistica italiana (SIGME), includendo le attività missilistiche di BPD, FIAT e Finmeccanica. La SIGME diventava membro dell'agenzia NATO Hawk per la produzione dell'omonimo missile terra-aria a medio raggio dell'americana Raytheon, assieme alle società Oto Melara, Nuova San Giorgio, Setel, Aerochimie. Il missile era ancora in uso nel 2011 nei reparti italiani di artiglieria antiaerea.

Mentre si svolgevano queste sperimentazioni rimaneva comunque vivo il desiderio di progettare e costruire un vettore spaziale tutto italiano con cui lanciare satelliti scientifici, anche se di piccola taglia. L'interesse, sia pure in prospettiva, si manifestava nei vari contatti americani tanto da accendere un'iniziativa rimasta dai contorni confusi. Ne era protagonista il senatore democratico americano Victor Anfuso, avvocato a Brooklyn, diventato poi noto negli Stati Uniti per aver presieduto nell'estate 1962 la sottocommissione del Congresso che doveva indagare sulla presunta discriminazione nei confronti delle donne per diventare astronaute. Tredici aviatrici si erano sottoposte volontariamente a una serie di test nella clinica che aveva selezionato i primi astronauti del programma Mercury. L'operazione era del tutto privata ed era nata per iniziativa del proprietario e direttore della stessa clinica, il dottor Randolph Lovelace. Ma a un certo punto i test venivano bloccati perché l'aeronautica non concedeva più l'uso degli impianti di prova. L'esistenza del programma Ragazze nello spazio era ormai nota grazie a diversi articoli giornalistici e quindi le proteste delle Mercury 13, come le tredici signore si erano autobattezzate, costrinse il Congresso a considerare la questione per decidere una volta per tutte. Anfuso per due giorni governò il dibattito, al quale partecipò pure il primo astronauta americano John Glenn. Il verdetto risolse il problema: non c'era stata discriminazione, la NASA si stava comportando in maniera adeguata con i soli astronauti maschi e la presenza delle donne in orbita poteva essere una prospettiva per il futuro.

Anfuso, avvocato di Brooklyn

Il senatore il 27 novembre 1960 si trovava in Italia per una serie di incontri, uno dei quali con il presidente del consiglio Fanfani.

In quei giorni l'ambasciatore americano James David Zellerbach organizzava nella sua residenza a Villa Taverna a Roma una cena, alla quale partecipavano Luigi Broglio, il presidente del CNR Giovanni Polvani e Carlo Buongiorno. A tavola, tra la sorpresa degli ospiti, il senatore Anfuso presentava la proposta di costruire insieme, tra Italia e Stati Uniti, un vettore spaziale a propellente solido a tre stadi più avanzato dello Scout, indicando i possibili partner industriali, l'UTC statunitense e la FIAT, a dimostrazione che il piano era stato considerato nelle sue parti prima di essere esposto.

Il progetto aveva qualche seguito e a un incontro partecipava anche Vittorio Valletta, allora alla guida dell'industria torinese, dimostrando il suo interesse. Tra Fanfani e Anfuso, oltre al *meeting* romano, ci furono anche scambi di lettere, ma così come la proposta era nata all'improvviso, altrettanto misteriosamente svaniva poi nel nulla e di Anfuso e del razzo italo-americano non si parlò più.

Nel clima sempre più acceso della Guerra fredda (nel 1961 si costruirà il muro di Berlino) tra le due sponde dell'Atlantico viaggiavano operazioni di intricata natura, per le quali l'Italia era un paese chiave, soprattutto al fine di impedire che il Partito comunista conquistasse il potere. E mentre l'Italia nel 1960 era al centro del mondo con le Olimpiadi di Roma e discuteva sull'"oltraggioso" film di Federico Fellini, *La dolce vita*, nel mese di maggio l'aereo-spia americano U2 veniva abbattuto nel cielo dell'Unione Sovietica da un missile SAM durante una ricognizione fotografica sui siti dei missili intercontinentali. Il pilota Gary Powers veniva catturato, processato e condannato a dieci anni di carcere. Ma due anni dopo era scambiato su un ponte di Berlino con il colonnello Rudol'f Ivanovič Abel', celebre spia nota come l'"agente Mark". Ormai il premier russo Nikita Chruščëv aveva ottenuto il suo risultato: smascherare le attività spionistiche della Casa bianca.

Intanto l'escalation sovietica mirata a dimostrare la propria superiorità spaziale, e quindi anche politica, inanellava successi che riempivano le pagine dei giornali, come Mosca si aspettava. Nel 1959 la sonda sovietica Lunik 2 veniva fatta precipitare sulla Luna con ben incisi sopra falce e martello, emblema dell'URSS. Pochi mesi dopo un'altra, il Lunik 3, fotografava la faccia nascosta del nostro satellite naturale mostrandocelo per la prima volta. Nel 1960 due cani, Belka e Strelka, sullo Sputnik 5 ritornavano dallo spazio sani e salvi facendo dimenticare il sacrificio di Laika di tre anni prima. Gli americani, invece, raccoglievano qualche successo nelle applicazioni spaziali. Nel 1958 sperimentavano il piccolo satellite Score per le telecomunicazioni e nel 1960 il primo satellite Tiros per la meteorologia. Contemporaneamente, però, aprivano la strada dell'esplorazione e della scienza interplanetaria spedendo Pioneer 5 in orbita solare. La corsa allo spazio diventava sempre più veloce.

5.
L'avventura africana del professor Luigi Broglio

L'inizio degli anni sessanta segnava l'acuirsi della Guerra fredda tra Mosca e Washington e lo spazio diventava sempre più lo strumento e il luogo nel quale dimostrare la propria superiorità tecnologica, militare e politica. Nikita Chruščëv, leader del Cremlino, iniziava subito, appena lanciato il primo Sputnik nell'autunno 1957, a cadenzare le imprese cosmiche secondo le necessità del partito. E l'America cercava di costruire una risposta: in gioco, attraverso lo spazio, c'erano la sfida tra la superiorità del comunismo o quella del capitalismo e tra i rispettivi modelli di società.

Nell'arduo confronto, conseguenza della seconda guerra mondiale, i governi europei dovevano trovare un loro ruolo, consapevoli sia della necessità di adeguarsi sul fronte della difesa sia delle vantaggiose prospettive che già si intravedevano nelle ricadute in campo civile, dalla scienza alle telecomunicazioni.

Le scelte e gli impegni si manifestavano in modi diversi. La Gran Bretagna con l'aiuto degli Stati Uniti progettava un missile a medio raggio (3700 km), il Blue Streak, che, pur essendo rapidamente cancellato nel 1960 come programma militare, veniva comunque realizzato ed effettuava il primo volo nel 1964. La Francia, la quale dopo il conflitto aveva ospitato un notevole gruppo di scienziati aerospaziali tedeschi, nel 1959 con Charles De Gaulle alla presidenza guardava a un ruolo di supremazia in Europa, tanto da approvare nel dicembre 1961 la costituzione di un'agenzia spaziale nazionale, il CNES (Centre National d'Études Spatiales). Obiettivo: realizzare un satellite scientifico e un vettore in grado di portarlo in orbita. Le nuove tecnologie civili e militari erano quindi ritenute un impegno prioritario a cui guardare.

La Repubblica federale tedesca, con capitale Bonn, navigava con circospezione tra gli interessi politici internazionali, tentando di costruirsi (sarebbe meglio dire riprendere) una posizione anche in questi ambiti d'avanguardia. Gli scienziati che durante la guerra si erano occupati di missili a Peenemünde ed erano rimasti in Germania, alla fine del conflitto venivano riuniti dai russi nella zona da loro occupata all'Istituto Rabe di Bleicherode, vicino a Nordhausen in Turingia, dove erano assemblate le V2. In fretta, però, nell'ottobre 1946, saranno deportati in Unione Sovietica e confinati sulla piccola isola Gorodomlja, in mezzo al lago Seliger nell'alto Volga, a circa 360 chilometri a nordovest di Mosca. Il loro compito quotidiano era quello di aiutare nella progettazione di nuovi razzi. Solo nel 1955 veniva concesso loro il permesso di tornare in Germania dove, alla fine del decennio, emergeva qualche limitato interesse industriale a produrre razzi per la difesa.

Da quella situazione, agli inizi degli anni sessanta, con variegati obiettivi l'Europa poneva le basi della rinascita in un crocevia di interessi, talvolta difficili da conciliare.

Tra i primi paesi a muoversi c'era l'Italia, animata in quegli anni da una forza ricostruttiva che in poco tempo cambierà il volto alla nazione. Nel 1963 Giulio Natta del Politecnico di Milano conquistava il premio Nobel per la chimica assieme al tedesco Karl Ziegler, in seguito alla scoperta del polipropilene: era la materia plastica capace di assicurare alla società Montecatini, con la quale era stata sviluppata, straordinari ritorni economici per decenni. Enrico Mattei creava l'ENI (Ente nazionale idrocarburi) garantendo all'Italia, attraverso accordi con alcuni paesi produttori di petrolio, le risorse energetiche di cui aveva bisogno per lo sviluppo.

Al governo dal 1958 c'era Amintore Fanfani, presidente del consiglio le cui idee di apertura internazionale favorivano un sostegno prezioso a imprese temerarie, animate da grande coraggio, capacità di rischio e fede nelle proprie abilità.

Il congresso COSPAR *a Firenze*

In tale contesto prende forma l'avventura africana del professor Luigi Broglio e quindi la nascita dell'attività spaziale italiana. C'erano un luogo e una data nei quali i programmi e le aspirazioni si concretizzavano: Firenze, 1961.

In quel periodo quattro personaggi legati tra loro da interessi comuni animavano in particolar modo la politica italiana e l'economia in un'ottica internazionale: il presidente della repubblica Giovanni Gronchi, Amintore Fanfani, il sindaco di Firenze Giorgio La Pira e il presidente dell'ENI Enrico Mattei. Tutti dimostravano un grande attivismo diplomatico che si materializzava nel 1961 con il viaggio a Mosca di Gronchi, in maggio, e di Fanfani, in agosto. Il governo si era adoperato per facilitare il disgelo anche tra Mosca e il Vaticano, dove papa Giovanni XXIII mostrava aperture e disponibilità al dialogo. Su un altro versante, a rafforzare la strategia contribuiva l'iniziativa di Mattei, il quale aveva stabilito contatti politici ad alto livello per far arrivare dall'Unione Sovietica petrolio a basso prezzo.

Il 1961 registrava per la prima volta un'iniziativa anomala per la politica italiana: in dicembre la Democrazia cristiana, il partito al governo, organizzava un convegno dedicato alla ricerca che, in un certo senso, era conseguenza di un altro convegno, della Confindustria, tenutosi nell'anno precedente, in cui si era lamentata l'arretratezza tecnologica del paese e le inesistenti politiche per migliorare la situazione. I progetti spaziali che stavano entrando in scena erano quindi viste con occhi positivi e si aggiungevano al fronte nucleare già avviato.

Tra i più stretti amici di Fanfani c'era Giorgio La Pira. Insieme erano protagonisti di primo piano della Democrazia cristiana e La Pira era stato anche sottosegretario di Fanfani, ministro del lavoro nel 1949. I due uomini politici volevano dare all'Italia il ruolo di paese mediatore tra Unione Sovietica e Stati Uniti, ruolo condiviso dal Papa. In questa logica rientrerà la proposta elaborata da La Pira dopo l'incontro con Ho Chi Minh nel 1965, presentata da Fanfani al presidente americano Lyndon B. Johnson per trovare un accordo che ponesse fine alla guerra in Vietnam. Johnson tuttavia rifiutò.

Per promuovere e consolidare nuove e utili relazioni si cercava e accoglieva ogni opportunità. Così si riusciva a organizzare a Firenze il congresso annuale del COSPAR (Committee on Space Research), il comitato internazionale che riuniva gli scienziati impegnati nelle scienze spaziali, allora forzatamente protagonisti, sia pure indirettamente e in chiave civile, delle vicende che animavano il confronto della Guerra fredda. Non era un caso se l'amministrazione comunale si impegnava nell'iniziativa. Contemporaneamente si lavorava per creare un'università europea, perché il sindaco La Pira intendeva fare della sua città d'adozione (era nato a Messina) anche un luogo di riferimento culturale dell'Italia, mediatrice politica tra Est e Ovest. E vedeva nello spazio una chiave importante.

La Pira, sindaco "spaziale"

Il 10 aprile si apriva il congresso del COSPAR e La Pira nel suo messaggio, guardando al cosmo, sottolineava il valore di opportunità che ben superava i confini urbani: "Ciò che noi abbiamo chiamato una politica congeniale per Firenze, è una politica che indichiamo al governo italiano e ad altri governi; una politica che se sviluppata sarà un autentico servizio reso alla civiltà del domani, perché Firenze, con l'università europea e con altri organismi scientifici di altissimo livello, potrà essere un centro di attrazione verso il quale potrà convergere l'attenzione dei popoli nuovi del Mediterraneo, dell'Africa, e dell'Asia. Del resto, il governo si è reso conto di ciò (come l'intervento di Fanfani per l'osservatorio di Arcetri) e le microonde e le ricerche chimiche e spaziali e tante altre geniali ricerche di Arcetri sono l'avvio sicuro verso questa età nuova della città." I riferimenti di Giorgio La Pira non sono casuali e si ritroveranno nei fatti che presto accadranno spiegando il retroterra che nel frattempo si era creato per realizzarli.

Il congresso sarà ricordato dai partecipanti per un avvenimento che segnerà la loro memoria. Il 12 aprile, durante una sessione, il rappresentante sovietico Bogomolov si alzò in piedi e chiese di interrompere i lavori annunciando che Jurij Gagarin, un suo concittadino, era andato in orbita ed era tornato a terra sano e salvo. Tutti applaudirono, americani compresi, sebbene quella costituisse per loro un'altra pesante sconfitta.

Nelle giornate fiorentine il professor Broglio presentava i risultati ottenuti con il lancio del razzo Nike Cajun effettuato in gennaio dalla Sardegna, illustrando i successivi test che stava per realizzare. L'accoglienza riservata al suo rapporto fu buona. L'occasione, però, era propizia per qualcosa di più importante ed era ideale per sondare i rappresentanti della NASA sulla disponibilità a collaborare a un progetto che Broglio aveva elaborato come presidente della Commissione per le ricerche spaziali. Tale progetto, battezzato San Marco, veniva approvato dalla Commissione nel gennaio 1961 nell'ambito del piano triennale 1961-1963. Era il primo piano spaziale italiano e nei mesi precedenti, quando lo si concepiva, includeva anche delle indagini condotte da alcuni ricercatori attivi nelle università di Roma, Torino, Bologna, Firenze e Parma. Ma il piano, per insufficienza di fondi, si concentrava da subito unicamente sul San Marco, visto come il possibile sviluppo del programma di collaborazione con la NASA firmato nell'aprile dell'anno precedente.

L'occasione per proporlo si presentava proprio a Firenze, dove era arrivata la delegazione statunitense guidata da Arnold

W. Frutkin, direttore dell'ufficio per la cooperazione internazionale della NASA. "La sera," raccontava Broglio, "invitai gli americani a cena, come loro avevano fatto con me negli Stati Uniti. Li portai a mangiare in un ristorante di Pontassieve famoso per le pappardelle alla lepre. A tavola fra un boccone e un sorso di Chianti raccontai loro ciò che volevo fare. Rimasero un istante in silenzio e poi risposero: 'Lei è coraggioso, se andrà avanti con questa idea noi l'appoggeremo'."

Ottenuta la disponibilità fondamentale della NASA bisognava conquistare, impresa ben più ardua, quella del governo italiano, che doveva non solo approvare un programma di collaborazione ambizioso con una valenza politica molto forte ma anche garantire poi i necessari finanziamenti per realizzarlo.

Il via libera di Fanfani

La proposta fatta a Frutkin era uno dei passi essenziali che Broglio stava compiendo per raggiungere l'obiettivo. Ma prima di avanzare l'idea nella serata conviviale Broglio si era già assicurato il consenso ufficioso del presidente del consiglio Fanfani, con il quale si incontrava sabato 14 gennaio 1961. E Fanfani scriveva nel suo diario: "Ricevo il prof. Polvani ed il prof. Broglio che hanno lanciato il primo missile italiano a 170 km nell'esosfera (il 12 gennaio era stato lanciato dal poligono di Perdasdefogu in Sardegna un missile Nike Cajun a propellente solido per scopi scientifici e industriali. Oltre al CNR avevano preso parte al progetto la NASA e lo stato maggiore della difesa). Mi complimento con loro e li incoraggio."

Da allora il professor Broglio mantenne i contatti con Fanfani informandolo delle sue azioni, al fine di arrivare all'approvazione del progetto. Il giorno decisivo giungeva il 31 agosto 1961, un giovedì. Ancora sul diario il presidente annotava: "Riunisco Segni, Pella, Andreotti, Taviani, Bo e Colombo per decidere sull'invito inglese a partecipare alle spese per la costruzione del Blue Streak. Segni la caldeggia. Prevale di limitarci ad approvare il programma di ricerche e lanci spaziali italiano per il 1961-63, che dovrebbe lanciare un satellite entro due anni, e costruire il missile scientifico Scout entro tre. Per l'invito inglese si approfondisca la validità."

Dall'elenco emergeva un consiglio dei ministri quasi al completo: Giulio Andreotti (difesa), Antonio Segni (ministro degli esteri), Emilio Colombo (industria), Giorgio Bo (partecipazioni statali), Paolo Emilio Taviani (tesoro) e Giuseppe Pella (bilancio). Dall'altra parte del tavolo sedevano Luigi Broglio, che illustrava il progetto in cui entrava anche l'aeronautica militare, e il presidente del CNR Giovanni Polvani, dal quale dipendeva la commissione spaziale.

La riunione maturava una scelta positiva anche grazie ai buoni uffici di Giorgio La Pira, che Broglio era andato prima a trovare accompagnato dall'ingegner Carlo Buongiorno proprio per chiedergli appoggio, conoscendo i suoi eccellenti rapporti personali con il presidente del consiglio. Nonostante ciò, l'unanimità non si raggiungeva proprio perché Segni preferiva una collaborazione in ambito europeo, sostenendo la proposta dei britannici di utilizzare il loro razzo Blue Streak. Decisivo alla fine fu l'intervento di Andreotti, che spostava l'orientamento verso la cooperazione con gli Stati Uniti e la costruzione di un poligono di lancio tutto italiano, in grado di garantire autonomia alla nostra nazione.

L'agosto 1961 e la riunione a Palazzo Chigi, con l'approvazione ufficiosa del progetto San Marco (quella ufficiale del governo seguirà in ottobre), segnavano dunque l'ingresso della politica italiana in un'attività fino allora limitata a pochi studi universitari, ad alcune sperimentazioni nelle forze armate oppure all'iniziativa privata di qualche appassionato isolato. Il passaggio era ormai necessario, reso obbligato dalle esigenze interne e internazionali.

Il nome San Marco

Ma come mai il progetto era stato battezzato con quel nome? "Quando presentai il piano agli americani," raccontava Broglio, "loro, abituati a classificare tutto con un numero o un nome, mi chiesero come si chiamasse. Fino a quel momento non ci avevo mai pensato. Colto alla sprovvista, forse le mie origini veneziane, essendo nato a Mestre, mi vennero in soccorso e spontaneamente proposi San Marco perché era il protettore delle operazioni sul mare. Lo stesso nome valeva per il satellite e per una piattaforma mentre per la seconda suggerii santa Rita perché è la santa delle cose impossibili, come, in fondo, poteva sembrare a molti la nostra impresa."

Intanto due fatti internazionali rafforzavano l'interesse e confermavano quanto stava accadendo in Italia. Nella prima metà di maggio al consiglio atlantico di Oslo il segretario di stato americano Dean Rusk proponeva formalmente agli europei l'utilizzo dei razzi statunitensi Scout, Thor e Atlas per il lancio da Cape Canaveral di satelliti scientifici. Alla riunione partecipava per il nostro governo il ministro Giulio Andreotti. Il 25 maggio, a Washington, il presidente John F. Kennedy annunciava invece in una convocazione straordinaria del Congresso che astronauti americani sarebbero sbarcati sulla Luna entro il decennio. Nel teatro della Guerra fredda, l'ardua decisione che mobilitava la nazione statunitense doveva consentire il ristabilimento della superiorità tecnologico-politico-militare perduta con lo Sputnik.

Nell'ambito delle indicazioni di Rusk si sarebbe sviluppato il progetto San Marco, che prevedeva la costruzione di un satellite scientifico e di una base di lancio da cui lanciarlo con un razzo, che sarebbe stato, appunto, lo Scout costruito dalla Change Vought Co. (poi LTV) per la NASA. L'amministrazione americana guardava con grande favore all'iniziativa italiana anche perché, con la disponibilità dei vettori che offriva, cercava di contrastare l'idea di realizzare un vettore tutto europeo.

Dopo l'approvazione di fine agosto Broglio volava subito negli Stati Uniti per incontrare Hugh Latimer Dryden, l'amministratore associato della NASA che già seguiva la collaborazione italiana. Dryden confermava l'appoggio al progetto, ma precisava a Broglio che per garantire la fornitura del razzo Scout occorreva conoscere le caratteristiche del satellite e se le ricerche da effettuare potevano interessare alla NASA.

Così Broglio tornava a Roma e attraverso la Commissione ricerche spaziali diffondeva l'invito agli scienziati italiani a elaborare una ricerca da attuare con un satellite. "Ne arrivarono circa 80," riferirà Broglio, "compresa quella per studiare l'atmosfera che feci io come studioso interessato a queste cose, non come presidente della Commissione. Furono mandate alla NASA che le fece vagliare a varie commissioni, alcune interne, altre esterne composte da scienziati provenienti dalle università, dagli istituti di ricerca ecc. Le commissioni scelsero proprio la proposta che avevo fatto io. Nei mesi successivi capii che sia la NASA che i sovietici erano molto interessati a conoscere le proprietà dell'atmosfera ad altissime quote, quelle dei satelliti, sulle quali c'erano pochissimi dati e per di più disomogenei. Il problema era molto sentito. La possibilità di avere un sistema che avrebbe fornito misurazioni molto precise istante per istante sull'intensità di queste forze fu quindi – ritengo – il motivo che indusse la NASA a scegliere la mia proposta poi diventata famosa con il nome di bilancia 'Broglio'. Fu quindi un fatto del tutto casuale e fortunato che la mia bilancia centrasse proprio uno dei problemi più sentiti del pionieristico mondo dell'astronautica."

Le condizioni dell'alta atmosfera influenzavano la vita dei satelliti, per questo era utile conoscerle in dettaglio. La "bilancia" misurava, in particolare, la resistenza aerodinamica incontrata nella sua corsa, dalla quale si poteva derivare il dato fondamentale, cioè la densità dell'atmosfera. Indirettamente inoltre queste informazioni, pur essendo del tutto "civili", erano di grande interesse anche per la difesa perché potevano incidere sulle traiettorie dei missili balistici intercontinentali.

Il vicepresidente Johnson a Roma

Nel marzo 1962 il progetto preliminare del satellite era pronto e il mese successivo Broglio tornava a Washington per lavorare all'organizzazione del programma definito in un memorandum tra la Commissione ricerche spaziali e la NASA, firmato poi a Ginevra da Broglio e Dryden il 31 maggio. Intanto i rispettivi governi precisavano gli aspetti diplomatici e l'accordo conclusivo, con allegato il memorandum di maggio, veniva sottoscritto il 5 settembre 1962 addirittura dal vicepresidente americano Lyndon B. Johnson, presidente anche dello Space Council, giunto appositamente a Roma, e dal ministro degli esteri Attilio Piccioni.

Johnson concludeva un viaggio di due settimane nelle capitali del bacino del Mediterraneo, dal Libano all'Iran, dalla Turchia alla Grecia, a Cipro. Doveva proseguire per Parigi ma la tappa era annullata. La firma dell'accordo avvenuta alla Farnesina rappresentava l'aspetto più concreto della sua visita, che si completava incontrando il presidente della repubblica Antonio Segni e infine papa Giovanni XXIII, al quale farà dono di un modello del primo satellite americano per telecomunicazioni, il Telstar 1 lanciato dalla NASA appena due mesi prima e i cui segnali sarebbero presto stati ricevuti anche in Italia.

Nell'occasione Johnson, accompagnato da Broglio e dal capo di stato maggiore dell'aeronautica Aldo Remondino, visiterà gli impianti del Centro ricerche aerospaziali sulla via Salaria, dove il satellite sarebbe stato realizzato. La presenza del vicepresidente sottolineava l'importanza assegnata dalla Casa bianca all'iniziativa italiana, proposta come modello di cooperazione di rilevante significato politico.

L'intesa, che stabiliva il "lancio di un satellite scientifico entro un'orbita equatoriale, con lo scopo di misurare le caratteristiche atmosferiche e ionosferiche in una regione dell'atmosfera terrestre fino ad oggi inesplorata", prevedeva anche l'allestimento di una base di lancio.

Intorno a Broglio si era formato un gruppo sempre più unito e agguerrito nel condividere le idee del caposcuola. Ognuno aveva un ruolo e una preparazione specifica. C'era il giovane di origine armena Michele Dicran Sirinian, che si sarebbe occupato delle piattaforme, Carlo Arduini era lo specialista della dinamica del satellite e della sua gestione in orbita, Giorgio Ravelli disponeva invece delle conoscenze di elettronica e relative alla telemetria. Inoltre c'erano Ugo Ponzi, il costruttore della bilancia, e Carlo Buongiorno coordinatore del programma e braccio destro di Broglio. Dei rapporti con il mondo della politica si occupava Francesco Piccari. Così si era formato il San Marco Team e tutti insegnavano alla Scuola di ingegneria aerospaziale diretta da Broglio.

Buongiorno, dopo la laurea nel 1954, si trovò un giorno nello studio di Broglio all'università durante un incontro con Antonio Ferri, che non rientrava in Italia da dieci anni. Broglio gli proponeva di mandare il giovanissimo allievo a perfezionarsi nella sua università a New York. Così Buongiorno partì e vi rimase due anni, acquisendo nel campo delle alte velocità una buona preparazione che sarà preziosa, al ritorno a Roma, nella realizzazione dei nuovi impianti al centro sulla via Salaria e nelle ricerche condotte.

La ricerca della base di lancio

Il gruppo romano, dopo l'accettazione da parte della NASA del piano per la costruzione di un satellite scientifico, aveva davanti a sé, in quei mesi del 1961, il problema di trovare un luogo da dove lanciarlo con il razzo Scout.

Il primo pensiero e le prime valutazioni da affrontare, assegnate a Buongiorno, erano ovviamente rivolte alla Sardegna, da dove si spedivano i razzi sonda in alta quota. Ma l'impossibilità di utilizzare la base di Salto di Quirra emergeva immediatamente, perché i vari stadi del razzo nella sua corsa verso l'orbita sarebbero caduti su regioni abitate, a cominciare dalla Libia. "Nel poligono dell'aeronautica," sottolineava Buongiorno, "c'era già una parte di impianti utilizzabili e veramente sarebbe stato un grande successo tutto italiano. Vista però l'impossibilità ad adoperarlo si pensò che l'orbita più importante per l'esperimento della misura della densità atmosferica fosse l'orbita equatoriale bassa. Importanza suffragata dal fatto che nessun satellite aveva esplorato sistematicamente quella zona intorno alla Terra."

Ma c'erano altri due motivi e vantaggi che spingevano l'interesse di Broglio per la zona equatoriale. Il primo, di carattere funzionale ed economico, riguardava il fatto che dall'equatore si potevano lanciare satelliti in ogni direzione, dall'orbita equatoriale a quella polare. Il secondo era scientifico, perché un'orbita equatoriale bassa a 550 chilometri d'altezza si collocava al di sopra della fascia più densa dell'atmosfera e al di sotto dello strato inferiore di van Allen, ricco di protoni intrappolati dal magnetismo terrestre. Quindi, quest'area "pulita" da influenze ambientali si prestava in particolar modo alle ricerche di astronomia spaziale, soprattutto legate alle sorgenti di radiazione X. Per tali ragioni, che prospettavano un'apertura alle collaborazioni internazionali e che la caratterizzavano in maniera netta, questa veniva battezzata "orbita San Marco".

Nelle indagini geografiche si consideravano il Brasile e la Somalia, l'ex colonia da pochi mesi non più posta sotto il controllo italiano, e pure il Kenya. Il Brasile, pur avendo espresso disponibilità, si presentava logisticamente difficile data la lontananza. Perciò Broglio chiese al nostro ambasciatore alle Nazioni Unite di esplorare la disponibilità del governo della repubblica somala. Ma l'importanza strategica di un poligono di lancio suscitò reazioni contrarie a livello internazionale e il governo somalo non voleva schierarsi con un paese dell'Alleanza atlantica.

La realizzazione della base rischiava di ostacolare l'intero programma. La soluzione arrivò da Carlo Buongiorno, stimolato dalla presentazione in un telegiornale di una piattaforma per l'estrazione petrolifera dell'ENI costruita dalla Nuovo Pignone. "Per un intero fine settimana valutai tecnicamente la possibilità di lanciare lo Scout da una piattaforma marina di quel tipo preparando uno schema per Broglio. La sicurezza era garantita e l'idea mi sembrava buona. Inoltre c'era un aspetto pratico non trascurabile: noi avevamo già dei rapporti con la società Nuovo Pignone perché ci stava costruendo le due grandi sfere per gli impianti ipersonici al nostro Centro ricerche aerospaziali."

Una piattaforma in mare

L'idea era interessante e indubbiamente azzardata per l'epoca. Mai nessuno l'aveva concretizzata, anche se alla NASA era stata teoricamente esplorata per lanciare i razzi Saturno verso la Luna ma poi accantonata. "Quando ne parlai a Broglio," raccontava Buongiorno, "lui condivise del tutto la mia proposta, però mi disse che avremmo dovuto studiare un'area di mare adatta a soddisfare le caratteristiche necessarie. E non erano molte se non volevamo allontanarci troppo da casa."

Nella sua idea, Buongiorno aveva trovato due elementi favorevoli alla realizzazione. La Nuovo Pignone era di Firenze ed era stata salvata da Enrico Mattei grazie all'intervento del sindaco La Pira. Ora, essendo entrambi i personaggi strettamente legati a Fanfani, dopo il satellite potevano diventare di nuovo la chiave per risolvere anche il problema della base.

L'occasione per passare dalla teoria alla pratica si presentò nell'agosto 1961 a Marina di Pisa, quando l'ENI varava la piattaforma Perro Negro che aveva ispirato Buongiorno. Mattei era stato informato del progetto spaziale e Broglio e Buongiorno, invitati lì apposta, lo incontravano e ne discutevano insieme a lui.

Il prezzo che gli ingegneri della Nuovo Pignone avevano prospettato per due piattaforme era di 800 milioni ciascuna,

una cifra eccessiva per i bilanci del progetto. Mattei garantì il suo appoggio e La Pira fece il resto.

Intanto il Kenya emergeva come la soluzione più favorevole e lungo le sue coste si individuò il luogo adatto alla sistemazione delle piattaforme, mantenendo una buona posizione equatoriale. Mombasa era un porto commerciale attrezzato e lì arrivavano le motonavi Africa e Asia del Lloyd Triestino, della Cunard Line britannica e di altre compagnie, quindi i trasporti erano garantiti facilmente. Ma non tutto filò liscio. Il 12 dicembre 1963 il Kenya era diventato indipendente. Il nuovo presidente Jomo Kenyatta era filo-occidentale ma il suo vice Oginga Odinga, ministro anche del governo, guardava a Mosca. Entrambi rappresentavano le maggiori tribù del paese e dunque non potevano essere scontentati. In realtà tra i due c'era un accordo di governo che univa le rispettive ideologie e finirono per non contrastare la proposta italiana. Broglio raccontava che organizzarono una conferenza stampa di presentazione per sondare le reazioni. Non essendocene state fu dato il via libera e il 10 gennaio del 1964 i rappresentanti dei due governi italiano e keniota firmarono l'accordo per la creazione della base.

Ma altri ostacoli sorgevano e potevano diventare anche gravi. La situazione africana intorno al Kenya non era politicamente tranquilla: in Uganda si era verificata una rivolta di due reggimenti e nello stesso Kenya c'erano manifestazioni contrarie al governo. Nascevano quindi delle preoccupazioni nel Dipartimento di stato americano, il quale convocava Broglio a Washington. Nell'incontro, anche alla presenza del rappresentante della NASA, per ragioni di sicurezza esasperate dal Dipartimento di stato si ipotizzava l'impossibilità di avviare il piano stabilito, portando dei razzi sonda in Kenya da far partire dalla piattaforma. In alternativa si proponeva di lanciare il satellite San Marco da Cape Canaveral con un razzo Thor-Delta, più potente. Questo significava abbandonare l'autonomia con l'uso del poligono italiano e ridimensionare l'intero progetto. Broglio rifiutava, con il consenso ufficioso della NASA. Nel frattempo il presidente Kenyatta riportava con decisione l'ordine nel paese e tutto poteva proseguire senza alcun disturbo.

Buongiorno il coordinatore

Sulle spalle di Carlo Buongiorno, coordinatore del programma, cadevano le responsabilità dell'organizzazione che andava dalle piattaforme al razzo, al satellite e alla gestione dei gruppi dell'Università di Roma, del genio dell'aeronautica militare e del Centro microonde del CNR di Firenze, dove il professor Nello Carrara stava preparando l'esperimento sulla propagazione ionosferica che sarebbe stato imbarcato sullo stesso satellite assieme alla bilancia. Il punto in cui le piattaforme sarebbero state posizionate era al di fuori delle acque territoriali e questo liberava da eventuali difficoltà di rapporto con il governo keniota. Ciò consentiva di completare il *San Marco Project Blue Book* che veniva inviato alla NASA, mentre in ottobre il consiglio dei ministri approvava il finanziamento di 4,5 miliardi di lire per il progetto, ratificato poi da una legge nel febbraio 1963: era il primo piano triennale e il primo investimento effettuato dallo stato per la nascente ricerca spaziale. Per arrivare all'importante passo era stato decisivo l'intervento del sindaco di Firenze, La Pira.

Broglio e Buongiorno in novembre volarono a Washington dove incontrarono Frutkin per sapere cosa ne pensasse del piano, e la risposta fu positiva: si poteva procedere nelle discussioni per arrivare a un memorandum che precisasse come materializzare il tutto secondo gli accordi politici già siglati. Ma i colloqui tecnici si fecero attendere sino all'aprile dell'anno successivo, il 1963, quando una dozzina di esperti italiani, più Broglio e Buongiorno, si accamparono a Washington per oltre un mese nel vecchio ma affascinante Brighton Hotel, la cui architettura coloniale spiccava sulla Connecticut Avenue. Uomo chiave nei collegamenti tra gli uffici della NASA e del Dipartimento di stato era in quei giorni e lo sarebbe stato sempre in quegli anni l'ingegner Franco Fiorio, addetto aeronautico nella capitale americana, che con le sue qualità di tecnico e di diplomatico riuscì ad appianare le difficoltà che naturalmente emergevano in un programma tanto innovativo e complicato.

L'attività dunque, con il progetto San Marco in pieno svolgimento, stava crescendo e la Commissione ricerche spaziali del CNR non disponeva della struttura per una gestione adeguata. I fisici mobilitati da Edoardo Amaldi e fino allora impegnati sulle indagini dei raggi cosmici si interessavano sempre più delle ricerche che potevano svolgere più facilmente a terra con gli acceleratori di particelle. E nel 1961 costruivano a Frascati, a tale scopo, ADA, il primo acceleratore italiano, mentre già si progettava un successore più grande e potente, Adone.

Per rispondere alle nuove necessità il presidente del CNR creava il 20 aprile 1963 l'Istituto per le ricerche spaziali. La Commissione indicava gli obiettivi e l'Istituto li realizzava, guardando anche in un'ottica europea. Ma il bizantinismo italico qui riusciva a esprimersi al meglio. All'interno dell'Istituto era stato creato un gruppo di lavoro dedicato al progetto San Marco, noto con la sigla GLSM e coordinato dal generale Cesare De Porto. Il gruppo elaborava proposte che dovevano esser approvate dal comitato tecnico scientifico creato all'interno dell'Istituto e presieduto da Broglio. Così il CNR pensava di controllare meglio il progetto. Invece, come era da aspettarsi, la contorta organizzazione fece scoppiare contrasti tra la Commissione e l'Istituto, generando problemi e perdite di tempo che sarebbe stato meglio evitare.

Un istituto complicato

La bizantina struttura voleva rispondere alla nuova realtà che si stava creando e nasceva in seguito alle pressioni sul CNR provenienti da vari settori che intendevano avere un ruolo nel nascente settore, in cui si combinavano ricerca e, in prospettiva, applicazioni. Dell'Istituto facevano infatti parte i rappresentanti di tutti gli enti direttamente interessati o potenzialmente coinvolgibili nelle attività spaziali: ministeri degli affari esteri, dell'industria, delle poste e telecomunicazioni, della difesa, delle partecipazioni statali, del tesoro, della pubblica istruzione e lo stato maggiore della difesa. In parallelo, il mondo industriale si stava muovendo esprimendo la necessità di interventi che consentissero pure una presenza italiana in Europa, dove si stavano attivando altri programmi. Nel comitato direttivo dell'Istituto c'erano rappresentanti delle società interessate (Breda, Montecatini, FIAT Avio, Associazione industrie aerospaziali, mentre Finmeccanica era rappresentata dai ministeri delle partecipazioni statali e dell'industria).

In conclusione, con la nascita dell'Istituto le diverse amministrazioni politiche entravano sulla scena cosmica, costrette ad affrontare scelte e strategie che avrebbero portato inevitabili conseguenze anche su un certo tipo di sviluppo economico. L'era dei pionieri era finita e gli scienziati dovevano iniziare a convivere con gli industriali. Di conseguenza la Commissione ricerche spaziale diventava, fra continui attriti, una sorta di organo di consulenza dell'Istituto. L'aprile 1963 segnava, quindi, una vera svolta innescando altre iniziative, ad esempio nel campo delle telecomunicazioni spaziali, ma non solo.

Il memorandum firmato da Johnson e Piccioni prevedeva che il progetto San Marco si sviluppasse in tre fasi. Nella prima si precisava che il satellite con la sua strumentazione scientifica doveva essere collaudato con il lancio di un razzo sonda compiendo una traiettoria parabolica, senza arrivare nello spazio. Nella seconda il satellite doveva essere portato in orbita attorno alla Terra lanciandolo con un razzo Scout dalla base americana di Wallops Island, sulla costa orientale degli USA. La terza e ultima fase stabiliva che il satellite San Marco venisse lanciato in orbita equatoriale con un razzo Scout dalla piattaforma mobile ancorata davanti alle coste del Kenya.

La NASA forniva gratuitamente i vettori in cambio delle informazioni scientifiche che si sarebbero raccolte e addestrava i tecnici italiani alle operazioni di lancio.

La formazione dei tecnici

Il primo passo riguardò proprio la formazione dei tecnici e per questo si fece ricorso al gruppo di esperti della 36ª aerobrigata interdizione strategica dell'aeronautica, chiusa in Puglia nel 1963 dopo la crisi di Cuba, i quali erano stati addestrati per l'impiego dei missili Jupiter. "Delle cento persone disponibili con un bagaglio di conoscenza ora prezioso," precisava Carlo Buongiorno, "il generale Marconi responsabile di questi aspetti nel programma ne scelse ottanta che vennero mandate negli Stati Uniti."

Risolto il problema del vettore garantito dalla NASA rimaneva la necessità di trovare le piattaforme da cui lanciarlo. La questione si risolse nell'incontro tra Luigi Broglio ed Enrico Mattei avvenuto a Marina di Pisa nell'agosto 1961 durante il varo della piattaforma petrolifera Perro Negro, a cui lo scienziato era stato invitato.

I due non si conoscevano ancora direttamente. Broglio si presentò da solo e, mentre il fondatore dell'ENI lo accompagnava in una visita alla nuova base galleggiante costruita dalla Nuovo Pignone, il professore gli illustrò il suo piano e soprattutto le necessità che lui poteva soddisfare. E con una battuta gli disse: "Perché non ci regala la Perro Negro?" "Noi costruiamo piattaforme per venderle, non per regalarle," rispose Mattei. "Eventualmente possiamo riparlarne per la Scarabeo, una piattaforma più piccola che abbiamo in Egitto."

Altri incontri seguirono a Roma, ma ormai l'intesa era raggiunta e di nuovo grazie alla mediazione del sindaco La Pira, che continuava a tessere i fili dell'amicizia tra Fanfani, Broglio e Mattei. La Scarabeo venne presto rimossa dalle acque egiziane dopo aver superato qualche difficoltà posta dal presidente Nasser, che si opponeva, e venne di fatto regalata al progetto San Marco. Doveva però essere adattata alle nuove esigenze e per questo fu trasferita nei cantieri navali di Taranto, diretti all'epoca da un compagno di studi di Broglio.

Il 27 ottobre 1962 una notizia terribile colpiva l'Italia e il gruppo San Marco: Enrico Mattei, il sostenitore dell'ardita idea spaziale, precipitava con il suo aereo, il jet Morane-Saulnier, a Bascapè nella campagna di Pavia, mentre volava verso l'aeroporto di Linate. Le condizioni meteorologiche erano cattive ma la causa del tragico incidente rimaneva un mistero, dietro al quale si muoveva lo spettro di un attentato derivato dai molti interessi economici internazionali che Mattei aveva disturbato con le sue attività petrolifere.

Alla fine del 1962, il 21 dicembre, terminati i lavori di sistemazione, la piattaforma battezzata Santa Rita partiva per il Kenya trainata dal rimorchiatore Mississippi, proprietà di una compagnia olandese specializzata. Il viaggio non si rivelò molto tranquillo; ci fu anzi un momento in cui si temette il peggio. Il periodo climatico non era favorevole alla traversata e lo scoppio di una tempesta costrinse addirittura i marinai del rimorchiatore, per evitare guai maggiori, a tagliare i cavi, lasciando la Santa Rita in balia delle onde. Il momento era davvero critico e molti pensavano di aver perduto il prezioso carico. Invece, con non poca fatica e qualche peripezia, appena il mare divenne meno rischioso la piattaforma fu riagganciata ed entrò quindi nel canale di Suez. Le difficoltà non erano però finite. Nel transito, un errore del pilota portò la Santa Rita a scontrarsi con le pareti del canale, procurandole per fortuna soltanto qualche lieve ammaccatura. Percorsa l'ultima tratta, finalmente il 14 febbraio si raggiungeva l'approdo nel porto di Mombasa. La *Domenica del Corriere*, colpita dalle notizie dell'impresa, le dedicava una copertina con disegni e colori che raccontavano lo scampato pericolo.

La scelta di Malindi

Intanto si discuteva a proposito del posizionamento della Santa Rita e a tal fine l'incarico venne affidato a una società specializzata, la Micoperi, che scelse il punto adeguato nella baia di Formosa a 2,4 gradi sud rispetto all'equatore, di fronte alle località di Ras Ngomeni e Malindi, a tre miglia dalla costa. La ricognizione era condotta sotto la guida del professor Michele Dicran Sirinian, che poi diventerà il *range manager*, cioè il direttore della base di lancio. All'operazione, completata agli inizi del 1963, collaboravano il ministero degli esteri e la Commissione mista anglo-keniota, autorità di governo sino all'indipendenza, raggiunta alla fine dell'anno. Un altro aspetto importante fu il contatto con il dipartimento di fisica dell'Università di Nairobi diretto dal professor Hunter, con il quale si avviò un rapporto di collaborazione che si trasformava nel 1964 in un accordo di cooperazione tra l'Italia e la Repubblica del Kenya.

A quel punto potevano iniziare la preparazione della base e i suoi collaudi al fine di padroneggiare i vari sistemi. Il gruppo di tecnici, ufficiali e ingegneri si trovava in una condizione completamente nuova: non c'erano esperienze simili a cui guardare per attingere conoscenze e quindi tutto doveva essere inventato e provato.

Per l'alloggio del personale doveva arrivare una nave appoggio appositamente affittata, ma all'ultimo momento questa non era disponibile. Broglio chiese aiuto, senza successo, alla marina militare, per cui decise di allestire dei vani in cui dormire, mangiare e ritrovarsi al di fuori del lavoro sulla stessa Santa Rita, risparmiando alla fine 250 milioni di lire. Tra marzo e aprile 1963 iniziarono così le verifiche in preparazione dei primi lanci di razzi sonda, con i quali dimostrare la funzionalità della base.

Nel frattempo nei laboratori del Centro ricerche aerospaziali si avviava la costruzione di dodici esemplari del satellite San

Marco, due dei quali destinati alle prove a terra negli impianti preparati nelle stesse sale del centro sulla via Salaria. "Avevamo a disposizione un simulatore spaziale, unico a quei tempi in Europa," affermava Buongiorno, "un laboratorio elettronico e tutti gli altri apparati per i test meccanici."

Nella prima metà del 1963 la scena italiana offriva numerosi fatti e cambiamenti di grande importanza, che dimostravano come il paese fosse giudicato "critico" nell'atmosfera della Guerra fredda. In quei mesi la penisola diventava un affollato crocevia di incontri. In gennaio il presidente del consiglio Fanfani si recava a Washington per incontrare il presidente Kennedy, e quasi contemporaneamente Henry Kissinger, pur non rivestendo incarichi nell'amministrazione americana (era ancora all'Università di Harvard), arrivava a Roma per una serie di colloqui. Il suo tema più discusso con i leader di partito (da Moro a Nenni a Malagodi, ma incontrerà anche il presidente Antonio Segni) era il ritiro dei missili Jupiter dalla Puglia. L'argomento, come registrava una nota dell'ambasciata americana, irritava gli ambienti militari e il ministro della difesa Giulio Andreotti, che lo vedevano come frutto di un accordo con i sovietici. Per questo chiedevano in cambio altri missili come i Polaris.

Due mesi dopo il genero di Nikita Chruščëv, Aleksis Adžubej, compiva una visita privata in Vaticano a papa Giovanni XXIII che allarmava gli americani. Poco dopo, il 3 giugno, il pontefice moriva dopo essere stato colto da malore e il conclave eleggeva Paolo VI, papa Montini. In maggio Amintore Fanfani, dopo quasi cinque anni di governo, interrompeva il comando in seguito a risultati elettorali non brillanti per il suo partito, che lo sostituirà con Giovanni Leone. E toccherà a lui e al presidente della repubblica Antonio Segni fare gli onori di casa durante la visita a Roma del presidente Kennedy agli inizi di luglio, effettuata durante il celebre viaggio in Europa legato alla visita al muro di Berlino. Il confronto tra i due blocchi rimaneva teso, ma per cercare di evitare i rischi di comunicazione, come era emerso durante la crisi di Cuba, a Ginevra ci si accordava per installare una linea di telescriventi diretta tra Washington e Mosca.

L'Università responsabile del San Marco

L'attività del progetto San Marco stava crescendo rapidamente e nel gennaio 1964 il CNR sottoscriveva un accordo con l'Università di Roma, affidando formalmente la gestione del programma al Centro ricerche aerospaziali.

Contemporaneamente, i vari specialisti erano distribuiti nei centri americani per acquisire la formazione adeguata. Al Langley Research Center della NASA con le grandi attrezzature sperimentali c'era il professor Sirinian, il quale esercitava un ruolo di riferimento anche per gli altri dislocati al Goddard Space Flight Center di Greenbelt, vicino a Washington, alla base di Wallops Island sulla costa orientale dove si studiava il lancio, e a Dallas, in Texas, sede della Chance Vought, produttrice dello Scout.

Il lancio del primo prototipo del satellite San Marco in una traiettoria suborbitale venne effettuato da Wallops Island il 21 aprile 1963 con un potente razzo sonda Shotput, ma fallì a causa di un problema al razzo. Il secondo lancio dello stesso tipo avvenuto poco dopo, il 2 agosto, invece andò bene e permise un primo collaudo della bilancia Broglio misurando la densità atmosferica tra 100 e 130 chilometri d'altezza.

Un terzo lancio dello Shotput doveva avvenire dalla piattaforma Santa Rita, ma l'instabilità politica africana sconsigliò agli americani il trasferimento nella zona di un razzo del genere. Ciò costrinse a una modifica dell'accordo e quindi dalla piattaforma ci si limitava al lancio di tre razzi sonda Nike Apache effettuando esperimenti analoghi a quelli condotti in Sardegna. Il primo partiva il 25 marzo 1964 e nell'ogiva conteneva apparecchiature elettroniche di telemetria e un rilevatore di temperatura, due sistemi che sarebbero stati imbarcati anche sul satellite San Marco. I successivi due voli, sempre con una traiettoria balistica, avvenivano il 30 marzo e il 2 aprile e liberavano in quota nubi di sodio, consentendo di studiare per la prima volta le condizioni dell'alta atmosfera nell'area equatoriale.

Durante la campagna di sperimentazione, per imparare a gestire operazioni mai affrontate, i sistemi di comando e il personale erano alloggiati su due navi noleggiate: la Pegasus ospitava il centro di controllo e la Southern Skies gli apparati di collegamento con le stazioni di telemetria. Navi e piattaforma erano collegate fra loro attraverso i cavi. I nuovi dati raccolti con il Shotput e i Nike Apache erano presentati al congresso del COSPAR organizzato di nuovo a Firenze nel maggio 1964.

Quanto realizzato completava la prima fase stabilita dagli accordi e dimostrava la possibilità di effettuare lanci da una piattaforma collaudandone l'insieme. L'esperienza rivelava però che non sarebbe stato possibile impiegare, come inizialmente si era ipotizzato, una base uguale alla Santa Rita, triangolare nella pianta ma soprattutto troppo piccola per il grande e potente razzo americano Scout.

Dalla Normandia al San Marco

Discutendone al centro Langley, i colleghi della NASA suggerirono di far ricorso a dei pontoni rettangolari mobili usati dalle truppe americane durante lo sbarco in Normandia nel 1945. Diversi di quei pontoni erano stati trasferiti da Bastogne e stivati in una base della US Army nella baia di Norfolk ed erano là conservati in attesa di future necessità, che presto si sarebbero presentate a causa della guerra in Vietnam. La NASA ne ottenne uno in prestito mettendolo a disposizione del progetto San Marco per il prezzo simbolico di un dollaro. Lungo 91 metri e largo 27, con 18 gambe che poggiavano sul fondo, il pontone era ovviamente da adattare alle nuove esigenze e per questo veniva portato nei cantieri navali di La Spezia, dove arrivava nel giugno 1965.

Completati i lavori e battezzato anch'esso San Marco, nel marzo 1966 iniziò il viaggio verso l'oceano Indiano e l'equatore, dove giunse il 5 maggio per essere poi collocato a 570 metri di distanza dalla Santa Rita. Nella sua struttura interna, sul ponte inferiore erano sistemati uffici e laboratori, mentre in superficie un edificio metallico scorrevole ospitava l'integrazione del vettore e del satellite. Prima del lancio l'abitacolo scivolava di lato liberando lo Scout che era sollevato in verticale.

A questo punto la Santa Rita era attrezzata come centro di controllo e di lancio e connessa alla base maggiore da decine di cavi per le trasmissioni. Ma disponeva pure degli alloggiamenti per 120 persone, con una cucina ben attrezzata e una grande mensa all'aria aperta all'ultimo piano. Durante le campagne di lancio non c'era tempo per rientrare sulla terraferma.

Le due piattaforme erano costate 3 miliardi di lire, mezzo miliardo in più del previsto, ma la differenza era generosamente coperta dall'ENI. Naturalmente si trattava di costi vivi relativi ai materiali, perché tutti gli uomini coinvolti nel progetto erano già dipendenti dell'Università di Roma o dell'aeronautica militare oppure del CNR. Poco dopo, sulla costa, a cinque chilometri di distanza, si sarebbe costruito nel 1966 un campo base di oltre tre ettari, il San Marco Equatorial Range, distante 32 chilometri da Malindi e raggiungibile attraverso una strada sterrata piena di buche. Qui si allestiva una stazione di ricezione dei satelliti e viveva il personale impegnato nel progetto durante i periodi di attività. Essendo completamente autonomo nei servizi, il campo era dotato di generatori di energia elettrica, acqua potabile ed era collegato alla rete telefonica keniota con un ponte radio. Altri uffici amministrativi erano stati aperti a Mombasa, dove arrivavano i materiali via mare oppure per via aerea.

Così era nata la base spaziale mobile italiana all'equatore e molte delle attrezzature sulle piattaforme e nel campo base erano quelle recuperate dalla 36ª aerobrigata in Puglia dei missili Jupiter e lasciate dagli americani dopo la chiusura. "Senza quella preziosa eredità non saremmo riusciti a realizzare il programma," diceva Buongiorno, "e per altri apparati necessari decidemmo di acquistare i componenti negli Stati Uniti assemblando poi il tutto noi direttamente a Roma. Le società americane chiedevano prezzi troppo alti che il nostro bilancio non permetteva. Solo la torre di lancio dovemmo comprarla integralmente perché coperta da diversi brevetti."

Primi modelli del satellite

Intanto, nei laboratori del Centro ricerche aerospaziali all'Aeroporto dell'Urbe, sotto la direzione di Giorgio Ravelli si costruivano i vari modelli del satellite San Marco compresa l'"unità di volo" che sarebbe partita dalla base americana di Wallops Island. Wallops era una delle prime basi di lancio di cui gli Stati Uniti disponessero. Creata dal Langley Aeronautical Laboratory nel 1945 come centro sperimentale, serviva inizialmente per i test con razzi. Poi con la nascita della NASA diventava una dependance del Goddard Space Flight Center e qui si conducevano ricerche connesse ai vari programmi scientifici e per il volo umano. I sistemi di salvataggio delle prime capsule abitate Mercury venivano, ad esempio, effettuati a Wallops Island. A livello internazionale era ed è sempre stata una delle basi più attive, tanto che dalle sue rampe fino al 2010 partivano circa 15 mila razzi.

La situazione in Italia stava però peggiorando. Il 1963 segnava la fine del boom economico e la politica cominciava a considerare, sotto la spinta del mondo industriale, la necessità di occuparsi di ricerca, un impegno fino allora trascurato, nella speranza che potesse aiutare il paese a riprendere forza. Uno studio dimostrava, in particolare, l'arretratezza dell'industria elettronica e si effettuavano dei confronti con gli Stati Uniti, dove le commesse militari erano diventate uno stimolo importante all'innovazione. Per riconquistare la crescita si discuteva di riforma dell'università, di programmazione, della riorganizzazione del CNR e dell'opportunità di istituire un ministero della ricerca. Ma l'inizio della crisi economica, che si protrarrà sino alle soglie degli anni settanta, raffreddava gli entusiasmi anche perché le aziende bloccavano gli investimenti per nuovi impianti. E di tanti propositi sopravvivrà, di fatto, solo la creazione del primo ministero della ricerca durante il quarto governo Fanfani: alla sua guida il 30 novembre 1962 sarà insediato Guido Corbellini, che rimarrà in carica pochi mesi, fino al 21 giugno 1963, e sarà un ministro senza portafoglio, quindi senza fondi a disposizione, e senza alcuna influenza sulla politica del governo. Una scelta, dunque, più che altro formale, che dimostrava quanto non si credesse nelle possibilità della ricerca per risollevare le sorti del paese secondo delle basi e una struttura adeguata ai tempi.

Nonostante la difficile situazione il progetto San Marco entrava nella seconda fase dell'accordo. I lavori procedevano seguendo i tempi stabiliti insieme alla NASA con il lancio previsto entro la fine del 1964. Il San Marco 1, ormai ultimato, era stato portato nella base spaziale americana per gli ultimi test e all'inizio di dicembre Broglio e Buongiorno incontravano al quartier generale della NASA a Washington Arnold Frutkin, l'artefice della collaborazione con l'Italia. Nelle ore successive si dirigevano in auto verso Wallops Island, distante 240 chilometri.

Il lancio del San Marco 1 da Wallops Island

Il loro arrivo nella base, che a quel punto era popolata da una massiccia presenza italiana, era una festa carica di tensione. Dopo pochi giorni il primo satellite tricolore sarebbe partito per lo spazio segnando la prima importante tappa di un'impresa che sembrava impossibile. La tensione era inevitabile, anche perché nei mesi precedenti i nostri tecnici erano stati addestrati per effettuare direttamente loro il lancio, sia pure controllati a vista dai colleghi americani. Si trattava quindi di una doppia prova determinante, da superare con successo e senza intoppi per consentire l'ambitissimo passo successivo e il coronamento del progetto, cioè il lancio dalla base mobile tutta italiana in Kenya.

Il momento fatidico giungeva il 14 dicembre 1964 e sulla costa atlantica soffiava un vento gelido, non tanto pericoloso però da insidiare le operazioni di lancio. Nel centro di controllo, al di là della vetrata che separava i tecnici, tra gli ospiti sedevano Hugh L. Dryden, vice amministratore della NASA, e Sergio Fenoaltea, ambasciatore italiano a Washington. Finalmente il 15 dicembre 1964 alle 20 e 24 minuti (UTC) lo Scout, al suo trentacinquesimo volo, si sollevava dalla rampa portando il San Marco 1, una sfera di 66 centimetri di diametro pesante 115 chilogrammi, intorno alla Terra su un'orbita ellittica alta 846 chilometri nel punto più lontano e 198 nel punto più vicino. Essendo inclinata di 37 gradi rispetto all'equatore, il satellite volava anche sull'estremo sud dell'Italia. Per questo veniva installata a Capo Pachino, in Sicilia, una stazione di ricezione dei segnali che doveva essere la prima a raccoglierli.

I segnali arrivarono ma solo al secondo passaggio, perché al primo, per un errore nel calcolo dell'orario rispetto al tempo universale, il satellite sfuggì alle antenne siciliane. Nel frattempo la conferma del raggiungimento dell'orbita arrivò dalla stazione di Woomera, in Australia.

Broglio ne fu dispiaciuto, perché il ritardo nella conferma gli impedì di chiamare telefonicamente il presidente del consiglio Fanfani per comunicargli la buona notizia: ormai, a causa dei fusi orari, era troppo tardi; nella penisola era notte fonda e il presidente dormiva. Allora Broglio, accompagnato da Buongiorno e dal tecnico Giovanni Tarabra, decise di affrontare un viaggio di tre ore in automobile verso Washington per mandare, attraverso l'ambasciata, un messaggio ufficiale al capo del governo che lo avrebbe letto al suo risveglio.

Ecco come l'Italia diventava il quarto paese, dopo l'Unione Sovietica, gli Stati Uniti e il Canada ad avere un satellite nello spazio e il terzo ad averlo lanciato perché le operazioni erano state gestite dai nostri tecnici. Lo sottolineava il presidente americano Johnson in un messaggio indirizzato per l'occasione al popolo italiano, affermando che "è la prima volta che un gruppo di lancio di nazione diversa dagli Stati Uniti d'America o dall'Unione Sovietica sia riuscito a mettere un proprio satellite in orbita." E per l'Italia era anche il primo Natale spaziale.

Nei mesi successivi le stazioni della NASA raccoglievano i dati trasmessi dal satellite sulla densità atmosferica, per la prima volta rilevati direttamente con precisione, dati che Luigi Broglio presenterà all'VIII riunione del COSPAR a Buenos Aires nel maggio 1965, mentre in occasione della successiva, tenutasi a Vienna nel maggio 1996, illustrerà il bilancio complessivo della missione. Il San Marco 1 rimaneva in orbita fino al 13 settembre 1965, quando si disintegrava nell'atmosfera dopo il normale decadimento dell'orbita.

"Ma non contenti del lancio soltanto da Wallops Island," scriveva, sorridendo, lo storico della NASA Harold D. Wallace, "gli italiani costruirono una base di lancio mobile nella baia di Formosa, sulla costa est dell'Africa per lanciare lo Scout da una posizione vicino all'equatore." Infatti così cominciò la terza fase del programma sottoscritto con Washington.

Fanfani incontra De Gaulle

Ma prima accadevano altre cose. La prima riguardava Fanfani, che raccoglieva in Francia la conferma politica di aver fatto bene a sostenere l'iniziativa di Broglio per accrescere la considerazione internazionale del nostro paese. Egli si recava infatti a Parigi in visita al generale Charles De Gaulle nel gennaio 1965, poco dopo, dunque, il lancio del San Marco 1. Nell'incontro il generale raccontava con orgoglio a Fanfani che la Francia si stava preparando a lanciare in orbita un satellite scientifico, esibendo il piano come un indice di sviluppo e di supremazia europea. Fanfani rispondeva che il progetto era molto interessante ma che l'Italia lo aveva realizzato da poche settimane, con un proprio team di lancio da una base statunitense. Quindi augurava altrettanto successo. Il presidente francese, imbarazzato e all'oscuro del fatto, chiedeva conferma telefonica immediata al suo ministro della ricerca. Tornato a Roma, Fanfani convocava subito a Palazzo Chigi Luigi Broglio, accompagnato da Carlo Buongiorno. "Ci aveva chiamati," ricordava Buongiorno, "per manifestare al professore la sua riconoscenza e quella del paese per l'impresa compiuta garantendoci il suo appoggio per il completamento del programma San Marco. Qualche giorno dopo venimmo a sapere che il ministro della ricerca francese aveva rassegnato le dimissioni."

Un altro giorno carico di soddisfazione era il giovedì 29 aprile 1965, quando papa Paolo VI riceveva con un'udienza particolare in Vaticano tutti gli uomini del San Marco.

"Signor generale," esordiva il pontefice, "e voi tutti, distinti ingegneri, tecnici del Centro italiano ricerche aerospaziali, Vi accogliamo con profonda simpatia e benevolenza, che nasce dalla considerazione, dalla stima, dall'interesse che nutriamo per i vostri studi pazienti e tenaci, e per i notevoli risultati a cui siete giunti con le recenti affermazioni, che vi hanno meritatamente guadagnato l'ammirazione dei competenti organismi internazionali. Vi siamo grati per la delicatezza di sentimenti, dimostrata nell'essere venuti oggi a ricevere il Nostro benedicente saluto, prima di trasferirvi in zona equatoriale per il lancio in orbita del satellite San Marco 2 dal poligono mobile, dislocato nelle acque dell'oceano Indiano. Siamo lieti e commossi di invocare le benedizioni dell'Onnipotente sulle vostre continue ricerche, come su le vostre ardite sperimentazioni, augurando a esse una piena riuscita, che coroni radiosamente i vostri sforzi, e sia preludio a nuove conquiste."

La benedizione papale suggellava la grande tappa raggiunta e rinfocolava gli entusiasmi verso il traguardo al quale ormai ci si stava preparando.

In quei mesi la Commissione ricerche spaziali, davanti all'estendersi delle attività, per garantire una gestione più efficace si riorganizzava in cinque sottocommissioni, le quali si occupavano di aspetti scientifici e tecnologici dove l'industria cercava di avere un ruolo, anche se con pochi risultati. Sarà soprattutto la sottocommissione fisica e astrofisica diretta da Giuseppe Occhialini dell'Università di Milano ad assorbire le maggiori risorse economiche a disposizione, partecipando a iniziative internazionali. Le altre sottocommissioni riguardavano geofisica e geodesia, veicoli, propulsione e guida, elettronica e biologia. Nel giugno 1966 sarà lo stesso Occhialini a proporre, in una riunione del suo gruppo, la nascita di un programma di satelliti scientifici da lanciare, uno all'anno, dalla piattaforma in Kenya ampliando così le possibilità dei ricercatori italiani, troppo limitati nelle iniziative in ambito europeo. In pratica Occhialini sollecitava la nascita di un ente analogo all'Istituto nazionale di fisica nucleare che fosse invece rivolto alle ricerche cosmiche.

La corsa allo spazio

La corsa allo spazio tra russi e americani intanto diventava sempre più accelerata, con periodici exploit che riempivano le pagine dei giornali. Nel 1963 i sovietici facevano volare la prima donna del cosmo, Valentina Tereškova, e nel 1965 Aleksej Leonov compiva la prima passeggiata spaziale. La NASA, completati i voli umani con le capsule monoposto Mercury, nel 1964 iniziava le missioni con le capsule biposto Gemini, il cui scopo era collaudare tecnologie e manovre necessarie al programma lunare, come gli agganci in orbita e le uscite extraveicolari. In Europa alla fine del 1965 entrava in scena la Francia, che lanciava dalla base di Hammaguir, in Algeria, il suo primo satellite A1 con un vettore francese Diamant A e diventava la terza potenza spaziale con l'accesso indipendente al cosmo. L'Italia non disponeva, infatti, di un vettore di lancio tutto italiano.

La politica, sempre nel 1965, riportava al governo Amintore Fanfani che vi era assente da un paio d'anni e che assumeva l'incarico di ministro degli esteri. Due fatti importanti caratterizzavano il suo ritorno sulla scena: nel nuovo ruolo inaugurava con il presidente De Gaulle il traforo del monte Bianco, che univa la penisola alla Francia; poi era eletto quasi all'unanimità alla presidenza delle Nazioni unite, vedendo riconosciute le sue visioni e i suoi impegni internazionali.

Nei paesi europei stava però emergendo con sempre maggiore preoccupazione il divario tecnologico rispetto agli Stati Uniti, un gap che aveva conseguenze negative per l'economia. Il *Rapporto Freeman e Young* sullo stato della ricerca nel Vecchio continente, preparato nel gennaio 1966 per i ministri della ricerca dell'OCSE che si riunivano a Parigi, lo metteva ben in evidenza. Questo stato di cose spingeva Amintore Fanfani, sempre sensibile a temi d'avanguardia come energia e spazio, a lanciare un Piano Marshall tecnologico per l'Europa, analogo a quello realizzato alla fine degli anni cinquanta per l'economia e da estendere, possibilmente, ai paesi dell'Est e in via di sviluppo. Un documento in tal senso veniva presentato al segretario di stato americano Dean Rusk nel settembre 1966 e la proposta doveva essere realizzata all'interno dell'Alleanza atlantica, nell'arco di un accordo decennale in cui si precisavano anche i settori d'attività garantendo priorità ai seguenti temi: computer, aeronautica, energia (incluso il nucleare), spazio (comprendente satelliti ma anche la costruzione di un vettore spaziale a fini civili).

Ma l'amministrazione americana non si dimostrò sensibile all'iniziativa sia per l'investimento richiesto sia per ragioni di confronto economico: era sempre meglio considerare l'Europa come un mercato in cui vendere i prodotti americani di cui gli europei avevano bisogno. Il piano, dunque, cadde rapidamente nel silenzio.

Le piattaforme sono pronte

Tra le fine del 1966 e gli inizi del 1967 le piattaforme Santa Rita e San Marco finalmente completavano l'allestimento per essere pronte al lancio equatoriale. Si entrava così nella terza e ultima fase del programma concordato con la NASA. Nel marzo 1967 una nave arrivata dagli Stati Uniti attraccava alla San Marco scaricando i vari stadi del razzo vettore Scout, mentre da Roma, con un aereo dell'aeronautica militare, giungeva il satellite San Marco 2. Nell'hangar scorrevole sul lungo pontone metallico sopravvissuto alla guerra e ora adattato alla nuova vita scientifica ferveva la preparazione della prima spedizione cosmica dalla base italiana.

Dopo il successo del lancio del San Marco 1 da Wallops Island si consolidava l'entusiasmo per il piano di Broglio, diventando giustamente un esempio di capacità e di prestigio internazionale. Lievitavano, semmai, gli attriti tra Broglio e il mondo industriale, che faticava nel trovare un coinvolgimento produttivo mentre lo cercava sul piano europeo tentando di convincere la politica a sostenerlo. Ciò serviva a porre le basi di un allargamento, oltre che di interessi, anche di sviluppo tecnologico in un settore d'avanguardia di cui le industrie e l'economia avevano bisogno. Ma nello stesso tempo Broglio si lamentava all'interno dell'Istituto di ricerche spaziali delle poche risorse destinate al San Marco, chiedendo che una parte dei fondi dedicati ai progetti europei fosse riservata al sostegno del programma in corso con la NASA, che senza di essi sarebbe stato a rischio.

Sul versante politico statunitense evidente era la soddisfazione nei riguardi della penisola. In una prolusione nel 1965 al

Comitato per la scienza e l'astronautica del Congresso americano dedicata ai rapporti con l'Europa, si citava come esempio di successo nella cooperazione proprio il piano italiano San Marco. L'intento era soprattutto quello di dimostrare la validità politico-scientifico-tecnologica della scelta compiuta nel sostenere rapporti bilaterali privilegiati.

Nello stesso tempo, il governo di Roma aveva da vantare qualcosa nei confronti della cooperazione, oltre che con gli Stati Uniti, pure con il Kenya. Grazie agli accordi siglati con l'Università di Nairobi e col governo di Kenyatta, localmente, tra le piattaforme e il campo base, erano infatti impegnati a vari livelli anche un centinaio di kenioti fra tecnici e operai; e questo era solo un inizio, l'avvio di un rapporto che sarebbe cresciuto col tempo.

Con l'arrivo del vettore e del satellite i lavori di preparazione al lancio si concludevano verso la metà del mese di aprile, quando iniziavano i test dei vari sistemi. Era una verifica lunga, puntigliosa e necessaria perché mai era stata tentata la partenza da una piattaforma oceanica. E quando si era prossimi alla data stabilita nasceva un intoppo imprevisto e incredibile. Il CNR, che riceveva i fondi dal CIPE, il Comitato interministeriale per la programmazione economica, non poteva materialmente consegnare l'ultima quota stabilita, perché nel frattempo una legge aveva deciso il trasferimento complessivo della gestione del programma dal CNR all'Università di Roma. Le pratiche burocratiche richiedevano più tempo ma il vettore era già pronto sulla piattaforma. "Per fortuna mi aiutò Pietro Agostino D'Avack, rettore dell'università di Roma," raccontava Broglio, "anticipando la cifra che serviva per il lancio."

Nella base italiana in Kenya da tempo erano presenti dei tecnici dei centri NASA (Goddard, Langley e Wallops Island) e della LTV, società produttrice dello Scout, per aiutare i nostri specialisti. Ma per la partenza arrivava anche una delegazione americana guidata da Hugh Dryden, amministratore associato della NASA, grande sostenitore dell'idea italiana, e Arnold

Frutkin, direttore dell'Ufficio affari internazionali dell'ente spaziale, nonché colui che l'aveva resa possibile.

Il San Marco lanciato dal Kenya

Il 26 aprile, alle 11.06 ora italiana (localmente erano le 13.06), lo Scout portava il San Marco 2 nello spazio, collocandolo su un'orbita ellittica con un apogeo a 804 chilometri di altezza e un perigeo a 216 chilometri. Uguale al primo satellite San Marco 1 nelle caratteristiche, era solo 14 chilogrammi più pesante. "Cominciammo il countdown la mattina presto," ricordava Broglio. "Doveva durare sette-otto ore. Cadeva tutto a pezzi perché il materiale che avevamo proveniva dalla base di Gioia del Colle e quindi era vecchio. Eppure tutto procedette bene fino a 14 minuti prima del lancio, quando cominciò una serie incredibile di piccoli problemi e, *dulcis in fundo*, la rottura dell'orologio della sala comando, che mi costrinse a continuare il conteggio alla rovescia con il mio orologio da polso. Inoltre," continuava Broglio, "prima del lancio bisognava pure condurre una prova dei razzetti che danno la stabilità agli stadi superiori dello Scout. Questa prova non riusciva, ma i tecnici continuarono a insistere fino a che ci riuscirono e così consumarono molto carburante, per cui c'era l'incognita se quello rimasto fosse sufficiente a stabilizzare il razzo in volo."

Un secondo momento di panico giunse al completamento della prima orbita dopo 90 minuti, quando il satellite transitava sopra la base. Le antenne dal campo base non riuscivano a cogliere alcun segnale. "Oddio, ce lo siamo persi," rammentava Broglio descrivendo il fiato sospeso dell'intero gruppo. Nei calcoli non si era tenuto conto del fatto che la Terra nel frattempo girava e quindi c'era una sfasatura nei tempi. La tensione si sciolse definitivamente dopo qualche minuto, quando gli strumenti rivelarono la trasmissione del San Marco già all'opera.

Prima del lancio il professor Broglio si era appartato in una stanzetta sotto il piano della sala comando sulla piattaforma. In solitudine rivolgeva una preghiera a santa Rita, a cui era devota anche la madre. In silenzio si aspettava il suo ritorno riprendendo la fase finale del conteggio alla rovescia. Il piccolo rito, che esaltava la rigorosa fede cristiana del professore nel momento più difficile dell'operazione, si ripeterà in tutti i lanci successivi.

Ottenuta la conferma dallo spazio, Broglio riceveva telegrammi di congratulazioni del presidente della repubblica Giuseppe Saragat, del ministro degli esteri Amintore Fanfani, suo grande sostenitore, e parlava al telefono con il presidente del consiglio Aldo Moro, comunicandogli il buon esito dell'impresa. Sulla terrazza aperta della piattaforma Santa Rita seguirono inevitabili festeggiamenti, che facevano dimenticare le fatiche e i disagi di lunghi mesi trascorsi lontano dalle famiglie. Poi i responsabili della NASA invitarono il team italiano in un ristorante di Malindi onde congratularsi per il successo. In Italia tuttavia la notizia veniva diffusa con un giorno di ritardo a causa di uno sciopero dei giornalisti.

Il San Marco 2 rimase intorno alla Terra per 171 giorni, durante i quali la bilancia Broglio misurava la densità dell'atmosfera alle varie quote nella fascia equatoriale e l'esperimento del professor Nello Carrara indagava la ionosfera e le sue variazioni nell'intensità elettronica.

Broglio a Tokyo presenta i risultati

Il 14 ottobre 1967, dopo 2680 orbite, il San Marco 2 completava la sua esplorazione disintegrandosi nell'atmosfera. Nel maggio successivo Broglio illustrava i primi dati raccolti al IX congresso del COSPAR a Tokyo. Tra questi, la scoperta che il satellite aveva messo in evidenza durante un'eruzione solare: gli effetti che questa provocava sull'atmosfera non si limitavano alle alte quote, ma si estendevano fino ad altezze assai più basse rispetto a quanto fino ad allora si era ritenuto. "La bilancia," notava Ugo Ponzi, "confermava, come era avvenuto nel primo lancio del 1964, una sensibilità di misura diretta della densità atmosferica, in questo caso per la prima volta rilevata nell'area equatoriale ed eccezionale nel valore arrivando ad un millesimo di grammo. Prima della bilancia Broglio si utilizzavano soltanto metodi indiretti, parziali e molto approssimati."

La base italiana in Kenya era a quel punto qualificata e pronta a un futuro impiego. Paradossalmente, la perfetta conclusione di un'impresa che sembrava impossibile segnava l'inizio, in sordina, di una serie di difficoltà che determineranno prima la crisi e poi addirittura la conclusione del progetto San Marco.

Il problema era nascosto sia nelle risorse economiche sia nei nuovi orientamenti che, con il tempo, stavano emergendo. Nel giugno 1967 una legge assicurava comunque un secondo finanziamento di 2,2 miliardi di lire, che permetteva qualche miglioria del poligono potenziando soprattutto gli impianti del campo base e lo studio di un nuovo piano San Marco. Nello stesso mese un'altra legge sanciva formalmente il trasferimento della gestione del programma dal CNR all'Università di Roma. Broglio, a quel punto, governava totalmente il progetto che aveva creato e si era svincolato non solo da una burocrazia che generava difficoltà e perdite di tempo, ma anche da interessi diversi che intendevano influenzare le scelte del progetto. La separazione e l'autonomia conquistata accentuavano però ancora di più le invidie già esistenti e si intensificavano le iniziative per ostacolare il progetto con l'appoggio di alcuni politici. Si distingueva in particolare il Partito socialdemocratico, che nella prima metà degli anni sessanta era già stato il protagonista degli attacchi e della crisi del CNEN (Comitato nazionale per l'energia nucleare), culminata nel processo al suo segretario generale Felice Ippolito.

"Il successo dei primi due lanci, inoltre," raccontava il professor Ponzi, "metteva a tacere alcune critiche scientifiche sull'impossibilità della bilancia Broglio a rilevare la densità atmosferica come sosteneva il professor Giuseppe Colombo dell'Università di Padova, secondo il quale le vibrazioni del vettore avrebbero alterato i meccanismi del delicato strumento rendendolo inaffidabile."

La NASA propone di lanciare i satelliti dal Kenya

Nel mese di settembre l'amministratore della NASA James Webb invitava il professor Broglio assieme a Carlo Buongiorno a Washington con un doppio fine. Il primo era festeggiare il felice esito dell'operazione appena compiuta, ma soprattutto manifestava l'interesse della NASA a utilizzare il poligono per spedire piccoli satelliti scientifici sull'orbita equatoriale approfittando dei vantaggi offerti dalla zona tra la superficie terrestre e la prima fascia di van Allen, in cui sono concentrate particelle cosmiche e solari intrappolate dal campo magnetico. La NASA avrebbe fornito i vettori Scout e rimborsato all'Università di Roma i costi dei lanci.

La stessa idea era stata coltivata anche da Broglio con l'intento di avviare un'internazionalizzazione nell'uso della base, offrendo in particolare ai paesi europei una preziosa opportunità. Gli interessi dunque coincidevano e in questo modo si sarebbe potuta altresì aggirare la carenza dei finanziamenti. Tuttavia, tali progetti saranno realizzati soltanto parzialmente e la buona intenzione si rivelerà purtroppo ben più complicata dell'impresa "impossibile" del San Marco.

In quei giorni, Broglio veniva estromesso dalla presidenza della Commissione ricerche spaziali. "La pretesa della nuova Commissione," ricordava Broglio, "era di utilizzare i rimborsi dei lanci effettuati per la NASA invece che per pagare le spese da noi sostenute, per finanziare il nuovo progetto del satellite Sirio per telecomunicazioni proposto dal professor Francesco Carassa, rettore del Politecnico di Milano. Ci salvò la NASA chiedendo il rispetto degli accordi."

La lotta per i fondi era ormai diventata una vera guerra con schieramenti netti, soprattutto da parte di fisici e astrofisici. In una riunione del giugno 1968 della Commissione ricerche spaziali Giampietro Puppi, Livio Gratton e Giuseppe Occhialini emergevano come gli oppositori più decisi di Broglio, tanto che lo stesso Occhialini, che due anni prima aveva sollecitato l'impiego della base equatoriale, ora ne proponeva lo smantellamento. Nonostante simili contrarietà l'Istituto ricerche spaziali, riprendendo qualche idea circolata in passato, avanzava la proposta di lanciare dalla base italiana tre satelliti scientifici tra il 1971 e il 1973 per indagini di astrofisica, meteorologia e geodesia, il secondo dei quali era previsto addirittura in orbita geostazionaria. Lo slogan era "un satellite all'anno", ma il rilevante impegno finanziario necessario, valutato in 51 miliardi di lire, lo rendeva impraticabile e la proposta finiva quindi dimenticata.

Per cercare di uscire da una crisi evidente Broglio, seguendo linee già tracciate nell'incontro di fine 1967, stringeva i rapporti con la NASA, che era disponibile a mantenere in vita una collaborazione già dimostratasi utile ed efficace sotto vari aspetti.

Un nuovo memorandum con gli americani veniva firmato nel febbraio 1969 tra il rettore dell'Università romana Pietro A. D'Avack e l'amministratore della NASA Thomas O. Paine. La NASA confermava la fornitura dei vettori Scout e il rimborso delle specie di lancio. In questo modo la vita della base era garantita almeno fino alla metà degli anni settanta, consentendo gli opportuni aggiornamenti delle tecnologie. In quel periodo nel campo base si installava la stazione MITS (Mobile Italian Tracking Station) per la gestione dei satelliti in orbita, che entrava a far parte della rete internazionale STADAN NASCOM, creata dalla NASA per i collegamenti delle varie missioni: satelliti, sonde e voli umani.

Lo sbarco sulla Luna

Collaborare con l'ente spaziale americano in quei momenti era sempre più prestigioso. La corsa alla Luna aveva fatto emergere la straordinaria capacità degli americani di riconquistare un livello tecnologico da superpotenza. Nel dicembre 1968 la capsula Apollo 8 compiva la prima circumnavigazione della Luna al comando di Frank Borman, in compagnia di Jim Lowell e William Anders. I sovietici non erano stati in grado di realizzare il grande razzo N1 necessario al lungo viaggio, pur avendo già pronta la navicella per lo sbarco. Era quindi ormai evidente che Washington aveva avuto il sopravvento. Nel maggio 1969 un altro volo, la missione Apollo 10, guidata da Thomas Stafford, collaudava le procedure di distacco e avvicinamento alla superficie lunare del LEM (Lunar Excursion Module), che sarebbe servito per la discesa. Infine, il 20 luglio 1969 Neil Armstrong e Edwin Aldrin sbarcavano per la prima volta su un altro corpo celeste, la Luna, mentre Michael Collins li aspettava sul modulo di comando dell'Apollo 11 in orbita lunare. La corsa spaziale da parte americana si era accelerata nelle ultime battute, nel timore che Mosca potesse avere il sopravvento. A Washington erano consapevoli che i sovietici stavano perseguendo lo stesso obiettivo, ma nemmeno i servizi dell'Intelligence erano riusciti a raccogliere informazioni precise sul loro sviluppo. Da qui derivava anche l'accettazione del rischio per certe scelte – quali, ad esempio, il taglio dei voli preparatori – per ridurre i tempi e mettere rapidamente i piedi sulla Luna, come Kennedy aveva indicato. Dopo l'omicidio di quest'ultimo a Dallas, il successore Lyndon B. Johnson promosse il programma Apollo del quale, più di tutti, era stato il sostenitore. Ma quando Armstrong scese dalla scaletta del LEM, alla Casa bianca si era insediato da tempo il repubblicano Richard Nixon e sarà lui a congratularsi con l'astronauta, mentre calpestava le sabbie lunari, per la grande vittoria tecnologica e politica: quel giorno l'America aveva ripristinato la sua superiorità sul pianeta; la missione di Kennedy era compiuta.

Il satellite di Riccardo Giacconi

L'accordo tra l'Università di Roma e la NASA entrava rapidamente in vigore, tanto che già l'anno successivo, il 12 dicembre 1970, veniva lanciato il satellite americano Small Astronomy Satellite (SAS 1), ribattezzato Uhuru, che nella lingua swahili significava "libertà", per celebrare la conquistata indipendenza del Kenya, il cui anniversario cadeva proprio quel giorno. La vicenda era molto interessante perché il "padre" del satellite era il fisico di origini italiane Riccardo Giacconi, emigrato negli Stati Uniti negli anni cinquanta dopo la laurea all'Università di Milano. Qui, da cittadino statunitense, diventava un illustre astrofisico scoprendo nel 1962 la prima sorgente cosmica di raggi X battezzata SCO X-1. Proprio per scandagliare il cielo alla caccia di nuove sorgenti Giacconi, fisico della società di ricerca statunitense AS&E, proponeva al centro Goddard della NASA la realizzazione di un satellite che sarebbe stato costruito con l'Applied Physics Laboratory della John Hopkins University. Uhuru riusciva a disegnare la prima mappa celeste delle sorgenti X dell'universo con centinaia di emissioni misurandone intensità e variabilità nel tempo, rivelando così una dimensione del cosmo fino a quel momento sconosciuta. E nella mappa una sorgente della costellazione del Cigno, la Cygnus X-1, pulsante nei raggi X 15 volte al secondo e non nelle onde radio o nel visibile, portava all'ipotesi che si trattasse di un buco nero. E così si dimostrò in seguito. Altre scoperte segneranno la vita di Giacconi, che nel 2002 conquisterà il premio Nobel per la fisica assieme a Raymond Davis Junior, un riconoscimento al quale aveva contribuito anche Uhuru, un minuscolo satellite di appena 64 chilogrammi. "Il gruppo del San Marco ha compiuto un lavoro superbo in un poligono creato con poche risorse e superando notevoli difficoltà," commentava Giacconi. "Il suo livello farà invidia a molti, americani compresi."

Era la prima volta che la NASA faceva lanciare un proprio satellite da un'équipe straniera e da una base non americana. Il fatto colpiva in qualche modo anche le alte cariche dello stato, tanto che il presidente della repubblica Giuseppe Saragat lo poneva in evidenza in una sua nota ("un successo politico e nella pubblica opinione per l'efficienza e la professionalità dei tecnici italiani"). E il sottosegretario alla difesa Vito Lattanzio aggiungeva che "grazie al San Marco il paese aveva conquistato un posto nella ricerca spaziale con dignità e intelligenza". Tutto ciò non spegneva, tuttavia, le critiche che arrivavano dal mondo industriale riunito nel consorzio CIA (Compagnia industriale aerospaziale), il quale poneva in evidenza come alle aziende italiane con queste cooperazioni arrivasse ben poco lavoro, esaltando invece l'importanza che assumeva, in questo senso, la costruzione in corso del satellite sperimentale per telecomunicazioni Sirio.

I buoni rapporti con Amintore Fanfani, eletto alla presidenza del senato dal 1968 al 1973, rafforzati dal consenso di Giulio Andreotti, ripetutamente ministro della difesa e presidente del consiglio, continuavano a garantire a Broglio il necessario appoggio politico che, dopo l'accordo con la NASA, farà maturare un terzo finanziamento di 5,7 miliardi di lire al progetto San Marco grazie a una legge approvata nel marzo 1971. La quota tuttavia era solo parte di un finanziamento complessivo più rilevante di 29,4 miliardi di lire rivolto soprattutto al satellite Sirio.

Si completa San Marco 3

Ciò consentiva di portare a termine con maggior tranquillità la preparazione, già avviata, del terzo satellite italiano, il San Marco 3, che a bordo imbarcava, oltre la bilancia Broglio per la densità, due strumenti scientifici americani del centro Goddard della NASA e dell'Università del Michigan per misurare la composizione dell'alta atmosfera, la distribuzione e la temperatura delle molecole di azoto. Per tale motivo aveva sia un diametro lievemente maggiore del predecessore (75 centimetri) e anche un peso più elevato (163 chilogrammi). Nella fascia centrale esterna erano inoltre state installate delle celle solari. Inviato in orbita il 24 aprile 1971, il satellite permise di scoprire le variazioni diurne della densità molecolare dell'atmosfera e della temperatura dell'aria, dimostrando che i modelli atmosferici sino a quel momento in uso dovevano essere rivisti in base ai nuovi dati, in particolare tenendo conto dell'attività solare e geomagnetica.

Il San Marco 3 volava su un'orbita ellittica alta tra 222 e 718 chilometri, concludendo dopo 219 giorni la sua missione il 28 novembre 1971. Con un ritmo accelerato, appena sette mesi più tardi dalla base in Kenya veniva lanciato un altro satellite scientifico NASA, l'SSS-1 (Small Scientific Satellite), allo scopo di studiare i campi elettrici e magnetici nelle fasce di van Allen, che proteggono la vita sulla Terra da radiazioni e particelle che piovono sul pianeta. Per questo la sua orbita aveva un punto più elevato a 27 mila chilometri. Gli obiettivi venivano raggiunti in modo tanto soddisfacente che il gruppo Broglio ricevette dalla NASA il diploma di "Best launching team of the year", ovvero "Migliore team di lancio dell'annata".

Mentre si preparava la campagna di lancio la base ospitava una visita illustre. Wernher von Braun, il padre della V2 tedesca, il primo missile guidato della storia, e poi, negli Stati Uniti, costruttore del grande vettore Saturno V con il quale gli astronauti americani erano sbarcati sulla Luna, arrivava sulle piattaforme nella baia di Formosa. "Venne a vedere che cosa facevano gli italiani nell'oceano Indiano e parlava un inglese prussiano addolcito da una certa simpatia," ricordava Buongiorno. Il viaggio era stato organizzato dall'ambasciata americana in Kenya ed era del tutto personale, includendo anche la visita al fratello ambasciatore per la Repubblica federale tedesca ad Addis Abeba. "Si fermò una settimana con noi," ricordava Broglio, "e poi mi invitò ad accompagnarlo in un giro turistico, così passammo insieme un'altra settimana. Quindi proseguimmo verso Roma dove accettò di farsi intervistare dalla RAI."

Wernher von Braun sulle piattaforme in Kenya

In quei mesi von Braun era responsabile dei programmi futuri al quartier generale della NASA a Washington. Da un anno aveva lasciato la direzione del centro Marshall in Alabama, dove aveva guidato la costruzione del razzo Saturno V. Ma con il cambio del presidente alla Casa bianca Thomas Paine, che lo aveva chiamato nella capitale anche per lo stretto rapporto di amicizia che li legava, rassegnava le dimissioni da amministratore dell'ente spaziale. Nixon, pressato dalle difficoltà sociali ed economiche generate dalla guerra in Vietnam, riduceva gli impegni e gli investimenti nello spazio. Per gli arditi programmi futuri, e prima di tutto per una spedizione su Marte come sognava von Braun, non c'erano quindi più possibilità. Nelle settimane in cui lo scienziato tedesco era in Kenya, alla NASA si stava preparando l'arrivo del successore di Paine, James Fletcher, che sarebbe giunto in aprile confermando gli orientamenti della presidenza. "Durante la visita mi sembrava un uomo molto teso, invecchiato, eppure era al culmine del suo successo," ricordava Buongiorno. L'anno successivo, in giugno, von Braun, ormai palesemente avversato all'interno dell'ente spaziale, annuncerà le dimissioni accettando l'incarico di vicepresidente della società aerospaziale Fairchild. Cinque anni dopo morirà prematuramente per un cancro al fegato all'età di 65 anni.

Grazie ai nuovi finanziamenti, la Commissione ricerche spaziali avviava, tra la fine del 1971 e la prima metà del 1972, una campagna di lanci di razzi sonda per una serie di esperimenti rivolti all'alta atmosfera proposti dallo stesso Centro ricerche aerospaziali (CRA), dall'IROE (Istituto di ricerche sulle onde elettromagnetiche) del CNR di Firenze diretto da Nello Carrara, interessato alla ionosfera equatoriale, e dal Laboratorio di astrofisica del CNR di Frascati; con tali test il professor Livio Gratton intendeva indagare le sorgenti stellari di raggi X. Gli strumenti imbarcati sui razzi per gli esperimenti erano preparati nei laboratori del CRA. Dopo un primo razzo Nike Tomahawk (novembre 1971), seguivano cinque razzi Nike Apache, l'ultimo dei quali partiva nel marzo 1972. Oltre a questi lanci, Edoardo Amaldi proponeva a Luigi Broglio un piano di ricerche di fisica cosmica più ampio nel quale coinvolgere la comunità degli scienziati italiani. Broglio apparentemente sembrava acconsentire, tanto da incaricare Carlo Buongiorno e Giorgio Ravelli di delineare il progetto di un satellite per indagare le sorgenti di raggi gamma secondo una proposta del professor Guido Pizzella, del gruppo di Amaldi. Ma quando glielo presentarono egli, notando che il satellite non prevedeva anche l'imbarco della bilancia Broglio, disse che "se non si poteva mettere a bordo lo strumento non c'era ragione valida per la partecipazione, perché noi non eravamo un'agenzia di lancio. E così ci congedò," ricordava Buongiorno. "A me non sembrava che la specifica di Amaldi fosse molto diversa dal servizio che offrivamo alla NASA. Ma da quel momento compresi che Broglio non avrebbe mai favorito la creazione di un'agenzia spaziale nazionale che non fosse sotto il suo totale controllo."

Il rifiuto segnò la rottura totale tra il progetto San Marco e la comunità scientifica italiana, che da allora aderì definitivamente alla collaborazione europea verso la quale, per la verità, si era già da tempo incamminata condividendo, in questo, la stessa direzione degli interessi industriali. Nell'ottobre 1971 l'Istituto di ricerche spaziali del CNR veniva sciolto e sostituito da un organismo tecnico-amministrativo chiamato Servizio attività spaziali, direttamente alle dipendenze del segretario generale del CNR.

Il SAS 2 della signora Townsend

Intanto Broglio procedeva verso il lancio del terzo satellite della NASA, il SAS 2 (Small Astronomical Satellite), di cui era responsabile, come per i precedenti, Marjorie Townsend, un ingegnere del Goddard Space Flight Center, e che avveniva il 15 novembre 1972. Immesso su un'orbita circolare bassa, ormai nota come San Marco Orbit, con i suoi strumenti realizzerà la prima mappa delle sorgenti di radiazioni gamma nella nostra galassia, oltre a identificarne altre al di fuori e più remote.

Il mese successivo, in dicembre, l'America chiudeva l'avventura umana sulla Luna. L'ultima missione, l'Apollo 17, al comando di Eugene Cernan sbarcherà nella zona Taurus-Littrow con l'unico scienziato-geologo del programma, Harrison Schmitt. L'onerosa guerra in Vietnam e il disinteresse ormai prevalente per i ripetuti voli lunari spinsero il presidente Richard Nixon a tagliare le ultime tre spedizioni preventivate. In compenso, nello stesso anno il presidente firmava l'approvazione per un nuovo veicolo da trasporto spaziale: era il via alla costruzione dello shuttle, la prima astronave recuperabile della storia, che da quel momento avrebbe assorbito la maggior parte delle risorse in bilancio della NASA.

Dal poligono in Kenya seguiranno un paio di lanci di razzi sonda Nike Apache e Nike Tomahawk per i ricercatori dell'Istituto di fisica del plasma dell'Università di Roma e del CNEN di Frascati (novembre 1972 e giugno 1973), al fine di studiare la diffusione della radiazione ultravioletta emessa dall'atmosfera e la plasmasfera legata alla Terra. Ma le difficoltà del programma San Marco cominciavano a farsi sentire in modo sempre più consistente. Alla vigilia del lancio del satellite SAS-2, che vedeva coinvolti in quel momento nella base 150 tecnici italiani, ascoltavo il professor Broglio sulla piattaforma Santa Rita che mi raccontava dello sviluppo delle attività. Dalle sue parole emergeva soprattutto la quasi impossibilità a dare seguito al programma, sempre più costretto tra le esigenze europee e i nuovi orientamenti nazionali.

Proprio nel giugno 1972 una denuncia anonima faceva scattare un'inchiesta della procura generale della corte dei conti. L'esposto prefigurava spese improprie e irregolarità con possibili serie conseguenze penali. Quindi la corte dei conti chiedeva degli accertamenti per i quali era incaricato alla fine dell'anno l'ispettore generale di finanza Giovanni Marfe. I tentativi volti a screditare i responsabili del San Marco per bloccarne l'attività cominciavano a prendere corpo. "Circolavano molte lettere anonime," raccontava Ugo Ponzi, "nelle quali venivamo accusati di aver speso in modo illecito le risorse economiche a disposizione. Il fenomeno si manifestò in modo tanto consistente che la magistratura fu costretta a intervenire. Per due mesi l'ispettore rimase al Centro ricerche aerospaziali analizzando tutti i rivoli di spesa senza tralasciare nulla: ogni ente con cui avevamo rapporti venne scandagliato, compresa l'ambasciata italiana in Kenya. Alla fine un dettagliato documento precisò che tutto era in ordine e che nessuno aveva usato impropriamente i finanziamenti ricevuti. Finalmente eravamo scagionati dalle false accuse."

Ma il momento era particolarmente arduo e la questione non era per niente chiusa del tutto. Nel maggio 1973 Luigi Broglio scriveva un'accorata lettera al presidente del consiglio Giulio Andreotti chiedendogli, dopo la positiva conclusione dell'indagine che scioglieva ogni riserva sulla sua buona gestione, di favorire la disponibilità dei finanziamenti approvati e accantonati da gennaio. Aggiungeva che il progetto era bloccato dalla fine del 1971 e che i fondi erano necessari "per dare l'avvio a un secondo periodo di collaborazione con la NASA che si articola su nuovi programmi congiunti, ancora di carattere confidenziale". Broglio sottolineava inoltre quanto poco oneroso fosse il piano da lui diretto, "la cui spesa ammonta in dieci anni ad un totale di 13 miliardi".

Nello stesso giorno il ministro della ricerca Pierluigi Romita, socialdemocratico, scriveva anche lui ad Andreotti informandolo che il CIPE aveva sospeso ogni decisione sul futuro del progetto per "perplessità", e che tuttavia lui lo appoggiava e chiedeva un'ulteriore convocazione specifica entro il mese.

Si arriva al San Marco 4

Nonostante le crescenti difficoltà, si arriverà al 18 febbraio 1974 con il lancio del San Marco 4; ma erano passati ben tre anni dal San Marco 3. Sempre dotato della bilancia Broglio, esso ospitava inoltre due esperimenti sull'alta atmosfera del centro Goddard della NASA. Di fatto, il satellite era la copia di volo del San Marco 3 con uguali caratteristiche, come le celle solari nella fascia centrale. Il diametro era sempre di 75 centimetri e il peso di 164 chilogrammi. Inserito in un'orbita con un apogeo più elevato (910 chilometri), il rientro nell'atmosfera avverrà il 4 maggio 1976 conquistando il record di permanenza fra tutti i satelliti della famiglia: oltre due anni e due mesi.

Ma la storia della presunta cattiva gestione non era ancora finita e anzi riemergeva nel febbraio 1974 con una nota della Ragioneria generale dello stato al ministro della pubblica istruzione Franco Maria Malfatti, in cui si elencava in base a una inchiesta talune irregolarità. L'inchiesta era sempre la stessa dell'anno precedente, ma ora la Ragioneria la inviava anche al ministero dell'istruzione, il quale la trasmetteva all'Università di Roma sotto il cui controllo ricadeva il progetto San Marco. Ai giornali, però, non si spiegava che si trattava del completamento dell'iter burocratico ma la notizia veniva offerta come la continuazione di atteggiamenti illeciti e così i giornali la raccontavano.

Broglio guardava avanti impegnandosi ad ampliare l'impiego del poligono e altrettanto, e con maggior fortuna, tentava di fare la NASA. Già nel 1972 Frutkin coinvolgeva gli scienziati britannici impegnati nella costruzione del satellite scientifico astronomico UK Ariel 5 perché il lancio fosse effettuato dal Kenya invece che dagli Stati Uniti. Per correttezza informava il ministro della ricerca Camillo Ripamonti, precisando che il tutto veniva comunque gestito dalla NASA. Il British Science Research Council accettava siglando un accordo che portava all'immissione in orbita il 15 novembre 1974, consentendo la scoperta di nuove sorgenti di raggi X. E nemmeno sei mesi dopo, l'8 maggio 1975, si spedirà nello spazio un analogo satellite della NASA, il SAS-3, sempre dedicato allo studio delle emissioni X nell'universo. Con questo, purtroppo, si concludeva l'intensa attività dedicata al lancio di satelliti per altre agenzie spaziali. E finiva così un'epoca di successo che non avrebbe offerto altre tappe. Ma per Broglio era solo la chiusura di una fase, alla quale pensava di poter dar seguito con un maggior coinvolgimento internazionale grazie anche a un mezzo di lancio diverso rispetto al passato, in grado di aumentare taglie, pesi e capacità dei satelliti.

Lo scontro San Marco-Sirio

Invece, pur ricevendo nell'ottobre 1974 un finanziamento di 6,75 miliardi, il San Marco, dopo numerosi colpi ai fianchi, precipitava nella crisi da cui non si sarebbe più risollevato e nella conseguente paralisi delle attività. Nel braccio di ferro ormai sempre più arduo con il progetto del satellite Sirio gestito dal CNR, quest'ultimo risultava vincitore assorbendo le risorse economiche disponibili fino al suo lancio nel 1977.

A maggior ragione, per ridare slancio al programma, Broglio riteneva opportuno accelerare la concretizzazione delle sue nuove idee, cioè il progetto di un vettore più potente, il San

Marco Scout, come lo aveva chiamato, da costruire in Italia su licenza americana ma in una versione più potente rispetto al modello originale fino allora utilizzato. In pratica, diventava uno Scout con quattro razzi ausiliari Algol 3 (uguali al primo stadio del vettore) aggrappati al primo stadio e ribattezzati Santa Rita Stages. Questi, di fabbricazione americana, sarebbero stati adattati alla nuova configurazione del vettore con un lavoro condotto in Italia. Oltre a parti aerodinamiche da aggiungere, sistemi di connessione fra gli stadi, prove aerodinamiche, sarebbe stato necessario anche adeguare il sistema di guida e controllo. La società costruttrice americana LTV era, almeno formalmente, disposta a collaborare.

Tornato dal lancio in Kenya del satellite britannico Ariel 5, Carlo Buongiorno riceveva una lettera di Arnold Frutkin della NASA che lo invitava al centro Goddard per impostare un nuovo piano di collaborazione che il governo federale stava varando e per il quale Frutkin riteneva l'Italia il partner ideale. La proposta tendeva a dar seguito a un rapporto che altrimenti si sarebbe concluso con il lancio del SAS-2 nei primi mesi del 1975. Buongiorno volava quindi con Giorgio Ravelli nel Maryland per discutere l'idea di lanciare una coppia di satelliti su orbite a diversa altezza, uno più basso e l'altro più elevato, al fine di analizzare meglio gli effetti sull'atmosfera del vento solare, quindi sul clima e sugli scambi energetici tra i vari livelli dell'atmosfera; un tema abbastanza sconosciuto all'epoca.

Con Frutkin si impostava anche un memorandum d'intesa per il San Marco D, come veniva battezzata la coppia, e che Broglio avrebbe dovuto discutere nei dettagli andando a Washington prima del Natale 1974. Ma quando Buongiorno lo chiamava al telefono per informarlo la risposta era fredda e sostanzialmente negativa. La ragione dell'inaspettato atteggiamento era che non prevedeva l'impiego del nuovo San Marco Scout a cui Broglio voleva mettere mano. Frutkin spiegherà allora a Buongiorno che la NASA non era interessata al nuovo lanciatore e che il dipartimento della difesa non acconsentiva al rilascio della licenza di costruzione a un altro paese. La questione rimase quindi sospesa e tutto veniva rinviato. Intanto la nuova situazione metteva sempre più in risalto come l'impostazione del professor Broglio non rispondesse più né all'evoluzione del tempo, che chiedeva un coinvolgimento pieno del mondo industriale, né agli sviluppi nel frattempo maturati in Europa. Broglio continuava a vedere le sue realizzazioni entro i confini dell'università escludendo i legami con le aziende, che invece avevano bisogno di un rapporto di quel tipo per acquisire nuove tecnologie ed essere protagoniste del nuovo campo legato all'esplorazione cosmica in crescita sulla scena europea.

Buongiorno si rendeva conto del cambiamento e, non condividendo più interamente le idee del suo leader, si distaccava dal programma San Marco avviando un lavoro più intenso come direttore dell'Istituto di propulsione aerospaziale all'Università La Sapienza proiettato, appunto, anche al mondo produttivo esterno. Il suo ruolo di braccio destro di Broglio e di coordinatore delle attività sarà assunto da allora da Michele Sirinian, anche lui colonnello dell'aeronautica oltre che professore.

Pedini a Washington discute il futuro

Nell'ottobre 1975, segnando un cambiamento rispetto ai passati rapporti tra Italia e Stati Uniti, sarà lo stesso ministro della ricerca Mario Pedini a recarsi a Washington per discutere direttamente con l'amministratore della NASA James Fletcher l'impostazione di possibili collaborazioni, includendo le operazioni di lancio del satellite Sirio da Cape Canaveral con un vettore americano. La nuova situazione aveva altresì favorito un'intesa tra Broglio e il presidente del CNR Alessandro Faedo, in base alla quale molti specialisti del Centro ricerche aerospaziali, anch'essi non più in sintonia con la vecchia impostazione, sarebbero stati trasferiti in vari istituti del CNR impoverendo non di poco il gruppo della via Salaria. Alla fine, nel giugno 1978, Buongiorno scriveva formalmente a Frutkin alla NASA comunicandogli il suo distacco definitivo dal San Marco.

"Nell'ottobre 1978 mandai un lungo promemoria al presidente del consiglio Giulio Andreotti che seguiva da vicino le attività di Broglio," ricordava Giorgio Postal, allora sottosegretario del ministro Pedini con delega alla ricerca scientifica. "Nel documento ponevo la questione se era il caso di tenere ancora aperta la base di Malindi, in Kenya, o se invece non fosse opportuno provvedere alla sua chiusura. Eravamo in campagna elettorale e qualche giorno dopo il presidente venne a Trento per tenere un discorso al Teatro Sociale. Alla fine andai a congratularmi. Mi trattenne, mentre estraeva dalle carte che aveva sottobraccio un foglio con la risposta al mio promemoria sul quale aveva scritto: 'Si deve procedere', e la questione si chiuse."

I fatti denotavano il mutamento in corso nel gruppo del professore e come si fosse imboccato il declino di un'iniziativa, che aveva già superato l'apice del successo e che ciononostante proseguiva, ma con prospettive sempre più incerte, soprattutto per quanto riguardava gli obiettivi del suo creatore. Il decennio si chiudeva inevitabilmente nell'indecisione e senza una visione precisa, nonostante i due finanziamenti ricevuti per decreto dal CNR (1,5 e 6,7 miliardi, rispettivamente nel 1978 e 1979). Ciò apriva comunque nelle attività uno spiraglio che veniva subito colto e che poteva indurre gli ottimisti a pensare a una vera ripresa. Il 16 febbraio 1980 si verificava un'eclissi totale di Sole e l'occasione era propizia, perché la zona dell'oscuramento totale passava per l'equatore dove si trovavano le piattaforme. Per studiarla il centro Goddard della NASA allestiva sette lanci di razzi sonda con a bordo strumenti preparati da numerose università statunitensi: Pennsylvania, Johns Hopkins, University Park e dal Los Alamos laboratory. A un esperimento collaboravano anche astronomi italiani dell'Istituto di astrofisica spaziale del CNR. Il primo (un Super Arcas) partiva il 15 febbraio per una verifica delle operazioni e una prima osservazione. Il giorno successivo volavano in cielo sino ad altezze di 330 chilometri due razzi Nike Black Brant, due Astrobee D, due Super Arcas e uno dei carichi era recuperato.

La cancellazione del San Marco Scout

Ma era il nuovo vettore a occupare i pensieri e il tempo del professor Broglio, che nel 1982 scriveva con rammarico: "Lo sviluppo di questo vettore spaziale, concepito per rendere più flessibili e ancora più economiche le capacità di lancio del poligono San Marco, è stato approvato dal CIPE (Comitato interministeriale per la programmazione economica) nel 1979 e poi annullato dallo stesso CIPE nel gennaio 1981 per risparmiare i 6 miliardi di lire necessari a detto sviluppo. Ciò è costato al paese un mancato salto di qualità sia tecnologico, sia politico perché con il poligono San Marco e il razzo San Marco Scout possiamo, nel settore dei satelliti di peso medio, offrire alla collaborazione internazionale programmi spaziali imbattibili per economicità e flessibilità, sia nei confronti della navetta spaziale sia dell'Ariane europeo."

Il governo procedeva però in un'altra direzione. Nella riunione del 29 gennaio 1981 il CIPE cancellava il programma "San Marco Scout" trasferendo il relativo fabbisogno finanziario alla realizzazione del satellite San Marco D. E nel 1982, per fugare eventuali dubbi, il ministro della ricerca Giancarlo Tesini parla ufficialmente di "completamento del programma San Marco, con nuovi impieghi della base in Kenya per il *tracking* dei satelliti".

Comunque, nella speranza mai cancellata di una possibile rinascita, due nuovi accordi rafforzavano la cooperazione tra l'Università di Roma e il ministero della difesa-aeronautica, mentre con il centro Goddard della NASA si definiva il progetto del San Marco D (il quinto), per il quale NASA e CRA avevano firmato un'intesa già nel settembre 1976. L'idea di un satellite mirato a osservazioni meteorologiche tra Europa e Africa risaliva peraltro al piano abbozzato e poi cancellato del 1969. La formula iniziale rimaneva tuttavia ancora valida e prevedeva in realtà due satelliti: un San Marco DM (dove M significava multistazionario) e collocato su un'orbita ellittica molto alta e un San Marco DL (Low, per indicare la posizione su un'orbita bassa). Ciò avrebbe consentito una doppia indagine con strumenti diversi della stessa zona dell'atmosfera comprendente pure la valutazione dell'ozono. Al piano partecipava l'ente tedesco per la ricerca spaziale DFVLR.

Ma le crescenti difficoltà porteranno prima a uno slittamento continuo dei tempi e poi alla cancellazione del San Marco DM. Rimaneva il San Marco DL, che sarebbe salito sulla rampa di lancio dodici anni dopo l'accordo con la NASA e con modifiche anche nei contenuti della ricerca. Ridisegnato rispetto ai predecessori, raggiungeva un diametro di 96,5 centimetri e un peso di 237 chilogrammi. Nella fascia centrale erano installati 28 pannelli di celle solari al silicio e tre all'arseniuro di gallio, sperimentali, forniti dall'US Air Force Laboratory.

Lo scopo era esplorare struttura, dinamica e caratteristiche della termosfera e della ionosfera equatoriale attraverso cinque strumenti preparati dall'Università di Roma (tra cui la bilancia Broglio per la densità), dal Goddard Space Flight Center della NASA e dal centro aerospaziale DFVLR della Repubblica federale tedesca.

Al tramonto a Mombasa

Quando arrivai una sera dopo il tramonto all'aeroporto di Mombasa con un velivolo dell'aeronautica militare mi venne incontro nel buio la figura alta, bianca e scarna del professor Broglio, con una mano tesa al saluto. Aveva già compiuto 77 anni e il suo entusiasmo ancora emergeva dal sorriso, anche se il suo aspetto mostrava il lungo tempo trascorso: di nuovo il San Marco, la sua creatura, era comunque sulla scena della scienza all'equatore.

Nella notte del 25 marzo 1988, con un cielo nero pieno di stelle, il San Marco D veniva lanciato su un'orbita ellittica con un perigeo di 262 chilometri e un apogeo di 619 chilometri. Rimarrà attivo per 255 giorni fino al 6 dicembre 1988, quando si disintegrerà nell'atmosfera.

Nel gruppo della quinta impresa del San Marco, come era precisato nella relazione sui risultati presentata al XL Congresso della Federazione astronautica internazionale tenuto nell'ottobre 1989 a Malaga, in Spagna, assieme a Luigi Broglio, Carlo Arduini e Ugo Ponzi compariva anche Maurizio Di Ruscio, esperto di elettronica.

La tenue "primavera" del programma sbocciata agli inizi degli anni ottanta aveva portato qualche frutto. Da quel momento, però, non si sentirà più parlare di satelliti San Marco, sostituiti nei piani dal vettore San Marco Scout, da tempo concepito e rimasto sulla carta. Ciò era dovuto ad atteggiamenti poco chiari sia della NASA, dove alcuni non erano disposti a sostenere l'ipotesi come aveva già manifestato Frutkin, sia dei dipartimenti di stato e della difesa americani. La società costruttrice LTV rimaneva interessata anche perché, in prospettiva, lo Scout era destinato altrimenti a uscire di produzione.

Lo Scout italianizzato diventava quindi per Broglio l'obiettivo primario senza il quale non si poteva rilanciare l'attrattiva della base in Kenya, dato che il panorama dei lanciatori disponibili includeva ormai dal 1979 il diretto concorrente europeo Ariane, anche se per satelliti più grandi, e dal 1981 lo shuttle con il quale la NASA voleva soppiantare, in un grave errore di valutazione, tutti i vettori tradizionali. Non solo: la nuova astronave doveva lanciare ogni tipo di satellite e si collocava con la sua offerta anche sul mercato occidentale. La sfida, dunque, non era da poco e per Broglio il vettore San Marco Scout rappresentava la materializzazione di un sogno da sempre coltivato per garantire all'Italia l'accesso allo spazio in modo più ampio e completo, conquistando così un ruolo di primo piano nel panorama spaziale internazionale che si prospettava interessante sul piano politico e culturale, nonché della ricerca e dell'economia.

Ma il San Marco Scout non nascerà mai. Questa aspirazione dal tortuoso inizio prenderà tuttavia forma in modo diverso quando l'Italia si sarà data strutture più adeguate per governare le attività spaziali sia in ambito nazionale che europeo. Anzi diventerà una parte importante del ruolo italiano in Europa.

L'ultimo satellite San Marco

Con il San Marco 5, dunque, si concludeva l'avventura africana di Luigi Broglio, dalla cui scuola erano usciti molti illustri cervelli che avrebbero alimentato lo sviluppo del settore, dalle università ai centri di ricerca alle industrie.

Il ruolo giocato dal professore-ufficiale (nel frattempo diventato generale) rimaneva dunque storico per almeno cinque ragioni. Prima di tutto per il coraggio dimostrato nell'affrontare un'impresa incredibile anche ai nostri occhi, consolidando e sviluppando una scuola nata con Gaetano Arturo Crocco. In secondo luogo perché aveva saputo fondere in modo efficace due mondi, quello dell'Università La Sapienza di Roma e quello dell'aeronautica militare, facendoli convergere su comuni obiettivi di crescita: senza l'apporto delle due istituzioni nulla sarebbe stato possibile in quel momento. In terzo luogo per l'abilità con la quale era stato in grado di tessere interessi scientifici e politici, questi ultimi allora tremendamente lontani dai valori della scienza e della tecnologia. Il quarto motivo è legato invece alla perizia con cui aveva stabilito rapporti con la NASA, coinvolgendola nel sostenere indagini che avrebbero nel contempo permesso la costruzione di impianti preziosi alle attività come le basi in Kenya, garantendosi addirittura la fornitura gratuita di un razzo vettore per i lanci. La quinta ragione, infine, forse la più importante, era quella di aver portato l'Italia, pur con alcuni limiti nell'adeguamento dei metodi al mondo nuovo del cosmo, ad adottare una logica di alto profilo al fine di ricavarne utili ritorni. Per questo Luigi Broglio è giustamente riconosciuto il "padre dello spazio italiano". Ma è difficile pensare che lo sarebbe diventato se nel mondo della politica non avesse incontrato Amintore Fanfani, che con le sue visioni internazionali strettamente legate a scelte economiche aveva avuto il coraggio di sostenere l'impiego di risorse nello spazio. Un mondo questo che, oltre al prestigio che portava con sé, era giudicato la frontiera della conoscenza scientifica e tecnologica, e quindi un simbolo di sviluppo. Infatti a essa, come dimostrava più in generale l'idea del Piano Marshall tecnologico per l'Europa del 1966, guarderà Fanfani, mostrandosi un'eccezione nella cultura di governo e politica del tempo. Il suo ruolo di modernizzatore del paese si traduceva in azioni che portavano a risultati concreti.

Nell'evoluzione della nascente attività spaziale Luigi Broglio mostrava tuttavia un limite nel suo isolamento. Nella prima fase questo giocò a suo favore, perché gli consentì di gestire nei dettagli ogni scelta e decisione riuscendo a realizzare nei tempi stabiliti piani e accordi internazionali, sfuggendo o limitando ogni burocrazia. In seguito l'isolamento si tramutò però in debolezza, impedendogli un adeguato rapporto (e un influsso positivo) con una realtà spaziale che nel frattempo cresceva, nel paese e in Europa, sia sul piano industriale che organizzativo e accademico. Questo, comunque, non sminuiva il grande valore delle imprese compiute e dei risultati ottenuti.

6.
L'Italia in Europa e nel mondo delle telecomunicazioni

La storia dell'avventura italiana nello spazio si sviluppava in Europa, nelle sue tappe iniziali, in parallelo alle iniziative nazionali di Luigi Broglio. Ma mentre queste ultime assieme ai successi ottenevano una certa popolarità, l'impegno europeo era noto e circoscritto agli addetti ai lavori, sia perché le altre nazioni rimanevano "lontane" nella comunicazione e nei rapporti, sia perché i risultati, ancora contenuti, riguardavano soprattutto gli scienziati. In questo modo, senza clamori, nasceva l'Europa spaziale.

Nella seconda metà degli anni cinquanta gli interessi cosmici emersi nei vari paesi europei, soprattutto come conseguenza della mobilitazione dall'Anno geofisico internazionale chiuso alla fine del 1958, cominciavano a coagulare un orientamento più unitario. Gli stimoli arrivavano dalle prime imprese sovietiche e americane, dalle attività militari in campo missilistico, sia in Gran Bretagna che in Francia, e dalle richieste di alcuni scienziati.

Il seme verso un'iniziativa comune era gettato da due personaggi, i fisici Edoardo Amaldi e il francese Pierre Auger, che già avevano condiviso un'altra grande impresa, la creazione del CERN, il Centro europeo di ricerche nucleari di Ginevra.

Il primo passo veniva compiuto da Amaldi. Egli considerava che l'operazione condotta con successo in tempi rapidi nella ricerca subnucleare, mettendo assieme gli sforzi dei vari paesi e garantendo loro un futuro altrimenti impossibile su scala nazionale, potesse e dovesse replicarsi pure nello studio dello spazio.

Queste idee rientravano nello spirito del decennio seguito alla conclusione della seconda guerra mondiale e vedeva nell'unione degli intenti del Vecchio continente il rafforzamento delle disperse opportunità e una via più rapida per rinascere e crescere dopo i disastri del conflitto. Così nel 1957 a Roma nascevano contemporaneamente la Comunità economica europea (CEE) e l'EURATOM. La prima garantiva una migliore gestione delle risorse e dei mercati, la seconda un coordinamento nelle ricerche per l'impiego dell'energia atomica a fini pacifici.

Per la scienza spaziale, che richiedeva ingenti risorse, secondo Amaldi e Auger il CERN era un modello adeguato da replicare. Ne discutevano nell'aprile 1959 durante una passeggiata nel Jardin du Luxembourg a Parigi. Prima di quella data l'idea di Amaldi aveva già trovato un primo confronto italiano nel luglio 1958, durante una cena nella casa di campagna del fisico Giorgio Salvini in compagnia di Luigi Crocco, docente di Aerospace Populsion all'Università di Princeton e che era a conoscenza di quanto succedeva negli Stati Uniti, dove in quei mesi si stava istituendo la NASA. Amaldi ne parlava anche con Luigi Broglio, che condivideva ma giudicava difficile la realizzazione al di fuori del mondo militare. Proseguiva poi con altre esplorazioni illustri: con alcuni fisici che avevano condiviso l'avventura del CERN come Isidor I. Rabi (anche lui vedeva nella NATO un riferimento determinante), Francis Perrin e Cecil Powell, e il brillante scienziato dell'aerodinamica Theodore von Kármán, americano di origine ungherese e fondatore del NATO Advisory Group for Aeronautical Research and Development (AGARD). L'uomo chiave sarebbe però stato Auger, che dopo essersi interessato alla fisica si era rivolto al cosmo e aveva già creato, diventandone il primo presidente, il Centre National d'Études Spatiales.

La passeggiata a Parigi di Amaldi e Auger

Dopo la passeggiata nel verde del Luxembourg Amaldi scriveva il documento *Space Research in Europe*, che inviava a sei personalità europee, tra cui Cornelis Bakker direttore generale del CERN, Étienne Hirsch presidente della commissione dell'EURATOM e Francesco Giordani presidente del CNR. Amaldi – come spiegava nel documento – riteneva che il nuovo organismo dovesse includere anche la costruzione di un vettore spaziale per portare in orbita i satelliti, ma tutto da realizzare al di fuori del mondo della difesa. "Il lancio di una o più 'Eurolune'," scriverà in una lettera in dicembre a Luigi Crocco facendo il punto della situazione, "effettuato da un organismo europeo *ad hoc*, avrebbe evidentemente una importanza sia morale che pratica, di primo ordine per tutti i paesi del continente." Nella lettera Amaldi delineava i vari aspetti organizzativi ("cinque o sei persone dovrebbero preparare in un periodo di qualche mese un piano di sviluppo tecnico. Un simile programma dovrebbe essere sottoposto ai governi per l'approvazione") dimostrando di aver analizzato bene la questione e maturando precisi orientamenti. Ribadiva infatti come fosse anche "assolutamente essenziale che la futura organizzazione non abbia carattere militare né sia collegata con organizzazioni militari. Essa deve essere una organizzazione puramente scientifica aperta, come il CERN, a tutte le forme di collaborazione sia interne sia esterne ai paesi partecipanti."

Quando in dicembre ne parlerà nella sede del CERN con Sir Harrie Massey, a capo del British National Committee for Space Research, incontrava scetticismo. Agli inizi del 1959 sonderà pure l'ambiente industriale italiano discutendone con Giuseppe Gabrielli, alla direzione di FIAT Aviazione e cognato di Luigi Crocco.

L'occasione ideale per presentare alla comunità scientifica internazionale i propositi condivisi da Amaldi e Auger si presentava nel gennaio 1960 nel corso dell'assemblea del COSPAR, il Comitato internazionale per le ricerche spaziali, organizzata a Nizza. Già nella riunione del 1958 la NASA aveva offerto il suo aiuto alle nazioni amiche per costruire e lanciare satelliti scientifici con vettori statunitensi. Anche su queste premesse si sviluppavano discussioni con aspetti positivi, e visto il risultato finale incoraggiante, Auger convocava un incontro a Parigi il mese successivo. Di nuovo tutto procedeva per il meglio e i convenuti, accettando il suggerimento di Massey, si davano appuntamento a Londra in aprile nelle sale della Royal Society. Era qui che lo stesso Massey avanzava la proposta di realizzare un vettore spaziale secondo il progetto del Blue Streak, nato per la difesa britannica ma appena cancellato perché il governo di sua maestà, ritenendolo ormai obsoleto come arma di difesa, si orientava verso l'acquisizione di missili americani più moderni e a propellente solido per soddisfare la sua strategia militare.

Il Blue Streak, per il quale erano già in corso accordi per la parte della struttura tra la società britannica De Havilland e la statunitense Convair, e per i propulsori tra la Rolls-Royce e l'americana Rocketdyne, avrebbe funzionato da primo stadio, mentre per il secondo si proponeva una versione adattata del vettore britannico Black Knight, di minore potenza e già sperimentato dal 1958. L'accoglienza da parte dei rappresentanti era favorevole con la significativa eccezione dell'olandese Hendrik van de Hulst e di Edoardo Amaldi, il quale faceva giustamente notare che il progetto era tutto inglese e per niente integrato in una collaborazione europea. Qualche dubbio era espresso anche da Auger. Alla fine, tuttavia, si accettava di proseguire con una dichiarazione di principio riguardante la necessità di sviluppare sia satelliti che razzi per lanciarli. Non si entrava però in alcun dettaglio.

Dopo Londra Amaldi non parteciperà più agli incontri europei e sarà Luigi Broglio il rappresentante di riferimento per l'Italia. Il fisico continuerà comunque a far sentire la sua voce, soprattutto in difesa dell'organismo dedicato alla ricerca spaziale, consapevole ormai di aver perduto la battaglia per il lanciatore.

L'idea del satellite della NATO

Era evidente, a quel punto, la necessità di discutere fra esperti i contenuti di una collaborazione e a tale scopo si creava il Groupe d'Étude Européen pour la Collaboration dans le Domaine des Recherches Spatiales (GEERS), che nell'ottobre 1960 riuniva per la prima volta, sempre nella sede della Royal Society a Londra, una quarantina di scienziati e ingegneri, metà dei quali erano francesi e inglesi. Presidente del gruppo era nominato Henry Massey, mentre Luigi Broglio, M. Golay e L. Hulthéen erano eletti vicepresidenti e Pierre Auger segretario esecutivo. L'incontro era importante perché stabiliva le linee lungo le quali costruire un organismo europeo in cui studiare progetti di satelliti, integrare a bordo i vari strumenti scientifici e prepararli al lancio. Un comitato scientifico doveva definire un piano di attività, mentre gli aspetti amministrativi e di bilancio dovevano essere nelle mani di un consiglio dei rappresentanti degli stati membri, al quale spettavano anche l'approvazione di una strategia e la gestione finanziaria. Secondo Auger, comitato e consiglio erano sullo stesso piano per evitare che politici e burocrati avessero il sopravvento.

Un altro aspetto importante riguardava le iniziative europee, che dovevano svolgersi in parallelo con quelle nazionali senza una competizione ma semmai migliorandosi a vicenda.

Amaldi cercava di influire accelerando i tempi per contrastare un'iniziativa in corso all'interno della NATO, il cui segretario generale F. Seitz spingeva per una collaborazione con la NASA sul fronte spaziale. Inoltre Theodore von Kármán aveva proposto con scarso successo il lancio di un satellite europeo, ma il Dipartimento di stato americano bocciava la proposta sostenendo che "satelliti pacifici non rientravano nei compiti dell'alleanza militare".

Al di là dell'ombrello militare NATO, tutto ciò non era condiviso da Amaldi, anche perché la sua preoccupazione era quella di colmare attraverso un impegno nello spazio il gap scientifico e tecnologico esistente nei confronti degli Stati Uniti e dell'Unione Sovietica. Lanciare un satellite significava acquisire conoscenze scientifiche e tecnologiche in svariati settori produttivi, dalla metallurgia ai propellenti all'elettronica, "e questi sviluppi," scriveva, "avranno effetti sul mondo industriale delle nazioni". "Senza di essi," aggiungeva, "tali attività sono destinate a rimanere un monopolio degli USA e dell'URSS."

La riunione di Londra metteva subito in evidenza un problema legato ai mezzi da utilizzare, la cui realizzazione avrebbe fatto emergere interessi lontani dalla scienza ma comunque da considerare. Questo dimostrava già la differenza con il CERN, dal quale era stata esclusa l'attività di ricerca nucleare finalizzata allo sviluppo di reattori per produrre energia, preferendo dar vita a tale scopo all'EURATOM. Tenere insieme il lavoro degli scienziati nella costruzione di satelliti scientifici, con i costosi vettori per lanciarli frutto di attività completamente industriali, sarebbe stato arduo.

La questione doveva essere risolta a livello politico. E qui si sovrapponevano, sia da parte francese che britannica, interessi di altra natura che entravano pesantemente in gioco nelle trattative.

In Svizzera si pensa all'Europa

Alla fine del novembre 1960 i delegati scientifici e governativi di 11 paesi si trovavano a Meyrin in Svizzera, vicino a Ginevra, nella sede del CERN per studiare bilanci, contribuzioni, aspetti legali dell'accordo e tratteggiare gli obiettivi tecnici e scientifici. Le conclusioni saranno importanti, perché i rappresentanti firmeranno quello che rimarrà noto come il Meyrin Agreement, dando vita alla nascita di una commissione per analizzare la collaborazione europea nel campo della ricerca spaziale (COPERS).

Ma le discussioni portavano a comprendere che la questione del lanciatore difficilmente poteva coincidere con il resto del piano scientifico, lasciando intendere la necessità di costituire due organismi diversi. I delegati di cinque nazioni firmeranno subito il documento e nel giro di pochi mesi se ne aggiungeranno altre sette. I 12 erano dunque: Belgio, Austria, Danimarca,

Francia, Repubblica federale tedesca, Italia, Olanda, Gran Bretagna, Spagna, Svezia, Norvegia e Svizzera.

Nelle valutazioni politiche in corso tra Parigi e Londra, la Francia mirava ad acquisire tecnologie sia nel campo dei vettori che gli inglesi avevano sviluppato grazie al rapporto con gli americani, sia nell'armamento nucleare e nel campo aeronautico. In tutti questi settori negli anni cinquanta Londra si era impegnata più di Parigi, dove il parlamento solo nel 1960 varava il programma Pietre preziose per progettare i razzi Emeraude, Topaze, Saphir per esigenze militari e Diamant per scopi civili. Prima di allora c'era solo la realizzazione con i fondi del ministero della difesa del razzo sonda Veronique, derivato dalla v2 tedesca, che iniziava i suoi voli nel 1954 dalla base militare di Hammaguir, nel deserto algerino.

Charles De Gaulle puntava alla creazione della *force de frappe*, una forza militare da usare nella politica europea e internazionale. Il premier britannico Harold Macmillan, invece, intendeva ottenere il consenso di De Gaulle per portare l'Inghilterra nel Mercato comune europeo.

Quando i due leader si incontravano nel gennaio 1961 nel castello di Rambouillet, in Francia, in uno dei loro frequenti meeting, De Gaulle incoraggiava il collega inglese a presentare richiesta a Strasburgo. Gli interessi sembravano coincidere e il presidente francese accettava la proposta del lanciatore britannico con una modifica: il primo stadio sarebbe stato il Blue Streak, ma il secondo doveva essere il parigino Coralie.

Il vettore spaziale anglo-francese

Secondo il progetto originale il vettore doveva portare in orbita a 500 chilometri d'altezza un carico di 1000 chilogrammi, prendendo come riferimento un satellite astronomico già allo studio in Gran Bretagna il Large Astronomical Satellite. A tal fine serviva però anche un terzo stadio. Per i test iniziali si pensava di far ricorso a un satellite di prova che sarebbe andato alla Germania.

In questi termini si discuterà e ci si orienterà nella riunione franco-britannica di Strasburgo nel febbraio 1961 in un palazzo in Avenue de l'Europe, alla quale Luigi Broglio aveva mandato Carlo Buongiorno in rappresentanza sia del CRA che del CNR. "In quell'occasione mi sentivo una formica tra elefanti," affermava Buongiorno, "perché a differenza di Inghilterra, Francia e Germania, rappresentavo un paese che non aveva nessun sostegno politico, né un'industria così forte da poter fare delle pressioni o delle richieste in un contesto già articolato." L'importante *meeting* era sotto la presidenza del ministro britannico della ricerca Kenneth Thorneycroft, mentre la delegazione italiana era guidata dall'ambasciatore presso la Comunità economica europea Giorgio Bombassei Frascani de Vettor. L'incontro non definì con precisione tutti i ruoli, anche per le critiche mosse da Buongiorno. "L'impostazione non mi pareva corretta," notava Buongiorno. "Mancava la presenza di un'autorità centrale responsabile dell'intero sistema che definisse le caratteristiche del lanciatore, delle attrezzature di terra e del sito di lancio. Soltanto dopo si sarebbero potuti definire i ruoli dei relativi partner europei. Il ministro Thorneycroft incassò elegantemente il colpo proponendo la creazione di due gruppi di lavoro: uno tecnico e uno amministrativo in cui i tecnici francesi e inglesi avrebbero presentato i dettagli della proposta e suggerì di rimandare la decisione finale a una riunione che si sarebbe tenuta entro la fine dello stesso anno. Un classico rimando salomonico."

Nel *meeting* di Strasburgo la scienza appariva lontana. Era ormai evidente che si stava andando verso l'istituzione di due organismi: uno per la ricerca scientifica e un altro per il vettore spaziale, lasciando tramontare l'idea di un ente unico come avevano sognato Amaldi e Auger.

Ma le discussioni non erano ancora finite. C'era il tema dei contributi, per i quali Francia, Germania e Italia intendevano assumere quote uguali al CERN, cioè rispettivamente 20%, 19% e 10%. Germania e Italia continuavano però a non essere d'accordo nel partecipare al progetto del lanciatore voluto dagli inglesi. I tedeschi non volevano impegnarsi su una vecchia tecnologia come quella del Blue Streak e preferivano costruire su licenza un vettore americano. Ma la politica aveva il sopravvento e le pressioni di Macmillan e De Gaulle alla fine costringevano il cancelliere tedesco Konrad Adenauer a informare personalmente Macmillan che il suo governo accettava "per assicurare alla scienza e alla tecnologia europea un proprio posto nel campo dei viaggi spaziali e della ricerca spaziale". In cambio la Germania avrebbe costruito il terzo stadio del vettore.

Rimaneva da assegnare il satellite di prova, che era ben poca cosa rispetto a quanto attribuito agli altri paesi. Anche per questo la posizione di Broglio e Amaldi era contraria, come veniva spiegato alla delegazione britannica che arrivava a Roma nel settembre 1961 per tentare un accordo. Amaldi sottolineava che non c'era nulla di interessante per l'industria nazionale, che era assurdo varare un piano per un razzo e un satellite da costruire in quattro paesi diversi e, infine, che il vettore proposto, come sostenevano i tedeschi, nasceva già vecchio.

Certamente Broglio e Amaldi avevano da difendere anche il programma nazionale San Marco condotto in collaborazione con la NASA e approvato il mese precedente dal governo. Ma era altrettanto vero che il vettore europeo nelle concezioni anglo-francesi offriva poco di allettante. Così si arrivava al 30 ottobre 1961 a Lancaster House, a Londra, dove si doveva definire la convenzione per l'istituzione dell'organizzazione europea per la costruzione del lanciatore, l'ELDO (European Launcher Development Organisation). Il mese precedente 47 industrie europee, comprese alcune italiane, avevano creato l'associazione Eurospace per sostenere l'impegno sul fronte spaziale e spingere i governi a occuparsene con maggior vigore.

Italia distaccata a Londra

A Lancaster House la posizione italiana rimaneva distaccata, nonostante alcuni rappresentanti, rispecchiando gli interessi industriali, fossero più disponibili vedendovi comunque un'opportunità da non abbandonare. Giunse allora inaspettata una telefonata del presidente del consiglio Fanfani, che ordinava di non condividere e di non esprimere alcuna posizione che potesse creare difficoltà alle trattative in corso con la NASA per il progetto San Marco. I francesi, per cercare di ammorbidire l'atteggiamento e trovare maggior disponibilità, ipotizzavano di assegnare al nostro paese la guida di un progetto di ricerca sulla propulsione spaziale d'avanguardia, tema che i francesi sapevano essere molto caro al professor Broglio.

Alla fine la conferenza si chiudeva con l'ennesimo invito agli italiani ad accettare ma, dato l'atteggiamento intransigente dei nostri connazionali, gli altri delegati cominciavano a domandarsi chi avrebbe sostituito la quota dell'Italia in caso di un rifiuto che molti ritenevano ormai quasi scontato. Se ne discuteva in una riunione di gabinetto dei ministri del governo britannico il 24 novembre successivo e, dopo il rifiuto francese e tedesco di farsene carico, il governo londinese si diceva pronto a colmare pure questa eventualità: l'importante era proseguire.

Ma nelle settimane seguenti le pressioni su Roma da Londra, Bonn e Parigi erano notevoli. Nella capitale italiana si muovevano gli ambasciatori inglese e francese e Macmillan scriveva una lettera a Fanfani.

Alla fine, il 30 aprile 1962 tra le firme alla convenzione dell'ELDO c'era anche quella italiana; il governo, stretto tra le sollecitazioni europee e alcuni interessi industriali nazionali, aveva condiviso la partita. La Gran Bretagna si assumeva l'onere maggiore (39%) seguita da Francia (24%), Germania (19%) e Italia (10%). La sede dell'ente era a Parigi e come primo segretario generale veniva eletto l'ambasciatore italiano Renzo Carrobio di Carrobio. Prima della nomina, il generale italiano

Enrico Cigerza aveva coordinato i lavori che portarono alla nascita dell'ELDO. Carrobio di Carrobio, nato a Roma nel 1905 e scomparso nel 1994, era un diplomatico di lunga carriera, avendo fatto parte delle sedi consolari di Berna, Mosca, New Delhi e Trieste. Nel 1952 era nominato ambasciatore in San Salvador e nel 1957 in Sudafrica. Alla guida dell'ELDO rimaneva per otto anni, sino al 1972, garantendo, oltre alla non facile guida di un ente segnato da ritardi e da una serie di insuccessi, anche la sua evoluzione verso la successiva ESA (European Space Agency).

Nasce l'ELDO e il vettore Europa 1

La quota italiana per il vettore Europa 1, come era stato battezzato, prevedeva dunque la realizzazione degli scudi termici del vettore e del satellite di prova STV (Satellite Test Vehicle). Attorno ai due elementi si coalizzava un gruppo di industrie che comprendeva FIAT Aviazione per gli scudi, AERFER per il sistema di separazione del satellite, MONTEDEL (Montecatini Edison elettronica), Laben, OTE e Selenia (sistemi di controllo e telemetria). Il satellite veniva poi integrato e provato al Centro ricerche aerospaziali del professor Broglio sotto la guida dell'ingegner Bruno Ratti. Per la tecnologia italiana era una sfida non trascurabile perché l'STV doveva misurare e trasmettere i dati sulle condizioni subite durate il viaggio verso l'orbita e poi consentire il controllo e il comando dei veicolo spaziale dalle stazioni terrestri. Questo secondo aspetto non fu mai possibile sperimentarlo, perché il vettore in tutti i suoi lanci di prova non riuscì mai a portare in orbita l'STV. Le perplessità italiane sul programma rimarranno comunque vive, tanto che il governo ratificherà l'adesione all'ELDO solo nel marzo 1965, un anno dopo gli altri paesi.

"In FIAT Aviazione all'inizio del 1963," scriveva l'ingegner Ugo Sacerdote, "fu costituito un piccolo ufficio, l'Ufficio tecnico studi speciali (UTSS), affidato a me sotto la supervisione dell'ingegner Giulio Ciampolini dedicato non solo allo spazio ma anche a studi e progetti missilistici e speciali. Le ridotte dimensioni dell'UTSS, si partì con una decina di persone per giungere a metà degli anni settanta ad appena un centinaio, non avrebbero reso possibile l'esecuzione di un gran numero di importanti programmi senza l'efficace sinergia con molte altre parti aziendali e con istituti universitari. Per cui le produzioni erano affidate alle officine della Sezione Velivoli nelle sue diverse branche e così le prove, le ricerche di fabbricazione."

"Il dipartimento prove di volo," aggiungeva Sacerdote, "si occupò delle strumentazioni dei prototipi e il centro calcoli della Divisione Aviazione mise a disposizione gli elaboratori IBM 1800 e quelli analogici Pace 231 ed EAI 680. Per i più complicati si faceva ricorso ai computer UNIVAC della sede centrale FIAT. Poi stabilimmo rapporti di collaborazione con il Politecnico di Torino, l'Istituto Galileo Ferraris, l'Università di Padova, alcuni laboratori del CNR, il CRA di Broglio e grazie all'introduzione internazionale del professor Giuseppe Gabrielli a capo di tutta la FIAT Aviazione divennero facilitati i contatti anche con gli enti aerospaziali stranieri: dalla NASA all'ONERA e al CNES francesi, al DFVLR tedesco e al RAE britannico."

FIAT Aviazione costruiva, quindi, gli scudi termici del vettore Europa 1 e la struttura del satellite STV. "Inizialmente i nostri tecnici erano stati accolti con una certa diffidenza," proseguiva Sacerdote, "ma ben presto seppero acquistarsi piena fiducia al punto che il segretariato dell'ELDO affidò alla FIAT anche la supervisione delle verifiche strutturali dell'intero vettore Europa 1."

Agli inizi degli anni sessanta un forte legame univa, nonostante tutto, Parigi e Londra sul fronte dell'alta tecnologia tanto da avviare, nel novembre 1962, il piano per la costruzione del jet supersonico civile Concorde, l'unico nella storia dell'aviazione e che più di altre iniziative forse simboleggiava l'idea di un riscatto da parte dei due paesi nei confronti dell'America e della Russia. Tuttavia, pure quell'impresa era segnata da forti contrasti.

Ma la strategia politica del primo ministro Macmillan, che abbandonerà la carica nell'ottobre 1963, si rivelerà per il suo paese un fallimento. Oltre a essere costretto ad assumersi il maggior onere economico del razzo europeo si vedrà anche beffato da De Gaulle, che alla fine negherà l'ingresso inglese nel Mercato europeo.

*Per la scienza nasce l'*ESRO

In parallelo all'ELDO si formava anche l'ESRO (European Space Research Organisation), la cui convenzione veniva firmata nel giugno 1962 dopo che nei mesi precedenti la commissione preparatoria COPERS aveva predisposto un *Blue Book* in cui delineava i progetti che le nazioni firmatarie avrebbero condiviso a breve, medio e lungo termine. In esso si prevedeva, con una certa ambizione, il lancio di 11 piccoli satelliti, quattro sonde e due grandi satelliti, incluso soprattutto il Large Astronomical Satellite sostenuto dall'Inghilterra. I paesi fondatori erano Gran Bretagna, Francia, Italia, Repubblica federale tedesca, Belgio, Olanda, Svezia, Danimarca, Spagna e Svizzera, mentre Norvegia e Austria entravano con il ruolo di paesi osservatori.

Nei primi anni i delegati italiani all'ESRO erano gli astrofisici Livio Gratton (1910-1991), triestino d'origine e promotore del Laboratorio di astrofisica spaziale del CNR di Frascati, e Giuseppe Occhialini (1907-1993). Occhialini, nato a Fossombrone, si era laureato all'Università di Firenze. Agli inizi degli anni trenta lavorava a Cambridge con Patrick Blackett, completando la scoperta del positrone realizzata da Carl Anderson. Volava poi in Brasile all'Istituto di fisica dell'Università di San Paolo e dopo il ritorno in Italia, verso la fine della guerra, tornava in Gran Bretagna, a Bristol, dove con Cecil Powell raggiunge nel 1937 la scoperta del pione. Dopo un breve soggiorno a Bruxelles metteva radici a Milano avendo accanto a sé Constance (Connie) Dilworth, grande compagna di vita e di lavoro. Per questo ruolo da protagonista della fisica delle particelle Occhialini meritava nel 1979 il premio Wolf, nonostante tutti si chiedessero perché non avesse condiviso il premio Nobel assegnato per lo stesso motivo a Powell.

Dal 1952 insegnava all'Università degli Studi di Milano, formando una scuola di alto valore e guardando subito alle possibilità offerte dagli strumenti spaziali. Qui creava infatti, diventandone il primo direttore, l'Istituto di fisica cosmica e tecnologie relative del CNR. Incredibile conversatore, con la perenne sigaretta Gauloise tra le dita, vedeva nei programmi europei l'occasione migliore per ampliare le sue attività di ricerca e quelle dei suoi studenti. Dell'ESRO diventava quindi, assieme ad Amaldi, uno dei sostenitori più determinati e poteva essere considerato il padre di COS-B, il primo satellite-osservatorio dell'ESA lanciato nel 1975, anche se varato negli anni dell'ESRO dopo la realizzazione del satellite astronomico TD-1. Esso permetterà di ottenere il primo catalogo delle sorgenti di raggi gamma dell'universo, identificandone 25, e di compilare una mappa della Via Lattea. Occhialini era dunque un precursore negli studi su raggi X e raggi gamma.

L'ESRO avviava l'attività di ricerca con una campagna di lancio di razzi sonda non condivisa da Luigi Broglio, che la giudicava un impegno da affrontare a livello nazionale, come lui aveva fatto in Italia. Venne invece ritenuta indispensabile per consentire agli scienziati e ai tecnici delle industrie di mettere a punto tecnologie che sarebbero state in seguito utili, pur nella loro evoluzione certamente più complessa, alla realizzazione dei primi satelliti. Con i razzi sonda si intendeva esplorare la fisica dell'alta atmosfera.

Razzi sonda dalla Sardegna

In questa fase era notevolmente coinvolta l'Italia, che disponeva della base di Salto di Quirra in Sardegna, ben collaudata per simili attività grazie ai lanci del professor Broglio a partire dal 1961. Qui veniva quindi effettuato il primo lancio europeo il 6 luglio 1964 con un razzo sonda britannico Skylark, il quale risulterà in seguito il più utilizzato dalla base italiana. Fino al 1972 l'ESRO lancerà 168 razzi sonda da tre poligoni: oltre Salto di Quirra e Andøya in Norvegia, entrambi proprietà nazionali, c'era Kiruna, in Svezia, che prima apparteneva all'ESRO e sarà poi ceduto alla Svezia alla fine di questo tipo di esperienze. Dalla Sardegna si utilizzeranno anche razzi Centaure e Belier francesi; quest'ultimo era di grande taglia e consentiva il recupero del carico utile con paracadute. La maggior parte degli esperimenti veniva preparata da scienziati inglesi, tedeschi e francesi.

L'ultimo lancio ESRO dalla Sardegna, il sessantacinquesimo, sarà effettuato nel novembre 1972. Per questa attività la società Oerlikon Contraves e l'Università di Roma avevano avanzato la proposta di utilizzare i razzi sonda Quirra (II, III e IV) studiati assieme e in corso di sperimentazione. Ma lo stadio del loro sviluppo era troppo embrionale per garantire risultati sicuri e quindi venivano rifiutati.

La partecipazione italiana all'ESRO si rivelava meno complessa rispetto a quella dell'ELDO, perché rispondeva almeno in parte alle necessità degli scienziati interessati all'esplorazione spaziale e che non avevano trovato accoglienza nell'ambito del programma San Marco. Tra i gruppi più attivi sin dagli inizi ci sarà quello del professor Giuseppe Occhialini dell'Università di Milano. Ma non sempre tutto funzionava in armonia, soprattutto per i carenti ritorni produttivi alle società italiane. Nel 1968, quando l'ESRO lanciava il suo primo satellite ESRO 2B per studiare i raggi cosmici e i raggi X solari, l'Italia, penalizzata nelle assegnazioni industriali, rifiutava di approvare il necessario adeguamento di spesa per successivi progetti. Era infatti avviata la preparazione di tre satelliti TD (da Thor-Delta, che era il lanciatore americano), ma il loro costo eccedeva le aspettative. L'Italia non era d'accordo ed essendo richiesta l'unanimità esercitava il potere di veto. Il programma veniva di conseguenza molto ridimensionato. Si salvava solo il TD 1, mentre alcuni esperimenti destinati agli altri due trovavano sistemazione sul satellite ESRO 4.

Come nell'ELDO, anche nell'ESRO l'Italia doveva affrontare una battaglia con i partner concorrenti al fine di ottenere qualcosa che gli altri paesi non erano molto interessati a concedere. E un'altra prova riguarderà il confronto per le sedi dell'organizzazione. Nei piani del *Blue Book* erano state precisate le infrastrutture necessarie. Per il quartiere generale dell'ESRO si accettava Parigi, superando solo qualche interesse olandese. C'erano il centro ESTEC (European Space Research and Technology Centre) per le attività tecnologiche, di ingegneria, di assemblaggio e di prova dei satelliti, e il laboratorio di ricerca scientifica ESLAB, legato ai progetti dei satelliti. Si aggiungevano inoltre l'ESRANGE (abbreviazione di ESRO Sounding rocket launching range), cioè la base per il lancio di razzi sonda dedicati alle indagini sulle aurore boreali, l'ESTRAK (ESRO Tracking), la rete di stazioni per l'inseguimento e la gestione in orbita di satelliti e sonde, e infine l'ESDAC (European Data Analysis Centre), in cui si calcolavano le orbite e si analizzavano e processavano i dati ricevuti dai satelliti.

Per l'ESRANGE la sede scontata era Kiruna in Svezia, ma per l'importante centro ESTEC il confronto era acceso: tutti se lo contendevano. L'ESDAC aveva due pretendenti: Gran Bretagna e Belgio. I patteggiamenti produssero la sua collocazione in Germania, a Darmstadt, dove tra l'altro c'era un centro universitario di grande tradizione legato al calcolo e di cui aveva usufruito anche Wernher von Braun quando, durante la seconda guerra mondiale, progettava a Peenemünde il missile v2.

Gli italiani chiedono un laboratorio

La battaglia maggiore era dunque per l'ESTEC, il centro più importante, e la sfida era tra Gran Bretagna, Svizzera, Italia, Olanda e Belgio. Ma i primi tre, dopo tante dichiarazioni verbali, non si impegnavano concretamente in grandi offerte. Rimanevano quindi Olanda e Belgio e la scelta stava per cadere tra i due. I rappresentanti italiani, che si ritenevano emarginati ed esclusi, chiedevano però l'assegnazione del laboratorio ESLAB mettendo in crisi i disegni quasi completati. Era infatti scontato che questo dovesse essere di supporto all'ESTEC e che quindi dovesse sorgere nelle sue vicinanze. Il professor Broglio, tra lo stupore generale, suggeriva di cambiare la destinazione originale e di insediarlo nella penisola sconvolgendo i piani fino allora maturati.

Nessuno voleva riaprire le discussioni per le assegnazioni dei centri e così si raggiungeva un compromesso dal quale nasceva l'ESLAR (European Space Laboratory for Advanced Research), poi diventato ESRIN dalle iniziali di European Space Research Institute. Era un laboratorio per la ricerca scientifica avanzata con un raggio d'attività ben più ampio dell'ESLAB, il quale diventava invece una divisione annessa all'ESTEC. E l'ESTEC, dopo la proposta del governo olandese di spostarlo da Delft a Noordwijk, veniva infine collocato in quest'ultima località sulle spiagge ventose del mare del Nord.

Per l'ESRIN si esaminavano le vicinanze di Firenze e Roma. Prevaleva Frascati per la prossimità dei laboratori dell'Istituto nazionale di fisica nucleare e del Centro ricerche aerospaziali di Broglio, i quali potevano essere di prezioso supporto, oltre che luoghi di collaborazione. Primo direttore dal luglio 1964 era il fisico H. L. Jordan, che doveva coordinare indagini teoriche e sperimentali nella chimica e nella fisica di base finalizzate alla preparazione di future missioni spaziali. Nove mesi dopo un piccolo gruppo di cinque scienziati, sei tecnici e quattro funzionari amministrativi si installavano provvisoriamente al

Park Hotel di Frascati. Quando nel 1968, con notevole ritardo, iniziavano i lavori della nuova sede, l'Istituto contava 47 addetti, ma bisognava attendere il 1971 perché il centro fosse in piena attività. Nei laboratori si studiavano dall'interazione del vento solare con la magnetosfera terrestre alla fisica dei plasmi, al rilevamento delle onde gravitazionali.

Purtroppo le prospettive dell'ESRIN cambieranno presto e il centro manterrà a lungo una tormentata storia di Cenerentola europea. Rinascerà a nuova vita negli anni settanta acquisendo i dati dei satelliti ambientali lanciati dall'ESA. Da allora il suo ruolo andrà crescendo d'importanza e nel 2004 diventerà il cuore europeo dell'osservazione della Terra, tanto che il direttore dell'ESRIN era pure il responsabile del direttorato Earth Observation dell'agenzia. Ma altre attività si aggiungevano: dall'Information Systems al Telecom Lab per fornire a industrie e istituzioni un facile accesso all'infrastruttura delle telecomunicazioni spaziali; l'European Centre for Space Records, dove si conservano i documenti tecnici dei progetti; l'ESA Web Portal, dedicato all'informazione al pubblico sui programmi dell'agenzia. Infine si è ospitato all'ESRIN il Vega Programme, vale a dire la sede del team per la gestione del programma del nuovo piccolo lanciatore Vega.

Casci crea a Milano un centro per motori spaziali

Un'interessante iniziativa italiana di ricerca tecnologica mirata a giocare un ruolo nel campo della propulsione spaziale sia per le necessità dell'ELDO relative ai vettori sia per i sistemi imbarcati sui satelliti dell'ESRO, nasceva a Milano nel 1963 ed esercitava un ruolo importante nell'arco del decennio. Ne era protagonista il professor Corrado Casci, ordinario di macchine al Politecnico di Milano e personaggio attivo negli organismi nazionali e internazionali legati alla ricerca aerospaziale. Egli era infatti *chairman* del Propulsion and Energetics Panel dell'AGARD (Advisory Group for Aerospace Research and Development della NATO), membro della Commissione ricerche spaziali del CNR e del gruppo di lavoro del progetto San Marco all'interno dell'Istituto di ricerche spaziali sempre del CNR. Inoltre, era pure componente del gruppo italiano all'ELDO. Ma altrettanto importanti erano le sue amicizie con Antonio Ferri del Politecnico di New York e con Luigi Crocco dell'Università di Princeton.

Appassionato del suo campo d'azione e consapevole che anche nel nostro paese dovevano svilupparsi conoscenze adeguate nei diversi rami della propulsione d'avanguardia, non solo spaziale, Casci si faceva promotore della costituzione del Centro nazionale di ricerca sulla tecnologia della propulsione e dei materiali (CNPM). Già la sua creazione era un capolavoro perché, per la prima volta nel nostro paese, riusciva a mettere insieme il Politecnico milanese, il CNR e alcune industrie riunite nella Associazione italiana per lo sviluppo della ricerca per la propulsione e per la tecnologia dei materiali relativi, appositamente costituita da tre società: Montecatini-Edison di Milano, Breda Meccanica Bresciana di Brescia, Breda Ricerche di Milano. Successivamente si aggiungeva anche la OTO Melara di La Spezia. Il ministero della pubblica istruzione garantiva 185 milioni di lire per la costruzione del nuovo centro su un terreno del demanio militare adiacente l'aeroporto di Linate, mentre le attività e il personale erano finanziati dai tre enti. All'eccezionale risultato si giungeva grazie all'apertura e all'impegno del rettore del Politecnico professor Gino Bozza, del presidente del CNR professor Giovanni Polvani e del presidente dell'Associazione ingegner Giovanni Pietro Illich.

Gli studi riguardavano vari aspetti dei sistemi propulsivi terrestri, navali e aerei, ma un ruolo importante era riservato a quelli spaziali.

"Vi sono settori della tecnica missilistica," scriveva Casci, nominato direttore del Centro, "in cui anche una piccola potenza può inserirsi con le sue ricerche e le sue industrie; e questi settori sono quelli dei componenti dei sistemi di propulsione e delle apparecchiature varie confluenti nella tecnica spaziale. Inoltre, tutta la complessa parte della propulsione ausiliaria e della generazione di potenza a bordo, che richiede più un'elaborazione scientifica-tecnica che non l'impegno di grossi capitali anche industriali, può essere studiata e prodotta in Italia."

Laboratori e bunker vicino all'aeroporto

Casci, da ingegnere consapevole del panorama internazionale e delle possibilità nazionali, era un realista e vedeva nello sviluppo di nuove tecnologie connesse ai componenti dei sistemi propulsivi un'opportunità di cui la produzione industriale poteva beneficiare per inserirsi nel nuovo teatro europeo. Il Centro veniva dotato di laboratori e di sicuri bunker interrati per i test dei razzi, banchi di prova per rilevare le prestazioni, officine meccaniche ed elettroniche in cui si realizzavano strumenti e parti dei propulsori.

Così iniziavano ricerche teoriche e sperimentazioni nei motori a razzo a piccola potenza, e nei piccoli motori per il controllo d'assetto dei satelliti e dei veicoli spaziali in genere. Si sviluppava un propulsore a propellente liquido (kerosene e ossigeno gassoso) da 500 chilogrammi di spinta, il cui impianto di collaudo si installava presso la OTO-Melara di La Spezia per due motivi: perché nei primi momenti nei laboratori del Centro non c'era ancora a disposizione un'adeguata area di prova, e poi perché la società manifestava interesse verso questo tipo di propulsori a propellenti liquidi. Ciò consentiva di concretizzare un'utile collaborazione finalizzata ai risultati, che teneva conto delle necessità tecnologiche ed economiche di una potenziale futura produzione.

Nel centro milanese, oltre ai propulsori a propellenti liquidi, si sperimentavano anche motori ibridi a ossigeno-plexigas oppure a kerosene-clorato di potassio, e piccoli motori a idrazina monopropellente (provando diversi catalizzatori) e bipropellente e con aerozina-tetrossido d'azoto.

Un filone di ricerca parallelo riguardava inoltre i motori a propellente solido. E qui si costruiva un nuovo tipo di ugello di scarico chiamato "effusore a spina", che grazie alla sua geometria variabile permetteva di migliorare le prestazioni rispetto ai tradizionali ugelli a geometria fissa. Nella prima fase di questo arduo fronte il Centro collaborava con il Von Karman Institute for Fluid Dynamics di Rhode-St-Genèse, in Belgio, ma una volta realizzate le apparecchiature necessarie le attività proseguirono a Cinisello Balsamo per le prove a freddo, mentre gli ingegneri effettuavano quelle a fuoco alla Breda Meccanica Bresciana, con impianti e personale sempre del Centro. Se i test a freddo generavano una spinta di qualche decina di chilogrammi, quelli a fuoco giungevano a 5000 chilogrammi di spinta.

Nell'ambito delle ricerche si collaudavano geometrie diverse e materiali protettivi per le camere di combustione, per la "spina" e per le vulnerabili alette che la collegavano alla struttura dell'ugello. Si trattava di aspetti di base importanti ai quali collaboravano il Consiglio tecnico scientifico della difesa, l'Istituto di ricerche Breda e la Montecatini-Edison. Le prove del particolare ugello a spina si estendevano poi con la sua applicazione nei motori a propellenti liquidi. Per gli aspetti della combustione nei piccoli propulsori da imbarcare sui satelliti il Centro lavorava invece con l'ELDO e la OTO-Melara.

Nel primo quadriennio le attività si sviluppavano a ritmo sostenuto e con buoni risultati. Gli addetti erano una cinquantina, due terzi dei quali ricercatori, e buoni rapporti di studio si erano concretizzati pure con due università americane: il Mechanical and Aerospace Engineering Department della Minnesota University e con il Department of Aeronautical Engineering del Reusselaer Polytechnic Institute. Inoltre diversi ricercatori del Centro andavano a formarsi negli USA e in Giappone.

Il raggio d'azione si estendeva sempre più esplorando, sia pure solo sul piano teorico, aree come la propulsione a plasma (in questo caso effettuando anche qualche test), problemi di orbite di satelliti e persino avveniristici lanci di satelliti da piattaforme già in orbita. Ma nel 1970, dopo tanto impegno ed entusiasmo, le attività spaziali del Centro subivano un apparentemente inspiegabile arresto, mentre si rafforzavano quelle nella propulsione terrestre e navale per un interesse particolare della marina militare.

La fine della storia milanese

"I problemi della combustione," scriveva Casci nel suo rendiconto dell'attività svolta fino al 1972, "sono stati studiati inizialmente per le applicazioni della propulsione a razzo. In un secondo tempo, esauritosi il filone e i finanziamenti relativi a questo settore, le ricerche sono state concentrare sui problemi della combustione a flusso continuo poiché le tecniche e le attrezzature sono molto simili e sono quindi bivalenti."

Questa magnifica esperienza di ricerca tecnologica e di gestione della ricerca tra pubblico e privato in un campo d'avanguardia riduceva pesantemente il suo impegno per quanto riguardava lo spazio rispetto alle aspettative iniziali, quasi scomparendo. Un'utile opportunità di sviluppo industriale veniva accantonata e soltanto pochi degli specialisti cresciuti nei laboratori di Cinisello Balsamo continuavano i loro studi, soprattutto al Politecnico, dove anche Corrado Casci si dedicava ad attività più tradizionali. Il CNR aveva cambiato strategia e non intendeva più sostenere questo settore, tagliandone i fondi. In realtà era prevalso l'interesse per la propulsione nella scuola romana del professor Broglio che da allora si svilupperà sotto la guida del professor Carlo Buongiorno.

"Il centro," affermava Casci nel 1987 nella sua lezione conclusiva dell'attività accademica, "proseguiva collaborando ai piani europei e al piano nazionale garantendo il supporto ai progetti di SNIA-BPD in riferimento ai *boosters* del lanciatore Ariane. Al riguardo è stata chiesta una stretta cooperazione tra il nostro Centro e l'ONERA (Office National d'Études et de Recherches Aérospatiales) francese circa la messa a punto di nuovi metodi sperimentali per le analisi delle instabilità di combustione a bassa frequenza, un settore nel quale il centro vanta un primato internazionale ampiamente riconosciuto."

I razzi ad acqua di Partel

Mentre a Milano per la propulsione spaziale nasceva l'iniziativa congiunta CNR-Politecnico-industria, nello stesso campo a Roma il comandante Glauco Partel, triestino d'origine, capitano della marina militare, fondava la Società trasporti missilistici e aveva come collaboratori Paolo Laurienzo e Furio Diamantini, due esperti della tecnologia, il secondo dei quali nell'area chimica. Nel settembre 1963 facevano volare con successo un razzo "ad acqua calda" dal poligono dell'aeronautica militare di Furbara.

L'idea era stata coltivata da tempo a livello internazionale perché, se si riusciva a vaporizzare ad alta pressione in brevissimo tempo il liquido, questo, uscendo in forma gassosa dall'ugello di scarico, creava la spinta necessaria al volo. Durante la seconda guerra mondiale un brevetto era stato ottenuto in Germania dal centro ricerche AVA (Aerodynamische Versuchsanstalt) di Göttingen e se ne occupavano le fabbriche aeronautiche Junker e Heinkel. Dopo il conflitto il professor Eugene Sänger effettuava alcune sperimentazioni, prima nel suo istituto di Stoccarda e poi, trasferitosi negli Stati Uniti, presso la società Fairchild. Ma tutte avevano un limite nella pressione che raggiungevano e nei tempi di vaporizzazione. Il problema sembrava risolto dal gruppo romano, il quale aveva messo a punto una sostanza chimica che, reagendo con l'acqua, consentiva di ottenere il risultato voluto. E lo dimostrava nel primo lancio di settembre 1963 di un razzo lungo 2,05 metri, con un diametro di 14 centimetri e un peso totale di 30 chilogrammi al decollo. Il serbatoio conteneva 10 litri d'acqua che raggiungeva i 330 gradi centigradi e una pressione di 130 atmosfere. Vaporizzando in 3 decimi di secondo dall'inizio della reazione, otteneva la spinta necessaria. A bordo aveva un carico utile di 2,5 chilogrammi composto da 2.600 lettere annullate dall'ufficio postale di Furbara. Ognuna portava un timbro con scritto "Via razzo" e il carico era recuperato.

Nel marzo 1965 il *Corriere della Sera* presentava il nuovo razzo riportando la notizia di un interesse americano per l'acquisto della licenza di fabbricazione e preannunciando anche un probabile lancio dimostrativo dall'Inghilterra. Infatti il mese successivo il Grillo 1 saliva da una lieve collina di Brighton, in Gran Bretagna, durante la conferenza internazionale dedicata alle nuove fonti di energia organizzata dall'Istituto di ingegneria nucleare. Assistevano anche degli ufficiali della Royal Navy e il razzo compiva un balzo di un chilometro salendo fino a 300 metri d'altezza. Il recupero del suo carico di 1600 lettere e alcuni giornali in buone condizioni era una dimostrazione obbligatoria per prospettare delle applicazioni commerciali al fine di poterlo riutilizzare.

Partel intendeva infatti proporlo per il trasporto di posta tra le isole o per impieghi navali a bordo di navi. Il reagente chimico, che era la chiave del successo, rimaneva però un segreto e tale resterà.

Intanto si studiavano versioni più potenti e capaci oppure minori al fine di soddisfare necessità diverse. In ottobre, ad esempio, si lanciava da Benevento il più piccolo Grillo 2 (lunghezza 1,7 metri, 7,5 centimetri di diametro, peso 8,2 chilogrammi). Concepito come razzo sonda per impieghi meteorologici, saliva fino a 1100 metri d'altezza. Il mese successivo lo stesso modello volava alla Fiera internazionale delle telecomunicazioni di Genova sino a una quota di 800 metri, ricadendo poi in mare davanti a duemila persone e dimostrando la sua efficacia rispetto ad analoghi razzi a propellente solido.

Dal Grillo 2 si sviluppava il razzo meteorologico P50, completamente riutilizzabile. Dotato di una radiosonda pesante un chilogrammo, raggiungeva l'altezza di 1000 metri e da quel momento, appeso a un paracadute durante la discesa, trasmetteva dati sulle condizioni ambientali attraversate (temperatura e pressione). Negli anni successivi Partel e i suoi collaboratori progettavano il Bora-Sond, un razzo sonda meteorologico a due stadi molto ambizioso e molto grande rispetto ai predecessori (lungo 4,7 metri, un diametro di 24,5 centimetri e un peso al decollo di 189 chilogrammi). Doveva portare da 3 a 5 chilogrammi di apparati scientifici fino a una quota di 120 chilometri. Mentre il primo stadio utilizzava la reazione chimica tradizionale per vaporizzare l'acqua, il secondo stadio, più piccolo (lungo 109 centimetri), espelleva idrogeno a 3000 gradi generato da una reazione metallo-acqua. Il primo stadio veniva sperimentato più volte e il secondo rimaneva al livello di ricerca, condotta assieme all'Air Force Rocket Propulsion Laboratory di Edwards, in California.

Il Centro studi trasporti missilistici mirava presto al mercato militare, che sarebbe stato sicuramente più remunerativo, e per questo studiava e collaudava intorno al 1972 il razzo Attila (lungo 1,2 metri e con una testata esplosiva di 3 chilogrammi) fabbricato dalla OTO Melara a La Spezia, ma prodotto anche dalla SAI Ambrosini di Passignano sul Trasimeno. Tuttavia l'iniziativa non riusciva a diffondersi commercialmente, nonostante i ripetuti sforzi e gli svariati lanci dimostrativi per i diversi tipi realizzati.

Il congresso spaziale di Venezia

Glauco Partel non si limitava a sperimentare la particolare tecnologia, ma faceva parlare di sé anche per tre conferenze internazionali di tecnologia spaziale che organizzava in varie città, dai contenuti molto elevati. Molto importante era la seconda, svoltasi nel maggio 1969 sull'isola di San Giorgio a Venezia presso la Fondazione Cini, alla quale partecipavano responsabili spaziali americani e sovietici di alto livello, oltre a rappresentanti di Svezia, Giappone, Francia e delle due Germanie. Dagli Stati Uniti giungeva il generale Bertrand Schriever, che dopo aver guidato la costruzione dei primi missili intercontinentali era stato alla guida dell'Air Force Systems Command, il comando delle forze strategiche americane. Dalla Russia, invece, arrivava l'accademico Boris N. Petrov, presidente del Consiglio per la cooperazione internazionale nell'esplorazione e nell'utilizzo dello spazio esterno dell'URSS. A sottolineare il rilievo, anche politico, del consesso veneziano c'era un messaggio di papa Paolo VI trasmesso dalla segreteria vaticana, in cui si invitavano i partecipanti "a eliminare quanto più possibile ogni eventualità, anche se minima, che le navi spaziali possano costituire pericolo per i popoli".

Nell'occasione ho assistito presso l'aeroporto Nicelli, al Lido, a un test al banco del primo stadio del razzo Bora-Sond organizzato per i congressisti. Ma all'accensione il razzo, non ben ancorato in orizzontale, ebbe un sussulto, si piegò lievemente e questo movimento improprio bloccò il sistema di uscita del vapore dell'ugello impedendo la dimostrazione, tra la delusione degli osservatori. Il terzo e ultimo convegno si tenne a Roma nel 1971, ospitato nel Palazzo Alitalia all'EUR, ma ebbe tono minore rispetto al precedente. Passati quei momenti il nome del comandante Glauco Partel lentamente scompariva assieme ai razzi ad acqua calda, per riapparire nelle cronache dei giornali della metà degli anni ottanta perché coinvolto in un presunto traffico d'armi internazionale.

Adriano Cavalieri Ducati, il "padre" della propulsione magnetoplasmadinamica

Tra gli anni cinquanta e ancor di più nel decennio successivo due scienziati italiani erano protagonisti di un nuovo fronte che si stava aprendo nella propulsione spaziale. Accadeva, però, negli Stati Uniti e riguardava la propulsione elettrica destinata a rivoluzionare in prospettiva il mondo dei satelliti intorno alla Terra ma anche l'esplorazione del sistema solare. Questo genere di motori si contrappone ai propulsori chimici tradizionali offrendo più elevate velocità di scarico (impulsi specifici) ottenute accelerando le particelle di un fluido con sistemi elettrici. Ciò consente di ottenere una notevole riduzione della massa di propellente necessaria per una data missione rispetto ai propulsori chimici che necessitano tipicamente di quantità di propellente molto più elevate.

Già i pionieri dello spazio come Konstantin Ciolkovskij in Russia nel 1911, Robert Goddard negli Stati Uniti nel 1906 e Hermann Oberth in Germania nel 1929 avevano iniziato a indagare questa possibilità (nel dicembre 1945 Herbert Radd sul *Journal of the American Rocket Society* coniava il termine *ion rocket*, razzo a ioni) ma sarà Ernst Stuhlinger a sviluppare nel 1954 la prima approfondita ricerca sull'argomento. Stuhlinger era approdato negli Stati Uniti con Wernher von Braun alla fine della seconda guerra mondiale, entrambi provenienti dalla base tedesca di Peenemünde dove avevano realizzato il primo razzo balistico V2. Dopo la creazione della NASA nel 1958 parte dell'arsenale Redstone a Huntsville, in Alabama, diventava il centro Marshall dedicato soprattutto allo sviluppo dei razzi (qui nascerà il Saturno-5 che porterà gli americani sulla Luna). Wernher von Braun ne era il direttore e Stuhlinger il responsabile per la scienza e gli studi d'avanguardia.

Nel 1957 Gabriel Maria Giannini pubblicava su *Scientific American* un articolo dedicato a "Plasma Jet" seguito nel 1961 da un altro dal titolo "Electric Propulsion". Giannini

(1905-1989) era un fisico e aveva studiato con Enrico Fermi all'Università di Roma ma la vocazione dell'uomo d'affari lo portava a trasferirsi negli Stati Uniti già nel 1929. Sarà lui ad accogliere Fermi al suo arrivo a New York nel 1938 dopo che lo scienziato era fuggito dall'Italia a causa delle leggi razziali e dopo aver ritirato il premio Nobel a Stoccolma. Sarà Giannini a far riconoscere negli Stati Uniti i diritti per il brevetto della scoperta di Fermi sui neutroni lenti, un passo fondamentale per arrivare alla bomba atomica e ai reattori nucleari.

Giannini dopo aver lavorato per il Curtis Institute, la Radio Corporation of America e la Lockheed, nel 1945 fondava la società Giannini Controls Corporation occupandosi di sistemi di guida dei missili e nel 1961 la Giannini Scientific Corporation per tecnologie industriali, diventata poi Geotel. Nonostante la sua prevalente vocazione da businessman egli continuava a essere appassionato e impegnato nella ricerca tanto da creare nella sua società il laboratorio Plasmadyne in California dove sviluppava i primi progetti di propulsori elettrici ad arcogetto per l'Air Force Office of Scientific Research. La spinta era ricavata da un gas come l'idrogeno che veniva riscaldato da un arco elettrico e quindi espulso attraverso un ugello.

Nello stesso periodo presso il Langley Research Center (LaRC) della NASA venivano sviluppate attività di ricerca sulla possibilità di realizzare propulsori basati sulla accelerazione di un gas ionizzato attraverso campi elettromagnetici. Il nuovo campo di ricerca aveva inizialmente nomi diversi tra cui prevaleva quello di magnetoidrodinamica (MHD).

Il laboratorio Plasmadyne era nel frattempo diventato un punto di riferimento nel settore grazie agli sviluppi delle indagini condotte da un altro italiano, Adriano Cavalieri Ducati. Ducati, nato a Bologna nel 1903 e fisico di formazione, raggiungeva Giannini in California dopo le difficoltà incontrate dall'azienda di famiglia alla fine del conflitto la quale produceva prima apparati radio e poi motociclette. In California Ducati assumeva il ruolo di direttore tecnico del gruppo progetti speciali della Giannini Scientific Corporation trasformata poi nella Plasmadyne Division di Geotel, a Santa Ana.

È proprio lavorando su un arcogetto a idrogeno che Ducati raggiungeva nel 1963 una scoperta importante che garantirà lo sviluppo della propulsione a plasma. Egli realizzava un propulsore stazionario di tipo elettromagnetico con campo magnetico autoindotto, che non richiedeva magneti esterni, nessun intervento di preionizzazione del gas, alcun sistema particolare di semina dello stesso gas e, altro aspetto importante, funzionava causando un'erosione trascurabile. Ducati dimostrava infatti che cambiando la geometria del propulsore, riducendo il flusso di massa e impiegando una potenza più elevata era possibile produrre un campo magnetico autogenerato nella camera di combustione sufficientemente intenso per produrre una sostanziale accelerazione del flusso di gas ionizzato da cui nasceva la spinta.

I risultati di Ducati suscitavano subito grande attenzione. Giannini stabiliva dei contatti con Ernst Stuhlinger per organizzare un incontro con Wernher von Braun allo scopo di presentargli le possibilità offerte dal nuovo concetto. Von Braun, attirato dai risultati, compiva una visita nel laboratorio di Ducati nel 1964 per rendersi conto direttamente dell'importante innovazione.

I test venivano quindi ripetuti in vari laboratori tra i quali lo Avco Research Laboratory, nei centri Langley e Lewis Research Center della NASA, confermando il risultato e dimostrando la validità dell'idea di Ducati. Nasceva così una nuova tecnologia propulsiva che fu denominata magnetoplasmadinamica (MPD) ancor oggi considerata una delle tecnologie fondamentali della propulsione elettrica. In quel periodo nel laboratorio della Plasmadyne arrivava dal CALTECH, il vicino politecnico della California a Pasadena, il giovanissimo Robert G. Jahn che, collaborando, condivideva l'invenzione del geniale italiano. Jahn si trasferiva successivamente all'Università di Princeton diventando un caposcuola della propulsione magnetoplasmadinamica.

La nuova tecnologia offriva il vantaggio di impulsi specifici più elevati rispetto agli arcogetti di partenza, richiedendo però potenze maggiori per funzionare. Per questo veniva subito ritenuta come una soluzione efficace da adottare nelle missioni interplanetarie, a partire dal viaggio Terra-Marte, facendo ricorso per la generazione di energia a sistemi nucleari. In quegli anni stavano emergendo le promesse della generazione nucleare, non soltanto per la produzione di potenza da usare in propulsori elettrici ma anche per la produzione diretta di spinta. A tale scopo si realizzavano e si provavano a terra, i razzi nucleari Nerva e Kiwi. I tempi, però, cambiavano in fretta e dopo l'iniziale entusiasmo i progetti subivano un blocco totale.

L'avvio degli studi sui propulsori elettrici portavano negli Stati Uniti alla prima sperimentazione nello spazio nel 1964 quando veniva lanciato il satellite SERT-1 (Space Electric Rocket Test) dotato di due propulsori elettrici a ioni. Il satellite era progettato e costruito dal Lewis Research Center della NASA e sei anni dopo partiva il SERT-2. Parallelamente anche in Unione Sovietica sotto la guida di Aleksej Morozov si sviluppavano indagini che consentivano un primo test in orbita nel 1964 a bordo della sonda Zond-2 in volo verso Marte. Su di essa erano installati sei propulsori SPT (Stationary Plasma Thruster) progettati dal Kurchatov Institute of Atomic Energy e utilizzati per il controllo della posizione. La prima applicazione per lo stesso scopo su un satellite sovietico intorno alla Terra riguardava invece il satellite Meteor per la meteorologia lanciato nel 1972.

Intanto negli Stati Uniti anche il momento magico di Giannini e Ducati svaniva. Giannini si appassionava sempre di più alla navigazione a vela preferendo il mare ai laboratori dove aveva accumulato oltre cinquanta brevetti in varie tecnologie. Moriva per infarto a 83 anni nel suo Rancho Mirage, vicino a Indio, in California. Adriano Ducati, invece, continuava la sua attività a Plasmadyne sino al 1971. Purtroppo il laboratorio non produceva molti utili per la società e l'area veniva ceduta per l'espansione del vicino aeroporto. Alcuni problemi medici gli rendevano ormai la vita difficile e nel 1986 decideva di rientrare in Italia spegnendosi nella casa di famiglia a Bologna quattro anni dopo. Adriano, però, rimaneva nella storia dello spazio come il "padre" della propulsione magnetoplasmadinamica che più tardi troverà sviluppo anche in Italia.

Il vettore europeo e le resistenze dell'Italia

Intanto in Europa l'esistenza dei due enti ELDO e ESRO era segnata da notevoli difficoltà. In parallelo, per trovare un'adeguata risposta agli emergenti interessi americani nelle promettenti applicazioni per le telecomunicazioni e predisporre di un organismo di riferimento nelle trattative per il nuovo campo d'attività con interessanti ricadute commerciali, i paesi membri dell'European Conference of Postal and Telecommunications Administrations (CEPT) formavano nel 1963 la European Conference on Satellite Telecommunications (CETS). La CETS esercitava il suo ruolo fino al 1970, quando il settore rientrava a far parte dei piani dell'ESRO.

Proprio per garantire che anche l'Europa potesse condividere da protagonista l'emergente prospettiva, i paesi sostenitori dell'ELDO proponevano nel 1966 un potenziamento del vettore Europa 1 in corso di sviluppo. Lo scopo era di consentire il lancio di satelliti per telecomunicazioni in orbita geostazionaria. Il potenziamento portava alla nuova versione, l'Europa 2, e prevedeva un quarto stadio a propellente solido (motore di perigeo) e un motore di apogeo inserito nel satellite. Il quarto stadio serviva per il trasferimento dall'orbita bassa intorno alla Terra fino alla distanza di 36.000 chilometri intorno all'equatore, dove si accendeva il motore d'apogeo per rendere l'orbita circolare. La proposta prevedeva un primo satellite di 200 chilogrammi motore incluso e suggeriva per il lancio l'utilizzo di un nuovo poligono in Guyana francese, perché il paese, essendo già all'equatore, semplificava e offriva vantaggi per l'inserimento diretto in orbita.

Alla fine dello stesso anno, su sollecitazione della CETS, anche l'ESRO si mobilitava avviando un primo studio per un satellite di telecomunicazioni tra le contrarietà degli scienziati, l'indifferenza britannica e l'incertezza delle amministrazioni delle poste e telecomunicazioni dei vari paesi, poco intenzionate a investire risorse. Germania e Francia infatti procederanno poi, inizialmente da sole, con il programma Symphonie, dimostrando nel contempo la necessità di possedere un veicolo di lancio autonomo.

Il crescente attivismo americano anche sul fronte delle applicazioni commerciali si contrapponeva al panorama degli enti europei, sbriciolati e troppo isolati negli obiettivi, mettendo in risalto una carenza a cui bisognava in qualche modo provvedere. Era infatti evidente la mancanza di una cornice politica che stabilisse un raggio d'azione indicando delle strategie con il concreto impegno dei governi, quello italiano compreso. A questo fine le varie nazioni, consapevoli del progressivo allargamento del divario fra le due sponde dell'Atlantico, danno vita rapidamente alla European Space Conference (ESC), che si riunirà per la prima volta a Parigi nel dicembre 1966 stabilendo di agire senza perdere tempo. Sette mesi dopo, in luglio, i rappresentanti dei governi si incontreranno a Roma per un appuntamento decisivo. Si creava infatti un comitato presieduto dal fisico Jean-Pierre Causse, direttore del Brétigny Space Center, perché elaborasse proposte di respiro strategico. In dicembre Causse aveva già pronto un piano a lungo termine presentato nella terza riunione dell'ESC nella primavera successiva. Il rapporto includeva un aumento annuale degli investimenti del 10% nei successivi tre anni; la progettazione di satelliti per le telecomunicazioni, la meteorologia, la navigazione aerea e l'osservazione della Terra, la realizzazione di due nuove generazioni di lanciatori spaziali dotate dei potenti propulsori criogenici a idrogeno e ossigeno liquidi adeguati al lancio dei satelliti.

Il *meeting* di primavera della ESC condivideva le nuove aperture oltre la scienza, ma si incagliava sul problema del vettore spaziale, evidenziando ancora profonde divergenze fra i vari paesi. La situazione stava però precipitando e numerosi erano i segnali negativi.

Dal 1961 al 1968 l'Italia aveva garantito all'ELDO 51,04 miliardi di lire, in un crescendo che l'ultimo anno aveva raggiunto gli 11 miliardi di lire. Nello stesso periodo all'ESRO erano andati 18,53 miliardi di lire e per l'aspetto scientifico erano coinvolti gli Istituti di fisica delle Università di Bologna, Milano e Roma, l'Osservatorio di Arcetri, il Centro studi microonde del CNR di Firenze. Ma sui primi due satelliti ESRO 1 e 2 non c'erano strumenti italiani. Il satellite Heos A invece aveva a bordo esperienze degli Istituti di fisica dell'Università di Roma e Milano. Proprio questa situazione di insoddisfazione per i ritorni finanziari da parte dell'ESRO spingevano il nostro governo all'inizio del 1968 a contrastare i satelliti TD1 e 2, il cui costo stava raddoppiando rispetto alle previsioni, decidendo il ritiro dal programma. E così di due satelliti se ne produsse uno soltanto.

*Industrie italiane nei satelliti dell'*ESRO

L'ESRO effettuava 25 lanci di razzi sonda dal poligono di Salto di Quirra in Sardegna entro la fine del 1967, ma nell'anno successivo si erano ridotti a 6 perché si era preferito utilizzare la base ESRANGE di Kiruna in Svezia. Le società AERFER, FIAR e FIAT, inserite nei consorzi internazionali, avevano partecipato alle gare per i satelliti dell'ESRO senza arrivare mai alla loro realizzazione. Anzi, lo studio del primo progetto del satellite ESRO1 era stato affidato nel 1963 al CRA (Centro ricerche aerospaziali) di Broglio in concorrenza con uno studio della SAAB svedese, ma non ci fu seguito a parte l'assegnazione di qualche apparato. La Laben di Milano forniva sistemi per la telemetria e attrezzature di terra per i satelliti ESRO2 ed HEOS A; Selenia produceva radar di inseguimento dei razzi sonda per la base di Kiruna. "Partecipammo ai primi satelliti ESRO 1, Geos, HEOS e TD1 in misura assai modesta," ricorda l'ingegner Ugo Sacerdote di FIAT Aviazione. "Il sistema di assegnazione dei contratti da parte dell'ESRO nei primi anni di attività ha reso molto difficile l'inserimento delle ditte italiane. Anche prescindendo da fattori di carattere non tecnico, tale sistema ha favorito o paesi che, possedendo un importante piano spaziale nazionale, avevano potuto predisporre adeguato *know-how* e infrastrutture come officine e impianti di prova e in alcuni casi avevano proposto e fatto accettare all'ESRO temi per i quali le loro industrie erano già qualificate."

La partecipazione di FIAT Aviazione e AERFER era soprattutto legata a parti delle strutture dei satelliti.

"La situazione cambiò," aggiungeva Sacerdote, "quando l'ESRO promosse la costituzione di consorzi industriali multinazionali con la partecipazione di aziende dei vari paesi con specializzazioni tra loro complementari in modo da essere in grado di sviluppare, ciascuna con competenza adeguata, un sottosistema o parte di esso. In questo modo il paese poteva raggiungere il cosiddetto 'giusto ritorno' rispetto agli investimenti nazionali come era concordato."

Nel 1969 la società francese MATRA invitava la FIAT a entrare nel consorzio MESH. "Certamente le nostre competenze soprattutto in campo strutturale e termico erano complementari alle sue," notava Sacerdote, "ma forse anche nell'intento, peraltro rimasto senza seguito, di stabilire contatti al fine di favorire i suoi interessi in campo automobilistico." L'ingresso nel consorzio comunque, del quale facevano parte anche la tedesca ERNO, l'inglese HSD, la svedese SAAB, l'olandese Fokker e la spagnola INTA, garantì la partecipazione a numerosi satelliti europei scientifici e per le telecomunicazioni.

Il maggior interesse da un punto di vista produttivo era quindi connesso all'ELDO, dove le aziende trattavano, di fatto, direttamente con l'ente europeo. Oltre alla FIAT, che fabbricava gli scudi termici dell'ogiva del vettore e la struttura del satellite di prova con AERFER, Laben e Selenia invece le parti elettroniche. Ma anche qui, come all'ESRO, ottenendo poca soddisfazione. Ciò era conseguenza di un'assenza dei nostri organismi politici, davanti alla quale i nostri partner europei avevano buon gioco. Bisognava confrontarsi con la determinazione tedesca a risorgere e a riconquistare un ruolo importante e con la Francia guidata da De Gaulle, che dalle tecnologie d'avanguardia voleva ricavare sostegno per la sua azione internazionale. Noi avevamo dei ministri della ricerca "senza portafoglio", quindi di fatto senza potere, e con permanenze nei loro dicasteri che si contavano in mesi: sette ministri in cinque anni (1963-1968). Il panorama industriale non brillava certo per grandi passi avanti. Parlare di elettronica in Italia negli anni sessanta era una divagazione irreale, però, nel frattempo, si compravano nei negozi le radioline fabbricate dai giapponesi. Se si aprivano nuove iniziative era per la sensibilità, l'avvedutezza e la determinazione di qualche singolo personaggio, esse non erano certo il frutto di strategie nazionali illuminate.

Il satellite ELDO/PAS all'Italia

Nel luglio 1966 la conferenza dei ministri sovrintendenti l'ELDO approvava l'aumento della quota di partecipazione italiana passando dal 9,78 al 12%, che diveniva praticamente uguale a quella dell'ESRO (11,72%). Il motivo della richiesta era finalmente l'assegnazione di una parte significativa del programma, ora battezzato ELDO/PAS, che prevedeva la costruzione di un satellite sperimentale di 170 chilogrammi, con un motore a propellente solido che gli avrebbe permesso di circolarizzare l'orbita una volta giunto a 36.000 chilometri dalla superficie terrestre. Inoltre doveva essere dotato di un sistema di propulsione con propellenti liquidi (perossido d'idrogeno) per correzioni della posizione. Questo sarebbe stato costruito dagli inglesi della Rolls-Royce, i sensori d'orientamento dalla Fokker olandese, ma tutto il resto, struttura, sistemi elettronici e d'alimentazione, sarebbero nati in Italia e realizzati rispettivamente da FIAT, Selenia, Laben, OTE (Officine toscane elettromeccaniche), FIAR. E altrettanto valeva per il motore d'apogeo di 192 chilogrammi, incastonato nella zona centrale, che sarebbe uscito dalla BPD (Bomprini Parodi Delfino). AERFER, invece, avrebbe fornito la struttura di collegamento tra il terzo e il quarto stadio (il motore di perigeo). Nel carico utile di bordo, inoltre, si accettava di imbarcare un esperimento proposto dal professor Francesco Carassa del Politecnico di Milano, che studiava la possibilità di utilizzo nelle telecomunicazioni delle elevate frequenze (12-18 GHertz) ampliando lo sfruttamento dello spettro elettromagnetico.

Il suo lancio doveva dimostrare che il vettore Europa 2 era in grado di portare in orbita geostazionaria un satellite di telecomunicazioni. E così si sarebbe conquistato l'obiettivo a lungo inseguito di garantire all'Europa l'accesso allo spazio. Capocommessa del satellite sarebbe stata la CIA (Compagnia italiana aerospaziale), nata al fine di competere per l'obiettivo discusso in ELDO.

Il programma era illustrato con grande enfasi nel primo numero del bollettino dell'ELDO del maggio 1968 e nelle righe di presentazione il segretario dell'ELDO, l'ambasciatore italiano Renzo Carrobio di Carrobio, sottolineava che così "l'Europa potrà partecipare in modo indipendente all'esplorazione e all'utilizzo dello spazio, collaborando più fruttuosamente con le altre grandi potenze spaziali". Tutto sembrava dunque assumere una prospettiva finalmente positiva per la nostra partecipazione. Ma il sogno durava poco. Purtroppo tutto stava volgendo al peggio. I continui fallimenti del vettore avevano aumentato i costi del programma in maniera inaccettabile, richiedendo un piano d'austerità che nel luglio 1968 i ministri approvavano cancellando il progetto ELDO/PAS.

Nel novembre seguente il primo lancio del vettore con i tre stadi attivi (l'ottavo della serie) era un altro fallimento, perché il terzo stadio tedesco si spegneva prima del tempo stabilito, impedendo la messa in orbita del satellite di prova italiano.

Sette lanci, una collezione di insuccessi

L'ELDO aveva alle spalle dal 1964 al 1967 sette lanci del vettore Europa 1 con una collezione di insuccessi. Se si escludono i primi tre, nei quali era funzionante solo il primo stadio Blue Streak che compiva il suo dovere, nei successivi si aggiungeva il secondo stadio francese che invece presentava anomalie. Il test del novembre 1968 doveva confermare la raggiunta maturità e invece si presentava un altro guaio. Era l'ennesima sconfitta tecnica e gestionale, come avevano sottolineato anni prima Edoardo Amaldi e Luigi Broglio. Di conseguenza, a quel punto, il governo inglese decideva di non condividere più il progetto non garantendo i fondi per la versione più potente Europa 2 e si ritirava completamente dall'ELDO nel 1971. La stessa scelta compiva anche il governo italiano, non soddisfatto dei ritorni alle industrie.

A quel punto l'obiettivo primario era recuperare il piano ELDO/PAS per non disperdere il lavoro, gli studi e gli investimenti compiuti. Intanto il mondo industriale cercava di consolidarsi per affrontare le nuove sfide. Nel 1967 Finmeccanica, Montedison, SNIA Viscosa e FIAT creavano la SISTEL, che rilevò il settore missilistico della Oerlikon Contraves italiana. E due anni prima, nel 1965, era stata costituita la CIA (Compagnia italiana aerospaziale) per competere meglio nei programmi europei. Si trattava di un consorzio in cui entravano BPD, Breda Finanziaria, Contraves, FIAR, FIAT, Finmeccanica, Montecatini e Selenia. Queste operazioni erano il frutto di un'azione di stimolo intrapresa dall'Associazione industrie aerospaziali (AIA), che sollecitava il governo a sostenere "forme più concrete di cooperazione internazionale", cercando di ottenere l'appoggio politico indispensabile per condividere i programmi dell'ELDO e dell'ESRO. Impresa ardua, questa, sia per l'arretratezza politica (a parte le visioni e l'impegno di Amintore Fanfani), sia in generale per una troppo lenta evoluzione delle industrie e della ricerca. In particolare, le aziende che si affacciavano al nuovo mondo del cosmo criticavano l'orientamento delle attività spaziali italiane, focalizzato troppo sulla costruzione dei satelliti e poco sulla realizzazione del vettore dell'ELDO. Le considerazioni nascevano da una contrapposizione con le richieste degli scienziati, dai cui progetti non si vedeva un grande apporto industriale, mentre nel vettore intravedevano maggiori opportunità di sviluppo. Non era una visione molto ragionevole, che dimostrava la limitata capacità di cogliere anche attraverso investimenti in nuove tecnologie delle possibilità che nelle tecnologie dei satelliti avrebbero avuto uno sviluppo di capacità e un mercato ben più ampi di quelli offerti dai lanciatori spaziali.

Industriali contro il progetto San Marco

Le industrie avversavano il sostegno garantito al progetto San Marco di Luigi Broglio, perché staccato dal coinvolgimento industriale, e quindi lamentavano l'assenza di una seria programmazione nazionale che danneggiava la partecipazione italiana alle iniziative internazionali. In aggiunta si chiedeva una riorganizzazione degli enti pubblici che si occupavano di ricerca spaziale, troppo frammentati nelle loro azioni tra il ministero degli esteri, della ricerca scientifica (peraltro senza portafoglio) e il CNR. Un panorama tanto frazionato originava conflitti di competenze, generando una situazione in cui nessuno si sentiva responsabile per lo sviluppo di una vera politica del settore.

Al fallimento dell'ottavo lancio del vettore Europa 1 dell'ELDO seguiva quello del luglio 1969, sempre causato dal prematuro spegnimento del terzo stadio tedesco. A questo punto era evidente che le risorse stabilite nel 1966 per passare alla versione più potente Europa 2 non erano più sufficienti, ma ciò che era più grave erano le continue difficoltà tecniche, le quali testimoniavano l'incapacità di padroneggiare il sistema.

Da parte inglese lo scontento era salito perché, pur continuando a sostenere la maggior parte degli oneri del programma, non si vedevano progressi, anche se il loro primo stadio continuava a dimostrarsi efficiente.

Il governo laburista britannico, dunque, accentuava il suo disinteresse e non era più disponibile ad accollarsi spese di prestigio con poche ricadute sociali e povere prospettive commerciali. Inoltre De Gaulle riaffermava il suo veto all'ingresso dell'Inghilterra nel Mercato comune europeo e questo significava, oltre a uno smacco non più accettabile dopo le promesse degli anni precedenti al premier Macmillan, un allontanamento politico di Londra dall'Europa e dai suoi progetti, e di conseguenza un rafforzamento delle "speciali relazioni" con gli Stati Uniti.

Sull'argomento c'erano anche una diversa visione e strategia. Parigi e Bonn consideravano il vettore in costruzione non tanto un'immediata opportunità di lancio dei propri satelliti, quanto un'opportunità per aiutare sia l'acquisizione delle tecnologie non ancora disponibili, che lo sviluppo delle loro aziende, rendendole più competitive. Tuttavia le difficoltà economiche imponevano un ridimensionamento del programma che portava, appunto, alla cancellazione dell'ELDO/PAS, in cui era coinvolta l'Italia, e per questo motivo il nostro governo decideva non di finanziare più la successiva versione, più potente, di Europa 2. Nell'aprile 1969 i ministri di Francia, Germania, Olanda e Belgio decidevano comunque di proseguire, mantenendo vivo il programma sia pure ridimensionato. Non solo. I rappresentanti di Parigi e Bonn rilanciavano la decisione di un programma completamente nuovo per un lanciatore spaziale battezzato Europa 3, con la Francia che si impegnava a costruire il primo stadio (già in corso di studio) e la Germania il secondo grazie ad avanzate tecnologie criogeniche, cioè i propulsori a idrogeno e ossigeno liquidi. E il tutto avveniva senza la presenza della Gran Bretagna e del vecchio stadio Blue Streak.

Nel frattempo nel novembre 1968 la terza European Space Conference (ESC), organizzata in Germania a Bad Godesberg, approvava a livello ministeriale due passi importanti: innanzitutto l'ESRO doveva costruire il primo satellite europeo per telecomunicazioni e per il suo lancio doveva anche guardare con preferenza a un vettore europeo, purché questo non superasse nei costi il 25% dei concorrenti; in secondo luogo si decideva l'unificazione di ESRO ed ELDO in unica agenzia spaziale e si creava a tal fine un comitato di Senior officials per esaminare gli aspetti legali. I problemi, pur in misura diversa, erano caduti anche sull'ESRO che doveva rivedere i suoi piani iniziali ridimensionandoli e affrontare un adeguamento di strategie su settori fino allora trascurati e lontani dalla scienza. Il cambiamento da affrontare e accettare era dunque profondo, anche se ormai necessario. Perciò la successiva conferenza europea dei ministri per le attività spaziali dell'ESC nel 1969 assegnava al Comitato europeo alti funzionari l'incarico di valutare tutti gli aspetti della fusione che includeva, oltre a ESRO ed ELDO, anche la CETS.

Giampietro Puppi alla guida del Comitato europeo

Alla presidenza del Comitato tra il 1969 e 1970 c'era un noto fisico italiano, il professor Giampietro Puppi (1917-2006), che all'Università di Padova era stato allievo di Gian Carlo Wick e Bruno Rossi, due scienziati di fama internazionale. Anche Puppi, nato a Bologna da antica famiglia veneta, diventava prima di tutto un ricercatore di valore acquisendo in fretta notorietà oltre i confini italiani per diversi risultati tra cui il "triangolo di Puppi" legato all'universalità delle interazioni deboli. Nel 1962 sarà eletto direttore scientifico del CERN di Ginevra e in seguito presidente dello Scientific Policy Committee, sempre del centro ginevrino. Gli interessi di Puppi andavano ben oltre la ricerca. Egli amava, infatti, anche la gestione della scienza e numerose erano le iniziative che avviava al fine di aprire campi di indagine inesplorati.

Insegnava a Napoli, a Padova, a Venezia ma soprattutto a Bologna, dove fonderà una scuola di grande valore. Nella sua figura, caratterizzata dalla perenne cravatta a farfalla, l'inesauribile carica di innovatore si univa alla passione per l'insegnamento, tutte doti che lo rendevano molto popolare tra i colleghi di varie nazionalità e tra gli studenti.

Non a caso, dunque, nel 1970, dismesso l'incarico di presidente del Comitato europeo alti funzionari, veniva eletto presidente del consiglio dell'ESRO fino al 1972, aiutandone l'evoluzione verso l'ESA.

L'ESRO, al contrario dell'ELDO, era un organismo funzionante, che aveva ottenuto buoni risultati e quindi era di fatto il nucleo di base, un buon modello d'esperienza sul quale lavorare perché, arricchito di altre competenze (lanciatori e satelliti applicativi), potesse assumere il ruolo di agenzia. E Puppi, pacato e sorridente con chi incontrava, si dimostrerà l'uomo chiave della non facile trasformazione.

Intanto finivano ingloriosamente sia l'ultimo lancio di Europa 1 nel giugno 1970 (minore spinta del terzo stadio e mancato distacco dei gusci dell'ogiva) sia nel novembre 1971 il primo e unico di Europa 2, che esplodeva in volo dopo nemmeno tre minuti per un'anomalia al sistema di guida. Soprattutto quest'ultimo faceva precipitare i rapporti politici e le strategie fino a quel momento elaborate, anche perché nel panorama europeo si inserivano i piani americani che miravano, attraverso una costosa collaborazione, a impedire la conquista dell'autonomia di lancio.

La storia, come al solito, si presentava in modo articolato. Nell'ottobre 1969, tre mesi dopo lo sbarco sulla Luna, l'amministratore della NASA Thomas Paine arrivava in Europa proponendo ai vari governi di partecipare al programma Post-Apollo che la NASA aveva già preparato. Questo prevedeva la realizzazione della stazione spaziale, dello shuttle e di un traghetto per il trasferimento di carichi a orbite diverse. Dei tre obiettivi il presidente americano Richard Nixon approverà tuttavia solo lo shuttle. La proposta era allettante, perché gli europei vedevano in essa l'opportunità di acquisire rapidamente tecnologie nel campo del volo umano. Ma bisognava fare i conti con i bilanci a disposizione, che non erano in grado di soddisfare tale possibilità assieme alla costruzione del vettore Europa 3, già ipotizzato. Anzi, gli americani insistevano perché il progetto venisse abbandonato, sostenendo che il risultato sarebbe stato un vettore molto costoso e di tecnologia ormai obsoleta. L'unico investimento da condividere, ribadivano alla NASA, era la partecipazione al loro programma Post-Apollo. La quota europea doveva essere pari al 10%, equivalente a un miliardo di dollari circa, dal momento che il costo stimato per lo sviluppo dello shuttle era allora di 10 miliardi di dollari.

Gli Stati Uniti contro il vettore europeo

A rendere difficile la situazione interveniva un mutamento nella disponibilità degli Stati Uniti a lanciare satelliti europei. Questa rimaneva se però non riguardava il lancio di satelliti per telecomunicazioni che avrebbero contrastato gli interessi americani.

Quando i vari aspetti venivano esaminati nella quarta European Space Conference nel novembre 1970 la situazione esplodeva. La Gran Bretagna rimaneva in disparte a fare il gioco dell'America, la Germania era interessata all'ipotesi NASA, mentre la Francia non voleva rinunciare a Europa 3 e minacciava di rinunciare alla collaborazione europea mettendo in discussione l'ESRO. Risultato: la conferenza veniva interrotta alla fine della prima giornata e c'erano tutte le premesse perché fallisse totalmente. Per evitare ciò il consiglio dell'ESRO chiedeva si riprendessero le discussioni per trovare una via d'uscita. Ed è in questa circostanza che il presidente del consiglio dell'ESRO, Giampietro Puppi, tesseva con grande maestria un'operazione che permise di mettere insieme, attraverso un abile compromesso, divergenti interessi così non solo da salvare ma anzi da rilanciare la collaborazione europea.

Alla fine di dicembre Puppi presentava quello che sarebbe rimasto famoso come Package Deal, di fatto un piano che prevedeva una forte riduzione dei programmi scientifici, diventati però obbligatori per tutti i paesi, e tre programmi opzionali per le telecomunicazioni, la meteorologia e il controllo del traffico aereo. Per garantire le necessarie risorse i quattro maggiori paesi si impegnavano a sottoscrivere tutti i programmi di applicazione. La scelta di Puppi di tagliare la scienza pesava soprattutto sulla presenza italiana. Venivano infatti ridotti i lanci di razzi sonda, per i quali si abbandonava la base in Sardegna, accettando il trasferimento in Svezia, e si chiudeva il centro dell'ESRIN di Frascati che si occupava di fisica spaziale e che era stato tanto faticosamente conquistato. La soppressione delle sue attività provocava reazioni di scontento non solo in Italia, dove si tentava senza successo di accorpare la sua esistenza a un ente di ricerca nazionale. L'ESRIN veniva smantellato nei contenuti affermando ufficialmente che le ricerche condotte fino a quel momento non interessavano più. Al suo posto si allestiva il Servizio documentazione scientifica; in pratica una banca dati dei risultati raccolti altrove. Magra consolazione, questa, rispetto al passato: da centro ricerche a biblioteca.

Ma si trattava solo di un primo passo per arginare le difficoltà economiche con cui si doveva fare i conti. Restavano infatti da risolvere le due questioni fondamentali del lanciatore e della proposta NASA.

Dopo lo scoppio in volo di Europa 2 nel giugno 1972 la commissione d'inchiesta concludeva che per garantire il successo al progetto di Europa 3 bisognava riorganizzarlo radicalmente. I tedeschi non condividevano l'idea e abbandonando gli interessi fino a quel momento coltivati nel campo dei razzi, decidevano di non partecipare a Europa 3, sostenendo che le nazioni europee potevano tenere il passo con lo sviluppo della tecnologia spaziale solo partecipando al programma dello shuttle.

Un laboratorio spaziale europeo per lo shuttle

La NASA insisteva nel dire che l'ESRO avrebbe potuto realizzare in collaborazione con gli USA un laboratorio scientifico da sistemare nella stiva dello shuttle. Non ci sarebbe però dovuto essere né scambio di fondi né di tecnologia. Mentre chiariva questa possibilità, la NASA, dietro le pressioni della difesa, cancellava la proposta dell'ELDO di farsi carico del traghetto spaziale dietro la quale c'era un interesse italiano proprio per l'innovazione che richiedeva. Ma era appunto tale aspetto a determinare il blocco. La partecipazione al programma Post-Apollo era stata quindi nel tempo ridimensionata pesantemente.

Comunque la Germania continuava a ribadire il suo distacco del programma Europa 3, che veniva formalmente chiuso dal consiglio dell'ELDO nell'aprile 1973. Si arrivò così a far tornare indietro il secondo esemplare di Europa 2 che si trovava già in Guyana per il secondo lancio che, quindi, non fu mai più effettuato.

Ai tedeschi interessava il progetto Spacelab del programma Post-Apollo e su questa strada si incamminavano decisi. Altrettanto decisi restavano però i francesi e il CNES (Centre National d'Études Spatiales) annunciava di procedere con il progetto del nuovo lanciatore battezzato LIIIS (Lanceur à Trois Étages de Substitution), che sostituiva l'Europa 3, a due stadi.

Più semplice nella concezione, il costo della sua costruzione era garantito per il 60% dal governo di Parigi. Di conseguenza sarebbe stato il CNES a governare il programma e le industrie francesi a realizzarlo in gran parte.

Nell'European Space Conference del dicembre 1972 il ministro dell'industria britannico, Michael Heseltine proponeva che ogni paese contribuisse ai vari programmi come preferiva in base alla propria disponibilità, salvaguardando i rispettivi interessi nazionali. La proposta era accettata e nella successiva riunione dell'European Space Conference di Bruxelles nel luglio 1973 i ministri la approvavano, ritessendo i legami della cooperazione europea. Perciò la Germania guidava il progetto Spacelab, la Francia il programma del vettore chiamato Ariane e la Gran Bretagna il progetto del satellite per telecomunicazioni marittime Marots. L'Italia guardava con interesse nella direzione tedesca ma nello stesso tempo non voleva rimanere esclusa da Ariane. Certo non aspirava a un ruolo guida, ma cercava comunque di scegliere una collaborazione che le permettesse di conquistare un ruolo ben distinto, una specializzazione tecnologica sulla quale costruire i futuri sviluppi tecnologici e industriali.

A Bruxelles nasce l'ESA

E sempre alla riunione di Bruxelles, con questi accordi si sottoscriveva anche la nascita della European Space Agency (ESA) che li avrebbe gestiti e che sarebbe entrata formalmente in vigore il 15 aprile 1975.

Alle spalle c'era il bilancio non trascurabile dei sette satelliti lanciati dall'ESRO (ESRO 2, ESRO 1A, HEOS 1, ESRO 1B, HEOS 2, TD1, ESRO 4 dedicati ai raggi cosmici e ai raggi X, alle fasce di van Allen, al campo magnetico interplanetario, alle radiazioni ultraviolette e agli strati più elevati dell'atmosfera), ma la partecipazione scientifica e industriale italiana non aveva accumulato quei successi e quelle partecipazioni che aveva sognato quando Edoardo Amaldi ne aveva acceso le speranze. Nel confronto con gli altri paesi il risultato difficilmente poteva risultare soddisfacente: mancava infatti quella determinatezza politica presente invece nei partner. Ma è anche vero che per la scienza spaziale tra il 1962 e il 1968 l'Italia aveva preferito investire tutte le sue energie nel programma San Marco, "con un sensibile contraccolpo sul ritorno economico e scientifico dell'ESRO", come notava un'indagine commissionata dal CNR nel 1971. "L'attività per l'ELDO, invece," rilevava la stessa indagine, "qualificava l'industria aerospaziale italiana, se pure in settori limitati, non solo per il carattere tecnologico avanzato, ma anche per lo stimolo al confronto internazionale e per la larga frazione di fondi destinabili a vera e propria ricerca e sviluppo."

Alla sua nascita l'ESA, per garantire maggior flessibilità nei rapporti tra le nazioni, stabiliva due aspetti importanti: un programma scientifico da finanziare obbligatoriamente da parte di tutti i paesi in proporzione al loro prodotto interno lordo (PIL); un sistema di piani "à la carte" sostenuto dai paesi interessati, dal quale derivava un corrispondente ritorno industriale. Era in base a questa seconda possibilità che l'Italia sceglieva di orientarsi, in particolare, in due direzioni: lo sviluppo di applicazioni nel campo delle telecomunicazioni spaziali, mirando ai possibili aspetti commerciali anche nei servizi; la costruzione di strutture abitate per lo spazio nella logica di arrivare, in prospettiva, a un ruolo significativo nei futuri progetti delle stazioni orbitali con astronauti. In seguito si aggiungerà il trasporto spaziale con piccoli lanciatori. E così accadrà.

Mentre l'Europa cercava faticosamente, e con non lievi contrasti politici e industriali, di costruire il suo "spazio", negli Stati Uniti si iniziava a pensare anche alla sua utilizzazione. Il primo obiettivo ritenuto possibile, raggiungibile e utile era quello delle telecomunicazioni. Un satellite in alto sulla sua orbita poteva fare da ponte radio tra i continenti affiancandosi ai cavi transoceanici, e quindi fornire un servizio commerciale. Iniziava quindi l'era delle applicazioni della tecnologia cosmica. La prima a muoversi era infatti l'AT&T (American Telephone & Telegraph), che avviava il progetto Telestar 1, mentre la NASA finanziava la RCA per la costruzione del satellite Relay 1.

L'AT&T cercava in Europa delle società che condividessero la nuova avventura e per questo incaricava la sua società controllata Bell System Inc. di sondare le disponibilità anche in Italia. A tal fine veniva interpellata l'Italcable, che gestiva appunto il traffico telefonico attraverso i cavi transoceanici e che, autorizzata dal ministero delle poste e telecomunicazioni da cui dipendeva, accettava la proposta americana formando nell'ottobre 1961, assieme alla RAI, come era stato imposto, la società Telespazio. E la notizia di una nuova società dedicata solo alle telecomunicazioni spaziali faceva subito sognare la possibilità di vedere in diretta le Olimpiadi di Tokyo nel 1964.

Al Fucino il centro per le telecomunicazioni spaziali

Telespazio, presieduta da Marcello Rodinò di Miglione, si metteva subito all'opera sotto la guida tecnica dell'ingegner Piero Fanti, proveniente da Italcable, dove negli ultimi periodi si era occupato proprio di investigare le possibilità delle comunicazioni via satellite.

Per condividere le sperimentazioni Telespazio siglava subito nel gennaio 1962 un accordo con la NASA, mentre il fisico Giorgio Salvatori e l'ingegner Luciano Dotti si occupavano di trovare nella penisola un luogo adatto in cui installare una stazione ricevente e trasmittente. L'area più idonea venne individuata nella conca del Fucino, in Abruzzo, a 120 chilometri da Roma. Il luogo, percorso da canali di irrigazione e da piantagioni di barbabietole, era in origine un lago che la famiglia Torlonia aveva fatto prosciugare nella seconda metà dell'Ottocento. Era favorevole perché la piana era circondata da montagne che agivano da schermo per le onde radio e tenevano lontane le interferenze.

Così la prima stazione italiana per le comunicazioni spaziali sorgeva nel comune di Ortucchio, a 700 metri d'altezza, nella piana di Avezzano. Per costruirla si metteva all'opera una squadra di tecnici formata dagli ingegneri Cesare Benigni, Livio Bruno, Luciano Dotti e Giuseppe Quaglione. Il quartier generale della società era in via del Babuino a Roma. Nel luglio 1962 AT&T lanciava il satellite Telstar 1, una sfera sfaccettata ricoperta di celle solari di appena 86 centimetri di diametro e nel dicembre successivo la NASA spediva in orbita il satellite Relay 1. Telstar 1 poteva trasmettere 24 canali telefonici oppure uno televisivo, e nei suoi quasi sette mesi di attività in orbita consentì le prime trasmissioni spaziali tra gli Stati Uniti e l'Europa. Nella conca del Fucino già nel novembre 1962 era pronta la prima parabola puntata verso il cielo, la quale permetteva ai tecnici di affrontare la dura fase dei test; così, finalmente, nel gennaio 1963 l'antenna italiana riceveva i primi segnali trasmessi dai due satelliti Relay e Telstar. La data era storica, perché l'Italia diventava il quarto paese dopo Stati Uniti, Gran Bretagna e Francia protagonista delle telecomunicazioni spaziali. I primi servizi dagli Stati Uniti erano dell'agenzia di stampa ANSA e riguardavano la visita del presidente del consiglio Amintore Fanfani; seguivano poi quelli della RAI, che raccontavano gli incontri di Fanfani a Chicago. Due messaggi suggellavano la collaborazione sulla nuova frontiera delle trasmissioni: uno era dell'amministratore associato della NASA Hugh L. Dryden, che si congratulava con gli ingegneri della Telespazio, il secondo un saluto dell'ambasciatore italiano a Washington Sergio Fenoaltea.

Visti i buoni risultati iniziali gli americani non perdevano tempo e fondavano la COMSAT (Communications satellite corporation) per concretizzare i primi servizi commerciali. In Europa era entrata in azione la European conference on satellite

(CETS), che faceva da contraltare alle iniziative americane. Sempre nel 1963 l'Unione internazionale delle telecomunicazioni assegnava altresì le frequenze che i satelliti avrebbero potuto utilizzare, anche se da continuare a condividere con i ponti radio terrestri. Era l'apertura al nuovo mercato delle trasmissioni spaziali, mercato che presto avrebbe raggiunto il suo più importante obiettivo tecnologico necessario a rendere più efficace e profittevole economicamente lo strumento del satellite. Nell'agosto 1964 la NASA lanciava Syncom 3, il primo satellite in orbita geostazionaria a 36.000 chilometri d'altezza intorno all'equatore. Si avverava così l'intuizione di Arthur C. Clarke, illustre scienziato britannico e popolare scrittore di fantascienza, che nel 1945 aveva spiegato che con tre satelliti in orbita equatoriale, che lui battezzava "stazioni", in volo a 36.000 chilometri di quota e distanziati di 120 gradi uno dall'altro, si poteva materializzare il sogno di una comunicazione istantanea da un punto all'altro della Terra. Questo perché il satellite in quella posizione si muoveva sincronizzato con il nostro pianeta, al punto da apparire sempre immobile a una stazione terrestre che lo guardasse. Ciò significava che poteva essere utilizzato senza interruzione, 24 ore al giorno. Ed era l'obiettivo che si voleva raggiungere per sfruttare al massimo l'investimento e per garantire nel contempo un servizio continuo. A tal fine, senza alcun indugio, dopo una risoluzione delle Nazioni unite, a Washington veniva costituito l'INTELSAT (International telecommunications satellite organisation) allo scopo di finanziare la costruzione di satelliti in grado di garantire una copertura globale per il 1967. A quel punto l'esistente COMSAT si occupava dei progetti, della realizzazione e dei lanci, mentre i paesi che entravano a far parte dell'INTELSAT avrebbero controllato le stazioni di terra. Il governo italiano aderì al nuovo consorzio delegando Telespazio a rappresentarlo. Quando il suo vicepresidente Carlo Martinato firmava l'adesione nel febbraio 1965, l'Italia si impegnava con una quota del 2,2% della spesa corrispondente a 200 milioni di dollari.

Così si avviava anche nella penisola e in Europa, attraverso la CETS, il business delle trasmissioni spaziali, che rapidamente si sarebbe esteso ben oltre le comunicazioni telefoniche e verso quelle televisive. Sarà quindi INTELSAT a concepire il primo satellite per uso commerciale, l'Early Bird, costruito dalla Hughes Aicraft Company per la COMSAT e lanciato nell'aprile 1965. Disponeva di 240 canali telefonici o uno televisivo e fu il primo a garantire collegamenti diretti tra l'Europa e gli Stati Uniti. E fu Early Bird a trasmettere in Europa, e quindi al Fucino per l'Italia, le immagini dello sbarco sulla Luna degli astronauti americani di Apollo 11, Neil Armstrong ed Edwin Aldrin, nel luglio 1969.

Telespazio, dopo aver installato nel 1967 al Fucino la parabola di 27 metri di diametro puntata sull'Atlantico, l'anno successivo costruiva un'antenna analoga rivolta verso l'oceano Indiano, entrambe prodotte dalla Philco Italia. Così, insieme alla stazione inglese di Goonhilly, a quella francese di Pleumeur-Bodou e a quella tedesca di Raisting, la stazione italiana nella piana di Avezzano completava la rete europea integrata nel sistema INTELSAT. L'iniziativa privata, legata ai nascenti servizi spaziali, stava dunque muovendo i suoi passi anche in Italia, aprendo così un nuovo fronte di attività che completava lo sforzo industriale e scientifico.

7.
Da SIRIO, satellite per telecomunicazioni, a un piano spaziale nazionale

Alla fine degli anni sessanta si chiudeva una fase pionieristica delle attività spaziali italiane e si mettevano le radici per un futuro più articolato, che univa differenti esigenze, dalla scienza all'industria. Questo era favorito, in particolare, da una mutata scena europea e da un cambio di atteggiamento degli Stati Uniti, meno disponibili nei confronti del Vecchio continente. Il consolidamento del nuovo corso non sarebbe stato facile. Se il decennio precedente era rimasto legato alle imprese del San Marco in Kenya, quello successivo, gli anni settanta, sarebbero indubbiamente stati ricordati per il satellite di telecomunicazioni SIRIO, attorno al quale si avviava una fase diversa.

Uno stimolo positivo giungeva in buona parte dal cattivo trattamento subito dall'Italia in Europa nel 1968 con la cancellazione del progetto del satellite ELDO/PAS, assegnato all'Italia, a seguito della crisi dell'omonimo ente europeo, ma anche di una debolezza politica del nostro paese, che si era dimostrato incapace di suggerire un'alternativa con forza adeguata. "Il non aver fatto proseguire quel programma," scriveva il professor Francesco Carassa del Politecnico di Milano, che aveva proposto l'esperimento da effettuare con il progetto ELDO, "fu certo per l'Europa un errore, poiché la disponibilità in orbita di un satellite per telecomunicazioni venne così spostata, per vari motivi, di quasi dieci anni. Non si era capito che il vantaggio che l'Europa poteva acquisire con un satellite, e con esperimenti di propagazione e di trasmissione, era almeno tanto importante quanto quello acquisibile con un lanciatore, e fu così che venne proposto un programma mutilato tutto a favore del lanciatore. L'Italia, che veniva direttamente danneggiata dalla riduzione del programma, si rifiutò di partecipare e uscì dall'ELDO."

Francesco Carassa (1922-2006) era stato un pioniere e un protagonista dello sviluppo delle telecomunicazioni in Italia, uno tra i primi a occuparsi dei ponti radio attraverso i quali unire la penisola. Tra il 1955 e il 1960 guidava la realizzazione del ponte radio a microonde da Milano a Palermo e per il collegamento con la Sardegna che, essendo di 1600 chilometri con 23 tratte intermedie, per alcuni anni rimaneva il più lungo del mondo. Oltre al normale impiego, con esso sperimentava nuovi criteri di trasmissione che venivano adottati a livello internazionale.

Nato a Napoli, si laureava in ingegneria industriale al Politecnico di Torino, iniziando nel 1947 un'attività di ricerca nei laboratori radio della fabbrica italiana Magneti Marelli di Milano, dei quali diventava presto il direttore. Attirato dalla scienza, dalla nascente elettronica e dall'insegnamento, entrava al Politecnico milanese come docente di comunicazioni elettriche, contribuendo alla nascita del corso in ingegneria delle telecomunicazioni. I risultati e il prestigio conseguiti lo portavano nel 1969, in uno dei momenti caldi della contestazione studentesca, alla nomina a rettore. Le frontiere della ricerca costituivano la sua passione e quindi le trasmissioni via satellite diventavano per lui la tappa ovvia da conquistare. Nasceva così la proposta di ELDO/PAS, la cui cancellazione, per la concomitanza di diversi fattori, innescava una reazione positiva a livello nazionale.

Nel 1969 la Commissione ricerche spaziali esaminava la possibilità di un piano quinquennale di attività, ma le ristrettezze consigliavano di ridurre per il momento l'azione a un programma triennale fino al 1971. Esso includeva il lancio del satellite San Marco C, la manutenzione della base in Kenya per consentire il lancio di alcuni satelliti della NASA per cui erano in corso trattative, l'"eventuale" realizzazione di piccoli satelliti scientifici (che presto però scompariva dai documenti), ma soprattutto il via libera al progetto SIRIO, nome che, oltre a ricordare la più brillante stella del cielo notturno lontana nove anni luce dalla Terra, era un acronimo dal significato ben preciso: Satellite italiano per la ricerca industriale operativa.

Oltre a queste decisioni, il 1969, l'anno storico per lo sbarco sulla Luna, registrava nella gestione della politica spaziale, nel CNR e nelle industrie interessate dei cambiamenti importanti, che costituivano la premessa necessaria per gli sviluppi successivi.

L'eliminazione in ELDO del progetto italiano portava il CIPE ad approvare nel gennaio 1969 il suo recupero, ribattezzandolo appunto SIRIO. Ciò spingeva qualche mese dopo il ministro della ricerca Salvatore Lauricella a creare un Comitato interministeriale per l'attività spaziale (CIAS) al fine di esercitare un miglior coordinamento del settore. In parallelo, la vecchia Commissione ricerche spaziali del CNR, ritenuta ormai inadeguata, era sostituita da una nuova Commissione intercomitati per lo studio dei problemi spaziali (CISPS), che riuniva i responsabili dei vari comitati del CNR coinvolti nello spazio, rafforzandone così il controllo interno. Alla sua guida era designato il professor Giampietro Puppi.

Lo stesso Istituto ricerche spaziali, che era posto sempre sotto l'ombrello del CNR e che di fatto costituiva il braccio esecutivo delle varie commissioni, veniva trasformato nel Servizio attività spaziali (SAS).

L'industria si riorganizza

Le nuove prospettive acceleravano pure significativi mutamenti sul fronte industriale. Dopo due anni di lavori, una commissione interministeriale creata dal CIPE "per l'esame delle prospettive di sviluppo e dei relativi investimenti nel settore dell'industria aeronautica," suggeriva l'opportunità di unire le capacità produttive per acquisire maggior forza contrattuale sui mercati. Contemporaneamente, essa giudicava indispensabile il sostegno dello stato con finanziamenti selettivi che incentivassero la commercializzazione e l'esportazione di tecnologie aerospaziali, e riteneva necessaria l'istituzione di un centro ricerche per aiutare le aziende a recuperare il tempo perduto e ad acquisire ciò che era necessario per essere competitivi: si trattava dell'idea da cui sarebbe sorto il futuro Centro italiano ricerche aerospaziali (CIRA) di Capua. Il tutto era orientato verso il Mezzogiorno, nella logica di un intervento di qualità che lo potesse indirizzare verso la tecnologia d'avanguardia.

Per questo il ministro delle partecipazioni statali Franco Maria Malfatti alla fine di ottobre annunciava che si era "deciso di dar vita a una società, l'Aeritalia, con partecipazione AERFER e FIAT". Ciò avveniva in seguito all'accordo raggiunto tra l'IRI (Istituto di ricostruzione industriale) e il gruppo FIAT. AERFER, controllata da Finmeccanica, finanziaria dell'IRI, era un'azienda aeronautica di lunga tradizione. Nel dopoguerra aveva realizzato il Sagittario II, primo caccia italiano a superare la barriera del suono nel 1956. Da AERFER, che aveva sede in Campania, a Pomigliano d'Arco e Capodichino, erano costruiti anche elementi della struttura del satellite sperimentale di ELDO utilizzato nei vari lanci di prova.

FIAT Aviazione, da parte sua, aveva deciso di uscire dal settore, dato che, per affrontare la nuova stagione del mercato internazionale, avrebbe dovuto investire in modo consistente in esso, se voleva essere competitiva. Cedeva quindi la parte aeronautica, mantenendo però la produzione dei motori e lo spazio, che tre anni dopo, nel 1972, passava ad Aeritalia. Nasceva così la più grande società aerospaziale italiana in grado di confrontarsi adeguatamente con altri grandi gruppi europei e internazionali. Era tuttavia un primo passo nel processo di fusioni che presto avrebbe coinvolto altre aziende.

L'industria guardava allo spazio con sempre maggior interesse, perché il campo stava crescendo anche in Europa grazie agli investimenti pubblici (ormai si stava lavorando alla nascita di un'agenzia unica europea). Emergevano inoltre opportunità nell'unico settore delle applicazioni che stava maturando, quello delle telecomunicazioni, le cui attività fino a quel momento erano state rigidamente presidiate dal consorzio internazionale INTELSAT, in mano americana. Nel 1969 i paesi che ne facevano parte dovevano ridiscutere le loro partecipazioni e occorrevano ventisette mesi di trattative per giungere a un'intesa. Ciò faceva maturare una convinzione: per avere maggiore voce in capitolo l'unica via era quella di saper fabbricare satelliti per telecomunicazioni.

Le condizioni fra le due sponde dell'Atlantico erano mutate: ci poteva essere collaborazione per qualche programma scientifico, tuttavia, dove lo spazio si trasformava in business, emergeva un'inevitabile competizione. Inoltre, ognuno doveva conquistarsi da solo il know-how necessario: gli Stati Uniti non avevano più motivo di regalare le loro conoscenze per aiutare l'Europa, che diventava sempre più un mercato da dominare e un concorrente da temere.

Francia e Germania avevano già sui tavoli dei loro ingegneri un progetto ciascuna (Saros e Olympia rispettivamente) per un satellite di telecomunicazioni. Nel 1967 i loro due governi raggiungevano un accordo per unire intenti e risorse facendo nascere un satellite unico, Symphonie. I lavori venivano quindi accelerati, ma rimaneva un ostacolo da superare: il lancio. L'unica via era utilizzare un vettore statunitense, a questo punto però l'amministrazione americana poneva difficoltà che più tardi sarebbero servite da potente motivazione per conquistare, attraverso il vettore Ariane, l'autonomia europea nell'accesso in orbita. Washington non era disponibile a portare nello spazio un satellite che sarebbe stato un concorrente degli INTELSAT realizzati negli USA. Dopo accesi e lunghi confronti e con un ridicolo escamotage formale (bisognava dichiarare il satellite "sperimentale"), Symphonie era lanciato in orbita geostazionaria nel 1974 da Cape Canaveral con un vettore Delta, ed era il primo del genere in Europa. Un secondo esemplare partiva l'anno successivo. In parallelo l'ESRO dava il via allo studio di un satellite comune battezzato OTS (Orbital Test Satellite) da collocare, come Symphonie, sempre in orbita geostazionaria.

L'Italia intendeva invece procedere con SIRIO, compiendo un significativo passo avanti nell'utilizzo delle frequenze sino allora utilizzate, esplorando il campo dei 12-18 GHz. In questo modo, grazie all'esperimento noto come SHF (Super High Frequency) del professor Francesco Carassa, suo ideatore, si sarebbe padroneggiata una tecnologia che presto si sarebbe rivelata necessaria nelle normali telecomunicazioni commerciali, dato il sempre più intenso affollamento delle bande di frequenza inferiori. Con tale esperimento si dovevano indagare le attenuazioni provocate dai fenomeni atmosferici sulla propagazione dei segnali (la pioggia, per esempio, diventava un ostacolo), mettendo a punto tecniche che ne consentissero comunque l'utilizzo.

Quando nel 1969 il CIPE approvava il progetto, si prevedeva l'aggiunta di altri esperimenti preparati da alcune università e dai laboratori del CNR, nonché il lancio di SIRIO nel 1971. La prospettiva si sarebbe però rivelata del tutto irreale per una serie di difficoltà che trasformavano il programma in una corsa a ostacoli apparentemente infinita, tanto da essere spesso dichiarato fallito. I primi guai arrivavano dall'ambiente universitario e dalla difficile situazione sociale che stava emergendo con la fine degli anni sessanta. Le proteste studentesche da una parte, e le difficoltà economiche dall'altra, provocavano conseguenze negative inevitabili sul mondo industriale. In aggiunta, nel 1973, ad aggravare ulteriormente la scena si presentava la prima crisi energetica. Nell'ottobre di quell'anno la guerra di Egitto e Siria contro Israele, vinta rapidamente dagli israeliani sostenuti dagli Stati Uniti e dall'Europa, comportava come rappresaglia un blocco delle esportazioni di petrolio da parte del paesi arabi produttori appartenenti all'OPEC, causando un aumento dei prezzi. Nazioni pesantemente dipendenti dal greggio come l'Italia ne risentivano quindi in modo pesante.

Per il progetto SIRIO, le difficoltà derivavano tuttavia soprattutto dalla sua gestione iniziale inconsistente. Si era già formato un gruppo di lavoro al Centro ricerche aerospaziale di Luigi Broglio, coordinato dall'ingegner Bruno Ratti. Ma i nuovi organi spaziali appena costituiti, il Comitato governativo CIAS e la Commissione CISPS del CNR, non esercitavano il dovuto ruolo. Intanto si creava un Centro di studio per le telecomunicazioni spaziali (CSTS) diretto da Guido Tartara del Politecnico di Milano, all'interno del quale c'era anche Francesco Carassa, che assumeva formalmente la responsabilità dell'esperimento SHF da realizzare per SIRIO. C'era dunque molta incertezza e Bruno Ratti si dimetteva dalla guida del programma. Era solo l'avvio di una storia turbolenta e i lavori erano di fatto bloccati, perché il CNR non assegnava la necessaria commessa all'industria che doveva realizzare l'opera. Solo nel marzo 1971 si arrivava all'approvazione di una legge, la prima che garantiva a SIRIO 18,7 miliardi di lire.

Si stipulava così finalmente il primo contratto con la Compagnia industriale aerospaziale (CIA) per uno studio iniziale destinato a esplorare la fattibilità del satellite. A Ratti subentrava alla fine dello stesso anno Massimo Trella, anche lui proveniente dall'Università di Roma e assistente per le attività cosmiche del ministro della ricerca Camillo Ripamonti. Ma alla direzione del neocostituito Servizio attività spaziali del CNR, controllore del piano dal novembre 1971, rimaneva però poco più di un anno. Il programma non marciava. Carassa doveva continuamente rassicurare gli scienziati stranieri impegnati a preparare le ricerche da effettuare con il satellite.

Andreotti scrive a Carassa

Un segnale di cambiamento sembrava accompagnare un telegramma del 14 ottobre 1972 inviato dal presidente del consiglio Giulio Andreotti a Carassa: "Autorizzandola comunicare ai partecipanti esteri esperimenti SIRIO mio impegno mantenimento attuale programma provvedendo necessari finanziamenti tramite verifica effettivi costi." Nello stesso anno Andreotti appoggiava la nomina del nuovo presidente del CNR Alessandro Faedo, rettore dell'Università di Pisa e uno dei pionieri dell'informatica italiana: a Pisa fondava il Centro nazionale universitario di calcolo elettronico (CNUCE). Faedo era decisivo per il riavvio del piano. La sua prima mossa vincente era l'insediamento alla guida del Servizio attività spaziali, al posto di Trella, dell'ingegnere Francesco Scandone, un abile manager proveniente dalla direzione delle Officine Galileo, nella primavera 1973. Ma ciò ancora non bastava, nonostante il CIPE, per due volte nel gennaio e nel novembre di quell'anno, riaffermasse la prosecuzione dei lavori.

A intralciare il percorso giungeva, alla fine del 1973, l'approvazione da parte dei vari paesi europei sostenitori dell'ESRO del primo satellite comunitario per le telecomunicazioni. Era l'Orbital Test Satellite (OTS) che esplorava alcune delle frequenze indagate da SIRIO ed era addirittura realizzato con la partecipazione italiana per una quota pari al 14,69%. La decisione europea mirava a sviluppare in ambito industriale satelliti per telecomunicazioni di buone capacità, capaci di concorrere con quelli prodotti dalle aziende americane. In particolare bisognava maturare nuove tecnologie che andassero oltre le esperienze nazionali franco-tedesche del satellite Symphonie e dell'italiano SIRIO.

Dal punto di vista tecnologico, una delle caratteristiche fondamentali era la stabilizzazione del satellite su tre assi invece della più semplice rotazione sull'asse verticale, come effettuavano invece SIRIO e altri. Un altro obiettivo era raggiungere nuove frequenze più elevate, aspetto su cui però SIRIO era indubbiamente più avanti. Dopo anni di discussioni, OTS nasceva come il prototipo dei satelliti ECS (European Communication Satellite), successivamente ribattezzati Eutelsat. La gara per la costruzione era stata vinta dal consorzio europeo MESH e a bordo c'era molta tecnologia sviluppata da industrie italiane (SNIA Viscosa, Selenia, Aeritalia, Galileo, CGE FIAR). Per la stazione di controllo a terra era stata scelta quella di Telespazio al Fucino, con antenne di STS.

Per ottenere conferme sulla prosecuzione del programma ed evitare un intensificarsi delle critiche, che già circolavano numerose, Faedo ordinava al Consiglio superiore delle Poste e delle telecomunicazioni una verifica per sapere se avesse ancora un senso scientifico impegnarsi su di esso. Analoga richiesta rivolgeva alla Communications satellite corporation americana, così da avere un parere più neutrale. La risposta da parte di entrambi era positiva e il presidente della compagnia statunitense Joseph V. Charyk sottolineava che SIRIO affrontava "for the first time" il nuovo campo di sperimentazioni.

Intanto passavano altri lunghi mesi, nei quali emergevano difficoltà industriali nella realizzazione. Il sistema era complesso e le aziende della CIA, non avendo mai affrontato nulla di simile, non avevano esperienza. Contemporaneamente qualche società aveva difficoltà a realizzare le nuove tecnologie necessarie: era il caso, per esempio, della OTO-Melara, fornitrice del sistema di propulsione per controllare il satellite in orbita, e di Selenia, realizzatrice dell'antenna SHF dell'esperimento.

La crisi economica in atto incideva inoltre sui costi del lavoro, che salivano del 55%, e le risorse previste non bastavano più, mentre il governo procedeva a tagli di spesa che riguardavano anche il CNR. Il bilancio 1974 del Consiglio nazionale delle ricerche era infatti dimezzato da 100 a 50 miliardi di lire dallo stesso ministro della ricerca Pietro Bucalossi, d'accordo con il ministro del tesoro Ugo La Malfa, entrambi del Partito repubblicano.

Il clima era difficile e la parola "austerity" segnava pesantemente il periodo. Per la prima volta si impediva la circolazione delle automobili nei giorni festivi, inventando le "domeniche in bicicletta". Per risparmiare, nelle case si stabiliva una temperatura massima di venti gradi, mentre le insegne luminose animate e di gradi dimensioni erano abolite. Persino le trasmissioni televisive della RAI terminavano alle 22.45 e le sale cinematografiche dovevano chiudere alle 22.

Si cominciava a parlare di energie alternative per combattere il caro petrolio e, fra gli investimenti pubblici, si salvavano quelli indirizzati alle centrali nucleari produttrici di energia, onde cercare di tagliare, almeno in prospettiva, i consumi del sempre più costoso "oro nero". Nonostante tutto, pur risentendo della situazione, l'attività spaziale comunque proseguiva, anche se era periodicamente salvata dall'approvazione di leggi specifiche.

Nel marzo dello stesso 1974 le lungaggini spingevano il professor Carassa a scrivere un'amara lettera al presidente del CNR Alessandro Faedo, nella quale lo informava di non potersi ulteriormente occupare dell'esperimento SIRIO-SHF, perchè non si sentiva più di inviare messaggi tranquillizzanti ai colleghi delle stazioni internazionali che avevano accettato di effettuare le sperimentazioni con il satellite, assicurando loro che l'opera sarebbe andata in porto.

"Nel 1967," scriveva, "mi si domandò di fare una proposta per valorizzare il satellite ELDO/PAS costruito dall'Italia, ed io ho fatto la proposta dell'esperimento SHF; sono tranquillo di aver fatto una proposta valida. Per quell'incauta proposta ho perduto, in buona parte, anni di attività scientifica e una modesta ma seria reputazione internazionale. Mi auguro che il SIRIO e conseguentemente l'esperimento SHF possano ancora realizzarsi [...] Ritengo sia essenziale che l'Italia, se vuole perdere l'occasione (in parte già perduta) di acquisire una posizione importante nel campo dei satelliti per telecomunicazioni, si decida a dirlo chiaramente."

Una legge sostiene SIRIO

Il panorama si schiariva agli inizi dell'agosto 1974, quando veniva approvata la legge che rifinanziava i progetti San Marco e SIRIO, al quale erano assegnati 18 miliardi di lire e Carassa, sotto le pressioni generali, riprendeva la guida dell'esperimento. Per il progetto era giunta la svolta a lungo attesa, anche se il momento era sottolineato da un commento negativo di Edoardo Amaldi in una lettera al fisico Gilberto Bernardini. "Non aveva senso che il nostro paese preparasse centinaia di specialisti nelle attività spaziali," scriveva all'amico. "Sin dagli inizi sono stato favorevole allo sviluppo delle ricerche spaziali sia in Italia che in Europa; ma credo che queste attività dovrebbero essere condotte con il senso realistico delle nostre reali possibilità." La visione dello scienziato era lontana dagli interessi delle possibili applicazioni che lo spazio offriva.

Grazie alle nuove risorse, il presidente del CNR Faedo con salutare dinamismo prendeva una serie di decisioni che sbloccavano finalmente la situazione. Innanzitutto, in ottobre, il CNR firmava l'ordine alla CIA per la costruzione del satellite e un doppio contratto con la Telespazio: uno per la realizzazione delle infrastrutture di terra necessarie alla gestione del satellite in orbita, esperimenti compresi, e un secondo comprendente la gestione amministrativa per conto del CNR, inclusa la stipula del contratto di lancio con la NASA. Telespazio era infatti l'unica società che disponesse allora di esperienza in questo campo e di adeguati rapporti internazionali.

Contemporaneamente Faedo proponeva all'ingegner Massimo Macchia, direttore del dipartimento di tecnologia del centro ESTEC dell'ESRO in Olanda, di diventare manager del progetto. Macchia accettava e intorno a lui si costruiva un gruppo che aveva quattro precise responsabilità: Luigi de Magistris incaricato del satellite e delle operazioni di lancio, Franco Marconicchio dell'esperimento SHF, Cesare Albanesi delle operazioni in orbita e, infine, Giovanni Arciprete dei controlli amministrativi. Faedo faceva però anche pressioni sulla società costruttrice perché si adeguasse con l'organizzazione. La conseguenza era la nomina, nel maggio 1975, di Antonio Teofilatto, fisico di formazione ma proveniente da Selenia, dove guidava la divisione Spazio e telecomunicazioni, a direttore generale del consorzio CIA (il presidente era il generale Ettore Fargnoli), garantendogli ampi poteri d'intervento, che a quel punto erano indispensabili per uscire dalla situazione stagnante.

"Considerando che a partire dal 1969 il progetto era stato via via revisionato," scriveva Teofilatto, "per incorporare e successivamente togliere altri esperimenti di interesse del CNR, è chiaro che la configurazione del piano, al momento del rilancio delle attività, non era certo la migliore. Dopo anni d'attesa bisognava organizzare l'esecuzione del programma comprese le prove, preparare i laboratori a standard spaziale, revisionare il progetto, gestire il collegamento con la NASA per il lancio, infoltire il numero dei tecnici. Abbiamo dovuto persino cambiare sede installandoci in via Salaria e bisognava fare presto e bene. Ma avevo ottimi rapporti con il presidente del CNR Faedo, il quale fu determinante nello svegliare il CNR dal sonno di vari anni e dai pasticci di coloro che avevano lavorato per il SIRIO. Altrettanto buoni erano i legami con Massimo Macchia, anche lui chiamato dall'industria per surrogare l'inefficienza della struttura gestionale del CNR. La promessa del 1969 si era materializzata cinque anni dopo, quando nessuno credeva più al programma; e in alternativa, noi della Selenia avevamo raggiunto numerosi contratti alternativi presso l'ESRO."

Il decisionismo di Faedo e il nuovo corso che si stava determinando per il progetto avevano trovato verso la fine del 1974 un importante sostegno politico, che aiutava a sciogliere quei nodi che prima sembravano inestricabili. In novembre al ministero per il coordinamento delle iniziative per la ricerca scientifica e tecnologia, anch'esso senza portafoglio, veniva designato Mario Pedini, un politico concreto come la terra bresciana da cui proveniva. Questi manteneva l'incarico per tre governi fino al marzo 1978, prima con Aldo Moro e poi con Giulio Andreotti alla presidenza del consiglio, seguendo l'impresa SIRIO. All'epoca rimanere all'esecutivo per quattro anni era un record, ma Pedini ci riusciva, anche se dal 1976 era in realtà ministro per i beni culturali e ambientali con delega alla ricerca scientifica. Letterato e giurista di formazione, aveva accumulato una certa esperienza internazionale avendo fatto parte dell'assemblea parlamentare europea per quasi un decennio, e poi era stato anche sottosegretario sia al ministero degli esteri che alla ricerca scientifica. Pedini affidava la delega per la gestione della ricerca al suo sottosegretario, il trentino Giorgio Postal, che ricopriva il ruolo sino al marzo 1979. "Quando arrivai non c'era nulla," ricordava Postal, "e dovetti prima di tutto creare una struttura chiamando alcuni collaboratori esperti di spazio, tra cui Mario Di Leo." La coppia Pedini-Postal manteneva le attenzioni focalizzate in particolar modo sul programma SIRIO, costituendo un riferimento politico costante prima quasi inesistente, fatto questo mai accaduto per un piano tecnologico. Ciò favoriva la crescita dei primi semi dai quali si sarebbe sviluppata in seguito una più organica attività spaziale.

Quando nel 1975 Telespazio firmava il contratto di lancio per il satellite con il razzo Delta 2313, si trovava davanti a un cambiamento significativo, che era stato introdotto dalla NASA. Dopo la partenza del vettore non si assumeva più la responsabilità per le operazioni orbitali dei satelliti stranieri che lanciava: garantiva solo la fornitura di un servizio e l'assistenza tecnica. In Italia, a parte il gruppo di Broglio, dotato di impianti limitati, non esistevano centri di elaborazione in grado di gestire un satellite in orbita geostazionaria né tecnici preparati per manovre tanto complesse. Faedo pensava allora di coinvolgere il centro di calcolo CNUCE del CNR che egli aveva fondato a Pisa, diretto dal professor Guido Torrigiani, e che aveva buona esperienza di software complessi. Tutto era comunque da creare al centro pisano, dove non ci si era mai occupati di inseguimenti satellitari. Per soddisfare le condizioni stabilite dalla NASA, bisognava imparare a governare i vari passi compiuti dal satellite dopo il distacco dal vettore e fino al raggiungimento dell'orbita definitiva intorno all'equatore a

36.000 chilometri d'altezza. Per queste operazioni la NASA aveva affidato alla società Computer Science Corporation lo sviluppo del software necessario al controllo orbitale del SIRIO, e alla sua scrittura contribuivano i primi esperti pisani mandati al Goddard Space Flight Center della NASA nel Maryland, vicino a Washington. Presto, infatti, si formava un gruppo di otto specialisti che si divideva tra Pisa e il Goddard. Qui, durante il lancio, c'era un responsabile della NASA che nello svolgersi delle fasi forniva gli elementi utili per le iniziative da prendere al "manager delle operazioni di volo"; questi, compiute le verifiche sulle condizioni del satellite e l'impostazione delle manovre, ordinava "si esegua". La NASA affidava questo incarico, e la relativa responsabilità, all'ingegner Stefano Trumpy, che grazie a tale esperienza diventava il fondatore del gruppo di dinamica del volo spaziale del CNUCE, trasformato poi in Istituto. Per i primi quarantacinque giorni i controlli sarebbero stati effettuati e coordinati da Trumpy al centro Goddard, poi sarebbero passati al centro della Telespazio al Fucino.

Provvedere a questi aspetti significava aumentare i costi del programma, ma il passo era ormai inevitabile. Ad aggiungerne altri interveniva tuttavia un fatto imprevisto. Nel gennaio 1974 la NASA lanciava con un vettore Delta 2313, uguale a quello che avrebbe utilizzato SIRIO, il satellite inglese per telecomunicazioni militari Skynet 2A, ma per un guasto a un sistema elettronico il lancio falliva. La NASA avviava dunque un'inchiesta tecnica per scoprire le cause e addossava i relativi costi agli utilizzatori come l'Italia, che avevano già sottoscritto accordi per l'impiego del razzo. Ciò significava un aggravio di 3 miliardi di lire. Il blocco dei lanci Delta favoriva indirettamente il programma SIRIO, sempre alle prese con ritardi gestionali e tecnologici che sembravano infiniti. A questi si accompagnavano le critiche dei detrattori, i quali sostenevano l'inutilità del SIRIO, visto che l'ESRO europea stava completando il satellite OTS che compiva ricerche analoghe. In realtà SIRIO non veniva sorpassato, perché OTS si occupava delle frequenze tra 10 e 14 GHz mentre SIRIO di quelle più elevate, tra 12 e 18 GHz. Comunque tra i due progetti era innegabilmente in corso una gara e gli italiani, per dimostrare la validità del loro investimento, dovevano arrivare primi, come peraltro era previsto nei piani.

Il passo decisivo di Quagliariello

A dare una nuova sferzata ai lavori in corso arrivava nel 1976 il nuovo presidente del CNR, Ernesto Quagliariello. Medico e biologo di formazione, rettore dell'Università di Bari, appena insediato Quagliariello esercitava un'immediata pressione sulla CIA e sulle società che la sostenevano perché si completasse rapidamente la costruzione del satellite, il cui costo era ormai salito a 90 miliardi di lire. Il CNR dal canto suo, per garantire l'impegno, ricavava risorse dal taglio di altri tipi di ricerche cosmiche.

"Nell'aprile 1976 ci fu un serrato confronto con il CNR i cui tecnici avevano dato l'allarme per un presunto ritardo," spiegava Teofilatto. "Erano preoccupati e venni pure attaccato, ma si trattava di un falso allarme e tutto rientrò presto con le scuse. Alla base c'era il problema della programmazione: il ministero della ricerca conosceva il piano ufficiale annesso al contratto e quel programma non era realizzabile perché prevedeva il lancio entro dicembre 1976. Nessuno aveva avvisato i politici o forse i politici non potevano sentire chi avesse loro raccontato che quella data era stata scritta da qualcuno che viveva nella sfera dei desideri. Noi avevamo messo in cantiere proprio nella primavera del 1976 un piano con data di lancio a metà 1977 e su quello stavamo lavorando anche con rischio."

La questione che vedeva contrapposti il CNR e la società costruttrice CIA finiva comunque sui tavoli del ministero, che doveva controllare lo svolgersi dell'operazione.

"Era l'inizio dell'agosto 1976 ed erano passati pochi giorni dalla mia nomina a sottosegretario con delega per la ricerca scientifica," ricordava Giorgio Postal, "quando, consapevole dei ritardi e dei problemi ancora esistenti che rallentavano i lavori, convocai al ministero in via Minerva i responsabili del programma e dell'industria; c'erano Giuseppe Petrilli, presidente dell'IRI, ed Ernesto Quagliariello, presidente del CNR, per cercare di rimuovere gli ostacoli. La riunione si concluse, le attività ripresero con la necessaria rapidità e dopo di allora non fu più necessario un simile intervento tanto che l'anno successivo arrivammo al lancio."

Intanto il Centro di studio per le telecomunicazioni spaziali del Politecnico di Milano, per gestire gli esperimenti con SIRIO, era sempre più impegnato nel tessere i rapporti con i centri stranieri che avrebbero partecipato alle ricerche. Il Centro, diretto da Guido Tartara, agiva attraverso la stazione di Spino d'Adda, a 30 chilometri a sudest di Milano, attrezzata dal Politecnico con parabole di ricetrasmissione, radar meteorologici, radiometri e sistemi di acquisizione dati, e che era pronta nel 1976 ad affrontare le indagini. Per lo stesso obiettivo nella primavera dell'anno successivo entrava in funzione la più grande stazione di Gera Lario, della Telespazio, in provincia di Como. I due poli al nord e quello in Abruzzo, al Fucino, che erano necessari allo svolgimento degli esperimenti erano dunque pronti. Al Fucino, inoltre, si sarebbe anche gestito il satellite in orbita durante la sua intera vita.

SIRIO veniva intanto completato; l'unità di volo partiva da Roma nel giugno 1977 e veniva portata a Cape Canaveral per essere preparata al lancio sul vettore Delta 2313.

"Qualcuno, anche autorevole, era contrario all'esperimento e me lo faceva sapere con parere scritto," raccontava il ministro Mario Pedini. "Assumo le mie responsabilità e la 'palla' del Consiglio nazionale del ricerche partiva per Cape Canaveral, base di lancio famosa della Florida per imbarcarsi su un *booster*: costo dell'impresa 90 miliardi."

SIRIO aveva la forma di un tamburo, pesante 229 chilogrammi in orbita e di 143 centimetri di diametro. All'esterno era ricoperto da ottomila celle solari generatrici dell'energia elettrica necessaria al suo funzionamento. Ruotava su se stesso novanta volte al minuto per stabilizzarsi, mentre l'antenna alla sommità controruotava per mantenere l'orientamento fisso verso la Terra. Prima si realizzava un "prototipo di sviluppo" con il quale si definivano i vari aspetti. Nel gennaio 1977 era pronto il successivo "prototipo di qualifica" concepito per numerose prove, a cominciare dalla verifica nel vuoto simulato al centro ESTEC dell'ESA in Olanda per essere certi che tutto funzionasse a dovere. Seguivano altri test nel centro della società MBB di Monaco di Baviera (prove elettriche) e intanto si lavorava all'unità di volo, pronta un mese dopo, in febbraio. Contemporaneamente si predisponevano gli elementi per una seconda unità di volo, che però non venivano assemblati: il tutto formava l'unità di riserva, da utilizzare se qualcosa fosse andato male in modo irreparabile sul veicolo principale.

A bordo di SIRIO c'era il meglio delle capacità spaziali italiane riunite nel consorzio CIA, diretto da Antonio Teofilatto, che partecipava per il 29% alla realizzazione del progetto. La SNIA Viscosa aveva costruito il motore a propellente solido (18% dell'opera), che lo avrebbe portato sull'orbita circolare a 36.000 chilometri d'altezza intorno all'equatore. Il suo involucro in lega di titanio era stato preparato secondo una tecnologia d'avanguardia da Aeritalia, realizzatrice anche della struttura a tamburo del satellite, per la quale aveva adottato soluzioni avanzate ultraleggere (a sandwich in alluminio con elementi incollati), e del controllo termico (8%). La parte maggiore della fabbricazione (28%) era di Selenia, che aveva preparato l'esperimento SHF con l'antenna controrotante, oltre a numerosi altri sistemi relativi ai comandi, all'alimentazione solare, all'accensione del motore. Le società di Montedison sistemi (Montedel S.p.A-Laben e OTE, 11%) si occupavano degli apparati di telemisura e del trasponditore VHF. Si aggiungevano i sensori di Terra e di Sole per l'orientamento in orbita delle Officine Galileo, le batterie e le unità di controllo dell'alimentazione di CGE-FIAR e, infine, le parti del sistema di propulsione ausiliaria a idrazina per correggere le posizioni del satellite in orbita di OTO-Melara.

Con quest'ultima società era nato un problema, perché essa stava sviluppando un sistema completo (serbatoi, condotti e propulsori), ma non arrivava a qualificarlo in tempo a causa dei ritardi accumulati e così i propulsori venivano acquistati negli Stati Uniti dalla Hughes Aircraft Company. "Fece comunque un ottimo lavoro," ricordava Teofilatto, "nell'impianto di gestione del propellente, nel quale sapientemente utilizzò alluminio saldato e ne fu conferma la lunga vita del satellite. Buono era pure il progetto per i propulsori realizzato con l'aiuto dei nostri tecnici CIA distaccati a La Spezia, in un gruppo di lavoro misto cui partecipavano consulenti privati che reclutammo fra pensionati che avevano lavorato nell'industria americana. Gli sforzi portarono a risultati buoni ma tardivi, non più compatibili con gli impegni contrattuali. Eravamo a quattro mesi dall'inizio delle integrazioni quando decisi, d'accordo con il direttore generale di OTO-Melara, di rinunciare ai loro propulsori. A cose fatte lo comunicai anche al CNR."

In precedenza un intoppo rapidamente risolto era dovuto alla riduzione della quota di partecipazione chiesta da FIAR subito dopo la firma del contratto nell'ottobre 1974. Selenia era però pronta a riassorbire sia la quota parte che i tecnici e così il lavoro proseguiva. Selenia doveva invece rinunciare all'impiego delle celle solari che aveva progettato perché, anche in questo caso, non si sarebbe fatto in tempo a produrle per il lancio, e manteneva la gestione della fornitura del sistema.

"Due mesi prima della data fissata per il lancio le due unità prototipo di qualifica e unità di volo," scriveva Teofilatto, "insieme a un ingente quantitativo di apparati di prova e misura, sono state trasportate negli Stati Uniti d'America. Il carico complessivo, pari a circa 40 tonnellate, richiedeva per motivi operativi due voli di andata di un Jumbo Boeing 747-F da trasporto e un analogo volo di ritorno."

Al Kennedy Space Center in Florida e al Goddard Space Flight Center nel Maryland seguivano i preparativi per lanciarlo e seguirlo nelle prime fasi in orbita. Si arrivava così al lancio nell'estate 1977 (in origine immaginato per il 1971), dopo una corsa a ostacoli di nove anni che era sempre parsa sul punto di interrompersi.

Parte SIRIO: Pedini a Cape Canaveral

Ecco come ricordava quei giorni il ministro Mario Pedini, che volava negli USA per seguire l'evento. "A metà agosto siamo laggiù tra le rampe da fantascienza che si chiudono sul *booster* come grandi e sofisticate fabbriche in verticale. Con me il presidente del CNR Quagliariello, quanto mai espansivo, e molti giornalisti. Il lancio deve avvenire il 12 agosto alle 10. La 'finestra' è aperta, ma per quella finestra, con il diritto di precedenza da super-rapido, passa il Voyager. Romba forte con rabbia orgogliosa e scompare: la sonda NASA andrà tra alcuni anni a sfiorare Urano e Nettuno. Si dovrebbe partire con SIRIO il giorno seguente. Ma alla verifica finale ecco che l'anello che unisce il satellite al lanciatore fa le bizze. Occorre smontarlo e sostituirlo. Quagliariello e io restiamo a bocca aperta con il pezzo avariato in mano a cercare di ricuperare fiducia, oltre che per noi stessi, per la nostra équipe in crisi. Intanto la 'finestra' si è richiusa: altri lanci. A quando dunque? Ottobre, novembre? Impossibile: l'Italia ha bisogno di un successo. Ecco perché piombiamo subito a Washington dal capo della NASA e io in inglese lombardo, Quagliariello in inglese napoletano più colorito, riusciamo a strappargli buoni affidamenti."

Sostituito il pezzo, giudicato inadeguato, e ripreso il conteggio alla rovescia, si giungeva alla serata della partenza tanto sognata dalla rampa 17B del Kennedy Space Center di Cape Canaveral, fissata alle 19.50 locali del 25 agosto. Il diario è ancora del ministro Pedini che però, rientrato in Italia, seguiva l'evento nella capitale. "Finalmente alle due di notte, il 26 agosto, eccoci a Roma nello studio del presidente dell'IRI (Giuseppe Petrilli, *N.d.R.*), senza fiato davanti alla televisione [...] Il grande sigaro, lento lento, si sblocca dalla rampa di Cape Canaveral e sale con il SIRIO in vetta. Dopo pochi minuti l'ingegner Massimo Macchia, a capo del progetto, conferma che il satellite italiano è in orbita e andrà a piazzarsi sull'India. Toni Bisaglia e Vittorino Colombo, ministri delle partecipazioni statali e delle poste, 'invadono' il successo e alle parole mie, per avvallo, aggiungono anche le loro."

Francesco Carassa, ideatore dell'esperimento, era rimasto invece a Cape Canaveral per condividere direttamente il grande momento, che così ricordava con un filo di commozione: "Nel crepuscolo, ecco il vettore staccarsi dalla rampa; lo vediamo innalzarsi, prendere finalmente velocità, vediamo nitidamente i tre razzetti additivi laterali aprirsi come petali e distaccarsi una volta esaurito il loro compito. Il razzo principale ora si allontanava bucando il cielo con la spinta del suo fuoco, mentre i ragazzini figli dei nostri tecnici agitavano bandierine e fazzoletti, con la stessa emozione forse con cui i nostri predecessori, qualche generazione prima, salutavano la partenza del loro primo treno a vapore."

"Io ero nella sala di controllo," aggiungeva Antonio Teofilatto, che aveva guidato la costruzione, "seguendo il lavoro dei miei colleghi coinvolti nel conteggio alla rovescia. Ricordo l'ansia e la paura dietro le attese alle risposte durante le ultime operazioni del razzo."

Ma se il lancio era riuscito, ancora non si poteva essere tranquilli. La missione doveva affrontare un secondo momento critico, che se non fosse stato superato al meglio avrebbe annullato in un sol colpo l'intera impresa. Il satellite a un certo punto della sua corsa doveva mutare l'orientamento, accendere il suo motore e immettersi nell'orbita circolare definitiva intorno all'equatore a 36.000 chilometri d'altezza. Si trattava di un'operazione complessa e che comportava un certo rischio, dal momento che era il primo satellite che l'Italia costruiva dotato dei mezzi necessari per raggiungere l'orbita geostazionaria.

"Ci fu un episodio critico nella fase di controllo del volo presso il Goddard alla NASA," ricordava Stefano Trumpy, che gestiva le operazioni al centro NASA. "Prima dell'effettuazione di una manovra di controllo di assetto che avrebbe dovuto predisporre il SIRIO per l'accensione del motore di apogeo, i computer centrali del Goddard andarono in panne e ci restarono per alcune ore. Con il gruppo del CNUCE presente al centro americano decidemmo di convocare i nostri colleghi a Pisa, nel cuore della notte, e facemmo eseguire a Pisa i calcoli che avrebbero dovuto essere fatti al Goddard. Questo ci permise di svolgere la manovra in perfetto orario e di non dover attendere l'orbita successiva, dopo il ripristino della funzionalità degli elaboratori. Questa operazione, per noi routinaria, in quanto eravamo già avvezzi a replicare a Pisa tutti i calcoli delle manovre svolti al Goddard, venne a conoscenza dei giornalisti che vegliavano sullo svolgersi delle operazioni e ci fruttò una notevole pubblicità, a dimostrazione che la missione di implementare in Italia il software e di acquisire le necessarie competenze per gestirlo era completamente riuscita. L'allora ministro per la ricerca scientifica on. Mario Pedini venne personalmente a Pisa per complimentarsi con il team del CNUCE."

E il ministro scriveva nel suo diario: "Tutto bene: pochi giorni dopo il lancio ecco il collegamento con i bravi tecnici italiani di Cape Canaveral attraverso il centro elettronico che visito a Pisa e, nel breve riposo di Montecatini, nelle visite con gli amici delle sovrintendenze e alle gallerie di Firenze anche per far partire con il professor Baldini il restauro di Masaccio e Masolino alla Cappella Brancacci, mi sento contento del successo. Di ciò, forse, si accorge pure il presidente del senato Fanfani che, qualche giorno dopo, celebra in una cascina della bassa bresciana e poi nella piazza di Montichiari la festa dell'amicizia e mi trova efficace nella presentazione."

"La stampa," *mirabile dictu*, concludeva il ministro, "ha accolto bene il SIRIO e a Genova, in autunno, a onore del professor Carassa e del CNR celebreremo adeguatamente l'avvenimento. L'Italia, comunque, è nello spazio."

Il primo collegamento con il satellite veniva effettuato dal centro Goddard dopo il distacco dal razzo vettore Delta e Stefano Trumpy guidava le operazioni anche oltre l'inserimento in orbita geostazionaria definitiva, fino al quarantacinquesimo giorno dal lancio, come era nel contratto stipulato con la NASA.

L'operazione Sirio era stata assicurata con le Assicurazioni Generali di Trieste per le diverse fasi delle attività. La stipula firmata dal Consiglio nazionale delle ricerche prevedeva tre aspetti:

– responsabilità civile verso terzi dell'intera missione (dall'accettazione del satellite da parte del CNR fino alla conclusione della missione prevista in due anni dopo il lancio), valore assicurato in dollari USA 100.000.000, con costo dell'assicurazione 31 milioni di lire;

– copertura per rischio nella fase pre-lancio di giacenza nel poligono, per danni alle attrezzature e al vettore, valore assicurato 38 miliardi di lire, con un costo dell'assicurazione di 32,5 milioni di lire;

– rischio di fallimento del lancio o della missione: la delibera che autorizza i due precedenti premi (per un totale di 63,5 milioni di lire) non specifica nulla a questo proposito, facendo riferimento a una proposta che doveva essere presentata. Ma di questa non rimaneva traccia negli archivi del CNR. Benito Pagnanelli responsabile dell'accordo alle Generali mi precisava che, per questa voce che prevedeva la copertura di due anni di attività del satellite in orbita, l'onere pattuito era simbolico.

Una buona assicurazione spaziale

La polizza prevedeva una copertura quasi totale, comprendente dai trasporti dei vari modelli di qualifica, di volo e dell'unità di riserva a Cape Canaveral, ai rischi del lancio, al buon funzionamento del satellite, alla responsabilità civile per danni verso terzi, NASA compresa. "L'unico aspetto non coperto era ovviamente l'esperimento," aggiungeva Pagnanelli. "Si trattava, comunque, della prima assicurazione spaziale di un satellite scientifico che venisse effettuata e per redigere la polizza dovetti far ricorso a tutte le norme possibili del codice civile. I rischi esistevano ma noi, con coraggio, li accettavamo e anzi convinsi il presidente del CNR Quagliariello dell'opportunità di assicurarlo per garantirsi un veloce rilancio della riserva già esistente in caso di fallimento. Accettò i miei argomenti e sottoscrisse. Al momento del lancio, seduto vicino a me, stringeva in mano un cornetto rosso portafortuna. Le sue origini salernitane gli suggerivano un'aggiunta assicurativa a cui non poteva sottrarsi."

Guardando la fotografia della rampa di SIRIO a Cape Canaveral si poteva scorgere poco lontano anche la rampa sulla quale si stava preparando la partenza del satellite OTS, dell'agenzia spaziale europea ESA, assicurato anch'esso con la partecipazione delle Assicurazioni Generali. Il satellite concorrente stava per raggiungere il cosmo e il via era fissato per il 13 settembre, sedici giorni dopo il nostro.

Ma il 13 non era un giorno fortunato per il primo satellite per telecomunicazioni dell'ESA e 45 secondi dopo la partenza, a causa di un cattivo funzionamento probabilmente dovuto a un difetto dei razzi ausiliari a propellente solido che aiutavano il decollo, il razzo vettore Delta esplodeva. L'insuccesso costava una perdita di 30 milioni di dollari al mercato assicurativo internazionale e "significativa è stata anche la perdita della nostra Compagnia," precisava una nota delle Generali. OTS veniva ricostruito e lanciato l'11 maggio 1978, questa volta con successo, sempre da Cape Canaveral. Intanto, da molti mesi SIRIO stava svolgendo le sue ricerche nel nuovo campo di frequenze e le vecchie critiche di sovrapposizione fra i due satelliti erano sepolte dai fatti.

Dopo il quarantacinquesimo giorno nello spazio SIRIO veniva seguito e controllato interamente dalla stazione di Telespazio al Fucino, consentendo l'avvio delle sperimentazioni con le altre stazioni del Lario e di Spino d'Adda, e con quelle degli altri paesi coinvolti nelle ricerche. Due di queste erano inglesi (Rutherford Appleton Laboratory, Independent Broadcasting Authority), due olandesi (Netherland Post Office, Technical University of Eindhoven), due tedesche (Federal Post Office, Institut für Rundfunk Technik di Monaco), cui si aggiungevano quelle della Helsinki University of Technology, del CNET (Centre National d'Études des Télécommunications) e del Virginia Polytechnic Institute negli Stati Uniti.

"Tutto andò benissimo," scriveva Stefano Trumpy, "a dispetto di alcune cassandre che, nei giornali italiani, avevano addirittura dichiarato che sarebbe stato meglio che la missione fallisse; tutte le fasi di volo sono state nominali e alla fine ci si è trovati con una riserva di carburante per la vita del satellite, superiore rispetto a quella nominale di due anni. Per quanto riguarda il software per la fase operativa della missione controllata dal centro del Fucino di Telespazio, questo era stato acquisito e, con l'esperienza accumulata, non ci avrebbe dato problemi di sorta. Il software era stato installato al CNUCE e messo a disposizione della Telespazio che lo avrebbe utilizzato per la pianificazione delle manovre di *station keeping*."

"Esaurito il suo compito, il gruppo del CNUCE," continuava Trumpy, "avrebbe potuto sciogliersi, ma così non è stato ed è nata una lunga serie di coinvolgimenti in altre missioni e attività spaziali che hanno permesso di consolidare un gruppo di competenze unico in Italia nel settore delle analisi di missione, del controllo del volo dei satelliti e del rientro di oggetti orbitanti nello spazio."

Nel luglio 1978 si verificava un'anomalia proprio nell'apparato di alta frequenza SHF del SIRIO coinvolto nelle sperimentazioni, con una riduzione del livello dei segnali di conversione forniti dall'oscillatore locale di costruzione americana.

"Questo evento," scriveva Livio Bruno, vicedirettore generale di Telespazio, nel suo bilancio quinquennale di attività con il satellite, "non ebbe tuttavia conseguenze pratiche sugli esperimenti. Mise alla prova l'adeguatezza dei sistemi di rilevazione (computer, software) e di intervento con le procedure di emergenza nonché la capacità di diagnostica e in ultima analisi di gestione di situazioni non nominali. L'evento fu ben dominato tant'è che la missione continuò con successo."

I risultati si materializzavano in fretta, riuscendo a stabilire come i segnali venissero deformati e attenuati da eventi meteorologici come la pioggia, e quali margini dovevano essere garantiti ai sistemi di trasmissione per superare gli ostacoli posti dalle precipitazioni. Bisognava, in altre parole, aumentare la potenza irradiata da terra e da bordo e la durata delle emissioni nel fascio sottoposto a pioggia. Tutti questi elementi erano indispensabili per progettare i nuovi sistemi di ricetrasmissione con le nuove alte frequenze a 12-18 GHz.

Nell'aprile 1979, per ampliare i test, si installava un terminale sulla nave *Ardito* della marina militare, consentendo durante una navigazione da La Spezia a Barcellona e ritorno di collaudare una "navigazione di tipo sferico". L'Istituto elettrotecnico nazionale Galileo Ferraris di Torino effettuava un esperimento di sincronizzazione di orologi atomici, raggiungendo una risoluzione di misura tra i cinque e i dieci miliardesimi di secondo: un risultato significativo soprattutto per la realizzazione dei sistemi di radionavigazione del futuro. Inoltre, in collaborazione con numerose stazioni europee si effettuavano prove congiunte con il satellite OTS dell'ESA, al fine di aumentare la quantità dei dati raccolti e rendere più affidabili le statistiche dei risultati.

Tra il luglio e l'agosto 1978 il professor Carassa presentava tali risultati alla XVI assemblea plenaria dell'Unione radio scientifica internazionale (URSI) tenutasi a Helsinki. A quel primo appuntamento mondiale ne seguivano altri, organizzati in diverse nazioni, dagli Stati Uniti al Giappone, ai quali partecipavano il professor Guido Tartara, direttore della stazione di Spino d'Adda, e altri collaboratori di Carassa. Nel frattempo gli sperimentatori dei vari paesi si riunivano periodicamente per confrontare le indagini, che erano poi pubblicate su riviste specializzate, a partire dall'italiana *Alta frequenza*.

SIRIO, si prolunga la vita in orbita

La vita tecnica prevista per il satellite in orbita era di due anni, ma allo scadere della data indicata, il 30 settembre 1979 (fino ad allora il programma era costato 100 miliardi e 749 milioni di lire) SIRIO era in ottima salute e disponeva ancora del propellente necessario per mantenere una corretta posizione. Inoltre, il degrado naturale delle celle solari era contenuto entro limiti accettabili ed esse continuavano a fornire l'energia elettrica indispensabile al funzionamento dei sistemi di bordo, i quali erano in perfetto stato. La Commissione ricerche spaziali del CNR proponeva quindi il prolungamento dell'attività di SIRIO, rispondendo positivamente alle richieste dei ricercatori italiani e stranieri e consolidando uno studio importante per l'impiego delle nuove frequenze di trasmissione, così da fornire elementi utili alla progettazione dei nuovi satelliti di telecomunicazioni.

A questi esperimenti se ne aggiungevano altri che ampliavano le capacità di gestione di un sistema di telecomunicazioni via satellite e permettevano la messa punto di tecniche utili ai ricevitori televisivi privati. A tal fine il canale televisivo di cui SIRIO era dotato veniva messo a disposizione della RAI per molte domeniche come canale aggiunto tra gli studi di Milano e Roma per gli avvenimenti sportivi. Ulteriori prove riguardavano la trasmissione a distanza di giornali: nell'ottobre 1978 il *Corriere della Sera* veniva trasmesso da Milano a Montréal, in Canada, attraverso un doppio salto spaziale, da Milano a Roma via SIRIO e da Roma a Montréal con il satellite INTELSAT IVA.

Test analoghi avvenivano anche tra Milano e Trieste, Roma e Bari, Roma e Ginevra utilizzando un'antenna portatile fatta costruire dalla Telespazio.

Sul piano strettamente scientifico un gruppo di ricercatori conduceva un esperimento con i segnali di telemisura trasmessi alla frequenza di 130 MHz, esperimento che avrebbe avuto un seguito imprevisto. Lo scopo era di indagare la ionosfera perché queste frequenze, pur non essendo più riflesse dalla ionosfera, ne sono influenzate durante la propagazione. Dello studio parlava al Jet Propulsion Laboratory della NASA a Pasadena il professor Giuseppe Colombo dell'Università di Padova, meccanico celeste e collaboratore del centro americano nel disegno delle orbite per le sonde interplanetarie.

Così accadeva che nel marzo 1979 gli ingegneri del JPL chiedessero i dati raccolti sulla ionosfera per aiutare la sonda Voyager 1 mentre transitava nelle vicinanze di Giove. "Al momento dell'incontro con il più grande pianeta del nostro sistema solare," ricordava Carassa, "il Jet Propulsion Laboratory, alla guida della missione, ci chiese urgentemente i risultati di SIRIO nella ricezione della frequenza a 130 MHz, allo scopo di ricavare informazioni sulla ionosfera con cui calibrare con precisione il sistema di guida della sonda e della successiva Voyager 2, che sarebbe giunta poco dopo. Un successivo telex dello stesso laboratorio il 21 marzo diceva: 'Molte grazie per il vostro aiuto e auguriamo lunga vita al SIRIO almeno fino all'incontro di Voyager 2 con Saturno nell'agosto 1981'."

Il buon lavoro degli ingegneri italiani nel costruire il satellite permetteva di andare ben oltre quella data. I meriti scientifici del professor Carassa ricevevano numerosi riconoscimenti, due dei quali particolarmente prestigiosi: nel 1983 il Marconi International Fellowship, una sorta di Nobel per le telecomunicazioni che è assegnato al Polytechnic Institute di New York dalla Fondazione Marconi a chi nel mondo contribuisce in modo significativo al loro sviluppo; più tardi, nel 1992, l'IEEE Award in International Communication. Intanto gli esperimenti possibili con il SIRIO si potevano dire ampiamente conclusi ma, quasi per caso, nasceva un'idea che gli garantiva inaspettatamente una seconda vita, in un altro cielo, a oriente.

All'inizio del novembre 1982 una delegazione italiana guidata dall'ambasciatore Tallarigo e formata dai professori Luigi Broglio, Gino Cassinis, Francesco Carassa del Politecnico milanese e da Luciano Guerriero, direttore del Piano spaziale nazionale giungeva a Pechino per esplorare le possibilità di collaborazione nella ricerca spaziale tra i due paesi. Quando Carassa illustrava i risultati di SIRIO e i successivi sviluppi con satelliti più potenti in gestazione, gli interlocutori cinesi si dimostravano molto interessati all'argomento, al punto che egli proponeva che nell'ambito della collaborazione di cui si stava discutendo alcuni giovani ricercatori si recassero al Centro studi trasmissioni spaziali a Milano per condividere le sperimentazioni. Alle telecomunicazioni via satellite la Cina guardava con attenzione per soddisfare le grandi necessità di collegamento che il Celeste impero poneva.

"Giunti in albergo la sera," ricordava Carassa, "dissi a Guerriero quasi per scherzo: perché invece di far venire i cinesi da noi non mandiamo il SIRIO qui? Fatta qualche prima valutazione, chiamammo al telefono la Telespazio perché esaminasse il problema del propellente in funzione della manovra da compiere. Guerriero aveva subito preso a cuore l'impresa. La risposta arrivò la mattina presto ed era affermativa. Il propellente a bordo era stimato intorno a 5 chilogrammi al massimo, ma ce ne volevano solo 0,7 per compiere il viaggio dall'Atlantico all'Indiano in due mesi. I cinesi, quando raccontiamo loro l'idea, sono letteralmente entusiasti e sollecitano che una decisione venga presa subito." Terminato il viaggio, la delegazione rientrava cercando una risposta.

"In Italia," proseguiva Carassa, "la proposta era accolta con interesse. La Telespazio faceva un preventivo per la gestione del satellite in orbita e per l'invio e l'installazione della stazioncina da 3 metri a Pechino. Continuava il contributo del ministero delle poste e telecomunicazioni e della Telespazio: tutto andava bene; la decisione è presa. Con la buona volontà di tutti e in particolare del ministero degli esteri. Non c'è più da battagliare per il SIRIO. Forse è un segno che andiamo verso la fine, che questa è l'ultima avventura."

Seguiva un accordo tra i due governi e il tutto era finanziato dal dipartimento per la cooperazione del ministero degli esteri italiano. Si prevedevano esperimenti analoghi a quelli condotti in Europa e la cessione della stazione di ricezione a Terra comprendente antenna e apparecchiature. Gli attori da parte italiana erano il CNR e Telespazio e per i cinesi il ministero dell'astronautica, le stazioni coinvolte quelle di Gera Lario e di Pechino.

SIRIO trasmette il "Corriere della Sera" in Cina

Il primo comando di partenza veniva inviato a SIRIO il 24 marzo 1983. Si muoveva dalla posizione in cui si trovava a 25 gradi di longitudine ovest sull'oceano Atlantico, dove era rimasto dal 1981 al 1983. Nella prima fase di attività, invece, era a 15 gradi ovest. Con l'ultimo viaggio raggiungeva il cielo dell'oceano Indiano a 65 gradi ovest, consentendo il rimbalzo dei segnali dalla penisola al Celeste impero e viceversa. Nel trasferimento non si perdeva l'occasione per un test inatteso ma interessante. Nel suo scivolare d'orbita sull'equatore, infatti, il satellite italiano superava l'antico antagonista europeo, l'OTS, consentendo di verificare come i segnali dei due potevano disturbarsi a vicenda. Se ne occupavano l'Istituto superiore delle poste e delle telecomunicazioni, la Fondazione Bordoni e Telespazio. Superato anche questo ostacolo e giunto a destinazione, il 19 maggio si trasmetteva il segnale di arresto e il 15 giugno successivo si inaugurava la nuova fase degli esperimenti.

L'occasione per pubblicizzare la singolare collaborazione in corso tra le due nazioni si presentava nel novembre 1984, quando l'Italia partecipava a Pechino alla mostra China Comm. '84 con il ministero delle poste e delle telecomunicazioni, le società di servizi intercontinentali Italcable e Telespazio e le società manifatturiere Italtel, Selenia-Elsag, Sirti, SGS, Telettra, Marconi Italiana, GTE e Omicron. A sottolineare l'operazione interveniva alla mostra il ministro delle poste e delle telecomunicazioni Antonio Gava. Ma l'evento che suggellava la presenza italiana era uno scambio di giornali trasmessi con il satellite SIRIO: il *Corriere della Sera* e la *Gazzetta dello Sport* arrivavano a Pechino, mentre il *Quotidiano del popolo* (*Renmin Ribao*) e *China Daily* giungevano a Milano.

Il *Renmin Ribao*, con cinque milioni di copie, era il portavoce del comitato centrale e aveva il compito istituzionale di annunciare al miliardo di cittadini cinesi le decisioni politiche del Partito.

"Gli esperimenti di collaborazione di più di un anno hanno dimostrato che questa collaborazione," scriveva sul *Corriere della Sera* Lin Zhong, ambasciatore della Repubblica popolare cinese in Italia, "ha importante valore per le scienze e le tecnologie. Il nostro presidente della repubblica Li Xiannian ha effettuato via satellite SIRIO una conversazione cordiale con il presidente Sandro Pertini e abbiamo compiuto un esperimento di teletrasmissione dei giornali; tutto ciò ha una grande importanza per lo sviluppo delle relazioni cino-italiane e per la promozione dell'amicizia tra i nostri due popoli e può essere considerato un buon esempio di cooperazione internazionale nel campo della scienza e della tecnologia."

Oltre alle tradizionali prove, nel maggio 1984 si effettuava un esperimento di sincronizzazione di orologi atomici tra l'Istituto nazionale Galileo Ferraris di Torino e l'Osservatorio cinese di Shanxi. A tale scopo un orologio atomico era stato portato a Pechino passando per Parigi onde sincronizzarlo con il tempo ufficiale mantenuto dal Bureau international de l'heure. Alla fine del febbraio 1985, mentre si stabiliva un bilancio dei test con l'Oriente, SIRIO riprendeva il viaggio ancora più a est per essere sistemato a 75 gradi, dove il satellite poteva sostare senza correzioni, cioè senza consumare il propellente idrazina ormai alla fine. Il lavoro sarebbe comunque continuato fino all'ultimo, come chiedevano con una lettera gli sperimentatori riuniti nella Commissione G dell'Unione radio scientifica internazionale. "Nessuno di noi," scriveva Carassa, "anche se incline alle più rosee previsioni, poteva immaginare che la straordinaria perfezione dell'elettronica di bordo ci avrebbe fatto trovare qui, quasi a otto anni dal lancio a sperimentare ancora, con un SIRIO libero da qualsiasi guasto; così quella previsione iniziale negativa sulla validità della nostra tecnologia è stata clamorosamente smentita e sarà davvero soltanto la fine dell'idrazina a chiudere la missione SIRIO."

Con l'esperienza asiatica si concludeva dunque la lunga storia di SIRIO, per il quale, in origine, era stata preventivata un vita orbitale di soli due anni. Carassa continuava intanto la sua attività, assumendo nel tempo incarichi di presidenza dello CSELT (Centro studi e laboratori telecomunicazioni), dell'Istituto internazionale delle telecomunicazioni e del consiglio dell'ESA. Nello stesso tempo rimaneva consigliere ascoltato nello sviluppo degli altri satelliti per telecomunicazioni che successivamente venivano concepiti e si spegneva a Milano nel 2006, all'età di 84 anni.

Nella prima metà del 1985 il satellite, pur essendo ancora in attività con i suoi sistemi di comunicazione, avendo esaurito il propellente, non era più governabile e sfuggiva al controllo. Solo in qualche occasione, favorito da un buon ma occasionale orientamento, era ancora possibile effettuare qualche test da parte dei ricercatori, che non volevano abbandonarlo. La sua realizzazione era stata complicata e quasi senza fine, ma durante l'altrettanto lunga vita in orbita i risultati ottenuti avevano suggellato un'impresa di grande successo. Oltre all'importanza delle ricerche compiute, esso aveva permesso alle industrie italiane di acquisire capacità produttive e di gestione di un intero sistema satellitare, dalla progettazione alla costruzione.

Con esse il paese conquistava nel campo delle telecomunicazioni una posizione di valore in ambito europeo e internazionale, aprendo le porte alle successive realizzazioni nazionali degli anni ottanta.

Ma SIRIO aveva anche un seguito sfortunato, che si chiamava SIRIO 2. Nel 1977, mentre si preparava il lancio d'agosto, al ministero della ricerca si faceva strada l'idea di utilizzare l'unità di riserva del SIRIO nell'ESA. "Ne discutemmo," ricordava Giorgio Postal, "e mi sembrava una buona prospettiva che sostenni d'accordo con il ministro. Così preparammo un piano da proporre all'Agenzia spaziale europea coinvolgendo altri paesi." Francesco Scandone, direttore del Servizio attività spaziale del CNR, elaborava alcune ipotesi di missione di interesse scientifico con l'intento di arrivare a un satellite da lanciare con uno dei primi voli del nuovo razzo vettore europeo Ariane. Il buon lavoro appena svolto in orbita da SIRIO 1 convinceva il consiglio dei ministri dell'ESA, tenutosi alla fine del 1978, ad accettare la proposta italiana approvando il nuovo progetto europeo, battezzato appunto SIRIO 2.

L'ESA affidava la costruzione alla Compagnia nazionale aerospaziale (CNA), nata da un riassetto della precedente CIA compiuto nel 1977 e sostenuta da quattro azionisti: Aeritalia e Selenia con il 30%, Montedel Sistemi e SNIA Viscosa con il 20% ciascuna. Il satellite doveva essere consegnato in ventisette mesi con un contratto industriale di 15 miliardi di lire. Oltre alle industrie italiane si aggiungevano altre società di Francia, Spagna, Belgio, Austria e Germania. La decisione prevedeva di riutilizzare le parti già costruite di SIRIO 1 e del programma ESA per il satellite meteorologico Meteosat. Due erano gli esperimenti previsti: MDD (Meteorological Data Distribution) riguardava la meteorologia e prevedeva la ridistribuzione di dati meteorologici sull'intero territorio africano; LASSO (Laser Synchronization from Stationary Orbit) mirava, utilizzando una tecnologia laser, a una migliore sincronizzazione degli orologi atomici di interesse scientifico e commerciale. La struttura del satellite sulla quale si imbarcavano i vari esperimenti era la stessa del predecessore. Il SIRIO 2 veniva lanciato dalla base europea in Guyana francese il 10 settembre 1982 nel quinto lancio di Ariane 1, il primo dichiarato "commerciale". Ma il terzo stadio dopo 7 minuti di funzionamento era vittima di un guasto alla turbopompa del propulsore tedesco. Il lancio così falliva e i satelliti trasportati a bordo (assieme a SIRIO 2, che non era stato assicurato, c'era Marecs B) finivano ingloriosamente nell'oceano Atlantico. Da una postazione avanzata ai bordi della foresta amazzonica immerso nel buio seguivo il lancio con i colleghi. C'era solo la luce di una piccola lampada aggrappata alla tavolozza di un illustratore inglese, che disegnava la scena del razzo mentre prendeva il volo nella notte. Un altoparlante collegato con la sala di controllo ripeteva: "Vol nominal, Vol nominal" e poi si zittiva. La voce era scomparsa assieme al satellite ormai inabissato. Era il "mio" primo lancio dalla Guyana.

Negli anni settanta, quando tutte le attenzioni erano concentrate su SIRIO, silenziosamente l'Italia si stava impegnando nel primo programma europeo dedicato alla presenza dell'uomo nello spazio aprendo un fronte importante per gli sviluppi futuri.

Dopo la Luna Europa e USA assieme

Nell'autunno 1969, poco dopo il primo sbarco sulla Luna, l'ESRO era invitata dall'amministratore della NASA Thomas Paine a partecipare al piano noto come Post-Apollo, che gli americani stavano elaborando. Da tempo nel quartier generale dell'ente spaziale statunitense si discuteva che cosa fare una volta terminata la serie degli sbarchi lunari. Diverse erano le idee e alcune molto azzardate. Si considerava la costruzione di una stazione orbitale, di un veicolo spaziale riutilizzabile, si parlava di colonie lunari e anche di un viaggio su Marte con propulsori nucleari, secondo un piano presentato al congresso da Wernher von Braun. Ma i tempi stavano cambiando rapidamente. L'America, con lo sbarco di Neil Armstrong e Edwin Aldrin sulla Luna, aveva ristabilito la sua superiorità politica e militare. La guerra in Vietnam stava diventando un problema sempre più divoratore di risorse finanziarie, il clima sociale mutava rapidamente influenzando anche le scelte cosmiche: la gente era sempre meno attratta da avventure lontane. La NASA intendeva però trovare una via che assicurasse una forte presenza umana nello spazio al fine di mantenere le capacità acquisite. Per sostenere politicamente questa ambizione si aggiungeva che l'Europa stava insidiando la supremazia spaziale di Washington con la sua intenzione di costruire un razzo vettore in grado di lanciare autonomamente satelliti di ogni genere, da quelli scientifici a quelli commerciali per le telecomunicazioni. Di conseguenza gli europei non avrebbero fatto ricorso ai vettori americani e sarebbero inoltre presto diventati concorrenti nel campo delle telecomunicazioni, fino ad allora saldamente in mano all'organizzazione INTELSAT gestita dagli USA.

Proprio dall'intento di bloccare le prospettive del Vecchio continente nasceva il suggerimento di Thomas Paine al neoeletto presidente Richard Nixon, perché proponesse alle nazioni europee di collaborare al Post-Apollo. In tal modo le loro risorse sarebbero state concentrate verso gli Stati Uniti, distogliendole dal progetto di un proprio vettore e continuando dunque a dipendere dagli americani. Questa era la ragione principale, che era ammantata poi dal fatto che dalla cooperazione sarebbe scaturito un trasferimento di tecnologie capaci di ridurre il gap con gli Stati Uniti di cui gli europei si lamentavano. Nixon condivideva la strategia e così si arrivava all'offerta ufficiale di Paine all'ESRO nell'autunno 1969, affermando esplicitamente che non aveva senso sprecare soldi nel progetto di un vettore che sarebbe già stato obsoleto alla nascita, mentre la collaborazione con la NASA era proiettata nel futuro.

L'offerta divideva gli europei, che da una parte erano attratti dalla proposta, dall'altra, invece, preoccupati nel caso in cui, qualora l'avessero accettata, non fossero riusciti a far crescere attraverso programmi propri le loro capacità industriali; unica via questa per garantirsi i mezzi per un confronto tecnologico e conquistare autonomia in un settore sempre più strategico su vari fronti. La Francia, pur non rifiutando l'idea, appoggiava prima di tutto la costruzione del lanciatore europeo. La Gran Bretagna, sempre vicina a Washington, era favorevole al Post-Apollo ma con molti distinguo. La Germania voleva il lanciatore, ma anche la condivisione del piano americano. L'Italia, invischiata nella negativa esperienza dell'ELDO e del suo lanciatore, spostava l'interesse verso il Post-Apollo costruendo un'intesa sempre più solida con la Germania.

La proposta americana cambiava tuttavia con l'insediamento effettivo di Nixon alla Casa bianca che riduceva nella sostanza la possibilità di collaborazione con l'Europa, della quale si era incominciato a discutere a Washington già nella seconda metà degli anni sessanta senza risultati. Il presidente ridimensionava infatti le ambizioni della NASA e, dopo aver tagliato le missioni degli sbarchi lunari Apollo, incideva pesantemente sui nuovi programmi. Presto si capiva che, tagliando le risorse economiche dedicate allo spazio, tanti programmi esaminati fino ad allora sarebbero scomparsi. L'unico che sopravviveva riguardava un veicolo riutilizzabile, più economico nelle aspettative dei razzi tradizionali. Questo doveva addirittura costare meno di quanto calcolato inizialmente: da 10-13 miliardi di dollari si passava a poco più di 5. Per realizzarlo e trovare altre risorse si imponeva il coinvolgimento del dipartimento della difesa, con tutte le limitazioni conseguenti nei rapporti internazionali. Gli europei, per esempio, puntavano a realizzare lo *space tug*, un rimorchiatore spaziale in grado di trasferire satelliti dalla orbite basse a quelle più alte. Si trattava di un veicolo ricco di nuove tecnologie, che però proprio per questo carattere innovativo era subito giudicato strategico dal Pentagono e quindi non poteva essere affidato all'Europa.

Le alternative riguardavano la realizzazione di parti dello shuttle, ma escludendo i due elementi tecnologicamente più avanzati, cioè i propulsori a idrogeno e ossigeno e lo scudo termico, tutti gli altri non avrebbero offerto grandi passi in avanti nelle conoscenze. Maturava così, pian piano, l'idea di un modulo abitato studiato dalla NASA da trasportare dallo shuttle che poteva consentire in orbita attività di vario genere, ma soprattutto scientifiche, con l'eventualità anche di lasciarlo nello spazio e di riprenderlo nel corso di missioni successive. Il modulo era un embrione della stazione spaziale cancellata dai piani ed era battezzato prima RAM (Research and Applications Module) e poi Sortie Can o Sortie Module. Su questa idea americani ed europei avevano iniziato a discutere nell'autunno 1971, dopo che all'inizio dell'anno nel suo discorso sullo stato dell'Unione Nixon aveva ufficialmente detto di aver chiesto alla NASA di esplorare la possibilità di partecipazione ai programmi Post-Apollo dell'Europa occidentale, del Canada, del Giappone e dell'Australia. Intanto rimaneva sempre molto ristretta e ambigua nelle dichiarazioni la disponibilità a concedere l'uso dei razzi vettore americani agli europei per lanciare satelliti commerciali per telecomunicazioni, come presto avrebbero constatato tedeschi e francesi con il loro progetto Symphonie.

Il Sortie Module intanto diventava definitivamente un modulo che poteva viaggiare solo agganciato allo shuttle, senza più la prospettiva di essere liberato in orbita, e su questo si coagulavano sempre di più le discussioni con l'Europa. Nel gennaio 1972 il presidente Nixon annunciava il via della costruzione dello shuttle che avrebbe garantito "l'accesso allo spazio una routine riducendo drasticamente i costi e i tempi per utilizzarlo". Si era in tempi di crisi e questa prospettiva rimaneva l'unica strada su cui proseguire. Era già una sfida costruire un'astronave che univa il trasporto degli astronauti e di 29,5 tonnellate di carico, sistemato nella stiva lunga 18 metri. Tale impostazione, che univa entrambe le necessità, si sarebbe rivelata presto un errore e un ostacolo insormontabile al raggiungimento degli obiettivi indicati, soprattutto quelli economici.

Nell'estate 1972 si era ormai stabilito che la collaborazione per il Post-Apollo si sarebbe concentrata sul Sortie Module e in una riunione al centro ESTEC in Olanda la NASA presentava il progetto di massima che diventava oggetto, tra giugno e novembre dello stesso anno, di intensi studi da parte delle industrie europee interessate e riunite nei consorzi COSMOS, MESH e STAR.

Nel frattempo anche il panorama dei costi, della politica e dei ruoli dei vari paesi si era schiarito. Nell'agosto 1972, a Washington, il segretariato dell'European Space Council concordava come procedere: si affermava che il modulo era parte essenziale del programma shuttle e che doveva essere sviluppato in parallelo. La NASA avrebbe mantenuto la gestione del tutto, avrebbe avuto diritto all'ultima parola su ogni aspetto e gli europei si sarebbero assunti la responsabilità della produzione.

Nasce Spacelab, laboratorio per lo shuttle

I grandi programmi del lanciatore e del modulo abitato, ormai noto come Spacelab, diventavano facoltativi e ogni nazione decideva come condividerli. Attuando un sostegno incrociato, che era reso possibile dalla riduzione degli oneri economici richiesti dalla partecipazione al Post-Apollo, la Francia privilegiava il nuovo razzo vettore Europa 3, che veniva ribattezzato Ariane, e partecipava al modulo in misura minore. La Germania invece guidava il progetto del modulo Spacelab, così ufficialmente battezzato, ma aderiva anche in modo significativo ad Ariane. L'Italia optava invece per sostenere Spacelab, diventandone il secondo paese contributore.

Nel frattempo la disponibilità alla collaborazione da parte della Casa bianca mutava ulteriormente. Nixon non era molto interessato all'Europa e guardava piuttosto alla Mosca di Leonid Brežnev, con cui nel 1972 sottoscriveva il progetto per la realizzazione del primo volo spaziale congiunto USA-URSS con le capsule Apollo e Sojuz, che si sarebbero unite in orbita nel 1975. Ciò era il frutto della "politica della distensione" tra i due avversari della Guerra fredda, politica che Nixon aveva inaugurato con la condivisione del Cremlino.

Nel dicembre 1972 la riunione ministeriale della European Space Conference affidava all'ESRO il compito di avviare il programma Spacelab, e nel settembre dell'anno successivo entrava anche in vigore l'accordo tra i governi europei e quello americano. Era il primo passo tra le sponde dell'Atlantico nel campo del volo umano e le firme al progetto erano apposte a Washington dall'amministratore della NASA James Fletcher e dal direttore generale dell'ESRO, il tedesco di Lipsia Alexander Hocker, che aveva alle spalle incarichi nella Commissione spaziale di Bonn e al CERN di Ginevra.

Mentre il nuovo programma europeo si materializzava, tra il 1970 e il 1973 in Italia la situazione politica esprimeva tre governi, guidati prima di Mariano Rumor, poi da Emilio Colombo e quindi da Giulio Andreotti. Al ministero della ricerca, sempre senza portafoglio, si succedevano Camillo Ripamonti, Fiorentino Sullo, che restava in carica per quattro mesi nel 1972, e Pierluigi Romita, fino al luglio 1973. Le difficoltà nelle trattative con gli Stati Uniti, ricordava quest'ultimo, erano legate alla preoccupazione degli americani di mantenere la leadership nel campo spaziale, al loro non essere preparati a scambiare conoscenze tecniche che fino a ieri rappresentavano materia di competizione, e infine alla necessità di controllare il programma sia nella realizzazione che nel successivo utilizzo.

Pur sotto l'ombrello ministeriale, i rapporti con l'ESRO e con le aziende europee e americane erano di fatto tenuti direttamente dalle industrie italiane interessate al programma. Nella fase iniziale il ministro Ripamonti, assieme al collega belga Théodore Lefèvre, davano un buon contributo. Poi, avviato il piano, il confronto si spostava sui tre consorzi industriali che si erano creati per elaborare i primi studi richiesti dall'ESRO. I tre raggruppamenti erano i seguenti: COSMOS, sotto la guida della società tedesca MBB, cui partecipava l'italiana Selenia; STAR, guidato dalla British aircraft corporation e comprendente CGE-FIAR e Montedel; il terzo era coordinato dal gruppo tedesco VFW-Fokker/Erno, cui aderiva Aeritalia. Dalla prima selezione rimanevano COSMOS ed Erno, ma quest'ultima poi vinceva la competizione diventando il *prime contractor* dell'impresa e Aeritalia il *co-contractor*, accompagnata da Microtecnica come *sub-contractor*; entrambe le aziende erano di Torino. Da parte americana la società con la quale gli europei dovevano confrontarsi, e che faceva da referente industriale per la NASA, era la McDonnell Douglas in California, che fabbricava aeroplani civili, militari e che in precedenza aveva realizzato le prime capsule spaziali Mercury e Gemini con le quali avevano volato i primi astronauti americani. In quel momento era pure coinvolta nei progetti della futura stazione spaziale. Aeritalia aveva già rapporti con la McDonnell Douglas, perché forniva parti della fusoliera degli aerei passeggeri DC-9 prodotte a Pomigliano d'Arco.

Aeritalia all'epoca era appena nata dalla fusione tra l'AERFER di Napoli e FIAT Aviazione di Torino, diretta dal professor Giuseppe Gabrielli, progettista del caccia G91 adottato pure dalla pattuglia acrobatica dell'aeronautica militare.

Da FIAT aveva ereditato l'Ufficio studi speciali che, sotto la guida dell'ingegner Ugo Sacerdote ("Il settore Spazio della FIAT, per ragioni di politica industriale che non sono mai state chiarite, fu conferito all'Aeritalia solo all'inizio del 1973," sottolineava Sacerdote), aveva condiviso la partecipazione al programma ELDO, realizzando gli scudi termici dello sfortunato vettore europeo e la struttura del satellite di prova. "La competizione internazionale per l'acquisizione del contratto di sviluppo di Spacelab fu durissima: iniziò a metà 1972 e si protrasse fino al giugno 1974. Allora," precisava Sacerdote, "fu creata un'apposita struttura dedicata esclusivamente al programma Spacelab, posta sotto la responsabilità di Ernesto Vallerani e Roberto Mannu e dotata di ampia autonomia rispetto al settore Spazio di Aeritalia, dove si proseguivano le attività sui satelliti."

Nel ristretto gruppo di spaziali ex FIAT era entrato infatti un giovane ingegnere aeronautico milanese, Vallerani, appunto, che si era laureato al Politecnico del capoluogo lombardo e specializzato al CALTECH, in California, con un dottorato nel rientro sulla Terra dei veicoli spaziali. A lui veniva affidata dal 1973 la guida della partecipazione italiana allo Spacelab, e intanto conseguiva anche la libera docenza al Politecnico di Torino.

Il progetto diventava una pietra miliare dello sviluppo delle attività spaziali di Aeritalia, nelle quali l'amministratore delegato Renato Bonifacio credeva senza incertezze. Proprio il filo d'intesa e di fiducia reciproca subito maturato tra Bonifacio e Vallerani rendeva indipendente all'interno dell'azienda il progetto Spacelab, sul quale poi sarebbero cresciute tutte le altre iniziative spaziali della società.

Il quartier generale industriale all'Erno di Brema, nel nord della Germania, e la "libera città anseatica" diventavano il cuore della costruzione dei sistemi spaziali abitati dell'Europa. Il programma Spacelab, al quale avevano aderito prima Germania, Italia, Spagna, Belgio e poi anche Francia, Gran Bretagna e Olanda, veniva definito nel luglio 1973 dalla conferenza dei ministri europei che sarebbe rimasta storica per le deliberazioni che segnavano il nuovo corso. ELDO e ESRO si fondevano dando vita all'European Space Agency (ESA); si autorizzava la costruzione dello Spacelab nell'ambito della collaborazione con gli Stati Uniti e sotto la guida tedesca, con il forte supporto italiano; si avviava infine la realizzazione del razzo vettore Ariane con il controllo francese, e infine si procedeva nella costruzione di satelliti per telecomunicazioni OTS e Marots, con il rilevante sostegno della Gran Bretagna. Sarebbe stata la struttura dell'ESRO a governare il programma fino a quando l'ESA sarebbe entrata in vigore il 30 maggio 1975, con la firma a Parigi della convenzione che la istituiva da parte dei ministri dei paesi sostenitori, per l'Italia Mario Pedini.

Italia e Germania unite nello Spacelab

La costruzione dello Spacelab si presentava per l'Europa come una grande sfida, non solo perché gli ingegneri non si erano mai cimentati fino ad allora con il volo spaziale umano, ma perché bisognava acquisire rapidamente una capacità di gestione e di produzione che possedevano solo Stati Uniti e Unione Sovietica.

Il programma coinvolgeva cinquanta società in dieci paesi diversi, con differenti ruoli negli investimenti e quindi nella fabbricazione. Se la Germania era il maggior contributore (54,94%), la seconda nazione era l'Italia con una quota del 15,57%. Seguivano poi, con peso inferiore, Francia (10,29%), Gran Bretagna (6,51%), Belgio (4,32%), Spagna (2,88%), Olanda (2,16%), Danimarca (1,54%), Svizzera (1%) e Austria (0,79%).

Lo Spacelab era un modulo cilindrico lungo 6,94 metri e con il diametro di 4,35 metri. Al suo interno l'ambiente era pressurizzato come un aeroplano passeggeri, con temperatura, umidità e pressione controllati in modo che l'equipaggio potesse lavorare "in maniche di camicia". Lungo le sue due pareti erano sistemati degli armadi metallici per ospitare gli esperimenti, da cambiare a seconda del tipo di missione. All'esterno, inoltre, poteva essere aggiunta una piattaforma in grado di contenere apparati scientifici che avevano bisogno del vuoto cosmico. Sia la parte abitata sia quella esterna erano concepite in moduli, così da poter essere allungate o accorciate a seconda delle esigenze.

Nella ripartizione del lavoro Aeritalia aveva proposto e ottenuto la costruzione della struttura del modulo pressurizzato in pannelli di alluminio scavato secondo le tradizionali competenze della società. A questa si aggiungeva, poi, il controllo termico dell'abitacolo costituito da un impianto interno attivo, con circuiti d'acqua e gas freon, pompe, piastre, anelli di raffreddamento, scambiatori di calore e di cui si occupava la torinese Microtecnica, e da un impianto passivo esterno (coperte di vari materiali).

Nel settembre 1975 l'ESA assegnava all'Erno il contratto per la costruzione (di circa 600 milioni di marchi) e nel gennaio successivo anche Aeritalia riceveva il suo: 94 milioni di marchi, pari a una sessantina di miliardi di lire. Il lavoro quindi entrava nel vivo, ma riceveva un impulso adeguato e una guida efficace nell'ESA dal novembre 1976, quando a capo del programma veniva nominato Michel Bigner, ex direttore del CNES, l'agenzia spaziale francese.

Gli accordi stabilivano che l'Agenzia europea costruisse due unità di volo del laboratorio Spacelab (la seconda sarebbe stata in parte pagata dalla NASA) e in cambio la NASA avrebbe fornito le conoscenze e la partecipazione dei tecnici necessari alla realizzazione. Si trattava di una sorta di baratto dal quale l'Europa ricavava un know-how in cambio della cessione dei due laboratori.

Indubbiamente era una via per accelerare l'acquisizione di una conoscenza altrimenti più complessa da maturare, ma non tutti in Europa ne erano convinti, persino in Germania. "Lo Spacelab è stato il regalo più costoso al popolo degli Stati Uniti dopo la statua della Libertà," ricordava Wolfgang Finke, segretario di stato alla ricerca tedesco, dimostrando come, nonostante le decisioni, esistessero vivaci contrarierà.

L'Italia aveva compiuto una scelta sia strategica sia legata allo sviluppo industriale, che vedeva come prevalente lo sviluppo della presenza umana in orbita, mentre condivideva solo marginalmente l'altro grande progetto europeo per Ariane. E questo era pure conseguenza dei difficili e poco soddisfacenti rapporti avuti con ELDO per il vettore Europa. Nella relazione sullo stato della partecipazione italiana ai programmi spaziali internazionali presentata alla camera dei deputati il 18 aprile 1975, il ministro della ricerca Mario Pedini precisava: "In considerazione dei rischi insiti in un programma di sviluppo di un razzo vettore, sia in termini di complessità tecnica sia in termini di costi, la partecipazione italiana al programma è stata stabilita in un contributo fisso dell'ammontare di 5 miliardi di lire corrispondenti a circa l'1,74% del costo complessivo." E con l'aumento dei costi questa percentuale si riduceva presto allo 0,5%.

Formalmente, dunque, si facevano prevalere ragioni tecniche e di rischio, ma oltre ai motivi accennati c'erano obiettive limitate possibilità di ottenere parti significative del progetto. La Francia, la maggiore finanziatrice, monopolizzava l'opera seguita dalla Germania, che non voleva perdere, anche per una questione d'orgoglio, una capacità nata in casa propria solo qualche decennio prima con la V2 di Wernher von Braun. Entrambe le nazioni, inoltre, avevano stretto un patto per una partecipazione incrociata Spacelab-Ariane. Di conseguenza, sul primo modello di Ariane la nostra industria produceva ben poco: dai razzetti per separare i vari stadi costruiti da SNIA BPD, alla struttura della capsula di controllo delle caratteristiche di volo CAT (Capsule Ariane technologique), la cui struttura realizzata da Aeritalia era usata nei primi quattro voli di qualifica. Ma Ariane nasceva come una famiglia di lanciatori e sulle altre tre versioni più potenti anche l'Italia sarebbe riuscita a condividere uno sviluppo prezioso per il futuro.

L'impegno per lo Spacelab concordato con la NASA non si limitava, tuttavia, alla parte tecnologica e includeva la possibilità di far volare anche astronauti europei. Anzi, si stabiliva che la prima missione del laboratorio ospitasse a bordo il primo cosmonauta dell'ESA e per questo veniva diffuso un bando fra tutti i paesi sostenitori dell'Agenzia, al fine di selezionare un gruppo iniziale di astronauti europei, al quale rispondevano duemila domande. Ogni nazione doveva scegliere cinque candidati da mandare alla valutazione comune alla fine della quale, fra 53 finalisti, sarebbero stati individuati cinque candidati da proporre alla NASA.

I primi astronauti e i difficili rapporti Italia-ESA

L'operazione a Roma era gestita dal ministero della ricerca, con la collaborazione dell'aeronautica militare. Arrivavano duecentoquarantotto domande e i firmatari venivano esaminati dall'Istituto di medicina aeronautica e spaziale, che tra agosto e settembre del 1977 valutava prima di tutto la loro idoneità psico-fisiologica sottoponendoli, oltre che ad accertamenti generali, anche a test di accelerazione per verificare la resistenza dell'organismo. Un successivo esame di cultura generale, effettuato da una commissione nominata dal ministero con il CNR e presieduta dal professor Luigi Broglio, completava la valutazione sul piano scientifico, accertando ovviamente anche una buona padronanza della lingua inglese. I cinque fortunati prescelti alla fine erano Franco Malerba, fisico e ingegnere elettronico della Digital Equipment, Franco Rossitto, fisico nucleare del Politecnico di Milano, Andrea Lorenzoni, ingegnere dell'aeronautica militare, Cristiano Batalli Cosmovici, astrofisico residente in Germania, e Stefano Santonico, ingegnere collaudatore all'aeronautica militare. Costoro, tutti insieme, nei mesi successivi seguivano un periodo di preparazione sotto la guida del professor Aristide Scano, medico spaziale e autore, poi, di un esperimento che sarebbe stato imbarcato nella prima missione Spacelab. Per il gruppo non restava che volare a Parigi al quartier generale dell'ESA e affrontare in seguito, nei vari centri, la parte più difficile della selezione, ovvero il confronto con i "concorrenti" stranieri, questa volta secondo criteri più stringenti suggeriti dai medici della NASA.

Il 22 dicembre il direttore generale dell'ESA Roy Gibson annunciava nella capitale francese, nel corso di un'affollata conferenza stampa, i nomi dei primi astronauti europei, che si erano ridotti nel frattempo a quattro e tra i quali c'era l'italiano Franco Malerba. "Franco Rossitto," scriveva Malerba, "nell'opinione di molti era il candidato numero uno; con un formidabile curriculum scientifico, una conoscenza approfondita del mondo spaziale, un fisico e un allenamento da maratoneta, brillava nella rosa dei cinque selezionati italiani. Superate le prove scientifiche e quelle tecniche, ci siamo ritrovati fianco a fianco alle prove mediche e psicoattitudinali in Olanda e in Germania. A questa tappa io solo passai indenne rimanendo in corsa fra gli ultimi quattro, ma sei mesi più tardi anch'io venivo escluso all'ultimissimo *barrage*."

Infatti, con grande sorpresa, così era avvenuto. "In quel tempo sventurato per l'Italia [erano gli 'anni di piombo' *N.d.A.*]," aggiungeva Malerba, "noi italiani scontavamo in campo spaziale europeo una generale assenza di supporto da parte delle nostre autorità e i pionieri del volo spaziale come me e Rossitto dovevano aspettare."

L'ESA aveva infatti deciso di ridurre a tre la sua équipe iniziale di astronauti, sostenendo formalmente che, per ragioni economiche e per necessità previste, era un numero sufficiente. I tre erano il tedesco Ulf Merbold, un fisico del Max Planck Institute di Stoccarda, Claude Nicollier, astrofisico e pilota della compagnia aerea Swissair, e l'olandese Wubbo Ockels, fisico nucleare all'Università di Groningen.

Inutile negare che in Italia era circolata fino a quel momento la convinzione che, essendo il secondo paese più coinvolto dopo la Germania nella costruzione dello Spacelab, fosse quasi scontato che un astronauta italiano dovesse entrare nella selezione. Le cose tuttavia andavano diversamente e contribuivano ad acuire i rapporti già non facili tra l'Italia e l'ESA, dove il peso di altre nazioni prevaleva più facilmente del nostro in ogni confronto, e in particolare in quelli di natura industriale. "Era un rapporto vissuto con grandissima attenzione," ricordava il sottosegretario Giorgio Postal, "per gli interessi nella ricerca e nelle ricadute industriali. Purtroppo nell'Agenzia non avevamo grandi personaggi che ci rappresentassero e i nostri interlocutori facevano gli interessi dei loro paesi. Non c'era equilibrio. I risultati, quindi, non erano soddisfacenti e arrivammo a chiedere, e lo ottenemmo, il licenziamento del direttore generale Roy Gibson, il quale non considerava molto la nostra presenza in ESA." Nel 1980 l'inglese Gibson, entrato nelle cronache come primo direttore dell'ente spaziale europeo, trascorsi i cinque anni di mandato non veniva riconfermato e la contrarierà del governo di Roma aveva senz'altro contribuito a ciò.

Nella seconda metà degli anni settanta le attività spaziali italiane si erano intensificate su fronti diversi. C'erano innanzitutto gli impegni con l'Europa, dove si stava coagulando una nuova strategia per crescere sul piano sia scientifico che applicativo. Oltre ai grandi progetti facoltativi, ma rilevanti in termini economici, come Spacelab per aprire la via del volo umano e Ariane, per assicurarci l'accesso allo spazio, si stava sviluppando la tecnologia dei satelliti per le telecomunicazioni, che era di notevole importanza per l'economia delle nazioni e per l'osservazione meteorologica: in tutti questi campi vi era la collaborazione delle industrie nazionali. In parallelo, inoltre, c'erano i programmi obbligati per la scienza cosmica, e anche qui si creava una stretta unione fra i centri di ricerca e le aziende coinvolte nella produzione degli strumenti ideati, i quali rappresentavano sempre una sfida nella realizzazione.

Dal punto di vista nazionale, dopo il lancio del satellite SIRIO e la dimostrazione di una capacità innovatrice nelle tecnologie oltre che nella gestione di progetti d'avanguardia, si chiedeva di non disperdere i valori acquisiti, ma anzi di consolidare a livello industriale la nascita di un settore legato alla competitività internazionale, non solo europea.

Proprio il moltiplicarsi dei programmi metteva in risalto la necessità di una nuova gestione coordinata e complessiva. In questa direzione cercavano di muoversi il ministro Pedini e il suo sottosegretario Postal, alle cui spalle vi erano le pressioni del CNR e delle società coinvolte nei progetti, che scalpitavano per far crescere sull'eredità di SIRIO nuove attività produttive nell'innovativa tecnologia spaziale. Ad agire con adeguata autorità su due fronti diversi, che in tal caso però si incontravano, c'erano due personaggi bolognesi ben noti: il professor Giampietro Puppi, che era stato direttore generale dell'ESRO, e l'economista Beniamino Andreatta, del quale Puppi era consigliere scientifico. La loro opera di persuasione, fondendo due valori diversi, quello scientifico e quello economico, risultava determinante sul piano politico per giungere alla meta.

"Si effettuavano riunioni infinite sia sul piano tecnico che politico," ricordava Postal. "Da una parte c'era il rapporto di Broglio con gli Stati Uniti, che non era più soddisfacente secondo le nuove necessità. In particolare si esprimeva una certa contrarietà verso la sua idea del vettore Scout italianizzato. In generale, sull'opportunità di un Piano spaziale esisteva politicamente una convergenza di intenti. Era il periodo della solidarietà nazionale, anche se si stava ormai chiudendo, e pure il Partito comunista condivideva la prospettiva. Altrettanto i socialisti: tutti d'accordo, insomma, sui contenuti anche se permaneva un fondo di polemica tra scienza e applicazioni. Non si poteva, però, fare un confronto di questo tipo con altri settori: lo spazio produceva ritorni industriali di cui avevamo bisogno. All'epoca, tra l'altro, io sostenevo l'idea di un satellite europeo per la televisione e ne discussi in un paio di incontri a Bonn e a Bruxelles con il segretario di stato tedesco per la ricerca Wolfgang Finke. L'idea della collaborazione tra i due paesi era condivisa e Bonn preferiva attuarla con l'Italia. Ma dal nostro ministro del tesoro arrivò un *no* deciso e quindi non se ne fece nulla. Per la nostra industria fu un'occasione perduta."

Nella seconda metà degli anni settanta lo sviluppo delle telecomunicazioni spaziali rendeva evidente come il campo della televisione via satellite sarebbe diventato un sicuro mercato da creare e far crescere. Ciò era favorito e reso possibile sul piano della disponibilità di frequenze dalla Conferenza mondiale amministrativa delle radiocomunicazioni dell'Unione internazionale delle telecomunicazioni (UIT) tenutasi a Ginevra nel gennaio 1977, nel corso della quale venivano assegnate le frequenze e le posizioni orbitali dei satelliti destinati a tali servizi.

Anche in Europa perciò, dopo l'esperienza franco-tedesca dei satelliti per telecomunicazioni Symphonie, dell'italiana SIRIO e dell'europea OTS-ECS, all'interno dell'Agenzia spaziale europea maturava l'idea di un grande satellite per la televisione diretta (H-Sat, da Heavy Satellite), al quale l'Italia intendeva partecipare significativamente. Ma nell'ottobre 1979 Francia e Germania, forti della passata esperienza, decidevano di procedere da sole per soddisfare meglio le rispettive, e limitrofe, esigenze nazionali, e varavano un progetto unico, avente però due nomi (TDF-1 quello francese e TV-Sat quello tedesco), che faceva fallire il piano europeo.

Olympus per la televisione via satellite

Prima di tale accordo, in effetti, la Germania aveva cercato di procedere assieme all'Italia, incontrando tuttavia il rifiuto del nostro governo. Da qui essa aveva ricercato un'alternativa, che era emersa a Parigi. Nonostante il "boicottaggio" franco-tedesco nell'ESA, l'idea però non voleva tramontare e trovava consensi nei paesi rimasti fino a quel momento fuori dai giochi, soprattutto la Gran Bretagna e l'Italia, che consolidavano un progetto alternativo battezzato L-Sat (Large Satellite) recuperando lo spirito e i contenuti dello sfortunato H-Sat, come certificava il gioco del nomi, Heavy e Large, due evidenti sinonimi. Alla fine del 1979 l'ESA approvava il programma, che poi si sarebbe chiamato Olympus, nel quale l'Italia rivestiva un ruolo di primo piano, anche se la società coordinatrice della realizzazione era la British Aerospace. La partecipazione italiana, confermata dal Comitato interministeriale per la programmazione economica, era infatti del 25%, che diventava il 30% nella fase della costruzione, per cui Selenia Spazio avrebbe prodotto due dei tre "carichi utili" di bordo, cioè gli apparati destinati alla televisione diretta a 14-12 GHz con due canali TV (uno dei quali in esclusiva per l'Italia) e il sistema per le telecomunicazioni sperimentali destinato a videoconferenze, entrambi innovativi con frequenze a 20-30 GHz. "La nostra presenza," avrebbe detto in seguito il ministro della ricerca Pierluigi Romita, "doveva risolvere soprattutto la necessità di disporre di un ripetitore di televisione diretta per gli specifici fabbisogni di una fase preoperativa italiana." Ma le cose andavano diversamente.

In questo modo si proseguiva e si ampliava il fronte delle tecnologie delle telecomunicazioni aperto con SIRIO, destinato poi a trovare ulteriore consolidamento su scala nazionale.

Gli eventi, insomma, dimostravano sempre più la necessità di un piano nazionale che governasse l'intero settore. I vari ministri che si erano succeduti alla ricerca, Mario Pedini con il suo sottosegretario Postal, seguiti da Dario Antoniozzi, il tutto sotto la presidenza del consiglio di Giulio Andreotti, avevano lavorato all'elaborazione di un programma organico concepito per essere l'embrione di un futuro ente dedicato all'intera attività spaziale, analogamente a quanto si era già realizzato in altri paesi, a cominciare dalla Francia, dove il CNES era già stato fondato agli inizi degli anni sessanta.

Il 4 agosto 1979, però, il governo Andreotti cadeva ed era sostituito dal suo collega di partito Francesco Cossiga, che era stato ministro dell'interno durante il rapimento del leader della Democrazia cristiana Aldo Moro da parte delle Brigate rosse. Quando due mesi dopo, nel maggio 1978, il suo cadavere era ritrovato in un'automobile, Cossiga si dimetteva. Erano gli anni del terrorismo violento, che segnavano uno dei periodi più difficili della storia repubblicana.

Insediato alla presidenza del consiglio nel 1979, Cossiga rimaneva invece in carica sino all'ottobre dell'anno successivo e affidava l'incarico di ministro della ricerca a Vito Scalia. Questi, ottenuto l'assenso dal governo, presentava al CIPE il Piano spaziale nazionale elaborato sotto la guida di Giorgio Postal, che era rimasto al governo come sottosegretario sino alla fine di marzo, cioè sette mesi prima dell'approvazione, avvenuta il 25 ottobre 1979.

Si approva il Piano spaziale nazionale

Il documento conclusivo era l'evoluzione di un progetto elaborato nel maggio 1977 da una commissione istituita presso il ministero della ricerca e presieduta dal professor Francesco Scandone, allora a capo della Commissione ricerche spaziali del CNR. A suggerire una riconsiderazione della proposta iniziale era stato il professor Giampietro Puppi, allora consulente del ministero del bilancio, secondo il quale era necessario soprattutto che lo sforzo consentisse all'industria italiana di appropriarsi di quelle tecnologie che sarebbero state competitive nella prospettiva del futuro mercato spaziale. E così accadeva.

Il CIPE assegnava la gestione al Consiglio nazionale delle ricerche, dove si formava una struttura operativa in grado di definire i contenuti tecnici dei programmi e di controllarne successivamente la realizzazione. Il Piano aveva anche il compito di mantenere rapporti con le agenzie spaziali di altri paesi, avviando programmi bilaterali. In questo modo si sperimentava concretamente un metodo di gestione che il governo aveva poi intenzione di trasferire in un'agenzia vera e propria.

In passato le iniziative internazionali erano state coordinate e promosse dal ministero della ricerca, il quale avrebbe dovuto avere invece un ruolo di vigilanza solo su quella nazionale. "E questo aveva comportato," rivelava il ministro Scalia nella sua relazione al parlamento nel gennaio 1980, "la mancanza di un collegamento più efficace tra le varie attività." Riferendosi al Piano appena avviato aggiungeva che "il settore ha il privilegio, nei riguardi di altri, di trovare un proprio motivo d'esistere da un lato nel valore economico del suo *fall-out* tecnologico, e dall'altro nel suo carattere universale e politico, nella misura in cui va a toccare gli interessi più diversi dei paesi quali difesa, politica interna ed estera, economia, tecnologia, scienza, cultura, problematica sociale". Inoltre, l'impegno nel settore rispondeva alla necessità "di una sempre maggiore qualificazione tecnologica. Esigenza tanto più sentita in quanto risponde anche all'attuale indirizzo politico, che richiede un processo di tecnologie avanzate per contribuire a realizzare la riconversione industriale verso produzioni a più elevato valore aggiunto".

La crisi economica degli anni settanta, infatti, continuava ed era segnata, oltre che dal "terrorismo rosso", anche dalle stragi del "terrorismo nero". La crisi energetica aveva acuito le difficoltà, la politica di "solidarietà nazionale" era crollata nel 1978, e gli industriali in una situazione tanto grave erano poco favorevoli agli investimenti e al rinnovamento tecnologico. Per cercare di cambiare le cose, anche lo spazio diventava quindi una prospettiva in cui credere. "È proprio dell'attività spaziale," sottolineava sempre Scalia nella sua relazione al parlamento, "l'accesso allo sviluppo di tecnologie avanzate a elevata affidabilità con conseguenti importanti ricadute industriali in ampi settori applicativi; d'altronde l'acquisizione di adeguate capacità tecnologiche e sistemistiche costituisce il presupposto di base perché la nostra industria possa fare fronte al tendenziale incremento della domanda internazionale e nazionale di prodotti spaziali e al crescente trasferimento nel settore spaziale di quote del mercato delle telecomunicazioni, soprattutto per i paesi emergenti che, a differenza dei paesi industrializzati, non hanno infrastrutture preesistenti, e per le nuove applicazioni relative alle telecomunicazioni stesse."

E concludeva: "In termini pratici questo significa orientare le risorse verso un programma nazionale a medio termine opportunamente finalizzato, orientando gli apporti all'ESA in modo da ottenere ritorni [industriali, *N.d.R.*] in settori specificatamente rivolti all'acquisizione di nuove tecnologie." La crisi aveva aiutato, sia pure con un certo ritardo, ad aprire gli occhi alla politica su fronti produttivi fino allora poco valutati e non considerati dagli investimenti.

Intanto, sempre nel gennaio 1980, una riunione dell'ESA, superando finalmente la contrarietà di tedeschi e olandesi, approvava un accordo che stabiliva un equo ritorno di lavoro alle industrie italiane, coinvolte dai progetti europei secondo quote fino ad allora non rispettate. Ma per arrivare a questo risultato era stato necessario coinvolgere il Fondo monetario internazionale, la cui indagine non aveva lasciato adito a dubbi, se non a tedeschi e olandesi, che nel cambio della moneta perdevano i vantaggi sino a quel momento ottenuti.

Scienziati e società italiane avevano condiviso la costruzione e le ricerche condotte con dodici satelliti per lo studio del cosmo, e nel 1980 quattro di questi erano ancora attivi (COS-B, ISEE 2, IUE, Geos 2). Altri erano invece in cantiere, come EXOSAT per lo studio delle sorgenti X, la sonda solare ISPM, la partecipazione al telescopio spaziale Hubble della NASA, il satellite Hipparcos per misurare la posizione di centomila stelle e la sonda Giotto, destinata a incontrare la cometa di Halley. A questo fitto panorama si aggiungevano i satelliti applicativi per le telecomunicazioni ECS-Eutelsat e L-Sat/Olympus, Marecs per le comunicazioni marittime, Meteosat per la meteorologia e Earthnet per lo studio della Terra. Naturalmente i più "pesanti" in termini economici erano i due grandi programmi Spacelab, per il laboratorio abitato trasporto dallo shuttle, e il vettore Ariane. Se il primo aveva subito uno slittamento legato ai problemi di sviluppo della navetta, Ariane invece aveva conquistato il suo battesimo del cosmo il 24 dicembre 1979, decollando dalla base europea di Kourou, all'equatore, nella Guyana francese.

La base era stata creata dall'agenzia spaziale francese CNES nel 1964 per lanciare i suoi vettori. Dopo la nascita dell'ESA nel 1975 Parigi la metteva a disposizione secondo un preciso accordo dell'Agenzia europea, che da quel momento la utilizzava creando le rampe di lancio di cui aveva bisogno, ma anche i centri di controllo e, successivamente, alcune infrastrutture industriali di produzione. Il luogo era favorevole sia perché dall'equatore era possibile lanciare satelliti in ogni direzione, come avveniva dalla base italiana in Kenya, sia perché era ideale per la partenza dei satelliti di telecomunicazioni. Oltre a sfruttare la maggiore velocità di rotazione della Terra garantendo al razzo, nel volare verso est, una velocità aggiunta di 460 metri al secondo, esso consentiva l'inserimento diretto verso l'orbita geostazionaria intorno all'equatore richiesta, appunto, dai satelliti per telecomunicazioni. Partendo invece da altre basi, come per esempio Cape Canaveral in Florida, che si trova a una latitudine più elevata rispetto al piano equatoriale, è necessario disporre di sistemi di propulsione in grado di cambiare orbita, con aggravio di peso e di consumo dei propellenti.

Per utilizzare commercialmente al meglio il nuovo vettore, su iniziativa del governo francese e del CNES veniva creata Arianespace, la prima società di trasporto spaziale al mondo. Dagli undici paesi che avevano condiviso la realizzazione, 51 azionisti pubblici e privati garantivano un capitale di 120 milioni di franchi. I francesi avevano la maggioranza (il 59,25 %, controllato per il 32,5% dal CNES), seguiti da tedeschi (19,6%), belgi (4,4%) e italiani (3,6%). Tutte le altre nazioni avevano quote inferiori. L'attività commerciale sarebbe iniziata dall'undicesimo lancio, dopo aver constatato una certa affidabilità. Sei anni di lavoro erano necessari per portare Ariane 1 dai tavoli di disegno al primo volo, con un costo complessivo di 2 miliardi di euro. Per qualificarlo erano previsti quattro lanci. Il secondo però, effettuato il 23 maggio 1980, falliva per l'instabilità nella combustione di uno dei quattro propulsori Viking del primo stadio. Dopo 108 secondi esplodeva nel cielo della Guyana. Gli altri due, avvenuti a giugno e dicembre del 1981, portavano in orbita i loro satelliti. Al volo numero nove, nel maggio 1984, Arianespace trasportava il suo primo satellite per telecomunicazioni, lo Spacenet F1 americano della società

GTE, fabbricato da RCA. Anche questo segnava l'inizio di una nuova storia europea.

Guerriero alla guida del Piano

Assieme al primo nuovo vettore europeo prendeva quindi il via anche il Piano spaziale nazionale italiano. A guidare l'organizzazione creata per gestirlo nel CNR veniva chiamato il professor Luciano Guerriero.

Guerriero era nato a Venezia (1930) e si era laureato a Padova, ma era poi stato chiamato a Bari dal professor Emiliano Merlin, anche lui padovano, dove si era trasferito per creare una facoltà di fisica nella locale università. Era il 1956 e Guerriero insegnava fisica e collaborava con il Massachusetts Institute of Technology di Boston e con gli acceleratori americani di Brookhaven, a Long Island, e del Fermilab di Chicago. Qui aveva svolto ricerche occupandosi di particelle elementari e dei sistemi di rilevazione. Acquisiva inoltre esperienza come manager della ricerca dirigendo l'Istituto di fisica dell'Università di Bari, l'Istituto per l'elaborazione di segnali e immagini del CNR e approdando, infine, alla vicepresidenza dell'Istituto nazionale di fisica nucleare. Svolgeva questo incarico, quando il collega biologo Ernesto Quagliariello, dopo essere diventato rettore della sua università, veniva eletto alla presidenza del Consiglio nazionale delle ricerche. E appena insediato si trovava sul tavolo il problema del progetto del satellite SIRIO gestito dal CNR, da anni in cantiere e bersagliato dalla stampa come un programma senza fine, inutile e troppo costoso.

"Era il 1976," raccontava Guerriero, "e Quagliariello mi chiese di valutare le condizioni del programma cercando di capire se valesse la pena di proseguire o se non fosse il caso di troncare tutto. Per tre mesi interpellai tutti i protagonisti dell'industria e i responsabili degli esperimenti, dall'ingegner Antonio Teofilatto, che guidava la Compagnia industriale aerospaziale, al professor Francesco Carassa responsabile dell'esperimento SHF ad alta frequenza, all'ingegner Massimo Macchia, direttore del progetto. Alla fine mi convinsi dell'importanza dell'impresa, e consigliai Quagliariello di proseguire suggerendo di dare un ultimatum all'industria di alcuni mesi. Così fece, il SIRIO terminò la costruzione e volò a Cape Canaveral. Quando nell'ottobre 1979 il CIPE approvò la nascita del Piano spaziale nazionale decideva anche di affidarla temporaneamente al CNR contro la volontà di Quagliariello, che non voleva accettare. Lo convinsero dicendo che entro sei mesi avrebbero creato un'agenzia solo per lo spazio, e che intanto poteva prendere la forma di uno dei progetti finalizzati che il CNR aveva già avviato in altri campi. Quagliariello non sapeva, però, a chi affidarla e, ricordandosi della mia ricognizione sul SIRIO, mi chiese di occuparmene per qualche mese. Accettai. Per caso, quindi, mi trovai al vertice della nuova fase di attività della ricerca spaziale italiana e le cose andarono, per me, ben diversamente da come immaginavo in quei giorni."

Il Piano dava finalmente all'Italia una base solida e ragionata. Era una visione quinquennale, ma da aggiornare con l'evolversi dei lavori, e prevedeva una spesa complessiva di 200 miliardi di lire per tutto il suo corso. Intanto si precisavano gli obiettivi a medio termine per il primo triennio 1979-1981, fissando anche le cifre di spesa che prevedevano: 12 miliardi per ricerca scientifica di base, 7 per il progetto San Marco, 7 per gli esperimenti a bordo dello Spacelab europeo, 52 per un programma di telecomunicazioni spaziali comprendente la costruzione del satellite Italsat operante su frequenze 20-30 GHz, 6 per il telerilevamento delle risorse terrestri, 7 per sistemi di propulsione avanzata, 7 per studi su programmi futuri. Si trattava in totale di 98 miliardi per il triennio, mentre gli altri 102 sarebbero stati riservato al biennio successivo.

Un comitato scientifico formato dai responsabili dei progetti e da alcuni esperti affiancava il direttore nell'attività bilanciata tra programmi vicini alla commercializzazione e quelli di più avanzata frontiera tecnologica in un ampio spettro di settori, che includeva telecomunicazioni, propulsione, strutture d'avanguardia, osservazioni ambientali, ricerca scientifica e tecnologica, esplorazioni future.

Il Piano tuttavia, avendo un'impronta nazionale, non gestiva direttamente i progetti europei dell'ESA (Spacelab, Ariane, Olympus, Hipparcos, Giotto ed EXOSAT), che rimanevano coordinati dal ministero della ricerca, anche se, di fatto, il controllo era esercitato attraverso lo stesso Piano, perché il suo direttore, Guerriero, partecipava alle riunioni dell'ESA garantendo quell'unitarietà prima inesistente.

"In passato la presenza italiana nell'Agenzia europea," notava Guerriero, "portava alla nostra industria numerose occasioni per maturare un elevato livello di competenza nei vari settori, ma la stessa industria veniva quasi sistematicamente esclusa da responsabilità complessive di programma nel ruolo di capocommessa. Ciò dipendeva dalla mancanza di una politica e di un'organizzazione adeguata delle attività spaziali nel nostro paese."

Anche a questo il Piano cercava di porre rimedio quando entrava in vigore nella primavera del 1980, un'annata terribile per l'Italia, segnata da attentati e disastri: in giugno scompariva nel cielo del mar Tirreno il jet DC-9 della compagnia Itavia con 81 passeggeri a bordo e non si sarebbe mai stabilito se fosse stato vittima di un attacco o di un missile sfuggito al controllo durante un'esercitazione militare; in agosto un attentato alla stazione ferroviaria di Bologna, probabilmente legato all'estremismo di destra, provocava 85 vittime. In novembre la terra tremava con violenza in Campania, Basilicata e Calabria: era il terremoto dell'Irpinia che avrebbe portato con sé oltre tremila morti. Era un altro dei tanti momenti neri che il paese si trovava a dover affrontare, e lo faceva senza cancellare i passi avanti che, comunque, si cercava di compiere affrontando settori nuovi come lo spazio, in grado di aiutarlo in ogni campo, economico e sociale.

Quando il Piano otteneva il via libera nell'aprile 1980, le società produttrici a vario titolo, di diversa dimensione nel campo spaziale, erano ventuno: Aeritalia, Carlo Gavazzi Controls, Centro ricerche FIAT, Centro studi dei sistemi, CISE, Oerlikon Contraves, CSATA, Elsag, FIAR, FIAT Avio, Italspazio, Italtel, Laben, Microtecnica, Officine Galileo, SAE, Selenia Spazio, SMA, SNIA BPD, Telespazio e VDS.

Mentre nasceva il Piano, alla fine degli anni settanta grazie ai programmi europei dell'ESA si apriva per l'Italia spaziale anche un nuovo capitolo in un campo, quello della propulsione a razzo, nel quale si erano cimentate le passioni dei primi pionieri della penisola, e che in seguito non era mai stato dimenticato nelle ambizioni. Alla fine del 1978, infatti, si incominciava a discutere del potenziamento del vettore Ariane, che avrebbe compiuto il primo volo un anno più tardi. Bisognava pensarci per tempo al fine di rispondere alle esigenze del mercato dei satelliti di telecomunicazioni e di competere adeguatamente con l'offerta americana dei vettori Delta e Atlas, e presto dello shuttle. Anzi, con quest'ultimo gli americani sognavano di inaugurare la nuova stagione del trasporto in orbita surclassando completamente i vettori tradizionali "spendibili": secondo lo slogan statunitense, a ogni necessità di lancio scientifico e commerciale avrebbe garantito risposta adeguata lo shuttle.

Contrastando questa visione, l'Europa, impegnata nel programma Ariane, affrontava dunque la necessità di un potenziamento di Ariane per aumentare la capacità di trasporto in orbita di trasferimento geostazionario dai 1700 chilogrammi iniziali a 1950, consentendo addirittura il lancio di due satelliti contemporaneamente. Gli interventi possibili riguardavano i propulsori e i serbatoi di propellenti, ma soprattutto l'aggiunta di razzi ausiliari (*booster*) che aiutassero il decollo. Ed era qui che l'Italia, attraverso il ministero della ricerca, giocava il suo ruolo inserendosi nelle trattative e offrendosi di costruirli. Progettare e realizzare dei consistenti propulsori a razzo a propellente solido destinati a tale scopo non era cosa da poco, ma per l'industria italiana non era un azzardo. Fino a quel momento era noto che SNIA BPD e Aeritalia avevano prodotto i motori d'apogeo per il satellite italiano SIRIO e per altri satelliti europei (OTS e Geos), ma ciò che non si conosceva, o era risaputo soltanto in un ristrettissimo ambito, era invece lo sviluppo con successo di un programma per un missile balistico a propellente solido che portava il nome Alfa e doveva rispondere alle necessità della marina militare italiana. Ma questo non era tutto.

Alfa, missile balistico italiano

Due anni prima dell'inizio delle discussioni per l'Ariane maggiorato, il 6 aprile 1976, dalla base di Salto di Quirra in Sardegna compiva il terzo lancio il vettore sperimentale Alfa. Un documento pubblicato in quei giorni dalla marina scriveva: "Il gabinetto del ministro della ricerca scientifica ritiene che la prosecuzione del programma Alfa in campo civile, attraverso la valorizzazione delle esperienze scientifiche e tecnologiche già acquisite da GRS, possa dare risultati validi e utilizzabili in vari campi del settore spaziale e che la conseguente acquisizione di ulteriori tecnologie avanzate, inoltre, metterebbe l'industria in grado di collaborare in maniera concreta e sostanziale ai programmi spaziali internazionali."

Il missile Alfa era il frutto e la conseguenza di un interesse maturato intorno alla metà degli anni cinquanta e riguardante la costruzione di un'atomica europea tra francesi, tedeschi e italiani, che avrebbero condiviso il 10% del piano. Ma due anni più tardi il presidente francese De Gaulle decideva di proseguire da solo e il progetto era finito, anche se questo non era del tutto vero per l'Italia. Qui, infatti, invece della bomba, si intendeva procedere con le applicazioni dell'atomo costruendo il sommergibile *Guglielmo Marconi* e poi la nave *Enrico Fermi*, entrambi a propulsione nucleare, con il supporto del CAMEN, il Centro applicazioni militari per l'energia nucleare istituito all'accademia navale di Livorno nel gennaio 1956. Tuttavia l'opposizione americana aveva troncato ogni genere di aspettative in questo campo. Riusciva invece a concretizzarsi, sia pure sotto l'etichetta di "sperimentale", il progetto del missile Alfa, sempre della marina, che con una gittata di 1600 chilometri sarebbe stato in grado di portare una testata nucleare di 1000 chilogrammi. In pratica, era una versione italiana del missile americano Polaris A1, ma interamente progettato nel nostro paese, perché il Pentagono non avrebbe mai concesso i disegni. Lo studio era stato affidato proprio agli ufficiali che agli inizi degli anni sessanta, sotto la guida del capitano di vascello Glicerio Azzoni, avevano modificato l'incrociatore *Garibaldi* per ospitare a poppa quattro tubi di lancio dei missili Polaris e quindi lo conoscevano bene. Il piano nasceva avvolto da un alone di totale segretezza, anche per evitare ripercussioni politiche che avrebbero finito per bloccarlo: oltre al capo del progetto Azzoni, ne erano a conoscenza il capo di stato maggiore della marina Virgilio Spigai e il ministro della difesa Luigi Gui.

Proprio in quegli anni, nel quadro della riorganizzazione e dell'ammodernamento delle navi, nelle quali la componente missilistica aveva un'importanza determinante, la marina avviava l'indagine "tendente ad accertare la possibilità di realizzare in campo nazionale un grosso vettore a propellente solido; solo per alcuni componenti inerziali e per materiali speciali particolarissimi era previsto l'approvvigionamento nell'ambito europeo".

Nel 1969 l'affidabilità del progetto che prevedeva "un bistadio dalle prestazioni molto ridotte ma significative agli effetti degli scopi", era confermata. Ma la marina non poteva affrontare l'oneroso programma da sola e così, essendo maturato un interesse anche da parte dell'esercito e dell'aeronautica, se ne faceva carico il Consiglio tecnico scientifico della difesa (CTSD) garantendone lo sviluppo.

Il tutto doveva mantenersi nell'economia delle disponibilità delle forze armate italiane e, salvo casi particolari, doveva essere prodotto dall'industria nazionale. La responsabilità veniva affidata alla marina che aveva fino a quel momento lavorato costituendo nella primavera del 1971 un organo esecutivo, il GRS (Gruppo di realizzazione speciale interforze), che riuniva i rappresentanti delle tre forze armate.

Il suo compito, oltre a progettare e a far costruire il missile bistadio autoguidato, era quello di coordinare il lavoro delle industrie e di stabilire rapporti con enti di ricerca nazionali e stranieri per aumentare le proprie capacità. Le aziende coinvolte erano: Aeritalia per le strutture, SNIA Viscosa per il propellente, SISTEL per l'elettronica di governo, Selenia per la centrale di lancio e Oleodinamica Magnaghi per i servocomandi idraulici degli ugelli mobili. Questi ultimi avevano una caratteristica particolare e d'avanguardia per l'epoca, perché consentivano, cambiando orientamento degli ugelli sotto i comandi del sistema di guida, di seguire una traiettoria stabilita.

La lunghezza totale del missile era di 6,5 metri. Il primo stadio (3,84 metri) era il più complesso. Realizzato con una struttura in fibra di vetro del diametro di 1,37 metri, conteneva 6 tonnellate di propellente al polibutadiene con alluminio, legante e perclorato d'ammonio, una miscela stabile come si richiede a un razzo militare. I gas di scarico che generavano la spinta uscivano da quattro ugelli di grafite rafforzati con fibra di carbonio nella gola.

Siccome fino a quel momento l'industria nazionale aveva al massimo realizzato motori per satelliti di 180 chilogrammi di propellente, si procedeva per gradi collaudando prima, alla fine del 1971, un piccolo esemplare di un motore di questa capacità, poi uno medio di 600 chilogrammi sperimentato sui banchi di prova della SEP francese a Istrès, vicino a Marsiglia (qui si scopriva un inconveniente agli ugelli, che venivano modificati), e infine era il turno del modello in grandezza reale, di 6 tonnellate, le cui prove a terra terminavano nel maggio 1975.

Non restavano che i test in volo dal poligono interforze di Salto di Quirra, e di Capo San Lorenzo, in Sardegna. I primi due test avvenivano nel settembre e nell'ottobre 1975, il terzo nell'aprile 1976. Nei lanci era attivo solo il primo stadio, che bruciava per 58 secondi, mentre il secondo era un simulacro: tutti dimostravano la validità del progetto.

"Completati i collaudi al banco a Porto Venere, avevamo trasportato le parti del missile con motochiatte durante la notte per garantire la segretezza," ricordava l'ammiraglio di squadra Giorgio Capra, allora capitano di vascello e direttore delle operazioni di lancio. "Montavamo il razzo in una zona dove non c'era nemmeno l'acqua da bere e solo il secondo test non andò bene, deviando la traiettoria e dirigendosi verso l'entroterra. Ne ordinammo subito via radio l'autodistruzione per evitare rischi."

Nel 1975 anche l'Italia firmava però il Trattato di non proliferazione nucleare e di conseguenza l'ambizioso piano veniva immediatamente cancellato.

Ho raccontato nei dettagli l'impresa del missile Alfa per testimoniare che, quando alla fine degli anni settanta il nostro ministero della ricerca proponeva la fornitura dei *booster* per potenziare il vettore Ariane, sapeva di avere alle spalle l'esperienza tecnologica per realizzarli. E dimostrava che l'investimento in un programma di ricerca anche legato alla difesa poteva generare utili e redditizie applicazioni pure in campo civile.

Booster italiani per Ariane

Quando perciò nel maggio 1980 i rappresentanti dei paesi membri dell'ESA approvavano definitivamente il *Follow-on development programme* di Ariane, con un costo di 70,12 milioni di unità di conto, la Francia garantiva il 60% e l'Italia e la Germania il 18% ciascuna. Con questo si sviluppavano Ariane 2 e 3. Il primo vedeva potenziati i propulsori dei tre stadi e allungata la riserva di propellenti del terzo. Ariane 3 era un Ariane 2, con l'aggiunta dei *booster* fabbricati da SNIA BPD a Colleferro e collaudati in Sardegna a Salto di Quirra. Questi si agganciavano al primo stadio, da due a quattro, a seconda dell'aumento di spinta che si voleva ottenere. Ciascuno stadio era un cilindro lungo 7,6 metri, del diametro di 1,07 metri. Le 7,5 tonnellate di propellente (poco superiori a quelle di Alfa) fornivano una spinta di 62,5 tonnellate per ventisette secondi. Il loro impiego permetteva ad Ariane 3, con due *booster*, di lanciare un carico di 2500 chilogrammi, cioè due satelliti insieme, e il primo lancio il 4 agosto 1984 aveva a bordo i satelliti ECS-2 e Telecom-1.

Ma era un passo intermedio. Il peso dei satelliti per telecomunicazioni continuava a crescere e già nel 1981 le trattative con l'organizzazione internazionale INTELSAT per il lancio del loro satellite per telecomunicazioni INTELSAT 6 prevedeva un carico compatibile con lo shuttle o con Ariane, ma ancora più potente. Bisognava dunque procedere a un ulteriore potenziamento del vettore europeo, che doveva essere pronto per il 1985. Il consiglio dell'ESA lo approvava nell'ottobre 1981 e, per raggiungere l'obiettivo di un vettore in grado di lanciare da 2000 a 4300 chilogrammi (due satelliti contemporaneamente), anche i *booster* italiani dovevano crescere. Così diventavano più lunghi (12,2 metri) e con due tonnellate in più di propellente. Inoltre funzionavano più a lungo (42 secondi) e la spinta raggiungeva le 65 tonnellate. Per il resto il vettore era potenziato nel primo stadio con 220 tonnellate di propellenti invece delle 140 di Ariane 3. Si sviluppavano altresì dei *booster* a propellenti liquidi dotati di motore Viking, analogo a quello del primo stadio: con quattro *booster* liquidi si otteneva la capacità massima di trasporto.

L'Italia contribuiva al costo di sviluppo di Ariane 4, di 207,16 milioni di unità di conto, con una quota del 6.97%, mentre la parte maggiore era assorbita dalla Francia (56,99%) e dalla Germania (18,19%). A causa dei fallimenti dei due lanci di Ariane 3 (il quindicesimo e il diciottesimo), il primo volo di Ariane 4 era effettuato con ritardo il 15 giugno 1988 con due *booster* a propellente solido e due a propellente liquido, portando nello spazio il satellite Meteosat-P2 e il Pan American satellite 1 per telecomunicazioni. C'era anche il piccolo satellite per radioamatori Amsat IIIC.

Da allora, e per molti anni, Ariane 4 diventava il dominatore del mercato grazie soprattutto al disastro subito dallo shuttle Challenger, che il 28 gennaio 1986 scoppiava nel cielo di Cape Canaveral 73 secondi dopo il decollo, provocando la morte del suo equipaggio formato da sette astronauti, tra cui la maestra Christa McAuliffe.

L'America spaziale rimaneva paralizzata per oltre due anni, riprendendo le missioni con lo shuttle Discovery nel settembre 1988. E dalla paralisi usciva con un cambio profondo della strategia del trasporto spaziale. Lo shuttle non era più il veicolo sul quale concentrare tutti i lanci commerciali, scientifici e militari. Da allora sarebbe stato riservato solo alle missioni scientifiche e alla futura costruzione della Stazione spaziale internazionale. Le produzioni dei razzi Delta e Atlas, ormai avviate alla chiusura, dovevano essere riaperte per garantire il trasporto di satelliti civili e della difesa. Il Pentagono per precauzione aveva mantenuto la produzione del più potente vettore a disposizione, il Titan, ma non effettuava più spedizioni con lo shuttle come era accaduto in passato e lasciava inutilizzata la rampa di lancio che aveva già completato nella base militare di Vandenberg, in California. Il disastro del Challenger avrebbe avuto ripercussioni nei programmi di collaborazione internazionale, come lo Spacelab dell'ESA, limitandone le missioni, nella realizzazione della Stazione spaziale e pure nei progetti italiani. Della situazione beneficiava la società Arianespace, che conquistava la maggior parte del mercato del trasporto in orbita dei satelliti per telecomunicazioni.

In Italia, intanto, cresceva e si consolidava il Piano spaziale nazionale.

"Prendendo l'avvio nella primavera del 1980, per i programmi da impostare c'erano indicazioni che arrivavano dal mondo scientifico e industriale ma alla base ci fu un ragionamento e un suggerimento prezioso da parte di Giampietro Puppi" ricordava il professor Guerriero. "La sua idea era che per crescere e acquisire rapidamente know-how bisognava allearsi con gli Stati Uniti perché in Europa, pur mantenendo rapporti di collaborazione, i vari paesi non erano altrettanto avanzati come gli USA e meno disponibili a condividere conoscenze. Più favorevoli ad aiutarci," sosteneva Puppi, "sarebbero stati gli americani. Per questo cercammo di costruire una forte collaborazione con la NASA."

Del resto il passato rapporto tra la NASA e il progetto San Marco del professor Broglio testimoniava la fruttuosità della cooperazione con gli USA, che poteva essere ripresa. A favorire questa scelta interveniva anche un fattore umano importante. Gli individui che in quel momento si trovavano in una posizione di riferimento per la nuova fase spaziale si erano formati e mantenevano ancora legami con il mondo americano: il direttore del Piano Luciano Guerriero aveva contatti al MIT e a Berkeley; Ernesto Vallerani arrivava dal CALTECH, il Politecnico della California; Carlo Buongiorno, dopo l'uscita dal gruppo del San Marco, era all'ufficio Spazio del ministero della ricerca ed era stato al Politecnico di New York nel periodo in cui c'era pure Luigi Gerardo Napolitano, direttore dell'Istituto Umberto Nobile all'Università di Napoli e tra i fondatori delle ricerche nel campo della scienza della microgravità. Napolitano, tra l'altro, era stato due volte presidente della IAF (International Astronautical Federation). C'era inoltre il professor Giuseppe Colombo dell'Università di Padova, che dagli inizi degli anni sessanta lavorava all'Harvard-Smithsonian Center for Astrophysics di Cambridge, vicino a Boston, e collaborava con il Jet propulsion laboratory della NASA a Pasadena. Guerriero era stato anche allievo di meccanica razionale di Colombo all'Università di Padova. Anzi, quando Colombo passava per Roma, erano soliti pranzare assieme al ristorante Il Giglio, vicino alla stazione Termini. "Ero affascinato dai suoi racconti spaziali, grandi strutture in orbita, specchi cosmici," ricordava Guerriero. "Lo ascoltavo con interesse anche se ancora non mi occupavo di spazio ed ero vicepresidente dell'Istituto nazionale di fisica nucleare. Ma quando venni nominato direttore del Piano e c'era bisogno di mettere assieme un programma che permettesse di risalire la china in un campo scientifico e tecnologico nel quale fino ad allora eravamo rimasti ai margini rispetto agli altri paesi, Colombo assumeva un ruolo prezioso."

Così nel 1980 Guerriero e i suoi collaboratori compivano un viaggio in vari centri americani guidati proprio da Colombo, incontrando personaggi chiave dello spazio statunitense. Tra questi alla NASA, a Washington, c'erano Bob Freitag, responsabile dei rapporti internazionali, e Ivan Bekey, direttore dei programmi avanzati. Poi visitavano il Goddard Space Flight Center nel Maryland e il Jet Propulsion Laboratory di Pasadena, dove discutevano con Charles Elachi, allora responsabile di alcuni programmi interplanetari e poi direttore del centro. E allo Harvard-Smithsonian Center for Astrophysics, dove Colombo era di casa, si valutavano in particolare due prospettive emerse dalle valutazioni del comitato scientifico del Piano riguardanti le ricerche nel campo della geodesia spaziale e le nuove tecnologie dei satelliti a filo.

Durante il viaggio, esplorando la coincidenza degli interessi reciproci nella cooperazione Italia-USA, si ponevano le basi dei progetti che sarebbero stati concretizzati in seguito. Il primo nasceva fondendo insieme il trasporto spaziale e la geodesia. La NASA aveva deciso di trasferire sullo shuttle ogni tipo di lancio scientifico e commerciale e, a tal fine, aveva sostenuto lo sviluppo di motori a razzo (IUS e PAM-D) che portavano, rispettivamente, carichi pesanti e medi verso le orbite di destinazione partendo dalla stiva dell'astronave. Rimaneva scoperto il lancio di carichi minori da 600 a 900 chilogrammi, per i quali nasceva il progetto IRIS (Italian Research Interim Stage). L'idea non era male e l'opportunità interessante: la NASA offriva addirittura all'Italia l'utilizzo del suo veicolo di trasporto a fini commerciali. Se avesse funzionato, si sarebbe conquistata una fetta di mercato con ritorni utili. Bisognava svilupparlo e qui nasceva l'abbinamento con le ricerche di geodinamica che Colombo amava sostenere. La decisione di orientarsi in questa direzione giungeva nell'ottobre 1982, quando un gruppo di esperti italiani e americani, sottolineando la validità delle ricerche condotte con il satellite geodetico LAGEOS 1 (Laser Geodetic Satellite) lanciato dalla NASA nel 1976, suggerivano la costruzione di un secondo satellite di questo tipo che avrebbe permesso di estendere con maggiori vantaggi scientifici una frontiera di indagini preziosa nelle sue applicazioni. D'intesa con il centro Goddard della NASA emergeva dunque la proposta di replicare LAGEOS con le stesse caratteristiche: una sfera di 60 centimetri di diametro, nella quale erano incastonati 426 riflettori di silicio e di germanio che deviavano verso Terra un raggio laser sparato sulla loro superficie. A tale scopo si realizzava a Matera una stazione che inviava e riceveva i raggi di luce emessi, per esempio, da una stazione americana. Il primo telescopio con l'emettitore laser veniva "prestato", e di fatto poi regalato, dalla rete americana attiva nel campo. Calcolando i tempi di percorrenza era possibile valutare gli spostamenti delle placche continentali da 1 a 2 centimetri. Erano studi utili legati alla dinamica dei continenti, quindi utili a individuare le cause scatenanti i terremoti, e il LAGEOS 2, sistemato su un'orbita diversa nell'angolazione dal gemello, consentiva proprio di focalizzare le osservazioni sull'area mediterranea, particolarmente colpita dai fenomeni tellurici, affinandole nei risultati. LAGEOS 2 sarebbe stato a bordo del primo lancio di IRIS. Il sistema si realizzava mantenendo uno stretto rapporto con la McDonnell Douglas americana, produttrice dell'analogo PAM-D, di potenza maggiore, che garantiva la sicurezza necessaria. La società Aeritalia era responsabile del programma mentre SNIA BPD produceva il propulsore a razzo MAGE 1S a propellenti solidi che, bruciando per 79 secondi, forniva una spinta 6,6 tonnellate. Laben, FIAR e Microtecnica fornivano altre parti del sistema. IRIS conduceva in orbita di trasferimento geostazionario un satellite con un punto più vicino alla Terra che era la quota di volo dello shuttle, e un punto più lontano (apogeo) a 36.000 chilometri. Nel suo lancio iniziale IRIS avrebbe portato LAGEOS 2 su un'orbita quasi circolare intorno ai 5952 chilometri, adatta per le indagini geodetiche a cui era destinato.

Colombo e il satellite a filo

Ma il programma più scientificamente all'avanguardia maturato durante il viaggio americano riguardava il satellite a filo da tempo studiato da Colombo. Il professore padovano (1920-84) era uno scienziato tanto eclettico quanto geniale. "La sua forza era nell'abilità di generare un fiume continuo di idee e di passare con ineguagliabile bravura dalle questioni di dinamica del sistema solare ai problemi per la protezione di Venezia dall'acqua alta," diceva Irvin Shapiro, direttore dello Smithsonian Astrophysical Observatory di Cambridge, dove Colombo aveva cominciato a lavorare agli inizi degli anni sessanta. E da allora vi era rimasto sino alla sua prematura scomparsa, senza tuttavia mai staccarsi completamente dall'Università di Padova, dove conservava la cattedra di meccanica celeste. Colombo era un fine matematico, di grande profondità nelle intuizioni. "Aveva la straordinaria capacità di trovare soluzioni semplici a problemi complessi, semplicemente riflettendo, usando il cervello, laddove altri si basavano su osservazioni o ricerche complicate," aggiungeva Bruce Murray, direttore del Jet Propulsion Laboratory della NASA e del CALTECH, dove Colombo aveva insegnato per alcuni periodi. E proprio durante uno di questi soggiorni, collaborando al disegno delle orbite delle sonde interplanetarie, proponeva una variazione importante al calcolo della prima missione su Mercurio della sonda Mariner-10. In questo modo il robot americano nel 1974 riusciva a compiere tre passaggi ravvicinati al pianeta invece di uno soltanto, come inizialmente previsto, triplicando di conseguenza il bottino scientifico. Il successo che otteneva trovava eco anche sui giornali americani, compreso il *New York Times*. Ma per Colombo la soddisfazione era soprattutto personale, perché Mercurio era una sua antica passione di ricerca, tanto da essere stato lo scopritore degli esatti movimenti del pianeta nel 1965. Aveva però altri interessi, tra questi le strane forme degli anelli di Saturno, che lui aveva decifrato, e l'esplorazione ravvicinata del Sole, per la quale mentre era al JPL aveva elaborato il progetto di una sonda kamikaze che si sarebbe tuffata sull'astro per coglierne le caratteristiche fino a che il fuoco non l'avesse distrutta.

A metà degli anni settanta, allo Smithsonian Astrophysical Observatory di Cambridge c'era anche un altro ricercatore di origine italiana, Mario Grossi (1925-99), nato a Giuncarico, un paese vicino a Grosseto, ed emigrato negli Stati Uniti nel 1958. Grossi aveva studiato lunghe antenne filiformi da portare nello spazio, con le quali si potevano effettuare delle trasmissioni a frequenze ultrabasse utili nelle comunicazioni con i sommergibili in immersione. L'idea non trovava grande accoglienza, ma affascinava immediatamente Giuseppe Colombo, che ne coglieva altri svariati e importanti aspetti sui quali avrebbe costruito un campo nuovo di applicazioni tecnologiche per il cosmo basato appunto sull'impiego di tali fili. Nel 1974 scriveva, assieme allo stesso Grossi e agli americani E. M. Gaposchkin e G. C. Weiffenbach, una memoria in cui descriveva un sistema formato da un satellite collegato attraverso un cavo alla stiva dello shuttle. Tale sistema, battezzato Skyhook, due anni dopo otteneva un finanziamento della NASA di centomila dollari per essere approfondito: era l'inizio di una lunga avventura che si sarebbe materializzata nel 1980 con il viaggio di Guerriero.

Un progetto del genere, immaginato solo dalle idee fantastiche del russo Konstantin Ciolkovskij agli inizi del Novecento e dalla fantascienza di Arthur C. Clarke, trovava finalmente realizzazione perché Colombo riusciva a descrivere e a calcolare l'esatta (e complicata) dinamica del filo nello spazio. Non solo. Lo scienziato padovano studiava vari tipi di missioni nelle quali il filo svolgeva funzioni diverse ed estremamente preziose. Le prime a essere considerate e legate a una missione con lo shuttle erano tre: una consentiva lo studio degli strati bassi dell'atmosfera, dove i satelliti non possono orbitare perché, troppo vicini alla Terra, cadrebbero rapidamente; una seconda aiutava il rialzo dell'orbita del veicolo che lo trasportava, la terza consentiva invece la generazione di energia elettrica sfruttando l'attraversamento del campo magnetico da parte di un cavo conduttore. Tutte le possibilità potevano essere in prospettiva utili alla Stazione spaziale internazionale che la NASA cominciava a progettare proprio agli inizi degli anni ottanta. Altri impieghi futuri potevano riguardare la costruzione di un'astronave diretta su Marte, nella quale due moduli collegati dai fili e fatti ruotare attorno a un asse avrebbero permesso la generazione di una bassa forza di gravità utile ad alleviare le fatiche della lunga traversata agli astronauti.

Il Piano spaziale nazionale italiano sceglieva la missione elettrodinamica, diretta cioè a generare energia. La sfida era ardua sia sul piano scientifico che tecnologico, ma veniva accettata. Così il 7 marzo 1984 l'amministratore della NASA James Beggs e il presidente del CNR Ernesto Quagliariello, sovrintendente il Piano, firmavano a Roma un memorandum d'intesa per la realizzazione del TSS (Tethered Satellite System), che prevedeva pure la presenza di un astronauta italiano. Nello stesso incontro veniva sottoscritto l'accordo per la missione IRIS-LAGEOS 2.

La NASA avrebbe fornito, attraverso la società americana Martin Marietta, il sistema di rilascio del satellite Tethered con il filo lungo 20 chilometri; Aeritalia avrebbe invece costruito il satellite, gli esperimenti sistemati a bordo e il cannone a elettroni imbarcato nella stiva dello shuttle, preparato dalla piccola società di ricerca Proel di Firenze.

Per generare elettricità, infatti, bisognava sparare nel campo magnetico terrestre degli elettroni i quali, dopo essere andati verso i poli della Terra, sarebbero tornati lungo le linee del campo verso il satellite all'estremità del cavo. Questo li avrebbe raccolti, incanalati e fatti entrare di nuovo nel generatore, per riprendere quindi la via dello spazio. In questo modo si chiudeva un circuito e fra le estremità del filo si creava una differenza di potenziale di 5000 volt, con un'intensità massima di corrente di 500 milliampere quando il filo raggiungeva i 20 chilometri. Con una lunghezza inferiore la differenza di potenziale era in proporzione minore. Secondo gli accordi, il primo volo in orbita era previsto nel dicembre 1987.

"La scelta di una prima missione elettrodinamica," raccontava Guerriero, "era spontanea, perché la prevalenza degli interessi dei ricercatori andavano in quella direzione e perché la base scientifica era ben conosciuta. Più complessa era la missione con il cavo che scendeva verso la Terra, se non altro perché era troppo lungo richiedendo 100 chilometri. Perciò si sarebbe affrontata successivamente."

Se il primo contratto per iniziare lo studio del satellite a filo arrivava ad Aeritalia nel dicembre 1980, in parallelo si succedevano numerosi incontri tra americani e italiani per definire nei dettagli un progetto da tutti giudicato una sfida per il suo carattere innovativo, e perciò con molte incognite da chiarire.

"L'industria accettò l'impegno e i rischi conseguenti," ricordava Ernesto Vallerani, direttore del gruppo Sistemi spaziali della società, "perché bisognava compiere nella produzione un salto di qualità che ci rafforzasse a livello internazionale, dimostrando la capacità di realizzare dei sistemi completi. E questo era il modo per poter competere meglio e con maggiori chance nei programmi internazionali con le altre industrie europee."

Nel settembre 1985 la NASA e il Piano spaziale nazionale sceglievano i dodici esperimenti da effettuare con il satellite Tethered, mirati soprattutto a collaudare l'insieme da un punto di vista sia tecnologico che scientifico. Il cavo fabbricato dall'americana Cortland Cable di New York avrebbe avuto un diametro di 2,54 millimetri, con un'anima di rame rivestita da materiali protettivi. Del satellite (una sfera del diametro di 1,6 metri, pesante 520 chilogrammi) le industrie italiane producevano il sistema di propulsione a gas freddo per stabilizzare il satellite (BPD Difesa e spazio), l'elettronica e i sistemi di potenza (Laben e FIAR), i sensori per l'orientamento (Officine Galileo), i due piccoli bracci telescopi che uscivano ai lati (Rinaldo Piaggio) per ospitare dei rilevatori della magnetosfera. Gli esperimenti scientifici erano invece coordinati da un comitato guidato da Marino Dobrovolny, dell'Istituto di fisica dello spazio interplanetario e da Nobie Stone dello Space Sciences Laboratory del Marshall Space Flight Center della NASA.

La tragedia del Challenger e le conseguenze italiane

La tragedia dello shuttle Challenger nel gennaio 1986 sconvolgeva però purtroppo anche i piani italiani e Tethered veniva inevitabilmente rinviato, in attesa di ciò che avrebbe deciso la NASA. L'attività spaziale americana era in gran fermento in quegli anni. Il presidente Ronald Reagan, insediato alla Casa bianca nel 1981, aveva varato due programmi con grandi conseguenze sia civili che militari. Nel 1983, infatti, dava il via al "piano delle guerre stellari", come rimaneva nota la Strategic Defence Initiative (SDI), e l'anno successivo al programma Freedom per la costruzione di una stazione spaziale con la collaborazione dei paesi amici. Celebre rimaneva la fotografia dell'incontro alla Casa bianca che ratificava la condivisione d'intenti con i capi di stato, nella quale attorno a un modello della stazione si vedevano Ronald Reagan, Margaret Thatcher e il primo ministro giapponese Yasuhiro Nakasone. La signora Thatcher poi si ritirava, ma tutte le altre grandi nazioni europee riunite nell'ESA si associavano. Lo shuttle era il veicolo necessario per portare i vari pezzi della base in orbita. Nel 1985, infine, al Cremlino arrivava Michail Gorbačëv, che rimaneva nella storia per aver chiuso la parabola dell'impero sovietico, anche grazie alla sfida tecnologica dell'SDI americano a cui doveva dare una risposta. Ma l'economia sovietica, già in profonda crisi da anni, crollava con l'intero sistema sociale comunista.

Mentre con questi passaggi la scena internazionale stava mutando profondamente, nel nostro paese nel 1981 si compiva finalmente un passo da lungo atteso. La comunità astronomica italiana, che negli anni precedenti si era impegnata con buoni risultati sui satelliti europei, specie nel campo dell'astronomia X, chiedeva il varo di un satellite scientifico nazionale che fino a quel momento aveva trovato il rifiuto del Centro ricerche aerospaziali diretto dal professor Broglio. L'idea era nata anche nell'intento di dare continuità ai lanci dalla base italiana San Marco ancorata nelle acque del Kenya.

Nel maggio 1981 una lettera del direttore del Piano spaziale nazionale Luciano Guerriero invitava a sottoporre proposte per un satellite di classe medio-piccola da realizzare con delle collaborazioni internazionali e con le industrie italiane, consentendo loro di acquisire tecnologie e capacità di sistema. Il costo iniziale indicato era di 50 miliardi di lire, da definirsi tuttavia dopo uno studio di fattibilità. Nel giugno successivo erano presentati tre progetti: uno per lo studio dell'anisotropia del fondo cosmico, poi ritirato; uno per un satellite di astronomia X denominato SAX (Satellite per astronomia X) al fine di investigare sorgenti di alta energia (0.2-200 keV). Il progetto era frutto della collaborazione di scienziati italiani guidati da Livio Scarsi, un gruppo olandese e un altro dello Space Science Department dell'ESA. Scarsi (1927-2006) aveva un passato da ricercatore a Saclay in Francia e al MIT di Boston. Nel 1967 si trasferiva all'Università di Palermo, insegnando fisica superiore e fondando l'Istituto di astrofisica spaziale e fisica cosmica del CNR, che dirigeva per molti anni. Il peso di SAX era di 700 chilogrammi, in modo da utilizzare il lanciatore italiano IRIS in corso di sviluppo, partendo dalla stiva dello shuttle.

Il terzo piano presentato, battezzato OOXA (Osservatorio orbitante per X astronomia), era sempre rivolto allo studio delle sorgenti X nell'universo ma, in questo caso, a bassa energia (inferiori a 2 keV). Lo proponeva l'Osservatorio astronomico di Palermo con l'appoggio di istituti americani e inglesi. Il progetto era sostenuto da Giuseppe S. Vaiana (1935-91), un astrofisico noto per le sue ricerche e scoperte sul Sole ottenute lavorando negli Stati Uniti dal 1964 al 1981, in particolare con il laboratorio spaziale Skylab, prima nella società di ricerca AS&E (American Science and Engineering) assieme al futuro Nobel Riccardo Giacconi e poi all'Harvard-Smithsonian Center for Astrophysics di Cambridge dove c'era anche Giuseppe Colombo. Al suo ritorno nel 1981 dirigeva l'Osservatorio di Palermo.

Aeritalia, la società incaricata dello sviluppo, compiva una valutazione confermando la possibilità di realizzare entrambi i progetti. "Per avere una scelta al di sopra delle parti," ricordava Guerriero, "nominai nel 1982 una commissione formata da illustri scienziati e composta da Edoardo Amaldi, uno dei fondatori del CERN di Ginevra, Bruno Rossi e Giuseppe Occhialini, due maestri della scienza dei raggi cosmici, e Lodewijk Woltjer, della Columbia University e direttore generale dell'European Southern Observatory. A loro chiesi di esprimere una valutazione dalla quale emerse come preferibile la scelta di SAX." Un parere favorevole veniva pure espresso nel luglio 1982 dal Comitato scientifico del Piano e quindi il lavoro prendeva l'avvio con due società di riferimento, l'Aeritalia di Torino per il veicolo spaziale e la Laben di Milano per gli esperimenti scientifici. Poi avrebbe collaborato anche l'industria olandese Fokker.

Intanto, come previsto, il Piano spaziale nazionale 1979-1983 subiva un aggiornamento che si distribuiva tra il 1982 e il 1986. Il CIPE lo approvava nel marzo 1982, garantendo nel quinquennio uno stanziamento di 352 miliardi di lire per le attività nazionali e centoquarantacinque per quelle europee. Il ministro per il coordinamento della ricerca scientifica Giancarlo Tesini in carica dal giugno 1981 fino al dicembre 1982, accompagnando il documento scriveva: "È ormai indilazionabile l'esigenza di superare l'attuale stato di frammentazione di centri decisionali, fonti finanziarie, strumenti operativi: a questo fine presenterò in tempi brevi una proposta di legge per l'istituzione di un'agenzia spaziale italiana." Nonostante i buoni propositi la meta sarebbe rimasta ancora lontana.

Nel Piano si confermava SAX e si proseguiva ugualmente su un altro progetto che assorbiva la metà delle risorse finanziarie: il satellite per telecomunicazioni Italsat 1. Il successo del SIRIO 1 stimolava a proseguire sulla strada intrapresa. Le telecomunicazioni spaziali rappresentavano l'unico settore redditizio. Era molto competitivo, ma proprio l'esperienza di SIRIO aveva fornito ai tecnologi e alle industrie nazionali le conoscenze per scendere nell'arena. Il primo passo che avrebbe permesso di sviluppare le tecnologie da commercializzare successivamente era la costruzione di un satellite preoperativo, necessario per collaudare i sistemi e fornire nello stesso tempo uno strumento di comunicazione spaziale sulla penisola. Era l'applicazione dello spirito del Piano, per gran parte orientato verso lo sviluppo e lo sfruttamento delle telecomunicazioni.

Quando nel 1979 si stava per scegliere la strada da percorrere, si era indecisi se impegnarsi in un satellite per la televisione diretta, come aveva tentato di fare in passato senza successo il sottosegretario alla ricerca Giorgio Postal, o in uno per le comunicazioni d'altro genere. Il problema si risolveva in fretta, perché l'ESA decideva di costruire il grande L-Sat, poi ribattezzato Olympus, proprio per la TV diretta, progetto nel quale l'Italia intendeva giocare un ruolo significativo. Vi partecipavano nove nazioni (Austria, Belgio, Canada, Danimarca, Italia, Olanda, Regno Unito, Spagna e Svizzera). A British Aerospace era stato assegnato il ruolo di capocommessa e a Selenia Spazio la responsabilità dell'intero carico utile, cioè gli apparati di trasmissione, il cuore del satellite. Solo questa parte aveva un valore di 150 miliardi di lire (del 1982), che era oltre la metà dell'intero costo del satellite. La quota più rilevante degli apparati installati a bordo erano i due canali televisivi (a 12 GHz, costruiti in Italia da Selenia), uno dei quali garantiva il servizio sull'area italiana e l'altro, europeo, si estendeva dall'Islanda alle Isole Canarie, alla Finlandia, al Libano.

Altrettanto importante era un altro dei quattro apparati di bordo, sempre italiano, riguardante un esperimento di telecomunicazioni a 20/30 GHz per collaudare le tecnologie di teleconferenze, trasmissioni educative e trasmissioni dati, cioè servizi pensati per le aziende al fine di ridurre i viaggi d'affari e i relativi costi. Per Olympus si produceva in Italia pure il sistema di propulsione a propellenti liquidi che serviva sia per portarlo sulla definitiva orbita geostazionaria intorno all'equatore, sia per il controllo del suo assetto durante la normale attività. Questo segnava un passo importante per la BPD Difesa e spazio di Colleferro, che così entrava per la prima volta nella tecnologia dei grandi propulsori a propellente liquido per satelliti.

Il Piano spaziale nazionale poteva dunque scegliere la costruzione del satellite per le telecomunicazioni chiamato Italsat, utilizzando le frequenze 20/30 GHz ed effettuando dei test con frequenze ancora più elevate (40/50 GHz), e questo sempre pensando alle future evoluzioni richieste alla tecnologia per rispondere al progressivo e inevitabile affollamento delle frequenze.

Italsat per i collegamenti spaziali della penisola

Dopo uno studio iniziale condotto da Telespazio, nel dicembre 1981 il ministero delle poste e delle telecomunicazioni approvava le linee lungo le quali realizzare il progetto.

Con la crescita degli impegni su vari fronti, interno e internazionale, la struttura industriale doveva essere adeguata. Nel 1983 la società Selenia scorporava le attività spaziali creando la Selenia Spazio (controllata da IRI STET), la quale si fondeva l'anno successivo con la Compagnia nazionale satelliti per telecomunicazioni (CNS, che era la CIA costruttrice del SIRIO, ribattezzata così dopo vari cambiamenti azionari anche con CNA) e con la Sistemi di telecomunicazioni (STS). Nel 1980 alla guida della CNS c'era l'ingegner Antonio Rodotà, che passava poi al governo della Selenia Spazio e diventava, quindi, amministratore delegato della nuova società, accresciuta dopo le fusioni.

"L'inizio della fase di studio di Italsat fu abbastanza problematico per l'ambizioso obiettivo che si era stabilito," ricordava il direttore del Piano spaziale nazionale Luciano Guerriero. "Le indagini analizzavano quali ricerche sarebbero state possibili a 40-50 GHz, il tipo di telecomunicazioni con antenne multifascio, la telefonia digitale e la commutazione a bordo invece che a terra, tenendo nello stesso tempo conto anche di un sistema capace di entrare nella rete commerciale italiana, utilizzabile nelle comunicazioni quotidiane dei cittadini. Non fu facile mettere insieme le tre esigenze di ricerca, di innovazione tecnologica e operative."

Per lanciare Italsat in orbita si considerava inizialmente sia lo shuttle che il vettore europeo Ariane. Dopo il disastro della navetta Challenger, non si avevano dubbi a procedere con Ariane. "Il varo di Italsat," notava Guerriero, "fu all'epoca la prima scelta, la più importante e la più rischiosa attuata dal Piano spaziale. A essa arrivammo con una corrispondenza di intenti anche da parte del Consiglio superiore delle poste e delle telecomunicazioni e l'idea era cresciuta senza contrapposizioni, senza false paternità, confortati dal supporto che il professor Carassa, padre del SIRIO, dava all'obiettivo."

Se nel giugno 1981 si passava alla fase B del progetto, cioè al suo approfondimento, nel settembre successivo, quando Roma ospitava il XXXII congresso mondiale della Federazione astronautica internazionale, Italsat otteneva pure il battesimo di una platea extranazionale, perché veniva presentato in una memoria preparata dagli ingegneri Guido Morelli e Claudio Mastracci della CNS.

La data importante che dava il via al programma era tuttavia quella del 7 luglio 1982, quando nell'aula Camillo Golgi del CNR a Roma, in una conferenza stampa Ernesto Quagliariello, presidente del CNR da cui dipendeva sempre il Piano, annunciava l'avvenuta firma del contratto per l'avvio dell'opera con la società CNS, allora presieduta dal generale Alessandro Mettimano, e che era in seguito completato dal definitivo contratto di costruzione con Selenia Spazio nel 1985.

Italsat era importante per il paese, perché doveva diventare il capostipite di una famiglia di satelliti che da allora avrebbe consentito le comunicazioni spaziali sull'intera penisola. Pur essendo sperimentale, si sarebbe infatti integrato con la rete telefonica nazionale aumentandone la flessibilità e le possibilità. La sua concezione era molto avanzata, perché faceva ricorso a frequenze di 20/30 GHz e a tecnologie digitali. In pratica, era una sorta di centralina portata nello spazio che offriva per la prima volta la possibilità di commutare le chiamate direttamente a bordo del satellite. Lo stesso satellite era capace di assegnare i dodicimila canali telefonici di cui disponeva sulla base delle necessità del momento, collegando le stazioni terrestri che ne facevano richiesta. Con una simile elasticità poteva quindi rispondere ai maggiori bisogni di traffico evitando il sovraccarico della rete terrestre. Una seconda missione prevedeva dei "servizi d'utente", che andavano dalle videoconferenze alla trasmissione di pagine di giornali, alle connessioni ad alta velocità fra computer situati a grande distanza e anche ai collegamenti d'emergenza. Al tutto si aggiungevano delle sperimentazioni ad altissima frequenza a 40/50 GHz. Italsat 1 era definito preoperativo perché, dopo un periodo di collaudo, sarebbe stato raggiunto da una seconda unità, Italsat 2, uguale nelle caratteristiche ma necessaria per fungere da riserva nel caso sorgessero problemi al primo veicolo, garantendo così la continuità del servizio.

A questo punto la parola passava al gruppo di industrie mobilitate che, oltre a Selenia Spazio, impegnata pure nelle stazioni terrestri, includeva Aeritalia per la struttura e il controllo termico, SNIA BPD per la propulsione, Officine Galileo per il controllo d'assetto, FIAR per l'alimentazione e i sistemi di propagazione, Laben per la telemetria e il comando, Siemens telecomunicazioni Italia per gli apparati di comunicazioni e per le stazioni terrene, e Telettra. Pochi elementi, che non erano presenti in Italia e che non conveniva sviluppare, come per esempio le batterie, provenivano da Aérospatiale e da Ford.

Con Italsat, insomma, partiva una grande impresa proiettata a creare un settore di attività nelle tecnologie d'avanguardia della comunicazione spaziale, pensando alle future necessità nazionali e al mercato internazionale.

Dopo i diciassette mesi di ministero del coordinamento della ricerca scientifica di Giancarlo Tesini, e un interregno di otto mesi del successore Pierluigi Romita, il 4 agosto 1983, con il primo esecutivo guidato da Bettino Craxi, veniva eletto ministro della ricerca Luigi Granelli. Questi rimaneva in carica per quasi quattro anni, sino al 28 luglio 1987, dopo un secondo governo Craxi e un conseguente brevissimo governo di tre mesi di Amintore Fanfani, che per la sesta e ultima volta diventava presidente del consiglio.

Per lo spazio Granelli era l'uomo giusto, il politico che serviva in quel preciso momento. Dopo l'impostazione dei programmi, questi dovevano essere concretizzati e si trattava di una sfida di notevole impegno e grandissimo rischio per tutti coloro che erano coinvolti: all'interno del Piano, nelle università, nei centri di ricerca e nelle industrie. Se l'ultima esperienza del SIRIO era stata lunga, tormentata e sofferta oltre il lecito sia nella gestione che nella realizzazione, ora i grandi progetti nazionali avviati erano addirittura tre, tutti di notevole peso, diversissimi fra loro e spesso con incognite imprevedibili.

A essi si aggiungevano altri due grandi impegni altrettanto complicati in ambito europeo, riguardanti il laboratorio Spacelab da far volare con gli astronauti sullo shuttle e il razzo vettore Ariane. Vi erano infine le varie collaborazioni a progetti internazionali a livello di strumentazione scientifica.

Granelli, il ministro del rilancio

Bisognava dunque fare un balzo in avanti nella gestione politica, tecnica e industriale, per evitare che tutto crollasse sotto il peso dei molti problemi da affrontare. Questo significava innanzitutto dirigere un'evoluzione dei cervelli dei vari settori: se l'operazione fosse giunta a realizzazione, sarebbe stato un passo significativo della nazione in un campo d'avanguardia che avrebbe portato frutti utili alla scienza, alla tecnologia e all'economia. Il regista di questo balzo era appunto il ministro Granelli, uomo che disponeva di quattro doti fondamentali, che egli sfruttava al meglio: sensibilità, equilibrio, intelligenza e visione. E con quest'ultima trascinava verso gli obiettivi, consapevole che valesse la pena perseguirli per far crescere il paese in un campo di grande importanza internazionale come lo spazio.

Granelli (1929-99) aveva una storia personale di passi concreti. Operaio specializzato nelle acciaierie dell'Italsider, nel 1953 partecipava alla fondazione della corrente di "base" nel partito della Democrazia cristiana occupandosi della formazione professionale nelle industrie e di economia. Eletto alla camera come deputato, costruiva e manteneva di sé l'immagine di "innovatore scomodo", ma apprezzato sia dai suoi amici di partito che dai suoi avversari.

Ampliato l'orizzonte internazionale dopo un'esperienza da parlamentare europeo, nel luglio 1983 assumeva l'incarico di ministro della ricerca, nel quale infondeva l'idea dello sviluppo del paese derivato dagli investimenti nella scienza e strettamente connesso a un ambito internazionale, con particolare impegno in tre campi: lo spazio, le biotecnologie e l'informatica, settori nei quali vedeva la necessità di colmare notevoli ritardi. Nei quasi quattro anni trascorsi su questa frontiera politica, pur sempre da ministro senza portafoglio, i fatti lo dimostravano andando oltre i tre obiettivi. A Trieste sosteneva la creazione del sincrotrone Elettra, un acceleratore per studi fondamentali sulla materia, e approvava il progetto di un sincrotrone europeo poi realizzato a Grenoble, in Francia. Sempre a Trieste, con il biologo Arturo Falaschi creava il Centro internazionale per l'ingegneria genetica e le biotecnologie sostenuto dall'UNIDO, l'organismo delle Nazioni unite.

Mentre sovrintendeva il Piano spaziale nazionale e i programmi europei all'ESA, egli predisponeva il disegno di legge per l'istituzione dell'Agenzia spaziale italiana che presentava al parlamento, il quale ne iniziava la discussione nell'ottobre 1985. Purtroppo sarebbero occorsi tre anni per arrivare alla sua approvazione.

Granelli non "presenziava" ai convegni soltanto per un saluto d'ufficio, come da tradizione politica, ma partecipava sino alla conclusione dei lavori. Ascoltava, prendeva appunti e i suoi discorsi conclusivi erano l'elaborazione di un pensiero, elementi di discussione politica che si integravano con l'impostazione scientifica. Svolgeva il suo ruolo costruttivo con l'umiltà di chi aveva il dovere di capire per contribuire. Qualsiasi presenzialismo era bandito: il suo era un serio compito da svolgere al meglio cercando di non sbagliare, come il passato in acciaieria gli aveva insegnato. A sostenerlo erano la passione politica e una dote di gran conversatore.

Dopo la ricerca diventava ministro delle partecipazioni statali, continuando per certi aspetti a occuparsi di spazio, perché le maggiori società del settore erano controllate dallo stato.

Granelli non poteva ricevere battesimo dello spazio migliore di quello che il caso gli aveva riservato. Erano passati poco più di tre mesi dal suo insediamento al ministero e volava a Cape Canaveral per assistere al lancio della shuttle Columbia, con a bordo il primo Spacelab dell'ESA costruito con un rilevante contributo italiano. Per il neoministro questa era anche l'occasione per conoscere direttamente il mondo della NASA, che ruotava attorno all'astronave riutilizzabile da poco entrata in servizio. Accompagnato da Ernesto Vallerani, che aveva guidato la nostra partecipazione alla realizzazione del modulo europeo, da Carlo Buongiorno e Mario Di Leo dell'Ufficio spazio del ministero, visitava la base, i grandi edifici dove si preparavano gli shuttle e infine la navetta Columbia sulla rampa pronta al lancio. "Quella visita improvvisata ritengo sia stata l'inizio di un lungo e proficuo rapporto stabilitosi con il senatore Granelli," ricordava Vallerani, "diventando il sostenitore più convinto delle attività spaziali e di quelle attinenti le missioni con gli astronauti."

Al mattino del 28 novembre 1983 lo shuttle Columbia volava in orbita con a bordo anche il primo astronauta europeo, il tedesco Ulf Merbold. Ai comandi dell'equipaggio c'era John Young, mitico astronauta delle missioni Gemini e poi uno dei dodici che avevano camminato sulla Luna. Young era stato pure il comandante dello stesso shuttle Columbia al suo primo volo di collaudo nel 1981. A bordo dello Spacelab gli scienziati europei avevano imbarcato 73 esperimenti di varia natura, che andavano dalla fisica alla biologia. Cinque di questi erano stati studiati in Italia. Uno di essi, ideato dal professor Luigi Gerardo Napolitano dell'Università di Napoli, che era stato tra i fondatori della scienza microgravitazionale, faceva ricorso a uno strumento chiamato Fluid Physics Module, costruito in collaborazione con il Centro ricerche FIAT. Era stato concepito per studiare l'effetto Marangoni presente nella scienza dei fluidi e mirava a verificarne le manifestazioni nello spazio. I suoi risultati sarebbero serviti alla creazione di nuovi materiali in assenza di gravità. Altri due esperimenti riguardavano ancora la scienza dei materiali e ne erano responsabili Primo Gondi, dell'Università di Roma, e Giovanni Ghersini, del CISE di Milano. Il quarto, del professor Aristide Scano dell'Università di Roma, era legato alle scienze della vita. Vi era poi la partecipazione di Giuliano Boella dell'Istituto di fisica cosmica del CNR di Milano e di Livio Scarsi dell'Istituto di fisica cosmica del CNR di Palermo a un esperimento sui raggi X preparato da ricercatori dell'ESA e della Gran Bretagna. Con questo volo incominciavano a concretizzarsi anche in Italia le ricerche nel campo dell'assenza di gravità che avrebbero poi coinvolto altri studiosi e favorito la creazione del centro MARS (Microgravity Advanced Research and Support) tra l'Università di Napoli e Aeritalia. La missione durava dieci giorni, 7 ore e 47 minuti, e a questa ne seguivano altre 15 nell'arco di quindici anni, organizzate soprattutto da americani, giapponesi e tedeschi: l'ESA aveva perso interesse, pur avendo fornito i due moduli Spacelab alla NASA.

Ma per l'industria italiana il risultato era stato raggiunto, perché poco dopo, con le tecnologie acquisite, Aeritalia costruiva il modulo più piccolo Spacehab, sempre da imbarcare sullo shuttle, per la società americana Spacehab Inc., la quale avviava con la tecnologia italiana la prima iniziativa privata americana nella fornitura di servizi alla NASA.

Sotto il ministero Granelli venivano approvati sia il secondo aggiornamento del Piano spaziale nazionale (1984-88), con un finanziamento di 538 miliardi di lire, sia il terzo e ultimo (1986-89) per 1080 miliardi di lire. Ciò garantiva la necessaria continuità alla realizzazione dei progetti e, talvolta, gli indispensabili cambiamenti, come accadeva dopo il disastro dello shuttle Challenger nel gennaio 1986, con il quale sarebbero dovuti partire il satellite LAGEOS con il razzo IRIS, il satellite astronomico SAX e quello per le telecomunicazioni Italsat 1. Solo il primo rimaneva però nei piani delle successive missioni, riprese solo quasi tre anni dopo, nel settembre 1988 con lo shuttle Discovery. SAX si modificava per volare con un razzo vettore Atlas, mentre Italsat veniva lanciato con l'Ariane 4. Ciò avrebbe comportato più tardi la nascita di problemi non sempre facili da risolvere.

Nascono Eutelsat e poi Giotto per incontrare la cometa

Alla metà degli anni ottanta due iniziative europee di diverso carattere, e aventi come protagonisti tecnologi e scienziati italiani, dimostravano i progressi compiuti. Nel 1985 le amministrazioni delle poste e delle telecomunicazioni dei vari paesi davano vita a Eutelsat, un'organizzazione intergovernativa di cui si discuteva dal 1977 e che mirava a gestire le telecomunicazioni via satellite sul Vecchio continente. Nel 1983 l'ESA aveva già lanciato a questo fine un satellite, il primo per il nuovo ente comunitario Eutelsat, alla cui guida veniva chiamato Andrea Caruso. Caruso, dopo un'esperienza in Telespazio, nel 1978 diventava uno dei tre vicedirettori dell'organizzazione internazionale INTELSAT, avente sede a Washington, acquisendo buona fama. A lui spettava far crescere il neonato campo di attività che si era trasformato anche per l'Europa, grazie allo sviluppo di tecnologie proprie, in un'area di business. Più tardi, nel 1999, suo successore sarebbe stato Giuliano Berretta, un tecnologo con l'animo degli affari, che era stato prima responsabile della sezione sistemi di comunicazione al centro ESTEC dell'ESA a Noordwijk, in Olanda, e diveniva prima direttore commerciale e poi direttore generale di Eutelsat. Berretta faceva le fortune dell'ente ampliandone l'attività e sostenendo soprattutto la diffusione televisiva. Nel contesto della liberalizzazione del settore delle telecomunicazioni, egli nel 2001 pilotava la trasformazione della società da pubblica in privata, favorendo ulteriori benefici. Il successo, riconosciuto internazionalmente, gli meritava il Sir Arthur C. Clarke 2010 Award, assegnatogli nell'aprile di quell'anno nella sede dell'INTELSAT a Washington. E quando nel 2011 lasciava il ruolo di amministratore, veniva eletto presidente onorario per i meriti acquisiti nei vent'anni trascorsi a sviluppare un prezioso settore per il business europeo.

Nell'ambito della scienza, invece, mentre i ricercatori preparavano gli esperimenti da far salire sul primo volo dello Spacelab partecipavano anche alla prima missione interplanetaria dell'ESA con la sonda Giotto, che nel marzo 1986 si avvicinava per la prima volta al nucleo di una delle più celebri comete, quella di Halley, che tornava dopo 76 anni, sfiorandola da appena 596 chilometri. Giotto spediva in diretta le immagini del nucleo e dell'inferno polveroso che lo circondava, attraversandolo. Seguivo l'avvenimento dal centro di controllo della missione dell'ESA a Darmstadt, in Germania, accanto agli occhi sbarrati di Jan Oort, l'astronomo olandese che aveva teorizzato l'esistenza di una nube sferica che porta il suo nome e che avvolgerebbe il sistema solare agendo da serbatoio cometario. Per alcuni minuti Giotto smetteva di trasmettere. A causa degli impatti perdeva l'orientamento, poi lo riprendeva e tornava a farsi sentire una volta superata la bufera, ma non inviava più fotografie. La camera, alla cui costruzione aveva contribuito l'Università di Padova, era irrimediabilmente danneggiata. La missione era stata particolarmente sostenuta dal professor Giuseppe Colombo, che aveva partecipato al suo studio e alla fine aveva proposto il nome Giotto, proprio perché nella sua città il grande artista aveva dipinto nella Cappella degli Scrovegni l'immagine della cometa di Halley, che aveva osservato nel 1301, lasciandoci la prima raffigurazione pittorica di un astro con la coda. Sulla sonda c'erano numerosi altri elementi italiani: i sensori Galileo per l'orientamento, un rilevatore di polveri che serviva per il loro conteggio, il sistema computerizzato di guida nato a Milano in Laben, il controllo dell'energia di FIAR e il propulsore a razzo SEP, a cui aveva collaborato SNIA BPD e che aveva spinto Giotto verso l'ambizioso obiettivo. Come si può notare, la presenza della tecnologia italiana si era ampiamente diffusa sui veicoli spaziali europei.

Nel luglio 1987 Antonio Ruberti diventava il nuovo ministro della ricerca. Nato ad Aversa, aveva insegnato teoria dei sistemi informatici all'Università La Sapienza di Roma, della quale era diventato rettore rimanendo in carica sino alla nomina nell'esecutivo, carica che manteneva per cinque anni, nonostante il succedersi di quattro governi (Goria, De Mita, Andreotti VI e VII). Ma nel 1988 il suo ministero, ribattezzato "dell'università e della ricerca scientifica", conquistava finalmente "il portafoglio", cioè una dotazione economica autonoma come gli altri ministeri. Era quindi Ruberti a far compiere gli ultimi passi alla legge preparata dal predecessore Luigi

Granelli per la costituzione di un'Agenzia spaziale italiana, portandola all'approvazione finale. Ma Granelli gli avrebbe passato anche il testimone per l'Europa, perché tra il 1985 e il 1987 si compivano scelte importanti che si sarebbero proiettate sui tre decenni seguenti.

Il via al programma della Stazione spaziale internazionale, che era stato dato dal presidente americano Ronald Reagan nel 1984 durante il discorso sullo stato dell'Unione all'inizio dell'anno, aveva reso più concrete le discussioni e i piani in corso di elaborazione in Europa sulle possibilità di collaborazione. Per l'Italia si esprimeva subito a favore l'alta politica, tanto che in marzo il presidente del consiglio Bettino Craxi, da pochi mesi a Palazzo Chigi e molto interessato all'appoggio politico americano, scriveva a Reagan confermando che il suo governo aveva già espresso il proprio interesse per una significativa partecipazione.

Ariane 5 e Columbus per la stazione spaziale

In parallelo, la Francia studiava il successore del vettore Ariane 4, necessario per garantire una capacità di lancio adeguata alle necessità di satelliti per telecomunicazioni sempre più pesanti. Per questo nell'ESA si lavorava su un "piano a lungo termine", che trovava il primo avvallo nel consiglio dei ministri della ricerca europei tenutosi a Roma, a Villa Madama, nel gennaio 1985. Dati i grandi interessi di ogni genere coinvolti, il non facile *meeting* si concludeva con importanti risultati grazie al ruolo di mediazione esercitato dal ministro Luigi Granelli, soprattutto per la partecipazione alla Stazione spaziale americana, trovando un buon compromesso fra le nazioni. L'Europa avrebbe realizzato un modulo abitato battezzato Columbus e l'accordo tra le due agenzie NASA ed ESA era firmato nel luglio successivo, a Parigi, dai rispettivi amministratori, James Beggs e Reimar Lüst.

Alla fine del 1987, in novembre, all'Aja il successivo consiglio dei ministri europei approvava il piano a lungo termine con i dettagli degli impegni assunti da ciascun paese. E quelli per l'Italia erano appunto sottoscritti da Antonio Ruberti. L'ESA prevedeva un programma Columbus molto ambizioso, che includeva un modulo abitato attaccato stabilmente alla stazione, un altro in grado di volare libero a poca distanza dalla base per lo svolgimento di alcune ricerche e solo in parte abitato, infine una piattaforma automatica per ricerche scientifiche da collocare in orbita polare con il vettore Ariane 5.

Columbus si materializzava soprattutto per l'interesse di Germania e Italia, che erano state le protagoniste del laboratorio Spacelab e che ora ne vedevano nella stazione permanente in orbita il logico passo evolutivo. A elaborare gli impegni erano soprattutto due uomini già uniti da Spacelab: Manfred Fuchs, responsabile delle attività future della società tedesca Erno, ed Ernesto Vallerani, che sovrintendeva le attività spaziali in Aeritalia.

Il programma avrebbe subito modifiche notevoli negli anni successivi, ma sarebbe rimasto uno dei più importanti per l'Europa.

Il secondo grande impegno del consiglio dei ministri tenutosi in Olanda riguardava la realizzazione del vettore Ariane 5, con il massiccio impegno dell'Italia (15%) sia nella fabbricazione dei due grandi razzi ausiliari (*booster*) di cui era dotato per il decollo, che per una parte del nuovo motore a razzo a idrogeno e ossigeno liquidi, di cui sarebbe stato fornito il primo stadio. Per entrambi erano coinvolte SNIA BPD e FIAT Avio e ciò significava un rafforzamento importante nell'area della propulsione spaziale. Ariane 5 doveva portare in orbita anche il minishuttle Hermes, ma il sogno che aveva particolarmente animato il momento dell'approvazione svaniva presto.

Tra i consigli dei ministri di Roma e dell'Aja arrivavano infatti due notizie che, in modo diverso, avrebbero pesato sulle scelte spaziali future. Se alla fine del gennaio 1986 scoppiava nel cielo di Cape Canaveral lo shuttle Challenger, pochi giorni dopo, il 20 febbraio, dal poligono di Bajkonur veniva lanciato il primo modulo della nuova stazione sovietica MIR, che apriva una nuova stagione dei voli umani nel cosmo con soggiorni e attività prima impossibili.

"In Italia nella seconda metà degli anni ottanta il lavoro proseguiva con entusiasmo e normalità," ricordava Luciano Guerriero, "avvicinandoci alla data storica, quando nel 1988 nasceva l'ASI, l'Agenzia spaziale italiana." E mentre nello stesso anno si lanciava dalla piattaforma San Marco in Kenya l'ultimo satellite del professor Broglio, la chiusura del decennio segnava anche la conclusione di uno dei periodi più ricchi e produttivi dell'attività cosmica nazionale. Il seguito avrebbe riservato qualche sorpresa.

Nello stesso anno, il 15 novembre, l'Unione Sovietica lanciava in orbita Buran, uno shuttle aggrappato al vettore Energia. Sembrava la copia della navetta americana, a cui assomigliava fortemente nel disegno aerodinamico, ma non nella concezione del sistema propulsivo. Il volo tuttavia, senza cosmonauti a bordo, non aveva futuro. Buran non tornava più nello spazio, mentre nel 1990 l'Unione Sovietica iniziava la sua disintegrazione, scomparendo dalla storia che aveva in qualche maniera condizionato per sette decenni.

8.
La nascita dell'ASI, i primi astronauti, tanti satelliti e un vettore tricolore

Il mercoledì 8 giugno 1988 era salutato come un grande giorno da tutti coloro che in Italia avevano a che fare con lo spazio. La *Gazzetta Ufficiale* pubblicava il testo della legge approvata il 30 maggio dal titolo *Istituzione dell'Agenzia spaziale italiana* (ASI). Dopo lunghe aspirazioni, svariati tentativi, vari disegni di legge presentati e il lungo apprendistato degli otto anni del Piano spaziale nazionale sotto l'ombrello del Consiglio nazionale delle ricerche, finalmente nasceva un organismo che coordinava l'intero settore: i rapporti europei e internazionali, quelli con le università, i centri di ricerca e le industrie. Il ministero della ricerca avrebbe dato gli indirizzi politici, ma la gestione sarebbe stata dell'ASI. Quindi anche in Italia esisteva ora un ente, come il CNES francese o la NASA statunitense, che dirigeva l'iniziativa cosmica? Solo in parte, perché CNES e NASA avevano centri di indagine propri, l'ASI invece no, dato che nasceva come un'agenzia che finanziava attività realizzate da altri.

La legge era concepita con intenti innovativi, staccati dai criteri adottati dalle istituzioni pubbliche come il CNR, il quale, proprio nella fase del Piano spaziale, aveva dimostrato i suoi limiti e una concezione regolamentare non adatta a un'agenzia impegnata ad amministrare fondi assegnati in buona parte alle industrie. La struttura dell'ASI prevedeva invece, oltre al consiglio di amministrazione, un comitato scientifico e uno tecnologico, anche se i rapporti interni non erano semplici.

Secondo moderni criteri di snellezza e di elasticità, la legge consentiva per esempio al nuovo ente l'assunzione di personale a tempo determinato in base alle necessità dei programmi da svolgere. Lo spirito innovatore e gli intenti propositivi del legislatore restavano tuttavia in parte imbrigliati da una limitata chiarezza espressiva e da un'insufficiente definizione degli articoli, due aspetti che si rivelavano presto fonte e culla di non poche difficoltà.

A portare a compimento tale opera politica era stato il ministro della ricerca Antonio Ruberti che, inaugurando il suo secondo mandato con il governo di Ciriaco De Mita, poteva per la prima volta disporre di una dotazione finanziaria, cioè del cosiddetto "portafoglio", dato che, oltre alla ricerca, era incaricato della gestione dell'università.

Dal 2 giugno 1989 Ruberti assegnava la delega per le attività spaziali al suo sottosegretario, il senatore Learco Saporito. Salernitano di origine, professore di istituzioni di diritto pubblico e senatore della Democrazia cristiana dal 1979, Saporito affrontava il nuovo incarico con molta esuberanza e grande decisionismo, intervenendo soprattutto negli affari europei dell'ESA, "nei quali," diceva, "dobbiamo essere più considerati e le nostre industrie devono trovare maggiori risposte". Ed era vero.

Inizialmente, sull'onda dell'entusiasmo per la nascita dell'Agenzia l'attività prese uno slancio considerevole, anche perché si trattava di concretizzare i programmi fino allora concepiti nel Piano spaziale nazionale oppure varati in Europa e già in avanzata fase di realizzazione.

Olympus, la TV e i primi astronauti italiani

Il 12 luglio 1989 un razzo vettore Ariane 3 lanciato dalla Guyana francese portava in orbita Olympus, il più grande satellite per telecomunicazioni fino ad allora costruito, alto 6 metri, come una casa due piani, e noto anche come L-Sat (Large Satellite). Realizzato dall'ESA, era destinato alla televisione diretta via satellite ed era anche il primo satellite europeo a sperimentare la banda larga (Ka, a 20/30 GHertz), che sarebbe presto diventata preziosa. Tutta la parte dei sistemi di telecomunicazione, la più importante, era di responsabilità italiana ed era costruita direttamente o indirettamente da Selenia Spazio, che in questo modo acquisiva una tecnologia all'avanguardia commercialmente utile. Le operazioni erano condotte dalla stazione del Fucino della Telespazio. Il satellite però non era fortunato. Nel 1991 soffriva di un blocco a un pannello solare e poi, a causa di un comando sbagliato, era vittima di vari problemi. Riportato sotto controllo dal centro dell'ESA di Darmstadt, nell'agosto 1993 veniva presumibilmente coinvolto nello sciame meteorico delle Perseidi e finiva fuori controllo. Questa volta il propellente rimasto non ne consentiva il recupero, quindi le sperimentazioni con Olympus cessavano prima dei sette anni previsti. Il lavoro compiuto costituiva comunque un importante passo avanti per la tecnologia italiana ed europea.

Il 30 giugno, poco prima che Olympus volasse in orbita, a seguito delle valutazioni dell'Investigator Working Group, un gruppo di esperti americani e italiani, la NASA aveva scelto i primi due astronauti italiani, uno dei quali avrebbe accompagnato in orbita il satellite a filo Tethered, mentre l'altro sarebbe stato disponibile come riserva. Da quel momento si preparavano alla missione a bordo dello shuttle, prevista per il 1991. I fortunati erano il genovese Franco Malerba, ingegnere elettronico della Digital, nato nel 1946, e il veneziano Franco Rossitto, classe 1940, professore di fisica nucleare al Politecnico di Milano; entrambi avevano già partecipato alle selezioni dell'ESA europea nel 1977. L'annuncio della loro futura avventura spaziale avrebbe dovuto costituire un momento di soddisfazione per il nostro paese, che presto avrebbe avuto il suo primo cittadino nello spazio, invece segnava l'inizio di un periodo di polemiche e di poco onorevoli scontri.

Nei mesi successivi Rossitto accettava la nomina a responsabile del gruppo astronauti dell'ESA e quindi rinunciava alla sua carriera da astronauta. Al suo posto subentrava il romano

Umberto Guidoni, classe 1954, astrofisico dell'Istituto di fisica dello spazio interplanetario.

Prima della designazione, il 23 maggio, la NASA aveva indicato quattro finalisti tra i quali, oltre ai tre già nominati, c'era il fisico Cristiano Batalli Cosmovici. In Italia essi erano stati preferiti fra dieci aspiranti selezionati dall'Istituto di medicina aerospaziale dell'aeronautica militare e da una commissione di esperti guidata dal professor Luigi Broglio fra sedici domande pervenute dopo la diffusione del bando. Gli altri sei erano gli ingegneri Alessandro Falciai, Paolo Nespoli, Marco Rosati, Stefano Santonico, Andrea Lorenzoni e una donna, il fisico Maria Barbara Negri, a dimostrazione di aver adottato un criterio non discriminatorio.

La decisione della NASA non era però accettata da Cosmovici, che aveva già partecipato senza successo con Rossitto, Santonico, Malerba e Lorenzoni alla prima selezione nel 1977 per l'ESA, ragione per cui tutti costoro erano stati ritenuti di diritto "già candidati". "Intervenne il ministero della ricerca facendo pressioni sulla NASA perché venisse accettato comunque assieme agli altri nonostante il verdetto negativo," ricordava il presidente dell'ASI. Così nel marzo 1990 Cosmovici partiva per il centro di Houston insieme a Malerba e Guidoni.

"Al termine del primo periodo di addestramento," spiegava Learco Saporito, sottosegretario al ministero della ricerca con delega per lo spazio, nella conferenza stampa alla vigilia della partenza del terzetto, "uno dei tre astronauti verrà scelto per la missione, un altro assolverà il compito di riserva italiana, mentre per il terzo, che sarà escluso quindi dal lancio vero e proprio, è previsto un corso di preparazione a carattere più generale, in vista delle molteplici missioni spaziali organizzate dal nostro paese." "La decisione della NASA di accogliere un numero maggiore di candidati italiani, in un primo tempo, limitati a due," aggiungeva il ministro della ricerca Antonio Ruberti nella stessa conferenza, rimarcando il cambiamento di piano, "è molto positiva per il nostro paese che si appresta a costituire, sotto l'egida dell'ASI, la prima scuola italiana di astronauti." L'operazione però non riusciva e dopo un breve periodo Cosmovici tornava in Italia e nell'ottobre dello stesso anno veniva nominato consigliere scientifico per le attività spaziali del ministro Ruberti. Anche Santonico però esprimeva delle proteste ricorrendo al tribunale amministrativo regionale del Lazio, poiché si sentiva ingiustamente escluso, a suo parere, a causa di brogli. Lo stesso Lorenzoni faceva sentire la sua voce, sostenendo che "il processo selettivo non ha privilegiato l'esperienza". L'amarezza per l'esclusione dal sogno dello spazio provocava dunque vistose reazioni. Sarebbe stato il tempo a provvedere a seppellire nel silenzio le polemiche, che avevano irritato non poco l'ente spaziale americano.

Il satellite Italsat e i ridimensionamenti di Monaco

Mentre vivaci discussioni animavano i titoli dei giornali, schierati a favore o contro i contendenti, nel 1990 il mondo industriale provvedeva a un necessario rafforzamento: Selenia Spazio veniva fusa con il Gruppo sistemi spaziali di Aeritalia, nella quale era da poco confluita la società milanese Laben, specializzata nella fabbricazione di "cervelli" per satelliti e sonde. Così in un'unica società, battezzata Alenia Spazio e controllata da Finmeccanica, si riuniva il meglio delle capacità spaziali esistenti nel paese, a esclusione della propulsione, che rimaneva in ambito FIAT.

Il primo frutto del riordino veniva celebrato con soddisfazione il 16 gennaio 1991, quando un razzo vettore Ariane 44L nella sua versione più potente, partendo dalla base in Guyana, portava in orbita Italsat F1, il primo satellite preoperativo italiano dedicato alle telecomunicazioni. A quattordici anni dal satellite sperimentale Sirio, la tecnologia collaudava un nuovo sistema estremamente avanzato rappresentato soprattutto dalla commutazione dei segnali a bordo invece che da terra, come era avvenuto fino ad allora. E questo significava un notevole passo avanti. Non restava che collaudare in orbita le sue prerogative e proseguire con la costruzione del secondo esemplare Italsat F2, così da rendere la coppia spaziale attiva quotidianamente nella rete delle telecomunicazioni italiane, secondo le necessità.

Nel 1990, intanto, il Piano spaziale quinquennale veniva aggiornato estendendolo fino al 1994 ed era "articolato tenendo conto di un equilibrato bilanciamento tra crescita degli investimenti finanziari, crescita dell'occupazione industriale, espansione della ricerca scientifica di base, nonché di adeguato sviluppo delle politiche di formazione e del Mezzogiorno", recitava la relazione ministeriale delle attività presentata in parlamento. Oltre a completare quanto già in corso, si aggiungevano "tre nuove linee di sviluppo": la partecipazione al programma della sonda Cassini della NASA per l'esplorazione di Saturno; la realizzazione di un modulo logistico per i rifornimenti della stazione spaziale che sarebbe stato trasportato dallo shuttle; l'italianizzazione e la successiva costruzione nazionale di un lanciatore per piccoli satelliti, derivato dal concetto del vettore San Marco Scout dell'Università di Roma. L'anno successivo si teneva a Monaco di Baviera la riunione dei ministri della ricerca del Vecchio continente a cui spettava di varare nuovi programmi comuni, cui andavano ad aggiungersi quelli nazionali e bilaterali con la NASA.

Ma la scena internazionale, ed europea in particolare, stava cambiando profondamente. Nel novembre 1989 cadeva il muro di Berlino, simbolo della "cortina di ferro", e nell'ottobre 1990 la Germania era riunificata. Il grande evento storico segnava l'inizio della fine della Guerra fredda e l'imminente crollo dell'Unione Sovietica. E così, dopo un fallito tentativo di colpo di stato a Mosca, nel dicembre 1991 l'URSS veniva sciolta e l'ultimo segretario del partito comunista Michail Gorbačëv era sostituito dal neopresidente, eletto, Boris El'cin. Nello spazio, sulla stazione spaziale russa MIR, continuava tuttavia a sventolare la vecchia bandiera rossa con falce e martello e l'inevitabile blocco delle attività costringeva il trentatreenne Sergej Krikalëv, il "cosmonauta senza sorriso" battezzato "l'ultimo cittadino dell'URSS", a rimanere a bordo più a lungo del previsto: dal maggio 1991 fino al marzo 1992, cioè per dieci mesi.

Tutto ciò si ripercuoteva sui programmi spaziali europei e americani e il consiglio dei ministri europei della ricerca riunito a Monaco di Baviera nel dicembre 1991 valutava con occhi diversi i progetti approvati alla precedente conferenza dell'Aja, nel 1987. Allora, sull'onda di un grande entusiasmo, si era dato il via a imprese che forse non erano state attentamente valutate nei costi di sviluppo, che in seguito erano cresciuti in modo eccessivo e insostenibile. A Monaco questioni di bilancio costringevano dunque a un drastico ridimensionamento di tali imprese. A richiederlo era prima di tutto la Germania, impegnata nella riunificazione nazionale dopo il crollo del muro di Berlino.

Quando nella capitale bavarese i ministri dei tredici paesi si sedevano al tavolo delle discussioni c'era insoddisfazione, perché un accordo "segreto" tra il cancelliere tedesco Helmut Kohl e il presidente francese François Mitterrand orientava i lavori. Mentre per il nuovo vettore Ariane 5 si procedeva senza grandi polemiche, a cadere in disgrazia era il minishuttle Hermes. La gestione francese del programma non era stata delle migliori, anche perché le tecnologie da sviluppare erano numerose, più onerose del previsto e richiedevano tempi più lunghi: dopo quasi quattro anni di studi il suo costo era aumentato del 40%, con un ritardo ipotizzato di cinque anni sulla data di lancio, indicazione tuttavia questa abbastanza vaga dati gli ostacoli da superare. Il piano, sostenuto in gran parte dalla Francia (43,5%) e dalla Germania (27%), vedeva come terzo contributore l'Italia (12%). Era il segno del tramonto dell'aspirazione francese a essere i costruttori della prima astronave europea sopravanzata pure dagli interessi tedeschi, dai quali nel frattempo usciva lo studio di uno spazioplano più avanzato battezzato Sanger. Ma anche per quest'ultimo si trattava di un'altra utopia, perché i tempi erano diventati difficili politicamente ed economicamente.

La riunione di Monaco infatti, alla quale partecipava il ministro Antonio Ruberti e che doveva stabilire i finanziamenti fino al 2005, dopo tre giorni si chiudeva con l'invito a riesaminare più nel dettaglio le questioni, rinviando ogni decisione a un nuovo meeting ministeriale l'anno successivo, che tenesse anche conto di un'Europa ormai cambiata e delle richieste dei paesi minori, che non si potevano più eludere. L'ESA, per esempio, attraverso il suo direttore generale Jean-Marie Luton mi esprimeva in un'intervista la contrarietà a due progetti italiani in corso: quello del modulo logistico per i rifornimenti della stazione e quello della costruzione di un vettore per piccoli satelliti.

"Un'iniziativa del genere," diceva Luton riferendosi al modulo logistico, "può mettere in difficoltà l'ESA e il mio compito è di difendere l'Europa spaziale. Ritengo che occorra un certo equilibrio negli orientamenti delle attività. Esiste un problema politico che l'Italia deve risolvere tra gli Stati Uniti e l'Europa." E per quanto concerneva il lanciatore, conoscendo analoghi interessi francesi, rispondeva più diplomaticamente: "A Monaco verrà presentato un programma per la costruzione di minisatelliti. Se sarà approvato, prenderemo in considerazione anche il vettore italiano." I rapporti tra l'agenzia di Parigi e il governo italiano erano dunque entrati in una fase quasi conflittuale.

A Parigi non si accettava che il sottosegretario Learco Saporito avesse firmato il 6 dicembre 1991 a Washington un accordo bilaterale tra Italia e USA per la stazione spaziale Freedom. Nel memorandum sottoscritto dall'amministratore della NASA, l'ammiraglio Richard Truly, e dal presidente dell'ASI Luciano Guerriero si prevedeva "la progettazione, lo sviluppo, le operazioni e l'utilizzazione di due mini-moduli logistici pressurizzati e un mini laboratorio per la stazione spaziale Freedom".

Alla fine si sarebbero costruiti tre moduli logistici tutti uguali battezzati Leonardo, Raffaello e Donatello.

Nella seguente riunione dei ministri europei a Granada nel novembre 1992, l'ESA si trovava davanti alla realtà dei bilanci e decideva un taglio di 5000 miliardi di lire al piano 1993-2000 rispetto a quanto considerato a Monaco. L'impegno dei tredici paesi europei si fermava così a 34.000 miliardi di lire, 6500 dei quali garantiti dall'Italia. Relativamente ai progetti, si chiariva che Ariane 5 sarebbe proseguito, mentre dei due moduli abitati del programma Columbus, uno attaccato alla stazione e uno libero, il secondo sarebbe stato eliminato. A essere cancellato del tutto era il progetto del minishuttle Hermes, che veniva trasformato in un fumoso piano di indagine tecnologica sui veicoli di rientro coinvolgente anche la Russia. Per la perdita di Hermes, di cui era la maggiore beneficiaria, la Francia pretendeva compensazioni in altri programmi: dal modulo Columbus al progetto dei due satelliti per telecomunicazioni previsti dall'ESA, la cui quota maggiore (45%) era stata assunta dall'Italia. Uno di questi era Artemis, che sperimentava nuove tecnologie, comprese quelle delle trasmissioni laser; il secondo era il "satellite ripetitore" DRS, che avrebbe consentito una più facile e consistente ritrasmissione a terra della notevole quantità di dati raccolti dai satelliti ambientali in cantiere e anche sulla stazione spaziale.

Nella città spagnola l'Italia era rappresentata dal nuovo ministro della ricerca e dell'università Alessandro Fontana, subentrato ad Antonio Ruberti il 28 giugno 1992 con il nuovo governo presieduto da Giuliano Amato. "Sia per Columbus che per i satelliti di telecomunicazioni," affermava Fontana, "il ruolo italiano deve rimanere di primo piano nonostante le revisioni dei programmi. Per far fronte, poi, al livello nazionale degli impegni di spesa europei il governo ha autorizzato l'Agenzia spaziale italiana ad aprire una linea di credito con le banche con cui colmare una differenza di 400 miliardi di lire fino ad arrivare a 1200 miliardi nel 1993."

Fontana, professore universitario, nato a Marcheno in provincia di Brescia, entrava in carica il 28 giugno 1992, ma vi rimaneva per soli dieci mesi, perché il 28 aprile si insediava il nuovo governo di Carlo Azeglio Ciampi, che assegnava il ministero a Luigi Berlinguer. Anche l'incarico di quest'ultimo aveva però vita breve, perché a distanza di una settimana, dal 4 maggio e fino al 10 maggio 1993, sulla sua poltrona si sedeva Umberto Colombo (1927-2006). E l'anno del suo mandato sarebbe stato significativo.

Colombo era uno scienziato, un chimico-fisico di valore internazionale per gli studi di successo in campo energetico e ambientale. Aveva diretto la ricerca nel gruppo Montedison, il Comitato per la politica scientifica e tecnologica dell'OCSE e poi aveva assunto cariche più manageriali guidando prima l'ENI e poi l'ENEA (Ente nazionale per le energie alternative), centro ricerche energetiche. Egli si segnalava come il primo ministro a cercare di realizzare una mappa della ricerca italiana parlando per la prima volta di scelte da compiere e di linee strategiche da seguire in base alle possibilità e alle competenze. Mi anticipava i dettagli del suo piano durante una passeggiata sull'Isola del Diavolo, alla Cayenna, nella pausa di un lancio europeo dalla base spaziale nella Guyana francese. Il suo breve ministero non gli permetteva tuttavia di concretizzare molte idee.

Scontro di cifre e Malerba, primo astronauta

Nella prima metà degli anni novanta la situazione economica, sociale e politica dell'Italia tornava a essere molto critica. Nel 1991 e nel 1993 l'agenzia di rating americana Moody's declassava il livello del paese, ancora in recessione. I partiti che erano stati al potere per quasi mezzo secolo erano investiti dal ciclone giudiziario "mani pulite" per i finanziamenti illeciti e crollavano uno dopo l'altro sotto le indagini dei magistrati.

In questa cornice anche l'Agenzia spaziale italiana entrava

in un periodo di notevoli difficoltà, innanzitutto per motivi economici e poi per via dei problematici rapporti interni.

Fino al 1990 le risorse attribuite annualmente dalla legge finanziaria dello stato per la realizzazione dei programmi nazionali, internazionali ed europei avevano seguito rigidamente le indicazioni del Comitato interministeriale per la programmazione economica (CIPE). Per il 1990-1994 il piano approvato dal CIPE stabiliva delle linee di sviluppo con risorse annue adeguate alla loro realizzazione. Tuttavia, dal 1991 accadeva che la legge finanziaria approvasse stanziamenti decisamente inferiori a quelli indicati. Nel contempo le scelte politiche compiute in Europa dal 1987 e nella prima metà degli anni novanta, alle quali si aggiungevano i progetti nazionali, continuavano a seguire i riferimenti del CIPE. La differenza in negativo della disponibilità annuale era intorno ai 500 miliardi di lire, perché la dotazione reale si fermava a circa 800 miliardi. Era pertanto inevitabile che la situazione precipitasse e che col passare del tempo diventasse insostenibile.

Nonostante ciò il 1992 costituiva una grande annata per lo spazio tricolore. Il 31 luglio da Cape Canaveral partiva lo shuttle Atlantis con a bordo il primo astronauta italiano Franco Malerba e il satellite a filo Tethered (TSS-1). Si realizzava così il sogno di Giuseppe Colombo, scomparso prematuramente nel 1984 a 64 anni senza aver visto volare la sua idea, e anche quello di Franco Malerba, dopo quindici anni di attesa. Nel settembre 1991 Malerba, quarantaseienne, veniva designato come membro dell'equipaggio di sette astronauti della missione STS-46 al comando di Loren J. Shriver. Gli altri erano Jeffrey A. Hoffman, Marsha S. Ivins, Franklin R. Chang-Diaz, Andrew M. Allen e Claude Nicollier dell'ESA. La storia di astronauta di Malerba era cominciata rispondendo a un annuncio pubblicitario su un giornale, il *Financial Times*, mentre lavorava come ingegnere alla Digital equipment, dove era arrivato a seguito di svariate esperienze. Vantava una laurea in ingegneria elettronica all'Università di Genova, esperienze di ricercatore al CNR, presso i National Institutes of Health a Bethesda nel Maryland (USA) e un brevetto di pilota ottenuto a Washington. Dopo la mancata selezione all'ESA, rimaneva nell'Agenzia spaziale europea per un breve periodo, seguendo uno degli esperimenti realizzati durante la missione Spacelab 1.

Una volta in orbita, il primo compito dell'equipaggio era liberare con il braccio robotizzato la piattaforma EURECA dell'ESA. A bordo c'erano quindici esperimenti dedicati alla scienza dei materiali, alla biologia, all'astronomia, alla telecomunicazione e alla propulsione elettrica, tre dei quali italiani, finanziati dall'ASI e preparati dall'Università di Milano (forze di adesione tra i materiali), dal CISE di Milano (nuove celle solari ad arseniuro di gallio) e dal CNR di Genova (prove di materiali ad alta temperatura con una fornace). Gli strumenti erano stati realizzati da varie industrie italiane impegnate anche nella costruzione della piattaforma: dalla struttura di Alenia Spazio, al sistema di propulsione di SNIA BPD ai sensori per l'orientamento delle Officine Galileo. Rimaneva nello spazio per nove mesi e poi era recuperata dallo shuttle Endeavour nell'aprile 1993.

Il secondo importante compito della missione riguardava il rilascio del satellite a filo TSS-1. Ma quando l'equipaggio cercava di srotolare il cavo aveva un'amara sorpresa: a 256 metri dallo shuttle tutto si bloccava misteriosamente e inutili si rivelavano i tentativi per procedere oltre. Il sistema del filo dimostrava di funzionare comunque, già con quella relativa estensione, perché generava una corrente elettrica di 40 volt e una tensione di 2,3 milliampere. Si era lontani dai 5000 volt e dai 500 milliampere che si sarebbero raggiunti alla distanza di 20 chilometri, dove il satellite doveva arrivare, ma il sistema lavorava. Non rimaneva che recuperare la "palla bianca" del Tethered e ancorarla al sicuro nella stiva.

"Dal Mission Control arrivavano i complimenti per il salvataggio del satellite," scriveva Franco Malerba. "C'è un po' di rabbia, ma anche un po' di gioia. Marsha si agita improvvisamente, come se ricordasse un'urgenza, qualcosa dimenticato nel forno. Scende, anzi vola, nel ponte inferiore e torna con una misteriosa cassetta; riconfigura il sistema audio e… le note dell'*Alleluja* di Händel si diffondono nella cabina e arrivano ai nostri collegamenti radio e anche a terra e al mondo. Annunciano la lieta novella che il satellite è stato recuperato. In questo momento il lavoro fondamentale degli scienziati italiani Giuseppe Colombo e Mario Grossi è diventato realtà con il primo volo sperimentale di un sistema a filo. Ho portato a bordo una foto del professor Beppe Colombo ritratto mentre mostra un modello preliminare del futuro satellite Tethered e tutti rendiamo omaggio alla sua memoria. Sebbene molto più corto del programma, il nostro sistema a filo ha volato in orbita per molte ore e ci ha dato un'importante mole di dati scientifici."

L'impresa era costata 460 miliardi di lire, suddivisi in parti uguali tra l'ASI, dove ne era responsabile Gianfranco Manarini, e la NASA, che si era fatta carico anche dell'addestramento di Malerba. La missione, prolungata di un giorno per le difficoltà iniziali nella liberazione di EURECA, si concludeva l'8 agosto con l'atterraggio di Atlantis sulla pista di Cape Canaveral. Ma i primi festeggiamenti si celebravano a Houston all'aeroporto di Ellington Field, dove Malerba con la barba cresciuta e con accanto la moglie Marie-Aude, che lo aveva atteso al Cape in Florida, abbracciava commosso il figlioletto Michelangelo, avvinghiato al collo del padre che fino a qualche ora prima lo salutava dallo spazio. Altri italiani in attesa, e io tra loro, sventolavano il tricolore.

Una commissione d'inchiesta formata dalla NASA e dall'ASI rivelava la beffa di un bullone sporgente come causa del mancato rilascio del filo. Aggiunto nel rocchetto costruito dalla società americana Martin Marietta per rafforzare la struttura, quel bullone, sfuggito alle verifiche, aveva bloccato il sistema: una spiegazione incredibile ma purtroppo reale. Essendo chiare le responsabilità statunitensi, la NASA decideva di organizzare una nuova missione sostenuta dall'interesse scientifico per l'innovativa sperimentazione.

IRIS, LAGEOS e la guerra di SAX

I successi del 1992 proseguivano due mesi dopo con una fortunata missione a bordo dello shuttle Columbia. Il 23 ottobre dalla stiva veniva lanciato IRIS, un minivettore a due stadi, formato dal motore di perigeo e dal motore di apogeo con agganciato il satellite geodetico LAGEOS 2 anch'esso dell'ASI. Alenia Spazio gestiva il programma e aveva realizzato il satellite, SNIA BPD era responsabile dei due propulsori. Tutto funzionava come stabilito e LAGEOS 2 veniva sistemato su un'orbita circolare a 5788 chilometri d'altezza. Si disponeva così di un altro strumento in orbita per calcolare con maggiore precisione la deriva dei continenti.

Due dei programmi del Piano spaziale nazionale concepito nel precedente decennio trovavano compimento, facendo realizzare ai nostri scienziati e alle industrie un significativo balzo avanti nelle loro capacità.

Ma l'entusiasmo per le due imprese svaniva rapidamente per un'ondata di polemiche e di difficoltà che investivano l'ASI. Tali difficoltà riguardavano le previsioni di bilancio del 1993 per il quale la legge finanziaria prevedeva 800 miliardi di lire, mentre all'ESA ne dovevano essere versati 715 per i progetti comunitari. Secondo la pianificazione del CIPE, i fondi da garantire dovevano essere 1344 miliardi. "E nei due anni successivi," precisava la relazione al parlamento presentata dal ministro della ricerca, "sono pure previsti contributi annuali all'ESA tali da assorbire da soli più dell'intero finanziamento attualmente previsto dalla legge finanziaria per gli anni 1994 e 1995."

Sulle proiezioni del CIPE il sottosegretario Learco Saporito aveva sostenuto un certo livello di partecipazione italiana ai programmi europei. "Ma la realtà era un'altra e le scelte politiche non ne tenevano conto creando problemi finanziari sempre più gravi. Questi non potevano essere risolti con i prestiti dalle banche secondo una legge approvata apposta nel 1992, i quali, semmai, aggravavano ancora di più la situazione," sottolineava il presidente dell'ASI Luciano Guerriero. Nei fatti si era creata una spaccatura tra il ministero e l'ASI per cui, in quei giorni, si diceva esistessero "due agenzie spaziali".

Una delle prime inevitabili conseguenze di questa situazione era il ritardo nell'erogazione dei fondi per le ricerche scientifiche, al quale si aggiungeva subito la *querelle* sull'interpretazione del valore del 15% (al minimo) del bilancio dell'ASI da assegnare alla ricerca di base. Il capro espiatorio della mancanza di fondi e delle contrapposizioni interne diveniva presto il programma del satellite astronomico SAX, contro il quale si scagliavano accuse di varia natura.

Le critiche e le contestazioni erano guidate dal professor Remo Ruffini, a capo del Comitato scientifico dell'ASI, che portava la questione alla ribalta internazionale attraverso la rivista scientifica britannica *Nature*. La vicenda esplodeva nell'estate 1992. Si parlava di dimissioni del presidente Guerriero, il quale, smentendo ogni eventualità del genere, cercava di definire l'interpretazione del fatidico 15% del bilancio da destinare alla ricerca scientifica. Guerriero chiedeva il parere del ministro Antonio Ruberti, che in una lettera a Guerriero e Ruffini indicava il criterio adeguato; domandava chiarimenti sulla partecipazione italiana ai programmi scientifici comuni dal direttore generale dell'ESA, Jean-Marie Luton e, infine, tenendo conto dei due pareri, rispondeva a Ruffini specificando che nel conto bisognava sommare le spese nazionali e quelle europee. Nonostante ciò non tutto era chiaro.

Ma come doveva essere considerata la spesa per la ricerca? Ruffini, per esempio, contestava che alcune delle sue risorse fossero state deviate alla costruzione degli strumenti scientifici del satellite SAX, un principio questo adottato normalmente nei progetti dell'ESA. Le rispettive vedute si allontanavano sempre di più e SAX era indicato da Ruffini come la pietra dello scandalo. Il piano era stato ampiamente rivisto dopo il disastro dello shuttle Challenger nel 1986 e approvato dal ministero della ricerca nel dicembre 1988, che aveva acconsentito alla sua costruzione. "Non potendo più partire con lo shuttle secondo le nuove disposizioni della NASA, facendo ricorso a un vettore Atlas il satellite poteva essere più grande e pesante. Quindi l'impostazione cambiò rispetto al disegno originale," spiegava Livio Scarsi, presidente dello Scientific Steering Committee del progetto. "Era diventato un altro satellite e l'unico errore è stato semmai quello di mantenergli il vecchio nome." Infatti si era trasformato in un grande satellite di 1200 chilogrammi, 400 dei quali rappresentati dagli strumenti, la cui realizzazione era condivisa da quattro istituti del CNR, l'Osservatorio astronomico di Merate-Università di Milano, lo Space Science Department dell'ESA, il Max-Planck Institut für Extraterrestrische Physik e lo SRON-SRU olandese. L'agenzia spaziale olandese sottoscriveva un accordo di collaborazione al progetto dell'ASI, impegnandosi a fornire il sistema di controllo in orbita. Era diventata un'iniziativa scientifica di rilievo internazionale.

Inizialmente, il comitato scientifico aveva approvato i cambiamenti e nell'ottobre 1991, dopo che nel luglio precedente il CIPE aveva varato il nuovo Piano spaziale nazionale 1990-1994 che includeva SAX, l'ASI autorizzava il completamento dell'opera fissando il costo a 418,5 miliardi di lire, 70 dei quali destinati agli strumenti scientifici di bordo.

Le posizioni di Ruffini e di Guerriero apparivano però sempre più lontane e inconciliabili, nonostante gli inviti a trovare una soluzione da parte del ministero della ricerca. Intanto nell'ambito dello stesso comitato le voci cominciavano a essere discordanti e non si condivideva la paralisi che si era inevitabilmente creata nell'ASI. "Non ritengo che si debba affossare il progetto SAX," affermava il professor Franco Pacini, direttore dell'Osservatorio astrofisico di Arcetri. "Invece credo che l'unica via per uscire dai problemi sia quella di varare un nuovo comitato scientifico che sia più qualificato dell'attuale e in grado di essere meglio gestito."

Nel giugno 1982 Antonio Ruberti cedeva la poltrona di ministro ad Alessandro Fontana, che interveniva invitando nuovamente i contendenti alla ragione. Invece la vicenda si complicava ulteriormente: il 28 ottobre 1992 il comitato scientifico, non avendo ottenuto la convocazione richiesta al presidente Ruffini, si riuniva e votava la sua destituzione. Al suo posto veniva eletto Sigfrido Leschiutta, professore di misure elettroniche al Politecnico di Torino, uomo di grande cultura e pacato nei modi, ideale per ristabilire l'equilibrio.

"Accetterò la nomina," dichiarava Leschiutta, "per far uscire il comitato dalla rotta di collisione in cui si trova con il consiglio di amministrazione. Ci sono scadenze importanti e urgenti. I punti di partenza della battaglia di Remo Ruffini per il rispetto della percentuale dei fondi ASI per la ricerca scientifica e per la massima oculatezza nella spesa dei fondi pubblici sono giusti e sono stati condivisi dal comitato fino a quando i modi di questa polemica, anche con uscite sulla stampa nazionale e internazionale, hanno assunto toni troppo elevati. Cercherò di riportare questa dialettica a un livello più ragionevole per sbloccare l'attività del comitato." E in parte vi riusciva.

In novembre il ministro Fontana scriveva una lettera a Guerriero e a Ruffini tentando inutilmente di definire il famoso 15% tra quota nazionale ed europea. Ma questo era solo uno degli aspetti della vicenda, che ancora non si risolveva. Per arrivare a un risultato, per chiarire altresì come SAX rientrava in questa valutazione, e "per avere una valutazione che non lasci dubbi su quali attività debbano essere considerate ricerca di base e quali, pur avendo le caratteristiche della ricerca, hanno invece maggiore valenza industriale", il ministro nel febbraio 1993 nominava un Comitato di saggi formato da Giorgio Salvini, presidente dell'Accademia nazionale dei Lincei, Umberto Colombo, presidente dell'ENEA, Francesco Carassa, presidente del consiglio dell'ESA, Nicola Cabibbo, ex presidente dell'Istituto nazionale di fisica nucleare, e dal consigliere di stato Filippo Patroni Griffi. Esso doveva rispondere al ministro entro quindici giorni. Intanto erano state avviate due inchieste giudiziarie sull'ASI e sul suo CdA, una da parte della procura generale della corte dei conti per eventuali illeciti amministrativi, e una seconda della procura della repubblica per gli aspetti di carattere penale.

Si chiariva così la questione del 15%. Il contributo dei saggi stabiliva che SAX era "da considerare *in toto* facente parte del programma scientifico dell'ASI", escluso il veicolo e le spese di lancio. Trascorse alcune settimane, il 4 maggio, uno dei suoi componenti, Umberto Colombo, diventava ministro della ricerca. E due mesi dopo, nel luglio 1993, Ruffini diffidava sia il ministro Colombo che Guerriero. Alla fine dello stesso mese il consiglio di amministrazione dell'ASI accoglieva le proposte del comitato scientifico dell'ASI presieduto dal professor Leschiutta, assicurando un finanziamento per l'anno in corso di 55 miliardi secondo i criteri stabiliti dal Comitato dei saggi.

In quei mesi l'ASI, per avere un parere al di sopra delle parti sul progetto SAX, chiedeva pure una valutazione alla European Science Foundation, l'organismo che istituzionalmente esprimeva i pareri sui programmi scientifici dell'ESA, e il comitato internazionale che lo presiedeva, costituito dai professori J. Bleeker di Utrecht, T. Courvoisier di Ginevra, J. L. Culhane di Londra e H. W. Schnopper di Lyngby esprimeva una "positiva raccomandazione" all'agenzia, affinché completasse l'opera giudicando il potenziale scientifico di SAX.

Nel frattempo il mandato del presidente Guerriero e degli altri vertici dell'ASI arrivavano a scadenza. "Le vicende giudiziarie, invece, continuarono per anni," ricordava, "ma si risolsero. Molto rapidamente dal punto di vista penale perché nulla venne riscontrato. La magistratura contabile mi contestò la pubblicazione di un necrologio di troppo per la morte del professor Luigi Gerardo Napolitano e lo scambio delle penne stilografiche, come era tradizione in quei casi, alla firma del contratto per il lancio del satellite SAX con il presidente della General Dynamics fornitrice del vettore."

Mentre i giornali raccontavano queste tristi vicende, arrivava una notizia positiva. Il 23 settembre 1993, i radioamatori italiani avevano spedito in orbita il loro primo satellite ITAMSAT 1 durante un volo del vettore Ariane con a bordo il satellite ambientale francese Spot 3. ITAMSAT 1 era un minuscolo parallelepipedo di 23 centimetri di base, alto 30 e pesante appena 10 chilogrammi. Lo avevano costruito i radioamatori di Milano e Trieste coordinati da Alberto Zagni, un giovane ingegnere con la passione dell'etere, riuscendo a trovare i 220 milioni di lire necessari all'impresa. Pur essendo contenuto nelle dimensioni, il satellite adottava geniali soluzioni tecniche, come per esempio le quattro antenne piatte che uscivano dalla base e che erano colorate di bianco e nero sulle due facce. Di conseguenza la radiazione solare generava su di esse effetti diversi causando una rotazione che stabilizzava ITAMSAT in orbita a 790 chilometri di altezza. E tutti i radioamatori del mondo potevano ascoltare i segnali provenienti dalla brillante idea italiana.

Il ministro Colombo e le nuove scelte

Prima di nominare i nuovi vertici dell'Agenzia, per cercare di ricostruire un ambiente ormai ingestibile, il ministro Colombo nominava un commissario, il professor Giampietro Puppi, uno dei padri fondatori dello spazio europeo. Il decreto veniva firmato dal presidente del consiglio Carlo Azeglio Ciampi il 27 agosto. L'intento era anche quello di ridefinire la legge istitutiva dell'Agenzia, per renderla più conforme alle necessità e non fonte di guai come era stato fino a quel momento. Puppi rimaneva in carica fino al febbraio successivo, con a fianco il consigliere di stato Franco Zeviani Pallotta e il consigliere della corte dei conti Giuseppe Guarino. E prima dello scadere del suo mandato, il 23 febbraio 1994, il ministro Colombo designava quale nuovo presidente dell'ASI Giorgio Fiocco, professore di fisica terrestre all'Università La Sapienza di Roma. Fiocco era stato a lungo ricercatore al MIT di Boston, poi direttore dell'Istituto di fisica dell'atmosfera del CNR e aveva anche esperienze industriali negli Stati Uniti alla Marconi's wireless telegraph e alla Raytheon. "Mi auguro," commentava Colombo, "che si apra una nuova fase di regolarizzazione totale della vita dell'ASI, travagliata fin dall'inizio da una lunga serie di problemi, dissidi e divergenze. Mi auguro che queste scelte consentiranno all'Agenzia di riprendersi, ora che sono stati risolti con il commissariamento problemi di origine regolamentare, definiti e implementati i programmi nazionali e internazionali, ridotte le ambizioni spaziali e ridefinite le priorità programmatiche." Contemporaneamente confermava un ridimensionamento nelle risorse economiche disponibili, che sarebbero state di 900 miliardi nel 1995, in seguito stabilizzate intorno ai 1000 miliardi l'anno. Un tetto "realistico", come lo definiva Colombo. Si lasciavano così perdere le prospettive del passato e si cancellava il dualismo nell'orientamento che fino a quel momento era esistito nell'impostazione tra il ministero e l'agenzia.

Il lavoro compiuto dal ministro, pur nell'arco di un mandato durato un solo anno, era notevole, soprattutto perché aveva avuto il coraggio di compiere atti semplici ma fondamentali per far chiarezza anche nelle strategie. Nel discorso di insediamento del nuovo consiglio di amministrazione dell'ASI, quando ormai sapeva di dover lasciare il ministero perché le elezioni avevano portato al primo governo Berlusconi, metteva in risalto le scelte sbagliate compiute dai suoi predecessori, che erano state la causa dei problemi e che erano dunque da evitare.

"Non credo," diceva, "sia stata felice a suo tempo la nomina di due ricercatori-scienziati, in un certo senso troppo simili fra loro come tipo di formazione anche se appartenenti a specializzazioni diverse, per le due funzioni di presidente e di direttore generale." Tra i due, cioè, occorreva un amministratore vero che sapesse gestire la macchina e non guardare alle stelle, "non lo scienziato né lo stratega". E in Europa "è toccato a me presentarmi ai miei colleghi ministri per dir loro chiaro e tondo che l'Italia non era in grado di mantenere impegni troppo leggermente assunti in precedenza a livello ESA".

Colombo aveva il coraggio di prendere decisioni al di fuori dei giochi della politica, esprimendo quell'*imprinting* di manager della ricerca che aveva maturato nel grande gruppo chimico privato da cui proveniva e dalle esperienze internazionali che aveva condiviso. Tra queste c'era la scelta di sospendere, e di fatto annullare, il programma del vettore San Marco Scout proposto dal professor Luigi Broglio, e di riorientare definitivamente le attività del poligono San Marco in Kenya. La realizzazione del vettore inserita nel piano quinquennale 1990-1994 e approvata dal CIPE con due delibere dell'aprile 1990 e del luglio 1991 garantiva l'erogazione di un finanziamento all'ASI di 90 miliardi di lire. Nell'impostazione si lavorava su due binari costituendo due consorzi: uno gestito dall'Università di Roma con la partecipazione di BPD Difesa e spazio contemplava di acquistare un vettore Scout G1 dalla società produttrice LTV (la proprietà era della NASA perché ne aveva finanziato lo sviluppo) per italianizzarlo. Ma qui ci si scontrava con le idee del professor Broglio, che intendeva potenziare il vettore originale aggiungendo quattro razzi ausiliari Algol 3 uguali al primo stadio del vettore, ovviamente acquistati dalla LTV. La BPD avrebbe provveduto a mettere insieme il tutto e a effettuare gli interventi di adeguamento necessari (sistemi di separazione, coni aerodinamici e qualche modifica al sistema elettronico di guida e controllo). Il secondo consorzio, guidato invece da BPD Difesa e spazio con la partecipazione dell'Università di Roma, prevedeva di aggiungere inizialmente dei razzi ausiliari prodotti in Italia da BPD e derivati da quelli che essa realizzava per il vettore europeo Ariane, sostituendo via via anche i vari stadi del vettore sino a renderlo tutto italiano. Per questa seconda versione si prevedeva l'assegnazione di un altro contratto di 120 miliardi di lire. Broglio non rifiutava del tutto questa strada con l'industria ma, giudicandola lunga e rischiosa, sosteneva di accelerare la soluzione americana, più rapida. Nel frattempo, si provava un modello in grandezza naturale del San Marco Scout sulla piattaforma di lancio in Kenya.

Ma c'era incertezza nell'operazione da parte dell'ASI e la vicenda si trasformava presto in uno scontro tra l'Università di Roma e l'Agenzia, costretta poi dalla pretura di Roma a versare all'ateneo la prima metà dei finanziamenti promessi. Questo accadeva nel febbraio 1993.

Tuttavia, dopo la disponibilità iniziale, la LTV rendeva incerta la fornitura del vettore Scout e nel 1992 ne chiudeva addirittura definitivamente la produzione. Intanto la BPD, con un finanziamento dell'IMI, aveva sviluppato un nuovo motore a razzo a propellente solido battezzato Zefiro facendo ricorso a nuove tecnologie (struttura in fibra di carbonio, protezioni termiche innovative, un propellente più energetico, un ugello con nuovi materiali). Per una prima verifica, nel marzo 1992, dopo i test al banco, veniva effettuato un lancio dal poligono di Salto di Quirra, in Sardegna, che si rivelava interessante. Si scopriva infatti un difetto nel sistema di guida di cui poi si sarebbe tenuto conto, mentre si decretava la distruzione del razzo in volo onde evitare rischi a tutti.

"Broglio non era interessato a spendere per lo sviluppo di un nuovo lanciatore spaziale," ricordava Pier Giorgio Romiti, dal 1990 direttore della divisione Spazio della BPD Difesa e spazio. "Non capiva e ci giocavamo la partita uno contro l'altro ma bisognava considerare ciò che stava accadendo in Europa." In Francia si stava infatti discutendo di un piccolo vettore da derivare dal grande Ariane 5, del quale il CNES intendeva essere il capofila. L'Italia, grazie all'esperienza accumulata con i propulsori per satelliti e con i razzi ausiliari (*booster*) dei vettori Ariane 3 e 4 prima e di Ariane 5 poi, aveva i presupposti per essere protagonista del progetto di un intero piccolo lanciatore da immettere sul mercato internazionale. Era l'epoca delle prime costellazioni di piccoli e medi satelliti per telecomunicazioni (Iridium, Globalstar ecc.) e in quei momenti anche negli Stati Uniti c'erano diverse iniziative in tal senso.

Così nella sede di Colleferro della BPD Difesa e spazio nasceva il progetto di un intero piccolo vettore spaziale inizialmente formato da due stadi Zefiro e da un terzo stadio a propellente liquido, che nel 1993 veniva battezzato Vega: era l'embrione del futuro piccolo vettore europeo dell'ESA.

Nel settembre dello stesso anno il ministro Umberto Colombo affrontava la questione, decidendo di sospendere il progetto San Marco Scout dell'Università di Roma nominando una commissione che chiarisse la situazione creatasi per poter definire come procedere. E proprio il 13 aprile 1994 Colombo, intervenendo all'insediamento del nuovo consiglio d'amministrazione dell'Agenzia, raccontava che in mattinata aveva inviato una raccomandazione al CIPE che si affidasse "all'ASI il governo del progetto (che deve avere finalità sia scientifiche sia industriali) auspicando che si realizzi una piena concordia tra Agenzia, Università di Roma e industria. Ho proposto al CIPE di autorizzare l'ASI a pagare all'università di Roma la quota necessaria a mantenere in funzione la base di Malindi, non tanto come base da potenziare per lanci di vettori con finalità scientifiche e commerciali, quanto come base per la raccolta e la trasmissione di dati da satellite. Questa proposta è stata accolta". Il giudizio del ministro era severo nei confronti dell'Università e, basandosi sull'indagine della commissione, precisava che "ci si è trovati di fronte a costi, per l'acquisto del vettore Scout, che erano andati dilatandosi in misura sproporzionata e a ritorni in materia di know-how tecnologico che si erano invece andati contraendo, al punto che alle industrie italiane non sarebbero state trasferite neppure le conoscenze tecniche relative a questo vettore, peraltro di concezione obsoleta".

La decisione di Colombo chiudeva il progetto ma non le relative vertenze giudiziarie che ancora sono in corso nel 2012.

Finiva così anche la storia iniziata trent'anni prima delle piattaforme italiane San Marco e Santa Rita, ancorate nelle acque dell'oceano Indiano davanti alle coste del Kenya. Rimaneva il campo base, per il quale si definiva un nuovo indirizzo con le sue stazioni di ricezione satellitare utili alle attività europee e italiane e sempre legate a una collaborazione con il governo keniota.

Podestà l'"americano" e i radar per l'ambiente

Nel 1994 nel gruppo FIAT avveniva una concentrazione importante in vista dei futuri sviluppi nel trasporto spaziale, perché FIAT Avio acquisiva BPD Difesa e spazio. FIAT Avio era già impegnata nella collaborazione per il nuovo vettore Ariane 5, costruendo la turbopompa a ossigeno liquido del propulsore criogenico Vulcain a idrogeno e ossigeno liquidi del primo stadio. Dello stesso vettore BPD produceva buona parte dei razzi ausiliari (*booster*) a propellente solido.

Il 10 maggio di quell'anno si insediava il nuovo ministro dell'università e della ricerca scientifica e tecnologica, Stefano Podestà, che rimaneva in carica soltanto sette mesi, cioè la durata del primo governo Berlusconi. E Podestà, "facendo tesoro" delle considerazioni del suo predecessore, affiancava al presidente dell'ASI Giorgio Fiocco un altro professore, Mario Calamia, docente di elettromagnetismo alla facoltà di ingegneria dell'Università di Firenze. Alla guida del comitato scientifico completamente rinnovato rimaneva invece il professor Sigfrido Leschiutta. Il nuovo esecutivo guardava con occhi diversi, meno entusiastici, alla collaborazione europea nello spazio, riservando maggiori attenzioni alle possibilità americane sollecitate dal ministro degli esteri Antonio Martino, offrendo aiuto al collega Podestà, al punto che un documento criticava le scelte fino ad allora compiute e dimostrava i vantaggi industriali acquisibili con una nuova strategia d'oltreoceano. Il documento era preparato da due diplomatici della Direzione affari economici della Farnesina: Antonio Puri Purini e Anna Blefari. Esso precisava che, pur senza cancellare il ruolo in Europa, sarebbe stato più vantaggioso privilegiare la collaborazione bilaterale con Washington. Non a caso, infatti, in luglio, alla firma dell'accordo italo-americano per la partecipazione dell'ASI alla missione Cassini della NASA per l'esplorazione di Saturno, intervenivano addirittura il ministro Martino e l'ambasciatore americano a Roma Reginald Bartholomew. L'Italia avrebbe fornito quattro parti importanti: l'antenna ad altissimo guadagno usata per scandagliare Saturno e anche per trasmettere alla Terra, un radar per esplorare la luna Titano, un sistema di comunicazioni ad alta frequenza e un canale visibile di uno spettrometro per indagini scientifiche. Podestà non era tuttavia certo un appassionato di spazio e nell'ottobre 1994, durante una visita a Roma dell'amministratore della NASA Daniel Goldin per un *meeting* con i vertici dell'ASI, si rifiutava persino di incontrarlo.

Nello stesso anno, l'ASI partecipava a due missioni dello shuttle molto importanti per lo studio del nostro pianeta, che erano state avviate un decennio prima dal Piano spaziale nazionale del CNR. Il programma nasceva per sviluppare tecnologie radar da utilizzare nello spazio per future osservazioni ambientali facendo evolvere un settore, quello dei radar terrestri, nel quale l'Italia godeva di una posizione di rilievo internazionale. Già nell'ambito dei satelliti ERS (Earth Resources Satellite) dell'ESA era in corso una collaborazione tra Italia e Germania proprio per il radar imbarcato di cui si occupavano Selenia (diventata poi Alenia Spazio) e la tedesca Dornier.

Nel 1983, su proposta germanica, si compiva un passo avanti ancora più complesso: assieme al Jet propulsion laboratory della NASA e alla DARA, l'agenzia aerospaziale tedesca, l'ASI realizzava il sistema radar SIR (Spaceborne Imaging Radar)-C/X-SAR (Synthetic Aperture Radar) con il quale studiare su grande scala e a lunghezze d'onda diverse i cambiamenti della superficie terrestre, distinguendo tra quelli naturali e quelli provocati invece dall'uomo. In aprile e ottobre lo shuttle Endeavour con la grande antenna sistemata nella stiva realizzava i due voli SRL-1 e 2 (da Space Radar Laboratory/STS-59 e STS-68). Rilevando la stessa superficie con successivi passaggi da angolazioni diverse si poteva ricostruire tridimensionalmente il territorio con una risoluzione di trenta metri. Si osservavano le inondazioni in Germania e nel Midwest degli Stati Uniti, il ciclone Odille poco dopo la sua formazione nell'oceano Pacifico e il fenomeno primaverile del disgelo dei ghiacci in Canada. Il lavoro veniva completato nella seconda missione, sorvolando le stesse aree di sei mesi prima e consentendo di effettuare un confronto delle situazioni rilevate e quindi di indagare eventuali cambiamenti. In particolare si studiavano il monte Pinatubo nelle Filippine e i vulcani delle isole Galapagos, l'Etna e quelli di altre zone in quel periodo interessate da eruzioni.

La sperimentazione delle tecnologie e delle tecniche impiegate trovava poi completamento in una terza spedizione dello shuttle Endeavour (STS-99), nel febbraio 2000, battezzata SRTM (Shuttle Radar Topography Mission), nella quale il rilevamento interferometrico veniva compiuto durante ogni singolo passaggio. A tal fine il radar era stato dotato di una seconda antenna sistemata all'estremità di un braccio mobile, che usciva per 60 metri dalla stiva della navetta. Nell'arco di undici giorni si ricostruiva così un modello digitale tridimensionale della quasi totalità della superficie terrestre (fino a 56 gradi di latitudine), compilando una mappa topografica di alta precisione.

Rubbia e i "cinque saggi" per un piano

L'inizio del 1995 era segnato da un cambio di governo. Lamberto Dini era il nuovo presidente del consiglio e l'"indipendente" Giorgio Salvini il nuovo ministro dell'università e della ricerca. Salvini era un illustre fisico, con un passato da presidente dell'Istituto nazionale di fisica nucleare e dell'Accademia nazionale dei Lincei. Anche la sua permanenza non era molto lunga ed egli, tra gli altri problemi, doveva affrontare quello dell'ASI, che nonostante gli interventi passati non era ancora risolto: il solo deficit finanziario era salito a 800 miliardi di lire e la vicenda del satellite SAX aveva screditato anche l'immagine gestionale e industriale italiana. La situazione dell'Agenzia rimaneva sempre difficile, perché alla base aveva una legge costitutiva inadeguata. In tal senso già Podestà aveva tentato di intervenire, e il 31 maggio 1995 Salvini riusciva a far approvare una legge dedicata al risanamento dell'ente. Questa prevedeva l'insediamento di un amministratore straordinario che entro 180 giorni redigesse un piano triennale per riequilibrare i programmi europei e quelli nazionali, e risanasse l'istituzione dal punto di vista economico e finanziario. Si trattava evidentemente di un'impresa ardua, per la quale il consiglio dei ministri chiedeva aiuto nominando un manager proveniente dal mondo dell'impresa, Silvano Casini.

Casini era stato per vent'anni direttore generale e poi amministratore delegato di FIAR, che aveva appena risanato riunendo intorno a essa tutte le attività avioniche del settore militare del gruppo Finmeccanica a cui apparteneva (3500 addetti). Ma in precedenza aveva anche avuto un'esperienza nell'ente europeo ELDO, durante la costruzione del primo vettore spaziale, e in altre grandi società internazionali.

L'annata 1995 era inoltre complicata dal fatto che in autunno era in programma a Tolosa la conferenza dei ministri della ricerca sovrintendenti l'ESA. Il *meeting* doveva stabilire i programmi e gli impegni per il quinquennio 1996-2001. In attesa delle conclusioni della conferenza, l'ASI doveva affrontare un "esercizio di transizione".

In ottobre in Francia a capo della delegazione italiana, assieme al ministro Salvini, c'era appunto Casini, che si presentava carico di debiti e con la necessità di riequilibrare i rapporti e gli impegni. Le scelte del consesso andavano a sostegno dei grandi programmi in corso: Ariane 5, la Stazione spaziale internazionale (ISS) per la quale l'Europa realizzava il modulo Columbus e il modulo di rifornimento automatico ATV (Automated Transfer Vehicle), una piattaforma polare di osservazione della Terra e una rete di satelliti DRS, veri ripetitori in orbita per le comunicazioni delle piattaforme e della Stazione, come i TDRS americani. Questi due ultimi progetti erano poi eliminati, sempre per ridurre i costi.

L'incontro di Tolosa risultava importante perché, dopo la conferenza dei ministri dell'Aja nel 1987 e le seguenti di Monaco e Granada, ridimensionava definitivamente gli impegni generali e dei singoli paesi secondo la nuova realtà economica e geopolitica che era emersa. L'Italia condivideva i grandi piani delle infrastrutture orbitali (compreso ATV, del quale costruiva la parte pressurizzata) e dei lanciatori, ma l'impegno nazionale si focalizzava sui settori delle telecomunicazioni, del telerilevamento e delle tecnologie di base, perché giudicati maturi per utilizzi interni o per iniziative nel mercato internazionale. Nel contempo Casini e Salvini avvertivano di non accettare altri nuovi programmi facoltativi, annunciando il ritiro da quelli che superavano il 20% del budget stabilito.

"L'Italia è uscita dalla conferenza di Tolosa povera e pulita," dichiarava il ministro Salvini, "non ha potuto mantenere i notevoli impegni iniziali per problemi economici, ma gli impegni che ha preso sono realistici e saranno mantenuti."

La conferenza teneva pure conto dei programmi bilaterali nel frattempo avviati da alcune nazioni, come il modulo logistico italiano, la cui esistenza era stata accettata in ESA dopo i forti contrasti iniziali. Alla fine, anche per tagliare i costi, il modulo logistico e il modulo europeo Columbus diventavano parte di un baratto, per cui l'Italia forniva all'ESA lo stesso tipo di struttura studiata per il modulo logistico e la Germania produceva per i logistici il sistema di controllo ambientale sviluppato per Columbus. Sempre nella logica del baratto si stava intanto definendo come supplire in natura ai pagamenti che l'ESA avrebbe dovuto versare alla NASA per il trasporto in orbita del Columbus stesso, per i consumi di energia degli esperimenti e per l'ospitalità degli astronauti europei. Si stabiliva quindi che l'ESA avrebbe fornito alla NASA i Nodi 2 e 3 della stazione, ai quali venivano agganciati i vari laboratori, e questi sarebbero stati realizzati in Italia da Alenia Spazio, che era ormai diventata la società di riferimento internazionale per la fabbricazione di abitati cosmici. In tal modo si tentava altresì di compensare uno sbilancio nei ritorni industriali da parte europea a sfavore dell'Italia.

A livello nazionale, oltre al confronto serrato tra le scelte industriali (piccolo lanciatore contro moduli logistici), la cooperazione con la NASA per i moduli era contestata dalla comunità scientifica "che in tempi di ridotti finanziamenti," ricordava Ernesto Vallerani, presidente di Alenia Spazio, "preferiva di gran lunga poter disporre di risorse per i suoi programmi a breve termine, piuttosto che avere offerta la possibilità di elaborare un articolato piano di utilizzo della stazione spaziale che gli accordi con gli americani invece prevedevano".

La legge di riordino dell'ASI per elaborare delle linee future chiedeva, oltre al commissario, la costituzione di una commissione di cinque esperti con due compiti: "condurre un esame critico dell'attività spaziale nazionale a partire dalla nascita dell'Agenzia e proporre soluzioni per riorganizzare gli strumenti di governo del settore indicando le linee per un nuovo piano spaziale nazionale secondo un criterio di equilibrio tra i programmi di partecipazione all'ESA e i programmi nazionali; definire il ruolo dell'Italia in campo spaziale nel contesto internazionale e in particolare europeo," come spiegava il ministro Salvini al parlamento nel giugno 1995, rispondendo a un'interrogazione.

L'intento era rimarchevole e per sostenerlo egli chiamava a comporre quella che sarebbe diventata nota come la commissione dei "cinque saggi" l'ex ministro Antonio Ruberti, il direttore dell'ESO (European Southern Observatory) Riccardo Giacconi, futuro Nobel per la fisica, l'ex presidente della società Laben Marco Gerevini, l'ammiraglio Giorgio Capra e il Nobel Carlo Rubbia, che ne diventava il presidente. Nel febbraio 1996 i risultati dell'indagine erano pronti e lo sforzo compiuto era interessante, dal momento che non era mai stata tentata una ricognizione così strategica. Purtroppo però le conclusioni dei cinque esperti andavano nella direzione quasi totalmente contraria a quella sottoscritta dal ministro Salvini alla riunione di Tolosa per l'ESA. In pratica, essi erano contrari alla costruzione dei moduli abitati per la stazione e ai voli degli astronauti, sostenevano le ridotte missioni scientifiche e la realizzazione del piccolo lanciatore spaziale Vega K0 elaborato da FIAT Avio. In alcuni casi gli orientamenti dei "saggi" apparivano come un regolamento di conti per alcune scelte passate dell'ASI, come il satellite SAX. Ma quando il documento veniva diffuso il governo Dini e il ministro Salvini erano in dirittura d'arrivo: l'analisi dunque non sortiva grandi effetti e non provocava discussioni. In sintesi, il lavoro era apparso più un esercizio accademico di cinque illustri personaggi piuttosto che un vero impegno di elaborazione strategica in grado di considerare tutti gli aspetti delle attività spaziali e i loro fini. Del resto la commissione appariva forse un po' sbilanciata nei suoi componenti per un equilibrio ragionato delle scelte da indicare.

Il ritorno in orbita del satellite a filo

Mentre accadeva tutto ciò, il 1996 offriva alcuni frutti maturati dai programmi in corso con il lancio di addirittura tre satelliti italiani: un record difficile da battere in un solo anno. Il 22 febbraio partiva lo shuttle Columbia con a bordo il satellite a filo Tethered (TSS-1R), al suo secondo viaggio. I quattro anni trascorsi dal primo lancio avevano consentito un lavoro di affinamento della missione, oltre a eliminare l'intoppo tecnico che aveva causato il blocco nel rilascio del filo. Tra i membri dell'equipaggio c'erano per la prima volta, assieme, due astronauti italiani: l'astrofisico Umberto Guidoni, che doveva occuparsi di Tethered, e Maurizio Cheli, pilota collaudatore dell'aeronautica militare, astronauta dell'ESA dal 1992 e selezionato nel gruppo che doveva addestrarsi per pilotare il minishuttle europeo Hermes, poi cancellato.

Il satellite doveva uscire per 20 chilometri, ma quando stava per giungere alla meta, a 19,6 chilometri dallo shuttle, il cavo si spezzava e il satellite volava via. Il volto degli esperti italiani che al centro di controllo della NASA a Houston seguivano la missione appariva disorientato, incredulo. Nessuno riusciva a esprimere parole, se non qualche vaga supposizione. E agitato appariva anche Mario Grossi dello Smithsonian Astrophysical Observatory, che con Giuseppe Colombo aveva contribuito alla nascita di quella straordinaria esperienza. Altrettanto imbarazzati nel fornire spiegazioni si mostravano i responsabili americani della missione durante l'incontro con i giornalisti.

Al momento dell'incidente "l'equipaggio era rilassato," scriveva Guidoni nel suo diario di bordo, "ormai la fase più difficile sembrava superata e il filo si stava srotolando alla velocità prevista. Si poteva vedere la sua parte iniziale incurvata, come succede per il cavo di un aquilone quando c'è molto vento, e in cima una sferetta, ormai non più grande di uno spillo, che brillava come una stella. Poi, all'improvviso, l'indicazione del computer che il filo non era più in tensione. È bastato un attimo per rendersi conto che si era rotto e il satellite, ormai libero, se ne stava andando come un palloncino sfuggito di mano a un bambino".

Dal punto di vista del principio fisico, tutto aveva funzionato generando elettricità secondo le previsioni e le idee di Giuseppe Colombo. Il satellite rimaneva in orbita fino al 19 marzo e poi si disintegrava nell'atmosfera sopra l'Atlantico. Ma che cosa era successo? Una commissione d'inchiesta formata da diciotto specialisti di varie nazionalità, tra cui gli italiani Francesco Angrilli e Carlo Bonifazi, lavorava per 75 giorni effettuando 70.000 test. Il verdetto parlava di fusione del cavo per imprevisti fenomeni elettromagnetici, ma rimaneva un dubbio, che era, anzi, quasi una certezza. Angrilli raccontava della scoperta di tracce di alluminio rinvenute nel cavo raccolto e bruciato, probabilmente derivate dall'installazione dell'improvvido bullone che era stato la causa del primo fallimento. Erano rimaste conficcate nella guaina protettiva e probabilmente avevano funzionato da esca per un fenomeno elettromagnetico che aveva portato alla rottura. La NASA e l'ASI sembravano intenzionate a continuare altre sperimentazioni, in particolare connesse alla Stazione spaziale internazionale. Una, fornita di un cavo non conduttore di 100 chilometri, immaginava una discesa verso l'atmosfera terrestre indagandone gli strati bassi, dove un satellite non potrebbe sopravvivere perchè la resistenza lo farebbe precipitare in fretta. Ma tutto si risolveva in un nulla di fatto e solo Enrico Lorenzini, un collaboratore del professor Colombo che aveva condiviso alcuni anni a Boston ed era poi diventato professore all'Università di Padova, proseguiva con alcuni studi teorici.

Il 30 aprile 1996 un razzo vettore Atlas-Centaur lanciato da Cape Canaveral portava in orbita equatoriale a 600 chilometri d'altezza il satellite SAX, ponendo fine alla lunga e controversa costruzione. Giunto a destinazione, questo veniva battezzato Beppo SAX per ricordare Giuseppe Occhialini, pioniere dell'astrofisica italiana. Tanto poco onorevole era stata la sua gestazione quanto diventava splendida e autorevole la sua vita nello spazio, che si protraeva ben oltre il previsto. Beppo SAX, sviluppato in collaborazione con l'agenzia spaziale olandese NIVR, era il primo osservatorio orbitante di concezione nazionale, costruito e gestito dall'Italia, che confermava il suo ruolo storico di primo piano nell'astronomia a raggi X. "Contraddistinguevano Beppo SAX due caratteristiche innovative," spiegava Livio Scarsi, responsabile scientifico della missione, "le quali rispondevano a un'esigenza molto sentita dagli astronomi impegnati nel dominio dei raggi X: disporre, cioè, di una copertura molto ampia dello spettro e avere la possibilità di osservare con efficacia sorgenti X che variavano la loro luminosità su tempi lunghi e brevi; un fatto, questo, che permetteva di ricavare preziose informazioni sulle dimensioni e sui meccanismi energetici delle sorgenti." E presto erano i risultati a far notizia, smentendo così le critiche che lo avevano inseguito durante la costruzione. Gli strumenti del satellite raccoglievano un'immagine X di un lampo di raggi gamma (Gamma Ray Burst) e, subito dopo, alcuni telescopi terrestri vedevano la controparte ottica riuscendo a identificare la remota galassia in cui il lampo si era generato. La scoperta conduceva alla soluzione di un enigma rimasto irrisolto dal 1969, quando i satelliti americani Vela avevano registrato l'emissione di una sorgente di raggi gamma, brevissima nella manifestazione ma estremamente intensa. Gli astronomi calcolavano che in pochi secondi diffondeva una quantità di energia pari a quella sprigionata dal Sole nell'intero arco della sua vita. E Beppo SAX arrivava a scoprire da dove tali raggi arrivavano. C'era chi sosteneva un'origine all'interno della nostra galassia e chi, invece, in altre galassie più lontane. Avendo scoperto che questa seconda ipotesi era corretta si poteva spiegare l'ambiente in cui nascevano e gli aspetti teorici del fenomeno. Il risultato era tanto importante da meritare nel 1998 il Bruno Rossi Prize da parte dell'American Astronomical Society per aver aperto un nuovo campo di ricerca astrofisica.

Beppo SAX, per il quale era stato anche sviluppato un particolare telescopio per catturare i raggi X, avrebbe dovuto continuare le sue osservazioni per un paio d'anni, estendibili a quattro, e invece sarebbe rimasto attivo per sette, sino al 23 aprile 2003, quando precipitò nell'atmosfera sopra l'oceano Pacifico.

Il terzo lancio del 1996 era quello del satellite per telecomunicazioni Italsat F2, partito l'8 agosto con un vettore Ariane 4 dalla base europea in Guyana francese. Il primo Italsat F1 era in orbita dal 1991 e i due potevano ora consentire un impiego nei servizi di telecomunicazione della Telecom Italia, mentre l'ESA attraverso Telespazio poteva sperimentare il sistema di comunicazioni mobili EMS (European mobile system), da applicare in futuri satelliti. Oltre ai normali servizi di telefonia, si collaudavano pure dei collegamenti multimediali ad alto *bitrate*.

Quando Italsat F2 saliva nello spazio, da poco più di due mesi c'era un nuovo governo, il primo di Romano Prodi, e al ministero dell'università e della ricerca il 17 maggio si insediava Luigi Berlinguer. Uomo di legge, specialista di storia del diritto, professore e poi rettore dell'Università di Siena, assumeva un incarico che era maggiorato rispetto ai suoi predecessori perché, oltre all'università e alla ricerca, si aggiungeva la pubblica istruzione. La sua permanenza di un paio d'anni, relativamente lunga, gli permetteva di avviare alcuni provvedimenti di riforma che adeguavano maggiormente il sistema scolastico alla realtà internazionale.

Nell'ottobre 1996 Berlinguer insediava alla presidenza dell'ASI il professor Sergio De Julio. Napoletano d'origine e laureato in ingegneria elettrotecnica, insegnava all'Università di California, all'Università della Calabria e in seguito all'Università di Roma Tor Vergata. Ma De Julio amava anche la politica ed era eletto deputato alla camera. "Quando arrivai in ASI," affermava De Julio, "la situazione continuava a essere critica, ma avendo un rapporto diretto con il ministro maturato grazie all'esperienza in parlamento nello stesso partito, ciò semplificava e rendeva più efficace il lavoro potendo discutere direttamente. Questo rapporto con il ministro mi rafforzò anche in ESA, consolidando positivamente di conseguenza la posizione del paese rimasta fino allora debole. E fu proprio tale sinergia che ci portò a vincere la battaglia per la direzione generale dell'ESA assegnata all'ingegner Antonio Rodotà."

Antonio Rodotà alla guida dell'ESA

I tempi erano maturi per una direzione italiana dell'ESA, in successione al francese Jean-Marie Luton, e tra i candidati alla fine emergevano due nomi: il professor Ernesto Vallerani, allora presidente di Alenia Spazio, e l'ingegner Antonio Rodotà, a capo della divisione Spazio di Finmeccanica. "Dovemmo fronteggiare le ambizioni dei francesi che ci posero le difficoltà maggiori," ricordava De Julio. "Avevamo già un direttore alle applicazioni, l'ingegner Claudio Mastracci, e si sosteneva che con la direzione generale saremmo stati sovrarappresentati. E mentre la Gran Bretagna non pesava granché nei giochi, con la Germania, invece, si affrontò una lunga trattativa sopportando anche qualche benevola battuta. Il nostro limite erano le piccole nazioni con le quali non avevamo una tradizione di rapporti e quindi potevano non condividere. Ma alla fine la spuntammo. Non ci fu controversia e venne designato Antonio Rodotà."

La scelta europea era anche un segno della direzione che l'Agenzia, e quindi i paesi sostenitori, intendevano privilegiare. Infatti se Vallerani rappresentava un indirizzo più legato al volo umano e alla scienza, Rodotà era l'uomo delle applicazioni, soprattutto nel campo delle telecomunicazioni. Tutta la sua carriera si era sviluppata in questo ambito, iniziando come ingegnere elettronico alla SISPRE nella produzione di razzi. Dopo aver trascorso un anno come delegato presso la NATO a Parigi, ritornato in Italia aveva diretto in Selenia il gruppo elettronico e la divisione Radar. Nel 1980 era diventato direttore generale della Compagnia nazionale satelliti nella fase del "dopo-Sirio", elaborando i futuri progetti che avrebbero portato ai satelliti per telecomunicazioni Italsat e a quelli nuovi europei. Infine, prima di approdare in Finmeccanica, entrava nella direzione di Selenia Spazio e poi di Alenia Spazio.

Rodotà rimaneva alla guida dell'ESA dal 1997 sino al 2003, quando quella tornava in mani francesi con Jean-Jacques Dordain. Nei sei anni trascorsi a Parigi Rodotà apriva un imprescindibile dialogo con l'Unione europea, fino ad allora rimasta estranea allo spazio, sostenendo la necessità sia di un suo ruolo politico su questo fronte, sia di un sostegno ai nuovi grandi programmi di applicazione. Il tutto si calava subito nella realtà delle ardue trattative per il varo della costellazione Galileo, il GPS europeo, per il quale il governo italiano manifestava sin dall'inizio una forte adesione attraverso l'ASI. Questo era il secondo grande impegno che Rodotà sviluppava secondo un nuovo canone, che ne vedeva la realizzazione grazie al ricorso congiunto di finanziamenti pubblici e privati. Questa seconda ipotesi si rivelava però non adeguata ai tempi, e più tardi l'intero piano veniva sostenuto dalle risorse della Commissione europea. Rodotà garantiva il varo del programma nel maggio 2003, quando veniva firmato l'accordo tra UE ed ESA. Tre anni dopo, il 23 febbraio 2006, l'ingegnere si spegneva per un male incurabile all'età di 70 anni: era stato il primo direttore generale italiano dell'ESA e con la sua presenza a Parigi aveva dimostrato la crescita e il ruolo assunto dall'Italia nel contesto spaziale europeo.

De Julio, COSMO-SkyMed e il vettore Vega

De Julio, presidente dell'ASI, doveva inizialmente affrontare i tradizionali problemi gestionali legati al personale, ai debiti extrabilancio con le industrie e a quelli con l'agenzia europea, pianificando un rientro anche per non perdere il diritto di voto a Parigi. Predisponeva quindi un piano quinquennale di attività 1998-2002 e in questo ambito nascevano diverse iniziative, mentre se ne portavano a compimento altre già in discussione, a cominciare dalla costruzione dei Nodi 2 e 3 della Stazione spaziale internazionale affidati dalla NASA all'Italia attraverso l'ESA. Questa era stata una precisa richiesta della NASA. In questo modo l'ASI cercava di fare un passo avanti con Parigi sulla questione sempre irrisolta degli inadeguati ritorni alle industrie nazionali. Poi si effettuava una revisione degli accordi con la NASA per i tre moduli logistici MPLM (Multi-Purpose Logistics Module). In cambio si definiva la possibilità di far volare astronauti italiani e di utilizzare del tempo di ricerca a bordo della base orbitale. Per i tre moduli logistici l'ASI investiva 530 miliardi di lire tra il 1990 e il 2001, comprendendo oltre le tre unità di volo Leonardo, Raffaello e Donatello, anche gli elementi a terra.

Nel gennaio 1998, intanto, quindici nazioni (Italia, Belgio, Canada, Danimarca, Francia, Germania, Giappone, Gran Bretagna, Norvegia, Olanda, Russia, Spagna, Stati Uniti, Svezia e Svizzera) firmavano a Washington una nuova intesa tra i governi, che aggiornava quella siglata nel 1988, per integrare l'ingresso della Russia voluto dalla Casa bianca e accettato da Mosca dopo il crollo dell'URSS. Ciò costringeva a un ridisegno della Stazione e alla condivisione di alcuni progetti. L'Italia manteneva una quota del 19% della partecipazione complessiva dell'ESA, il cui valore era di 1000 miliardi di lire tra il 1996 e il 2003.

Tre mesi prima dell'accordo intergovernativo, nell'ottobre 1997 De Julio firmava con la NASA una modifica allo sviluppo del piano sottoscritto nel 1991 per i moduli logistici, proprio per tener conto dei cambiamenti intervenuti.

A questo punto l'ASI era responsabile di cinque moduli pressurizzati (tre logistici e due Nodi) e di una parte consistente del laboratorio europeo Columbus dell'ESA, uguale nella struttura ai moduli logistici, secondo una proposta italiana che uniformava i moduli abitati europei.

Sempre nel 1997 entrava in una fase nuova e concreta uno studio avviato tra il 1994 e il 1995 dalle industrie, a seguito dell'esperienza condotta con i radar ad apertura sintetica SAR-X E anche con lo shuttle. Alenia Spazio proponeva il satellite COSMO e FIAR il satellite SkyMed, che diventavano per iniziativa dell'amministratore straordinario Casini un unico progetto, COSMO-SkyMed, finanziato con 60 miliardi di lire da una legge approvata nell'agosto 1996. Era ormai evidente che tra le esigenze dell'osservazione terrestre civile e quelle militari c'era una naturale convergenza, come dimostravano i vari scambi. Quindi De Julio e il ministro Berlinguer coinvolgevano il ministro della difesa Beniamino Andreatta invitandolo a condividere il piano, che consisteva in una costellazione, come indicato dall'acronimo COSMO (Constellation of Small Satellites for the Mediterranean Basin Observation). La risposta era positiva e si estendeva anzi alla difesa francese, associando alla costellazione radar italiana i satelliti ottici Helios 2 di Parigi, secondo un accordo stretto tra i governi sotto l'etichetta ORFEO (Optical and Radar Federated Earth Observation). L'intesa si basava su uno scambio dei rispettivi dati raccolti, scambio che però in seguito si sarebbe dimostrato per nulla scontato. Ma allora i rapporti sembravano facili, così si sosteneva con entusiasmo l'avvio di COSMO-SkyMed, che diventava il primo programma internazionale a tecnologia "duale", rispondendo cioè a necessità civili e militari. I quattro satelliti radar entravano nella fase dello sviluppo da parte dell'ASI e per suggellare la grande intesa tra Italia e Francia nel gennaio 2001 si incontravano a Torino i rispettivi primi ministri Giuliano Amato e Lionel Jospin. L'anno successivo si precisavano i rapporti tra l'ASI e la difesa e nel 2004 veniva assegnato il contratto per la realizzazione a Thales Alenia Space. Il costo era di un miliardo di euro, trecento dei quali garantiti dal ministero della difesa.

Un'altra pagina interessante di questo periodo era la risposta dell'Italia al programma europeo Galileo che Antonio Rodotà, direttore generale dell'ESA, sosteneva politicamente nell'ambito dell'Unione europea. All'inizio del 1999 veniva costituito a livello di governo un Comitato interministeriale per la navigazione satellitare, al fine di promuovere la partecipazione italiana al progetto che nasceva, per la prima volta, sotto la doppia bandiera dell'ESA e dell'UE. Lo scopo dell'iniziativa era quello di proporre per il nostro paese un ruolo di leadership. Bisognava però che l'intento fosse sostenuto economicamente in modo adeguato: il gruppo di lavoro creato dal Comitato indicava infatti l'utilizzo di un fondo di 600 miliardi di lire presente nel bilancio dello stato per il triennio 1999-2001. Con le lunghezze burocratiche nazionali la disponibilità si rendeva effettivamente utilizzabile solo nel 2001, a seguito dell'approvazione di una legge, e nel frattempo l'ASI copriva le esigenze finanziarie dovute ai ritardi. Il supporto politico e i fondi che venivano garantiti mettevano tuttavia l'Italia in una posizione favorevole e trainante l'intero progetto, che non era non condiviso da diversi paesi europei, a partire dalla Gran Bretagna. L'avversione di Londra era anzi particolarmente accesa, dato che faceva il gioco di Washington, dove non si voleva che l'Europa si dotasse di un proprio sistema GPS. Di mezzo, oltre alle esigenze del Pentagono, c'era il controllo di un mercato che l'America non voleva lasciarsi sfuggire. Nel maggio 1999 alla conferenza ministeriale di Bruxelles il programma veniva sottoscritto al 150% e l'Italia aveva una quota del 35%. Da allora l'ASI avviava azioni di sensibilizzazione presso le industrie nazionali per garantirsi il massimo ritorno economico possibile e varava programmi per sviluppare le competenze necessarie. Nel frattempo era in corso un'acerrima lotta tra le nazioni per ospitare l'agenzia che doveva controllare il futuro sistema. Ma l'evoluzione del piano europeo entrava successivamente in crisi, fino a che non si comprendeva che doveva essere l'UE a garantirne la realizzazione: il mondo privato non era infatti ancora disponibile a condividere l'avventura come si era chiesto inizialmente. Così si perdevano anni preziosi e ciò che si era costruito con grande entusiasmo mutava radicalmente. L'Italia solo in parte riusciva a essere protagonista della grande operazione, anche se otteneva la stazione di controllo della qualità del segnale installata al centro del Fucino della Telespazio. Tecnologicamente, inoltre, si salvava un elemento importante: l'orologio atomico a maser di idrogeno, il primo del genere a volare nello spazio e più stabile di tutti gli orologi atomici fino a quel momento utilizzati. La sua realizzazione era il frutto della collaborazione tra l'Osservatorio cantonale di Neuchâtel, in Svizzera, e di Selex Galileo in Italia.

Ma c'era un altro programma che proseguiva con un'incertezza di fondo circa il suo futuro e riguardava il piccolo lanciatore Vega, in corso di studio dal 1992 e già inserito nel nuovo piano quinquennale. "Rivendico l'operazione di averlo portato in ESA," diceva De Julio, "sia per coprire le nostre deficienze di sistema perché non disponevamo di tutte le tecnologie necessarie, sia perché era l'unico modo per portarlo avanti secondo una politica delle piccole missioni da realizzare coinvolgendo gli altri paesi europei." E nel giugno 1998 il consiglio dell'ESA votava a favore dell'europeizzazione del vettore proposto dall'Italia, che ben riassumeva le esigenze emerse in quegli anni anche da altre nazioni del Vecchio continente, in particolare dalla Francia.

"In parallelo," ricordava Pier Giorgio Romiti, dal 1995 diventato amministratore delegato di FIAT Avio e sostenitore acceso del progetto, "avevamo siglato in quei mesi un accordo con Aérospatiale e ciò aiutò l'operazione europea portando l'anno successivo alla creazione della joint venture Vegaspazio tra FIAT Avio e Aérospatiale per definire come *prime contractor* l'architettura del sistema Vega."

Il programma di realizzazione in ESA iniziava nel dicembre 2000, quando sette nazioni si impegnavano a finanziarlo. Queste erano Belgio, Olanda, Spagna, Svezia, Svizzera, con Italia e Francia che garantivano la maggior parte delle risorse, rispettivamente il 65 e il 12,43%.

La gestione veniva affidata alla società ELV, creata nell'anno 2000 da Avio S.p.A. e ASI, con quote rispettive di 70 e 30%. Vega diventava un vettore a tre stadi (P80, Zefiro 16 e Zefiro 9), più uno stadio superiore Avum con un propulsore a propellenti liquidi di fabbricazione ucraina, che era utilizzato per effettuare le manovre finali di messa in orbita. Alto complessivamente 30 metri e pesante 137 tonnellate, era in grado di portare in orbita bassa un carico pesante 1500 chilogrammi a 700 km d'altezza, che poteva essere suddiviso in vari satelliti. I servizi di lancio venivano affidati ad Arianespace, che così integrava la sua offerta di trasporto in orbita comprendente Vega, Sojuz per carichi medi, e Ariane 5 per satelliti pesanti. Il sogno del professor Broglio dunque si materializzava, ma in un'ottica più adeguata ai tempi e soprattutto al mercato internazionale, nel quale la competizione doveva essere sostenuta da una forza contrattuale e da un peso politico che certamente un piccolo paese come l'Italia da sola non poteva esprimere.

Sempre per incoraggiare la commercializzazione dei risultati spaziali ottenuti, De Julio favoriva anche la nascita di e-Geos (80% Telespazio e 20% ASI), una società dedicata alla diffusione delle riprese dallo spazio e allo studio del territorio con vari tipi di satelliti, in particolare con la costellazione COSMO-SkyMed. "Ma oltre a queste iniziative," aggiungeva De Julio, "ho perseguito una politica di sviluppo delle piccole e medie imprese con programmi dedicati alle nuove tecnologie e ai piccoli satelliti."

AGILE e le piccole missioni

Era in questo ambito che nasceva nel 1997 un programma di piccole missioni coordinato dal responsabile scientifico dell'ASI, il professor Giovanni Fabrizio Bignami, "con l'obiettivo di lanciare la prima entro il 2001 e avere una frequenza di lancio di circa due missioni ogni tre anni". In giugno l'agenzia emanava un bando invitando la comunità scientifica a presentare proposte basate su due possibili "carrozze standard", cioè su due tipi di satelliti, uno piccolo e uno medio in corso di sviluppo in ASI, su quattro aree: scienze dell'universo, scienze della Terra, scienze della vita e scienze dell'ingegneria. Arrivavano sessanta proposte dalle quali se ne selezionavano otto che ottenevano il sostegno per uno studio iniziale di approfondimento. Ciò consentiva nel dicembre 1998 al comitato scientifico dell'agenzia la scelta definitiva di due progetti: AGILE (Astrorivelatore gamma a immagini leggero), di cui era responsabile Marco Tavani dell'Istituto nazionale di astrofisica, dedicato alla rivelazione di sorgenti gamma dell'universo continuando indagini in un campo di grande tradizione italiana, che risaliva a Giuseppe Occhialini e a Livio Scarsi e poi sviluppato con successo dal satellite Beppo SAX; DAVID (Data and Video Distribution), coordinato da Marina Ruggeri dell'Università di Roma e rivolto alla sperimentazione di sistemi di telecomunicazioni.

Per sviluppare la nuova piattaforma necessaria a un piccolo satellite da realizzare in tempi brevi e con costi contenuti, l'ASI assegnava un incarico alla società milanese CGS-Carlo Gavazzi Space (ora Compagnia generale dello spazio, controllata dal gruppo tedesco OHB). Con un finanziamento di 20 miliardi di lire nasceva così il minisatellite MITA (Minisatellite italiano a tecnologia avanzata), coinvolgendo sedici piccole e medie aziende guidate dalla CGS. Il lancio avveniva il 15 luglio 2000 dal poligono di Pleseck nel nord della Russia, a 170 chilometri dal porto di Arcangelo, con il vettore russo Kosmos. A bordo ospitava lo strumento scientifico Nina 2, preparato dall'Istituto nazionale di fisica nucleare e dedicato allo studio dell'attività solare. I dati venivano raccolti dal centro Telespazio di Roma e dalle stazioni dell'ASI a Malindi, in Kenya, e dell'agenzia spaziale argentina a Cordoba. Per satelliti medi Alenia Spazio sviluppava, invece, PRIMA, che sarebbe poi stata utilizzata come base per la costellazione satellitare COSMO-SkyMed.

De Julio mirava con interesse anche alla collaborazione internazionale e per questo rafforzava i rapporti con gli Stati Uniti, la Russia, l'Argentina, oltre a muoversi nei paesi dell'Est e del Mediterraneo. In questa logica rientrava la Conferenza per la cooperazione tra Italia e Cina organizzata a Pechino nel marzo 1998, dove si discuteva di partecipazioni a programmi nel campo dell'osservazione della Terra, legati in particolare a COSMO-SkyMed, così come delle telecomunicazioni e della ricerca scientifica. Questo primo tentativo di cooperazione con la Cina però non continuava, perché Pechino chiedeva delle contropartite tecnologiche nel campo dei radar che l'Italia non poteva concedere per rispetto dei trattati internazionali sull'esportazione di conoscenze legate alla difesa. Ugualmente non aveva purtroppo seguito un piano di collaborazione nell'ambito dell'Iniziativa centro europea varata dal governo italiano, che mirava a sostenere l'attività spaziale nei paesi da poco usciti dalla frantumazione dell'URSS. Con Ungheria, Polonia, Repubblica Ceca e Slovacchia si studiava il satellite scientifico Cesar, considerato strategico nella fase di forte trasformazione economica e politica per questi paesi in attesa di entrare a far parte dell'Unione europea.

Nell'ottobre 1998 il governo retto da Romano Prodi cadeva e al suo posto si insediava Massimo D'Alema, che affidava il ministero dell'università e della ricerca a Ortensio Zecchino, parlamentare della Democrazia cristiana e docente di storia delle istituzioni medievali. "Il cambiamento al ministero non ci aiutò," ricordava il presidente dell'ASI De Julio. "Il dialogo diretto con la politica era scomparso. Anzi il ministro Zecchino mandava lettere di contestazione all'Agenzia a cui bisognava rispondere; insomma si viveva in un conflitto permanente che intralciava il lavoro e rendeva l'atmosfera poco favorevole."

Il motore atomico per Marte del Nobel Rubbia

Tra le novità di quel periodo destava un certo scalpore uno studio del Nobel Carlo Rubbia, sia per l'interesse del contenuto scientifico che per le possibili applicazioni nell'esplorazione interplanetaria. Si trattava del Progetto 242 di un propulsore a neutroni "a frammenti di fissione" da applicare a un'astronave per i viaggi umani verso Marte. La suggestione era notevole, perché affrontava il problema fondamentale che ostacola l'esplorazione marziana con astronauti e che riguarda il tempo del viaggio. Attualmente occorrono tre anni tra andata e ritorno perché una sonda, dopo aver raggiunto la velocità di fuga dalla Terra, si collochi su un'orbita che la porti, secondo le leggi della meccanica celeste, nelle vicinanze del Pianeta rosso. Il lungo balzo di sola andata ha adesso una durata di circa otto mesi. Inoltre, per affrontarlo bisogna attendere le reciproche posizioni favorevoli della Terra e di Marte, che si presentano ogni due anni. Se però il veicolo spaziale disponesse di un motore adeguato da usare con continuità o con lunghi periodi di accensione, sarebbe possibile ridurre i tempi della lunga traversata.

"In 45 giorni con questo propulsore arriviamo sul Pianeta rosso," mi spiegava Rubbia quando lo incontravo nel suo studio al CERN di Ginevra nel settembre 1998. Aveva da poco presentato pubblicamente ai suoi colleghi fisici del laboratorio europeo di ricerche nucleari il progetto, ottenendo una certa considerazione. Il propulsore aveva la camera di combustione rivestita da un sottilissimo strato di un micron di americio 242 (da cui il nome del progetto), ricoperto a sua volta da uno strato diffusore di carbonio. Colpendo l'americio con un neutrone si innescano delle reazioni per cui altri neutroni escono rimbalzando fra le pareti grazie al carbonio. La fissione dell'americio così indotta dai neutroni provoca dei frammenti altamente ionizzanti che trasportano l'88% dell'energia prodotta. All'interno della camera entra idrogeno che, attraversato dai frammenti di fissione, si riscalda uscendo dall'ugello di scarico ad alta velocità generando la spinta necessaria. Un propulsore del genere non può essere utilizzato per partire dalla Terra, ma diventa efficace nello spazio perché la sua azione accorcia, appunto, i tempi di percorrenza.

Rubbia proponeva il disegno all'ESA europea e all'ASI. Quest'ultima rispondeva stanziando 4 miliardi di lire per una ricerca destinata ad approfondire i vari aspetti chimici, fisici e tecnologici. In una seconda fase, da effettuare dopo una decisione governativa, si prevedeva la costruzione di un prototipo all'Università di Pavia, con la collaborazione del Politecnico di Milano e con la partecipazione del CNR, dell'ENEA e dell'Istituto nazionale di fisica nucleare. Le indagini venivano avviate soprattutto all'Università di Pavia dove Rubbia aveva una cattedra, ma dopo un paio d'anni sull'avveniristico progetto calava il silenzio e ogni attività scompariva.

Un altro caso che finiva sulle prime pagine dei quotidiani era frutto di un'iniziativa privata. Un uomo d'affari bresciano, Guido Meggiorin, alla guida di un gruppo di tredici società attive in particolare modo nell'elettronica e nelle telecomunicazioni, investendo 10 miliardi di lire costruiva in proprio due microsatelliti a forma di parallelepipedo alti 55 centimetri, Megsat 0 e Megsat 1. Il primo, di 35 chilogrammi, veniva lanciato a 580 chilometri d'altezza nell'aprile 1999 dal poligono russo di Kapustin Jar con un vettore Kosmos 3M. Il secondo, un po' più pesante (55 chilogrammi), partiva nel settembre 2000 dal poligono di Bajkonur, in Kazakistan, con un vettore Dnepr.

Il loro scopo era sperimentare la raccolta dati dei contatori di acqua, gas ed energia, memorizzarli e trasmetterli alla Terra quando sorvolavano la stazione d'ascolto. Il Megsat 1 ospitava a bordo anche l'esperimento Carso, del professor Roberto Stallio dell'Università di Trieste, che con due minitelescopi studiava le aurore boreali e australi e la luce ultravioletta del cielo notturno. I satelliti erano controllati da una stazione attrezzata nella sede di Brescia del Gruppo Meggiorin. Ma il business dei dati non riusciva a decollare e il Megsat 0, ormai fuori controllo, faceva notizia nel maggio 2003, perché la sua orbita in progressivo abbassamento minacciava la Stazione spaziale internazionale, tanto che al centro di controllo di Houston decidevano un rialzo della base cosmica per evitare rischi. Megsat 1 soffriva invece di un problema di posizionamento che non si riusciva a risolvere e impediva ogni sperimentazione, fatto che poneva fine alla prima avventura spaziale privata italiana.

Il primo satellite "universitario"

In quegli anni l'ASI iniziava anche a guardare alla formazione dei giovani e così accadeva che nel 2000, assieme a Megsat 1, sullo stesso vettore partisse il primo microsatellite universitario nazionale Unisat 1 costruito dagli studenti del

GAUSS (Gruppo di astrodinamica dell'Università La Sapienza) di Roma. L'iniziativa era stata avviata nel 1997 dal professor Filippo Graziani, allievo di Luigi Broglio, portando nella penisola un'analoga attività che aveva condiviso all'Università di Stanford, negli USA. Il programma, costato 600 milioni di lire, lancio compreso, si materializzava proprio grazie al contributo dell'ASI e del ministero della ricerca. Il microsatellite di appena 12 chilogrammi e alto 25 centimetri era fabbricato nelle aule universitarie utilizzando componenti commerciali, comprese le celle solari che ricoprivano la superficie esterna, e i suoi segnali erano raccolti dalla stazione predisposta sempre nell'ateneo. Unisat 1 consentiva agli studenti e ai dottorandi di imparare concretamente a costruire un satellite. A bordo c'era un rilevatore di micrometeoriti che registrava gli impatti lungo l'orbita alta 650 chilometri. Altri lanci di satelliti Unisat, sempre più pesanti e ricchi di sistemi di controllo, guida e strumentazione, seguivano negli anni successivi. Solo più tardi, nel febbraio 2012, anche l'università di Bologna-Forlì portava in orbita il suo primo micro satellite ALMASAT-1, in occasione del primo lancio del nuovo vettore Vega dell'ESA.

Intanto nell'anno 2000 il successo della missione sperimentale MITA apriva la strada alla scelta del piccolo satellite astronomico AGILE, la cui costruzione veniva assegnata alla CGS di Milano, partendo proprio dalla concezione di MITA. Il satellite di 350 chilogrammi e del costo di 100 milioni di euro studiava i fenomeni più violenti dell'universo, dai lampi di raggi gamma alle emissioni da pulsar e buchi neri. Il cuore era un cubo di 60 centimetri, composto da due rilevatori al silicio realizzati con una tecnologia innovativa sviluppata dall'Istituto nazionale di fisica nucleare e capaci di raccogliere immagini nelle bande di energia dei raggi gamma (30 MeV-30GeV) e raggi (15-45 keV).

Nel marzo 2001 era festa grande per l'Italia a Cape Canaveral. Nel novembre 1998 era iniziata la costruzione della Stazione spaziale internazionale con la partenza del primo modulo russo Zarja, al quale seguivano un nodo americano Unity, il modulo di servizio Zvezda russo e il laboratorio Destiny, ancora statunitense. Insomma, la Stazione aveva ormai un nucleo abitabile idoneo al lavoro e così nell'ottobre 2000 partiva da Bajkonur con la navicella Sojuz il primo equipaggio, formato dal comandante americano William M. Shepherd e dai russi Sergej K. Krikalëv e Jurij P. Gidzenko. Questo soggiornava sulla grande base sino al marzo successivo, quando veniva sostituito dal secondo equipaggio portato dallo shuttle Discovery (STS-102). Sistemato nella stiva c'era anche il primo modulo logistico italiano Leonardo, con 9 tonnellate di materiali a bordo. Bisognava infatti portare rifornimenti e attrezzature, in particolare per il laboratorio americano Destiny, quindi i tre moduli pressurizzati italiani forniti dall'ASI dimostravano subito il loro ruolo essenziale nella vita della Stazione.

Dopo 12 giorni di missione Discovery e Leonardo tornavano sulla Terra, ma il mese successivo partiva il secondo modulo pressurizzato, Raffaello, e non da solo quella volta. L'equipaggio di sette astronauti di Endeavour (STS-100) al comando di Kent Rominger comprendeva l'astronauta italiano Umberto Guidoni. Era alla sua seconda missione spaziale ed era il primo astronauta dell'ESA a entrare sulla stazione spaziale. La missione durava quasi quanto la precedente e poi si concludeva a Cape Canaveral. Era solo l'inizio di un'attività che sarebbe proseguita per tutto il tempo in cui lo shuttle avrebbe volato.

Presto per lo spazio tricolore si aggiungeva un'altra data da ricordare. Neanche tre mesi dopo, dalla Guyana francese veniva lanciato in orbita il grande satellite per telecomunicazioni dell'ESA Artemis, che riuniva anche le ambizioni del satellite ripetitore DRS, poi cancellato, e che collaudava nuove tecnologie in buona parte nate in Italia, in Alenia Spazio. Tra queste, per la prima volta erano previste anche delle trasmissioni dati con un sistema laser: si trattava delle comunicazioni del futuro, perché con un fascio di luce coerente si poteva far viaggiare una maggiore quantità di informazioni. Era l'ultimo capitolo di una storia iniziata con il satellite Sirio nei lontani anni settanta, e che dimostrava una singolare capacità di innovazione in questo campo.

Il viaggio di Artemis, però, si rivelava complicato. A causa di un malfunzionamento del secondo stadio del vettore Ariane 5 arrivava su un'orbita più bassa a soli 17.000 chilometri d'altezza. Allora, con un'abile manovra studiata dagli esperti dell'ESA e della Telespazio, utilizzando prima i propulsori chimici e poi quelli sperimentali ionici di cui era stato dotato per una serie di test, l'orbita del satellite veniva portata al livello stabilito di 36.000 chilometri. L'operazione era condotta dal centro di controllo del Fucino. Artemis era salvo e poteva soddisfare i suoi obiettivi.

Nel febbraio 2001 il ministro dell'università e della ricerca Ortensio Zecchino si dimetteva dal governo e dal suo partito e il ministero veniva assunto *ad interim* dal presidente del consiglio Giuliano Amato, anche se per pochi mesi. Le elezioni politiche portavano infatti al governo Silvio Berlusconi, che in giugno nominava Letizia Moratti ministro dell'università e della ricerca. Ed era il professore Sergio Vetrella dell'Università di Napoli, presidente del CIRA di Capua, a succedere in ottobre a De Julio alla presidenza dell'ASI. Vetrella era cresciuto alla scuola del professor Luigi G. Napolitano e si era poi dedicato alle tecniche di telerilevamento. Durante la sua gestione l'ASI proseguiva la costruzione dei satelliti AGILE e COSMO-SkyMed.

La scena spaziale internazionale era intanto segnata in particolare da tre fatti che avrebbero influenzato le future attività. Nel mese di marzo finiva la sua vita orbitale la stazione russa Mir. Ridotta ormai a un rottame cosmico dopo i numerosi incidenti subiti e con le pareti interne tappezzate di funghi, veniva fatta precipitare nell'atmosfera sull'oceano Pacifico. Il primo elemento era partito all'inizio del 1986 e nell'ultima fase aveva permesso un'importante collaborazione tra i cosmonauti russi e quelli americani ospitati a bordo. Essi avevano imparato a lavorare assieme, ma soprattutto la NASA aveva acquisito un prezioso know-how sulla tecnologia dei sistemi d'abitazione in orbita in cui i russi avevano maturato una lunga esperienza a partire dai primi laboratori Saljut lanciati agli inizi degli anni settanta.

La NASA ritira lo shuttle e Vittori vola in orbita due volte

L'anno fatidico per le scelte future tuttavia era soprattutto il 2003. Il 1° febbraio lo shuttle Columbia, al rientro dallo spazio dopo una missione di quindici giorni, si disintegrava nel cielo del Texas, uccidendo tutti i sette membri dell'equipaggio comandato da Rick Husband. Un frammento del rivestimento termico del serbatoio centrale di idrogeno e ossigeno liquidi, staccandosi al decollo e cadendo ad alta velocità, aveva provocato un foro nel bordo d'attacco della semiala sinistra. La struttura, non essendo più in quel punto adeguatamente protetta dal surriscaldamento al rientro nell'atmosfera, iniziava da quel foro a cedere fino alla distruzione totale dell'astronave.

Dopo due shuttle perduti con un bilancio di quattordici vittime, la NASA decideva nel gennaio successivo di utilizzare la navetta soltanto per il completamento della Stazione spaziale internazionale e poi di ritirarla dal servizio. La decisione creava seri problemi all'ente statunitense, perché significava una dipendenza totale dalle navicelle russe Sojuz per portare sull'ISS gli astronauti americani che stavano terminando di costruirla, con un investimento complessivo di 100 miliardi di dollari.

Il 15 ottobre 2003, inoltre, compiva il primo volo in orbita il trentottenne taikonauta cinese Yang Liwei a bordo della capsula Shenzhou 5 (Vascello divino), in apparenza simile alla Sojuz russa, ma in realtà molto diversa. La Cina entrava così nel campo dei voli umani, conquistando tecnologie che avrebbe consolidato rapidamente e che fino a quel momento erano state prerogativa esclusiva di Stati Uniti e Russia. Cambiava dunque in maniera profonda la scena spaziale internazionale.

Il dipartimento della difesa americano aveva ripetutamente segnalato alla Casa bianca l'impegno nel cosmo di Pechino, che in buona parte era condotto con risorse e scopi militari.

La risposta giungeva nel gennaio 2004, mentre su Marte sbarcavano i due rover Spirit e Opportunity della NASA per la prima esplorazione che si estendesse oltre il luogo di arrivo. Il presidente George W. Bush annunciava la nuova strategia spaziale statunitense che prevedeva tre obiettivi. Il primo era il ritiro dello shuttle, il secondo riguardava il completamento della Stazione spaziale ISS e il terzo il varo del programma Constellation per il ritorno degli astronauti sulla Luna creando una colonia utile a preparare il successivo passo verso Marte. A tal fine, per trasportare i grandi carichi necessari, si dava il via alla realizzazione di un potente vettore spaziale battezzato Ares V, della taglia del Saturno V che aveva portato i primi astronauti sul satellite naturale della Terra alla fine degli anni sessanta. Prima, però, si doveva costruire un vettore di minori capacità, Ares I, che effettuava il primo e unico test di volo nell'ottobre 2009 ed era in grado di trasportare la capsula Orion. Quest'ultima garantiva innanzitutto i collegamenti con la Stazione spaziale e in seguito, dopo le adeguate trasformazioni, anche viaggi più in profondità nel cosmo, appunto verso il Pianeta rosso. Sempre nella stessa prospettiva la NASA nei mesi precedenti aveva varato il piano Prometeo onde riprendere la progettazione di un propulsore nucleare da utilizzare nelle esplorazioni oltre l'orbita terrestre, al fine di accorciare i tempi di percorrenza e renderle affrontabili. Ripartiva dunque la corsa allo spazio, con Washington che questa volta non fronteggiava più Mosca ma Pechino, mentre anche l'India aumentava il suo impegno, indicando la Luna come meta da raggiungere.

Nella prima metà degli anni duemila la scena spaziale italiana era dominata soprattutto da due missioni dell'astronauta Roberto Vittori. Vittori, colonnello dell'aeronautica, era stato selezionato dall'ASI assieme a Paolo Nespoli nel luglio 1998, entrando il mese successivo nel corpo astronauti dell'ESA istituito da alcuni mesi in modo da riunire in un unico gruppo tutti gli astronauti dei vari paesi europei. Ciò era deciso anche in vista del lancio del laboratorio europeo Columbus agganciato all'ISS, sul quale si doveva pianificare una continua attività.

Vittori, nato a Bomarzo in provincia di Viterbo nel 1964, era un pilota collaudatore al Reparto sperimentale di volo di Pratica di Mare dell'aeronautica militare. Aveva al suo attivo duemila ore di volo sui caccia più disparati, dall'Eurofighter al Tornado, dall'F/A-18 americano al Mirage 2000 francese. Paolo Nespoli, nato nel 1957 e residente a Verano Brianza, dopo un'esperienza in Libano nella forza multinazionale di pace, nella prima metà degli anni ottanta si laureava in ingegneria aeronautica e astronautica alla New York University. Prima della selezione era impegnato in ESA e collaborava all'attività degli astronauti europei.

Roberto Vittori era il primo italiano a volare a bordo della navicella russa Sojuz. Partiva infatti da Bajkonur con la TM-34 per la missione Marco Polo, frutto di un accordo tra l'ASI, l'ESA e l'agenzia russa Roskosmos. Partecipava però anche la nostra aeronautica militare, sostenendo con 18 milioni di euro parte del finanziamento necessario. Era la prima volta che la difesa italiana entrava nelle attività di volo spaziale umano dopo aver condiviso prima il progetto del professor Luigi Broglio con i satelliti San Marco e la base di lancio in Kenya, e poi il programma COSMO-SkyMed per l'osservazione ambientale. La missione di Vittori rientrava nei programmi del Dipartimento spazio della forza armata che miravano a consolidare un'esperienza anche su questo fronte, giudicato essenziale per completare l'attività aerea.

Sulla Stazione spaziale l'astronauta effettuava quattro sperimentazioni scientifiche preparate dall'ASI con vari ricercatori dell'Istituto nazionale di fisica nucleare, dell'Istituto superiore di sanità, dell'Azienda ospedaliera di Pisa, del Politecnico di Milano, delle Università di Genova, di Napoli, di Roma La Sapienza. Tali sperimentazioni erano dedicate allo studio dei lampi di luce visti dai cosmonauti in orbita, all'indebolimento dei muscoli, al rischio di radiazioni, agli effetti dello stress e alla prova di tessuti antibatterici. Il volo durava dieci giorni.

Dopo tre anni, nell'aprile 2005, Vittori ripartiva da Bajkonur con la Sojuz TMA-6 sempre verso la Stazione ISS per la spedizione Eneide, frutto di un accordo tra l'ASI, l'aeronautica militare e la regione Lazio. In tal caso egli partecipava con il grado di ingegnere di volo ed effettuava pure nell'arco di nove giorni alcune ricerche scientifiche.

L'Italia con Rosetta e Philae sulla cometa

Una grande tappa europea dell'esplorazione cosmica era conquistata nel febbraio 2004 con il lancio dalla Guyana francese della sonda dell'ESA Rosetta. Destinata a incontrare nel maggio 2014 la cometa 67P/Churyumov-Gerasimenko, avrebbe prima sorvolato gli asteroidi Stein e Lutetia. Una volta giunta a destinazione, dalla sonda si staccherà un lander battezzato Philae, nome scelto tramite un concorso tra gli studenti dei vari paesi e proposto da Serena, una ragazza milanese quindicenne. Philae è un'isoletta sul Nilo, nella quale fu trovato un obelisco con un'iscrizione bilingue contenente i nomi di Cleopatra e Tolomeo. Proprio questa iscrizione fornì allo storico francese del XIX secolo Jean-François Champollion una delle chiavi di traduzione della stele di Rosetta, svelando così il misterioso alfabeto geroglifico egizio.

Su questo filo di pensiero la sonda Rosetta dovrebbe fornire gli elementi fondamentali per decifrare l'ancora enigmatico mondo delle comete. All'impresa partecipavano alcuni scienziati italiani dell'Istituto nazionale di astrofisica, con i loro strumenti sulla sonda preparati da Luigi Colangeli e Angioletta Coradini, prematuramente scomparsa nel 2011 dopo aver dedicato una vita alla realizzazione di importanti strumenti per lo studio dei pianeti. Altri strumenti italiani erano sul lander:

il piccolo "ragno" robotizzato si aggrapperà alla superficie con le sue gambe, mentre entrerà in funzione un sistema di raccolta e analisi dei campioni del suolo nato sotto la guida di Amalia Ercoli Finzi del Politecnico di Milano e realizzato da Selex Galileo. Thales Alenia Space di Torino partecipava con altre industrie europee alla costruzione dell'intero veicolo spaziale.

Sempre in questo periodo della prima metà degli anni duemila gli scienziati e i tecnologi italiani diventavano soprattutto protagonisti di imprese europee e americane attraverso programmi dell'ASI. Nel giugno 2003 l'ESA lanciava la sonda Mars Express e nel novembre 2005 la sonda Venus Express. Entrambe entravano in orbita intorno ai rispettivi pianeti e su tutte e due c'era uno spettrometro che ne analizzava le atmosfere, studiate da Vittorio Formisano dell'Istituto nazionale di astrofisica. Con questo strumento Formisano registrava per la prima volta tracce di metano nell'aria marziana, presto confermate da altre osservazioni che sollevavano domande sull'eventuale presenza della vita sul pianeta. Il metano, infatti, per resistere a lungo nel tempo deve essere alimentato e quindi o ci sono delle fuoriuscite dal sottosuolo per processi geologici oppure esso viene generato da microrganismi, come accade sulla Terra: quindi su Marte esisterebbe la vita. Da allora l'indagine su questo particolare gas sarebbe diventata uno dei temi più dibattuti e presenti nelle successive spedizioni.

Su Mars Express era installato anche MARSIS, un radar altimetro molto particolare capace di ricercare la presenza di acqua nel sottosuolo del Pianeta rosso. Il radar, costruito sempre in Italia da Thales Alenia Space, era il frutto del Laboratorio di radio scienza del Dipartimento di ingegneria meccanica e aerospazio dell'Università La Sapienza di Roma e degli studi dei professori Giovanni Picardi e Luciano Iess. Un secondo radar, SHARAD, veniva poi fornito per la sonda Mars Reconnaissance Orbiter della NASA. In entrambi i casi gli strumenti, e in particolare SHARAD in orbita marziana, fornivano informazioni preziose sulle caratteristiche della litosfera e indicazioni su possibili strati di ghiaccio presenti decine di metri sotto la superficie. Altrettanto importanti erano le ricerche condotte con il radar imbarcato sulla sonda Cassini, in orbita intorno a Saturno dal 2004, alla cui missione partecipava l'ASI con una quota di 160 milioni di dollari. Il lancio era avvenuto nell'ottobre 1997, mentre a Torino si svolgeva il XLVIII congresso della Federazione astronautica internazionale. Il radar della grande sonda era uscito dalla stessa scuola romana di MARSIS, consentendo di dedurre l'esistenza di un oceano liquido su Titano, la luna di Saturno, sotto una crosta ghiacciata di 50 chilometri e che potrebbe raggiungere i 250 chilometri di profondità. Cassini aveva trasportato la capsula Huygens dell'ESA, la quale nel gennaio 2004 scendeva sulla superficie di Titano appesa a un paracadute. Era la prima visita di un oggetto terrestre e riusciva a sopravvivere circa settanta minuti, molto più a lungo del previsto. Alla missione l'ASI collaborava sia con la NASA che con l'ESA e numerosi erano gli scienziati italiani coinvolti, tra cui Angioletta Coradini.

In parallelo il mondo industriale nazionale subiva notevoli cambiamenti, significativi per le conseguenze che avrebbero comportato. Nel 2003 il gruppo FIAT cedeva Avio, il ramo dell'aerospazio poi controllato dal fondo Carlyle (70%) e da Finmeccanica (30%). Due anni dopo quest'ultima decideva di cedere il controllo di Alenia Spazio ad Alcatel, mantenendo solo il 33%, mentre in Telespazio, altra società controllata da Finmeccanica, conservava la maggioranza (67%), lasciando la parte restante al partner francese. Nel 2006 ad Alcatel subentrava Thales. Pier Francesco Guarguaglini, alla guida del gruppo italiano, indirizzava quindi l'attività maggiormente verso la difesa e i servizi più remunerativi a breve termine, mostrando poco interesse per la produzione spaziale, non più giudicata un investimento redditizio come nei passati decenni. Anche in Avio ridurrà presto la quota al 15%.

Intanto si avviava a conclusione la presidenza dell'ASI di Sergio Vetrella, che sia nelle industrie che negli ambienti scientifici raccoglieva più critiche che consensi, essendo accusato di aver mantenuto l'Agenzia in una condizione di paralisi.

La galleria al plasma di Capua e le scoperte di AGILE

Nel 2003 un decreto del governo riordinava l'ASI e veniva pubblicato un nuovo piano di attività 2003-05, i cui contenuti erano per la prima volta estesi al campo aeronautico, dato che Vetrella era anche presidente del CIRA, il Centro di ricerche aerospaziali di Capua, un consorzio controllato dall'ASI, dal CNR e dalle industrie. Era dunque questo il fronte su cui si registravano le maggiori iniziative.

Il CIRA era nato nel 1984 ed era rivolto soprattutto alla ricerca aeronautica. Grazie anche alla determinatezza del professor Luigi Gerardo Napolitano, che negli anni ottanta era stato alla guida del suo comitato scientifico, si avviava la realizzazione di vari impianti di sperimentazione di buon livello. Nel 1991 per stimolare il rilancio del Centro, il sottosegretario al ministero della ricerca Learco Saporito aveva nominato Napolitano, già scienziato di fama internazionale, suo presidente. Ma sfortunatamente ventuno giorni dopo il professore, che era anche coordinatore nell'ESA per le attività sulla futura Stazione spaziale, era morto improvvisamente in Colorado durante un incontro organizzato dalla NASA.

Da allora il CIRA aveva continuato a trascinarsi senza grandi fortune, pur disponendo di notevoli potenzialità sia di uomini che di mezzi. E ciò si doveva anche allo scarso interesse sempre dimostrato dalle industrie nei suoi confronti, poiché preferivano condurre le ricerche tra le mura dei propri laboratori.

Nel 1999 alla guida del centro campano arrivava Vetrella e una data importante era il 15 ottobre 2001, quando entrava in funzione una galleria al plasma, il Plasma Wind Tunnel Scirocco, in seguito dedicata a Napolitano, che era la più grande del genere esistente al mondo. Questa era costata 150 miliardi di lire ed era nata con la partecipazione dell'ESA, nella prospettiva di un suo impiego nella progettazione del minishuttle Hermes che l'ente europeo aveva avviato e poi cancellato. La galleria consentiva di studiare gli effetti termodinamici che si manifestano sui veicoli spaziali al rientro nell'atmosfera e al suo interno si potevano sperimentare, fino a temperature di 10.000 gradi centigradi, modelli in scala naturale dei sistemi di protezione termica per 30 minuti, tempo appunto corrispondente alla durata del ritorno sulla Terra.

Il Piano aerospaziale 2003 di Vetrella riportava in auge il CIRA, varando in particolare la realizzazione di due velivoli sperimentali USV (Unmanned Space Vehicle), Castore e Polluce, in pratica due laboratori volanti per testare le ultime fasi di rientro aerodinamico nella bassa atmosfera. Nel primo volo nel febbraio 2007 Castore a causa dei problemi al paracadute si distruggeva nell'impatto con il mare. Nell'aprile 2010 Polluce andava invece incontro a una sorte migliore, perché compiva l'intera esperienza programmata fino al recupero. Portato in quota da un pallone stratosferico partendo dall'aeroporto di Arbatax Tortolì, in Sardegna, esso veniva liberato a 35 chilometri d'altezza e compiva poi le varie manovre gestite autonomamente dal computer di bordo, con velocità massime di 1.8 mach.

Nel dicembre 2005 si teneva a Berlino la conferenza ministeriale dell'ESA per i programmi del successivo quinquennio. In quell'occasione il viceministro dell'istruzione, dell'università e della ricerca Guido Possa, rappresentante l'Italia, ribadiva il sostegno al vettore Vega e alla costellazione Galileo per il GPS europeo, sottoscriveva il 30% del programma GMES per i satelliti ambientali europei e riconfermava la guida del tormentato programma ExoMars, destinato a portare un rover sulla superficie di Marte.

Nel febbraio 2006 il presidente Vetrella e il viceministro Possa presentavano al ministero il nuovo Piano aerospaziale nazionale 2006-2008. Ma presto, conclusasi l'esperienza del governo Berlusconi, le elezioni portavano a Palazzo Chigi per la seconda volta Romano Prodi, che assegnava a Fabio Mussi il ministero dell'università e della ricerca. Non molti mesi dopo, in ottobre, Mussi nominava all'ASI un commissario straordinario, il professor Giuseppe Roppo, giurista dell'Università di Genova. Il suo compito era ancora quello di mettere ordine, in attesa di designare il nuovo presidente; a questo fine un Comitato di alta consulenza composto da Umberto Veronesi, Pasquale Pistorio, Franco Pacini, Giovanni Sylos Labini e Paolo Leon doveva suggerire a Mussi una rosa di nomi entro la quale effettuare la scelta. Nel marzo 2007 veniva insediato alla presidenza dell'ASI Giovanni Fabrizio Bignami, noto astrofisico, professore all'Istituto universitario di studi superiori di Pavia, ex responsabile dei programmi scientifici nell'ASI durante la presidenza De Julio e poi fino al 2006 direttore del Centre d'Étude Spatiale des Rayonnements a Tolosa.

In ottobre Bignami presentava il suo Piano triennale d'attività 2007-2009 "attuativo delle linee strategiche individuate nel Piano aerospaziale 2006-2008" proponendo alcuni elementi di novità. Tra questi si segnalava una serie di bandi per piccole missioni scientifiche, tecnologiche e industriali, missioni "di opportunità" di breve durata per integrare le piccole missioni, sviluppi tecnologici nelle applicazioni spaziali, la realizzazione del satellite passivo LARES (Laser Relativity Satellite) per la geodesia spaziale, la piccola missione PRISMA per il monitoraggio delle risorse naturali.

Al di là dei programmi, nel 2007 tre fatti importanti faranno parlare dello spazio italiano. Due progetti che erano stati a lungo in gestazione si completavano e in aprile dal poligono indiano di Sriharikota, sul golfo del Bengala, con un vettore PSLV veniva lanciato il satellite AGILE, pesante 350 chilogrammi e costato 100 milioni di euro. Era in ritardo sul programma iniziale, ma i risultati ottenuti volando a 550 chilometri d'altezza compensavano l'attesa e qualche problema. Nel settembre 2010 esso scopriva infatti improvvise e intense emissioni di raggi gamma dalla Nebulosa del Granchio, a 6500 anni luce dalla Terra, una delle sorgenti più brillanti del cielo nello spettro X e gamma, aiutando a decifrare i meccanismi di generazione di questi imponenti fiumi di energia. Il risultato, pubblicato sulla rivista americana *Science*, meritava la conquista del Bruno Rossi Prize, assegnato ogni anno dall'American Astronomical Society. Era la seconda volta per un'impresa italiana, perché il premio era già andato al satellite Beppo SAX, sempre dell'ASI.

Se questa era la vetta delle ricerche compiute da AGILE, altre consentivano di compilare una mappa completa delle sorgenti gamma, di indagare quelle della nostra galassia che mostrano rapidi cambiamenti nel giro di uno o due giorni, di individuare la presenza di lampi di raggi gamma molto remoti lanciati da stelle esotiche. Esso scopriva, infine, anche un nuovo enigma: moltissimi flash di raggi gamma terrestri della durata inferiore al millisecondo e provocati da lampi nelle zone delle foreste tropicali. Alcuni ricercatori avanzavano l'ipotesi che i flash potessero disturbare il traffico aereo ed essere all'origine di alcuni disastri aerei rimasti senza certissima spiegazione.

Non passavano neanche due mesi che, in giugno, dalla base di lancio militare di Vandenberg, in California, veniva lanciato con un vettore Delta II su un'orbita alta 619 chilometri il primo dei quattro satelliti della costellazione COSMO-SkyMed. Il successivo 7 dicembre partiva il secondo esemplare e gli ultimi due arrivavano in orbita nel 2008 e nel 2010. Controllati tutti dal Fucino, i dati "civili" erano raccolti dalla stazione di Matera ed erano poi commercializzati dalla società e-Geos, quelli "militari" invece dalla stazione di Pratica di Mare. Un'altra stazione si trovava invece a Cordoba, in Argentina. L'intera costellazione produceva fino a milleottocento immagini al giorno, con una risoluzione minima di un metro o addirittura inferiore per esigenze di difesa. In situazioni di crisi, per le quali occorre seguire più da vicino ciò che cambia sul territorio, il luogo interessato può essere scandagliato ogni 4-6 ore.

La terza data rimarchevole del 2007 era legata, nel mese di ottobre, al primo lancio da Cape Canaveral di Paolo Nespoli con lo shuttle Discovery STS-120. L'equipaggio di sette astronauti era comandato da Pamela Melroy. Nella cosiddetta missione Esperia, della durata di quindici giorni, il compito di Nespoli era quello di coordinare le passeggiate spaziali dei colleghi impegnati nelle operazioni di connessione del Nodo 2 Harmony, costruito a Torino, alla stazione ISS dopo il prelievo dalla stiva.

In quei mesi, mentre si discuteva sul primo lancio di prova del futuro vettore europeo Vega dell'ESA, per gran parte italiano, il presidente Bignami accettava la proposta di realizzare un piccolo satellite passivo battezzato LARES avanzata da Ignazio Ciufolini dell'Università del Salento, scienziato di fama internazionale nel campo relativistico. Allievo del celebre "maestro della gravità" John Archibald Wheeler all'Università del Texas (suo il termine "buco nero"), Ciufolini aveva ottenuto risultati importanti utilizzando in passato due satelliti LAGEOS, uno della NASA e l'altro dell'ASI, uguali nelle caratteristiche. Anche LARES, grande poco più di una palla da basket (36 centimetri), e progettato dal professor Antonio Paolozzi dell'Università La Sapienza di Roma, era simile nelle proprietà, trattandosi di una sfera di tungsteno con perfetta geometria e ricoperta da retro riflettori laser. I raggi laser sparati sulla sua superficie erano dunque riflessi da un continente all'altro, consentendo di valutarne il comportamento. Scopo primario della missione, del costo di 10 milioni di euro, era l'indagine di uno dei più misteriosi fenomeni previsti dalla teoria della relatività di Einstein: il cosiddetto effetto *frame-dragging* (trascinamento dei sistemi di riferimento inerziali), secondo il quale un corpo che ruota nello spazio trascina anche lo spazio-tempo intorno a sé, in modo simile al trascinamento di un fluido viscoso dovuto alla rotazione di un oggetto immerso nel fluido. Il satellite veniva costruito a Milano dalla CGS e il programma coinvolgeva un team internazionale di scienziati americani e tedeschi. Oltre a questo obiettivo, si compivano studi di geodesia spaziale legati ai movimenti dei continenti e quindi ai terremoti.

La politica italiana tornava presto in fibrillazione e dopo soli due anni di governo del centrosinistra, nel maggio 2008 era nuovamente tempo di voto. Berlusconi riprendeva il potere e sceglieva Mariastella Gelmini come ministro dell'istruzione, dell'università e della ricerca. Ciò aveva un effetto immediato sull'ASI, tanto che già in luglio il consiglio dei ministri nominava l'ingegner Enrico Saggese, ex amministratore di Telespazio e poi responsabile spazio in Finmeccanica, commissario per l'Agenzia, lo stesso ruolo ricoperto in precedenza da Antonio Rodotà, prima che divenisse direttore generale dell'ESA. Per definire la formazione di Saggese, se ne può ricordare la partecipazione ai team che avevano disegnato le missioni dei satelliti per telecomunicazioni Sirio e Italsat.

Samantha Cristoforetti, la prima astronauta italiana

Il cambiamento nella gestione era sostanziale, perché la visione dei due ultimi presidenti dell'ASI era radicalmente diversa. In Bignami prevalevano la scienza e in genere le piccole missioni di carattere cosmico, ma la sua permanenza all'esecutivo di soli sedici mesi non gli offriva molte possibilità nell'attuazione dei progetti. Saggese puntava invece allo sviluppo di tecnologie e a satelliti mirati alle applicazioni connesse alle telecomunicazioni e all'osservazione ambientale. Secondo Saggese, si rispondeva meglio alle necessità della comunità scientifica favorendo lo sviluppo di strumenti di ricerca da far volare nelle varie missioni internazionali di specifico interesse e non fabbricando piccoli satelliti che richiedevano più risorse, riducendo di conseguenza la partecipazione dei ricercatori. "L'obiettivo primario," sosteneva Saggese, "deve essere la raccolta e la valorizzazione di molti dati nella scienza e nell'osservazione della Terra, perché è da questi che emergono risultati e scoperte, come testimonia la collaborazione a importanti missioni americane ed europee:

da Cassini a Fermi, da Swift a Mars Express, a Planck, a Venus Express."

"L'Italia," aggiungeva il presidente, "non ha ancora un'industria matura nel campo spaziale in grado di reggere sul mercato internazionale. Ci sono società che producono alcune tecnologie d'avanguardia, in particolare nel campo elettronico, dai chip radar ad apertura sintetica agli analizzatori di fulmini nei satelliti Meteosat. Ma non basta. La loro crescita, che è uno degli scopi istitutivi dell'ASI, deriva da un maggior impegno nella ricerca tecnologica che l'Agenzia sostiene anche nelle piccole e medie industrie."

Nel luglio 2011 Saggese fondava la nuova società ASITEL S.p.A., partecipata interamente dall'ASI e presieduta dall'ingegner Marco Airaghi, ma strutturata secondo la formula di partecipazione tra pubblico e privati, al fine di aprire a questi ultimi un settore tecnologicamente avanzato. Lo scopo era l'innovazione nel campo delle telecomunicazioni satellitari a banda larga e nei broadcast a scopi istituzionali, realizzando infrastrutture satellitari, reti di trasmissioni dati in settori di interesse nazionale quali l'*e-government* e la risoluzione del *digital divide*. L'iniziativa generava però inevitabili attriti con la società Telespazio, attiva nello stesso settore.

"Nei rapporti europei all'interno dell'ESA, dove l'Italia ha una quota del 12%," precisava Saggese, "lavoriamo per cambiare la politica dei ritorni industriali al di là del valore economico e nella quale le nazioni possano scegliere produzioni di qualità utili alla propria strategia di sviluppo; un aspetto oggi impedito."

Il direttore dei voli abitati dell'ESA, Simona Di Pippo, nel maggio 2009 annunciava la selezione di un nuovo gruppo di sei astronauti, tra i quali c'erano due italiani, entrambi capitani e piloti dell'aeronautica militare: Luca Parmitano e Samantha Cristoforetti. Quest'ultima era l'unica donna del corpo astronauti dell'ESA e la terza cosmonauta europea dopo la britannica Helen Sharman e la francese Claudie André-Deshays, che volavano nel 1991 e nel 2001. Parmitano e Cristoforetti venivano assegnati a missioni di sei mesi sulla Stazione spaziale, il primo nel 2013 e la seconda nel 2014.

Nel luglio 2009 il ministro Gelmini, terminato il periodo di commissariamento, confermava Saggese alla presidenza dell'ASI e nell'agosto 2011 lo riconfermava nella carica per un secondo mandato, dopo la ristrutturazione degli enti di ricerca. Completata la costellazione dei satelliti radar COSMO-SkyMed, nel 2010 l'ASI varava, sempre con la partecipazione del ministero della difesa, il programma della seconda generazione più avanzata tecnologicamente, affidata a Thales Alenia Space e integrata poi dal progetto Opsis nel campo dell'osservazione ottica, assegnato alla Compagnia generale per lo spazio (CGS) di Milano. Opsis era anche il frutto dei "progetti bandiera" stabiliti dal ministero della ricerca per focalizzare l'impegno su alcuni grandi piani innovativi. Proseguiva inoltre il lavoro sul satellite PRISMA (Precursore iperspettrale della missione applicativa), sempre rivolto all'osservazione della Terra con strumenti ottici, in particolare un sensore iperspettrale dotato di una camera pancromatica a media risoluzione. Si trattava di una piccola missione ambientale che coinvolgeva CGS e Selex Galileo e utilizzava sviluppi condotti nel campo delle piccole piattaforme satellitari e negli strumenti di osservazione. Le applicazioni erano svariate: dall'inventario delle foreste al monitoraggio continuo del territorio, dalla mappatura geologica alla diagnostica dello stato delle coltivazioni agricole, dalla mappatura delle aree urbane alla definizione della produttività degli ecosistemi acquatici costieri e delle acque interne, comprendendo pure la gestione del rischio ambientale riguardante incendi, frane e terremoti.

Queste iniziative rappresentavano il via alla concretizzazione di un Piano strategico decennale approvato dal consiglio di amministrazione dell'ASI nel novembre 2010. In termini economici questo prevedeva 7,2 miliardi di investimenti ripartiti tra l'esplorazione scientifica (37%), l'osservazione della

Terra (33%) e i programmi connessi alla Stazione spaziale ISS e al suo utilizzo (30%). Prioritario diventava il sostegno allo sviluppo del nuovo piccolo lanciatore Vega italo-europeo dell'ESA.

La storia degli astronauti italiani europei continuava alla fine del 2010, quando Paolo Nespoli affrontava una sfida ragguardevole salendo il 15 dicembre sull'ISS per il primo soggiorno lungo di un astronauta italiano. Partito da Bajkonur con una navicella Sojuz TMA-20 assieme al russo Dmitri Kondrat'ev e all'americana Catherine Coleman, atterrava nelle steppe del Kazakistan il 23 maggio 2011, dopo aver trascorso 157 giorni in orbita. Per l'ESA era la missione MagISStra e intanto nasceva una coincidenza da record. Il 16 maggio decollava da Cape Canaveral lo shuttle Endeavour STS-134 e tra l'equipaggio di sette astronauti c'era Roberto Vittori, alla sua terza esperienza cosmica. Accompagnava un importante strumento sistemato nella stiva, il cacciatore di antimateria AMS-02, frutto di una collaborazione internazionale che comprendeva anche la Cina e che era diretta dal Nobel Samuel C. Ting e dal fisico italiano Roberto Battiston, dell'Istituto nazionale di fisica nucleare. L'apparecchiatura veniva agganciata stabilmente alla stazione spaziale iniziando una ricerca destinata, si spera, a sciogliere uno dei grandi misteri dell'universo, e cioè dove sia finita l'antimateria esistente alle origini del cosmo e sulla quale poi prevalse la materia ordinaria di cui sono formate stelle, pianeti e noi stessi. Quando materia e antimateria vengono a contatto si annichiliscono, si distruggono a vicenda, e la sfida degli scienziati di AMS-02, il cui centro di controllo è collocato al CERN di Ginevra, sarà di trovarne traccia in qualche angolo delle profondità celesti.

Sullo shuttle Roberto Vittori incontrava Paolo Nespoli e condivideva con lui alcuni giorni sulla stazione: era la seconda occasione in cui si avevano due astronauti italiani contemporaneamente in orbita, che venivano salutati dal presidente della repubblica Giorgio Napolitano in un collegamento con il Palazzo del Quirinale. La prima coppia, formata da Umberto Guidoni e Maurizio Cheli, partiti assieme, si era formata nel 1996 sullo shuttle Atlantis, durante la seconda missione del satellite a filo Tethered.

Leonardo sull'ISS, e il primo volo del vettore Vega

La missione di Vittori (STS-134) era la penultima dello shuttle che, ormai, era alla vigilia della chiusura della sua lunga stagione di prima astronave recuperabile della storia, iniziata il 12 aprile 1981. Ma anche in occasione dell'ultimo balzo l'Italia era a bordo. Nella stiva di Atlantis STS-135 che ospitava soli quattro astronauti, il comandante Chris Fergusson, il pilota Doug Hurley e gli specialisti di missione Sandy Magnus e Rex Walheim, era stato sistemato il modulo Raffaello, per l'ultimo rifornimento alla Stazione. Questo concludeva pure l'utilizzo dei moduli italiani forniti dall'ASI. Dei tre, però, Donatello non saliva mai nello spazio, mentre quattro erano le spedizioni di Raffaello e otto quelle di Leonardo. Per quest'ultimo, tuttavia, la storia continuava in modo inaspettato ma decisivo. Nella prospettiva di non essere più impiegati per via del pensionamento dello shuttle, l'ASI proponeva di trasformare uno dei tre in un modulo stabilmente agganciato alla stazione orbitale, avendo le caratteristiche degli altri abitacoli della base.

Inizialmente l'idea, forse per scarsa convinzione reciproca, italiana e statunitense, non progrediva. Ma con l'arrivo di Charles Bolden alla guida della NASA e di Enrico Saggese all'ASI, nel febbraio 2010 si trovava l'accordo e una squadra di tecnici di Thales Alenia Space di Torino partiva per Cape Canaveral per adattare il modulo scelto, Leonardo, all'ultimo volo: il suo nome tecnico era modificato da Multi-purpose logistics module (MPLM) a Permanent multi-purpose module (PMM). In particolare si irrobustivano le protezioni esterne da impatti meteorici con pannelli in Nexter e Kevlar, per sopportare un'esposizione allo spazio di almeno un decennio. Altri interventi riguardavano le connessioni e i sistemi interni che ne assicuravano l'abitabilità. L'operazione aveva un costo di 50 milioni di dollari ugualmente riparti tra ASI e NASA, e il 24 febbraio 2011 lo shuttle Discovery STS-133 lo portava nello spazio unendolo stabilmente all'imponente casa cosmica, che così acquisiva un nuovo vano d'abitazione tutto italiano da destinare inizialmente a riserva di materiali. Una parte consistente della collaborazione italiana alla stazione ISS e dell'investimento a essa riservato trovava così un futuro ampliandone il valore.

Una data che rimaneva impressa nella storia spaziale italiana era quella del 13 febbraio 2012, quando il vettore Vega decollava dalla base di Kourou nella Guyana francese per il suo primo volo. La tensione nel centro di controllo era ad altissimi livelli, perché per i nostri scienziati e tecnologi rappresentava il coronamento di un sogno iniziato all'Università La Sapienza di Roma con Luigi Broglio alla fine degli anni settanta e che si era concretizzato nell'ESA vent'anni dopo. Era stata percorsa una lunga strada, lungo la quale Avio, la società responsabile della costruzione, aveva acquisito tecnologie d'avanguardia; così, quando arrivava sulla rampa di lancio di Kourou, Vega era il primo vettore con i tre stadi dotati di una struttura interamente in fibra di carbonio. Nel contempo si sviluppava anche il cruciale sistema di guida collaudato sempre a Colleferro, vicino a Roma, dove il vettore era prodotto. Alla fase di progettazione aveva collaborato il Centro ricerca aerospaziale Sapienza (CRAS) diretto dal professor Marcello Onofri.

Il lancio avveniva perfettamente all'orario previsto dalla rampa, utilizzata nel 1979 per il lancio di Ariane 1 e poi ricostruita secondo le nuove necessità, ponendo in orbita tutti i satelliti trasportati: LARES dell'ASI, ALMASAT-1 dell'Università di Bologna-Forlì (di 13,6 chilogrammi finanziato dall'ASI per

150.000 euro), un gruppo di sei Cubesat delle università di Montpellier (Francia), Vigo (Spagna), Varsavia (Polonia), Bucarest (Romania), Budapest (Ungheria) e del Politecnico di Torino.

Il costo del vettore, nel 2012, era di 24,5 milioni di euro, ai quali si aggiungevano 7 milioni per le operazioni di lancio di Arianespace. "I valori sono competitivi con gli altri lanciatori sul mercato," precisava Francesco Caio, dal maggio 2011 amministratore delegato di Avio, "ma l'evoluzione già in corso è rivolta ad abbassare i costi e a renderlo modulare rispondendo alle diverse esigenze degli utilizzatori."

Se a Colleferro i lavori erano stati diretti dall'ingegner Pier Giuliano Lasagni, il programma in ESA era sotto la guida dell'ingegner Stefano Bianchi. Su tutti governava l'ingegner Antonio Fabrizi, nominato nel 2003 direttore dei lanciatori all'agenzia europea due mesi dopo l'assegnazione del contratto a ELV per la realizzazione del vettore. Fabrizi aveva la competenza necessaria, perché proveniva da SNIA BPD (poi Avio), dove era entrato subito dopo la laurea all'Università La Sapienza di Roma, e aveva seguito i diversi progetti dei propulsori spaziali che via via la società realizzava, da quelli per i satelliti italiani ed europei ai *booster* per il vettore Ariane, e percorrendo poi tutti gradini che portavano all'ideazione di Vega.

Prima ancora del lancio, l'ESA e Arianespace nel settembre 2010 assegnavano a ELV il primo ordine di produzione di cinque vettori. Si consolidava così una realtà inseguita in modi diversi dall'inizio delle attività spaziali della penisola. L'Italia diventava il secondo paese europeo a maturare una capacità di fabbricazione di vettori spaziali accanto alla Francia, che mal digeriva la presenza tricolore su questo fronte, nel quale riteneva di essere l'unica e completa depositaria di conoscenza. I francesi cercavano perciò di contrastare in tutti i modi il programma. L'ultimo caso riguardava, per esempio, la non disponibilità a fornire il software di guida per il primo lancio adducendo ragioni di sicurezza militare. In realtà la vicenda nascondeva un braccio di ferro più complesso, che coinvolgeva l'agenzia spaziale francese CNES, l'ASI e l'ESA. Quest'ultima era a conoscenza del problema ufficiosamente dal 2005 e ufficialmente dal 2007; tuttavia, condividendo le richieste di Parigi, proponeva di cedere il software totalmente concedendo l'utilizzo senza fornire i significati dei codici. Ciò toglieva di fatto agli italiani il controllo del lanciatore. Le pressioni esercitate sull'ASI alla fine producevano il vantaggio di accelerare lo sviluppo dello stesso cruciale sistema in Italia, predisponendo l'utilizzo a partire dal secondo lancio.

Tutte queste capacità in Italia venivano maturate negli anni grazie a investimenti nella ricerca sia da parte della difesa (il progetto del missile Alfa) sia nei programmi spaziali civili condotti su scala nazionale, europea (i *booster* di Ariane) e in collaborazione con gli Stati Uniti. Tali investimenti consentivano alla fine di realizzare un mezzo di trasporto spaziale ad alta tecnologia, competitivo sul mercato internazionale e quindi fonte di potenziali ritorni economici. La meta era raggiunta grazie a chiare scelte: quella politica del ministro Umberto Colombo, che aveva orientato l'impresa in chiave industriale, e quella strategica del presidente dell'ASI Sergio De Julio, che aveva portato il piano in ESA.

La collaborazione con gli Stati Uniti e l'Europa

Nella storia delle attività spaziali italiane la collaborazione con gli USA, iniziata nel 1961 con il professor Luigi Broglio, ha sempre giocato un ruolo importante per acquisire e sviluppare conoscenze scientifiche e tecnologiche. E il mezzo secolo di rapporti intercorsi trovava celebrazione il 25 luglio 2012 nella nuova sede dell'ASI a Roma, vicino all'Università Tor Vergata, con la presenza di Lori Garver, amministratore associato della NASA. Nell'occasione si ricordavano anche i vent'anni trascorsi dal volo del primo astronauta italiano, Franco Malerba.

L'avvenimento chiudeva altresì simbolicamente il primo mezzo secolo di attività spaziale nazionale, dal quale, sia pure talvolta con difficoltà, erano scaturiti nuovi settori di studio accademico e nuovi campi di ricerca, nonché iniziative industriali inesistenti in passato. Dalle imprese emergevano spesso le notevoli capacità dei nostri scienziati e dei nostri tecnologi, che trovavano il giusto riconoscimento a livello internazionale. Oltre ai risultati scientifici, ricordiamo un dato: il 50% della stazione spaziale ISS è stato costruito in Italia.

La scena dello spazio mondiale era nel frattempo profondamente cambiata, soprattutto negli ultimi anni. La Cina aveva presentato e iniziato ad attuare con le prime sonde Chang'e il suo piano di esplorazione lunare, con l'intento di sbarcare i propri taikonauti dopo il 2020. E mentre proseguiva nei voli con le capsule Shenzhou, collaudando sempre nuovi aspetti (nel terzo volo del settembre 2008 il comandante Zhai Zhigang compiva una passeggiata spaziale), nel settembre 2011 Pechino lanciava anche il suo primo laboratorio orbitale Tiangong 1 (Palazzo celeste), passo iniziale verso la costruzione di una stazione spaziale più grande prevista entro il 2020. E su Tiangong 1 nel giugno 2012 sbarcava un equipaggio formato da Jing Haipeng, Liu Wang e Liu Yang, la prima taikonauta del Celeste impero, maggiore trentatreenne, pilota dell'aviazione. Tra i paesi dell'Asia si era accesa una corsa allo spazio e oltre al Giappone, che ne era da tempo protagonista, si aggiungeva anche l'India. Quest'ultima si dotava di una notevole capacità di lancio con la quale entrava nel mercato internazionale del trasporto in orbita. In parallelo avviava ambiziosi programmi di esplorazione lunare e marziana, oltre a impegnarsi nella realizzazione di una capsula per il lancio di propri astronauti.

Negli Stati Uniti la presidenza di Barack Obama, che vinceva le elezioni nel 2008, portava a un ridimensionamento delle attività spaziali senza offrire alcuna visione per il futuro, cancellando il programma Constellation varato nel 2004 dal predecessore George W. Bush e che mirava a tornare con gli astronauti sulla Luna e a preparare uno sbarco su Marte. Il Congresso americano bocciava in parte il provvedimento di Obama, facendo rinascere il progetto del grande lanciatore SLS (Space Launch System), avviandone la costruzione assieme alla capsula abitabile Orion MPCV (Multi-Purpose Crew Vehicle). Ma sul loro futuro impiego, Obama dalla Casa bianca non esprimeva piani precisi. Al contrario si dimostrava un deciso sostenitore dello spazio commerciale, sollecitando proposte e impegni da società private nel fornire mezzi di trasporto per la Stazione spaziale internazionale rimasta priva di collegamenti da parte americana dopo il ritiro dello shuttle. Con il supporto finanziario del piano CCP (Commercial Crew Program) della NASA emergevano così tre società, Space Exploration Technologies (SpaceX), Boeing e Sierra Nevada, che preparavano un veicolo abitato. Dall'analogo COTS (Commercial Orbital Transportation) venivano selezionate SpaceX e Orbital Sciences, realizzatrici inoltre di un veicolo automatico per i rifornimenti alla stazione. In questo nuovo corso, già avviato da Bush nel 2006 e sicuramente Thales Alenia Space Italia, guidata da Luigi Pasquali, che otteneva da Orbital Sciences un contratto, annunciato durante il salone aerospaziale parigino di Le Bourget nel 2009, per la fornitura di nove moduli costituenti la parte pressurizzata della navicella Cygnus studiata dalla Orbital per effettuare i rifornimenti.

La Russia, dopo la grande crisi seguita al crollo dell'Unione Sovietica e dopo la condivisione della Stazione spaziale ISS con americani, europei, giapponesi e canadesi, continuava a cercare un difficile rilancio proponendo anch'essa un ritorno sulla Luna. L'Europa, all'inizio del secondo decennio del XXI secolo, pur disponendo di capacità e tecnologie, guardava all'Asia, all'America e alla Russia con grande incertezza, senza esprimere grandi mete.

Il 23 marzo l'ESA lanciava il terzo veicolo di rifornimento automatico verso la Stazione spaziale ISS, l'ATV (Automated Transfer Vehicle). Questo veniva battezzato con il nome di

Edoardo Amaldi, per ricordarne il ruolo giocato e il coraggio dimostrato nell'aver fatto nascere assieme al francese Pierre Auger un organismo europeo per l'attività spaziale. Simbolicamente lo spirito di Amaldi tornava a volare, con la speranza di accendere nuove visioni.

È in questo contesto che l'Italia cerca di costruirsi un futuro proprio nello spirito di Luigi Broglio e di Edoardo Amaldi, perché la storia continua.

9.
La passeggiata cosmica di Parmitano, il volo di Cygnus e Battiston all'ASI

Il 2013 era segnato da due avvenimenti diversi nella loro natura ma importanti per l'evoluzione dello spazio italiano. Luca Parmitano, al suo primo volo in orbita, era protagonista della missione Volare sulla Stazione spaziale internazionale. Faceva parte dell'Expedition Crew Sojuz 36/37, in partenza da Baykonur il 28 maggio mentre la spedizione si concludeva l'11 novembre nelle steppe del Kazakistan. Assieme c'erano Fëdor Jurčichin di Roskosmos e Karen Nyberg della NASA. Parmitano, nato a Paternò, in Sicilia, il 27 settembre 1976, maggiore e pilota collaudatore dell'aeronautica militare italiana, era selezionato dall'ESA nel 2009 nello stesso gruppo in cui c'era anche Samantha Cristoforetti. La sua preparazione include un diploma in ingegneria di collaudo sperimentale conseguito all'Istituto superiore dell'aeronautica e dello spazio di Tolosa (Francia). Parmitano, astronauta dell'ESA, era il sesto astronauta italiano ma il primo a compiere una passeggiata spaziale. Anzi nella sua permanenza di 166 giorni sulla ISS effettuava due uscite extraveicolari. La prima era di 6 ore e 7 minuti mentre la seconda era interrotta dopo 92 minuti a causa di un problema tecnico al sistema di raffreddamento della tuta che ha generato preoccupazione ma che per fortuna si è risolto per il meglio. Una perdita d'acqua (si stimava un litro e mezzo) filtrava nel casco creando difficoltà di visione e respirazione e il direttore di volo David Korth ordinava il rientro. La missione Volare era organizzata dall'ASI nell'ambito dell'accordo con la NASA del 1997 il quale prevedeva periodi di attività sulla stazione in cambio della fornitura da parte italiana dei tre moduli

MPLM (Multi-Purpose Logistics Module) che lo shuttle trasportava nella stiva per rifornire ISS. Parmitano, infatti, effettuava oltre trenta esperimenti scientifici in buona parte preparati da ricercatori italiani ed europei.

Prima del rientro di Parmitano, il 18 settembre era sulla rampa di lancio di Wallops Island in Virginia (USA) il vettore Antares con sistemato nell'ogiva il veicolo automatico Cygnus con a bordo i rifornimenti alla stazione. Dopo Dragon di Space X, Cygnus era la seconda navicella privata frutto dell'iniziativa di Orbital-ATK la quale otteneva dalla NASA un contratto di 1,9 miliardi di dollari per otto voli di rifornimento. Il primo era un collaudo dimostrativo. Ma l'aspetto rilevante era che il modulo pressurizzato contenente i 700 chilogrammi di strumenti, materiali e viveri era fornito da Thales Alenia Space Italia (TAS) secondo il contratto ottenuto da Orbital ATK nel 2009. Il lancio che abbiamo seguito da Wallops Island si svolgeva senza intoppi appena la ristretta "finestra" dei 7 minuti disponibili si apriva. Ed era proprio Luca Parmitano sulla ISS a manovrare il braccio robotizzato, catturando Cygnus e agganciandolo alla casa cosmica. La missione segnava l'ingresso della nostra industria nazionale nel nuovo business privato del trasporto spaziale verso la stazione. Negli stabilimenti di Torino di Thales Alenia Space nasceva così una catena di montaggio dei moduli e un secondo contratto siglato con Orbital ATK nel luglio 2016 durante il salone aeronautico inglese di Farnborough portava alla fabbricazione di 19 unità entro il 2021. Ma con dei cambiamenti significativi maturati nel frattempo per aumentarne le possibilità. Il modulo di 3,07 metri di diametro veniva infatti fornito in due versioni con la seconda allungata di poco più di un metro. Così raggiungeva i 6,3 metri e ospitando un carico maggiore sino a un massimo di 3750 chilogrammi, poteva essere lanciato con un vettore Atlas V. La versione standard trasportava un carico di 2000 chilogrammi. Il successo della prima fornitura privata di moduli era il frutto della specializzazione raggiunta da TAS nella costruzione di moduli pressurizzati iniziata con lo

Space Lab per lo shuttle, proseguita con i moduli di rifornimento MPLM, i moduli abitati della stazione ISS e i moduli per il veicolo automatico ATV dell'ESA. Anche questi ultimi erano dedicati ai rifornimenti della base da parte europea e ne venivano realizzati cinque esemplari lanciati con il vettore Ariane 5 dalla Guyana francese nell'arco di sei anni. L'ultimo, battezzato "George Lemaitre" compiva il suo volo nel luglio 2014.

Negli Stati Uniti, intanto, Space X di Elon Musk il 3 dicembre 2013 diventava la prima società privata a lanciare in orbita geosincrona durante il settimo volo del vettore Falcon 9 il satellite per telecomunicazioni SES-8 della società lussemburghese SES S.A., entrando così nel remunerativo business dei lanci commerciali. L'anno precedente, il 25 maggio 2012, sempre Space X era stata pure la prima società privata a lanciare una navicella automatica battezzata Dragon, sempre per effettuare i rifornimenti della stazione ISS. Questa era la prima di 12 missioni CRS (Commercial Resupply Services) che la NASA aveva assegnato alla società di Los Angeles con un contratto di 1,6 miliardi di dollari. Space X e Orbital ATK emergevano, dunque, come le prime società private americane a entrare nel mondo dei trasporti di materiali con proprie navicelle. Dragon, tra l'altro, era recuperabile consentendo il rientro di esperimenti o strumenti dalla stazione spaziale. Musk stava lavorando su due fronti importanti: uno per trasformare Dragon in una capsula capace di portare gli astronauti in orbita interrompendo la costosa dipendenza della NASA dai russi di Roskosmos da quando nel 2011 lo shuttle terminava i suoi voli; il secondo riguardava lo sviluppo del lanciatore più potente Falcon Heavy annunciato nel 2011, il quale in prospettiva, oltre a carichi commerciali più pesanti, apriva la possibilità di partecipare a missioni lontane dalla Terra, a cominciare da Luna e Marte.

La scena politica italiana portava nel 2013 alla formazione di un nuovo governo presieduto da Enrico Letta che nominava ministro dell'istruzione, dell'università e della ricerca Maria Chiara Carrozza, professore di bioingegneria industriale e rettore della Scuola superiore Sant'Anna di Pisa. A lei toccherà gestire una situazione difficile creatasi nell'agenzia spaziale ASI legata alla presidenza e culminata con le dimissioni del presidente Enrico Saggese il 7 febbraio 2014. Per affrontare la crisi il ministro Carrozza nominava commissario straordinario Aldo Sandulli, docente di diritto amministrativo all'Università Suor Orsola Benincasa di Napoli. Il ministro gli assegnava tre mesi di gestione ordinaria durante i quali un comitato doveva indicare cinque candidati tra cui scegliere il successore. Ma la selezione sarà compiuta da Stefania Giannini succeduta a Maria Chiara Carrozza nel nuovo governo di Matteo Renzi che si insedierà il 22 febbraio 2014. Il prescelto annunciato il 16 maggio era Roberto Battiston (57 anni), docente di fisica sperimentale all'Università di Trento. Nato nella stessa città, era ben noto nel mondo spaziale per la direzione assieme al Nobel Samuel Ting dell'esperimento internazionale AMS-2 installato sulla stazione ISS e dedicato alla ricerca dell'antimateria nell'universo. Assieme seguivamo il lancio a Cape Canaveral che avveniva nel penultimo volo dello shuttle con a bordo anche l'astronauta italiano Roberto Vittori. Battiston era laureato in fisica alla Normale di Pisa e presiedeva la Commissione II dell'Istituto nazionale di fisica nucleare per la fisica astroparticellare. Era, in particolare, uno specialista di rivelatori cosmici sviluppandone nuovi tipi che permettevano risultati scientifici altrimenti impossibili da conquistare. "Penso che la nomina di Battiston," sottolineava il ministro, "sia un punto di partenza e di rilancio del settore aerospaziale che ha un valore strategico incalcolabile."

Iniziava, proprio con Battiston e il governo Renzi, un nuovo percorso delle attività spaziali nazionali rivolto in modo particolare a tessere rapporti più stretti tra la politica dei ministeri, i progetti dell'ASI e il mondo industriale. Lo scopo era favorire lo sviluppo di attività produttive capaci di rispondere a un settore che offriva a livello internazionale segni di profonda innovazione sia nei metodi sia nelle tecnologie. Anche in Italia si cominciava quindi a parlare di Space Economy.

L'orientamento era condiviso in Europa come sottolineava a Strasburgo, il 2 dicembre 2014, il consiglio dei ministri della ricerca delle nazioni che gestiscono le attività dell'ESA. "Era un consiglio straordinario dedicato principalmente alla sottoscrizione dei programmi opzionali; in particolare allo sviluppo della nuova famiglia di lanciatori europei Ariane 6 e Vega C in sostituzione dei lanciatori attualmente a disposizione Ariane 5, Sojuz e Vega" precisava Roberto Battiston che condivideva la seduta con il ministro Stefania Giannini. "E ciò avveniva in un contesto di accresciuta responsabilità dei privati nel settore dei lanciatori. Inoltre si affrontava la questione del completamento del finanziamento del programma di esplorazione ExoMars 2016, la prima delle due missioni europee a guida italiana verso il Pianeta rosso. Complessivamente la sottoscrizione è stata di 690 milioni di euro."

Il "caso Sitael", la propulsione elettrica e i piccoli satelliti

Mentre a Strasburgo si consolidava l'evoluzione dei piani europei, in Italia, nello stesso mese di dicembre 2014 la società Sitael del gruppo Angelo Investments operante nel campo aerospaziale e dei trasporti, incorporava per fusione le società Alta e Alma Space diventando la più grande società spaziale italiana a capitale privato con 350 dipendenti. Alta, in particolare, era una delle poche società esistenti al mondo detentrice di una tecnologia d'avanguardia nel campo dei propulsori elettrici spaziali. Alma Space invece era una piccola società di ingegneria spin-off dell'Università di Forlì che aveva concepito il microsatellite ALMASAT-1 lanciato nel primo volo del vettore Vega nel 2012.

Il protagonista nel campo della propulsione elettrica in Italia era Mariano Andrenucci dell'Università di Pisa, capace di trasformare un'attività di ricerca universitaria in una società di produzione. Nel 1970 Andrenucci doveva scegliere la tesi di laurea in fisica e nella biblioteca dell'Università di Pisa scopriva il libro di Robert G. Jahn pubblicato due anni prima. Jahn era il fondatore dell'Electric Propulsion and Plasma Dynamics Laboratory all'Università americana di Princeton. "L'ho divorato," ricorda Andrenucci, "ed è diventato oltre che il tema della mia tesi anche la ricerca della mia vita." Si accendevano così, in Italia, gli studi sulla propulsione elettrica che avevano visto in Gabriel Maria Giannini e Adriano Cavalieri Ducati due illustri fisici italiani protagonisti delle prime ricerche nel campo avviate negli Stati Uniti negli anni sessanta. Robert Jahn era stato collaboratore di Ducati nei laboratori Plasmadyne in California fondati da Giannini. Nel 1976 Andrenucci impegnato sul nuovo fronte partecipava a un congresso a Key Biscayne in Florida incontrando Ernst Stuhlinger e tre anni dopo a Princeton Robert Jahn riannodando, in un certo senso, i fili tessuti sempre da Ducati quasi vent'anni prima. Ma al di là dei celebri contatti, questa volta si creava anche da noi, all'Università di Pisa, un laboratorio dove nascevano i primi propulsori elettrici proiettati a sostituire i propulsori chimici sui satelliti intorno alla Terra ed efficaci nelle missioni interplanetarie.

Strumento rilevante per le ricerche era la cessione nel 1979 al laboratorio pisano da parte dell'ESA di una camera a vuoto in cui collaudare i propulsori in condizioni spaziali. A partire dagli anni ottanta Andrenucci e il suo gruppo partecipavano a ricerche sostenute dall'Agenzia spaziale europea ESA condivise industrialmente dalla BPD (oggi Avio) interessata a essere presente sul nuovo fronte, e dalla FIAR fornitrice dei sistemi di potenza.

Nel 1989 dopo vari progetti nei quali si inseriva temporaneamente anche l'Università di Roma La Sapienza, Andrenucci chiedeva alle industrie coinvolte di cedere gli impianti pisani costruiti per i piani europei. Nasceva così all'interno dell'università il dipartimento Centrospazio sostenuto dal Consorzio Pisa ricerche che continuava la sua attività sperimentale con l'ESA ampliando però la collaborazione anche con la società americana Aerojet (oggi Aerojet Rocketdyne) e il Von Karman

Institute in Belgio. Un passo significativo di consolidamento si verificava nel 1999 quando Centrospazio, un soggetto no profit, si trasformava in una società più strutturata battezzata Alta (che significava Alta tecnologia) diventata tre anni dopo una S.p.A., società per azioni. Il Consorzio partecipava con il 24% fornendo le attrezzature. Inizialmente gli addetti erano cinque specialisti dell'università, compreso Andrenucci, ma la nuova struttura adeguata ad affrontare il nascente mercato cresceva velocemente sino ad avere settanta dipendenti. Nel 2003 il Consorzio usciva dalla società la quale entrava in un periodo di difficoltà superato dieci anni dopo, nel 2013, quando il gruppo Sitael (della holding Angel) con produzioni avioniche, satellitari e ferroviarie, acquisiva Alta che diventava la divisione "Advanced Propulsion". Raccogliendo vent'anni di esperienze nelle diverse tecnologie Sitael sviluppava motori di varia capacità: da quelli a effetto Hall (Hall Effect Thruster – HET) ai propulsori elettrotermici che hanno potenze variabili dai micronewton dei sistemi Feep (Field Emission Electric Propulsion) alle centinaia di kilowatt dei MPDT (Magneto Plasma Dynamic Thruster). Sitael è ora una delle poche società a livello mondiale del settore producendo arcogetti e tre generazioni di resistogetti con un livello di spinta fino a 250 millinewton. Utilizzando come propellenti Argon e Xeno funzionano da sistemi di propulsione primaria per mini o microsatelliti o propulsione secondaria per il controllo d'assetto dei grandi satelliti in orbita bassa o in orbita geostazionaria, ad esempio satelliti per le telecomunicazioni.

L'ESA effettuava la sua prima missione con un motore elettrico con la sonda SMART-1 (Small Missions for Advanced Research in Technology) spedita verso la Luna nel 2003. Il propulsore a effetto Hall installato a bordo era la versione di un motore russo, sviluppata dalla francese SNECMA, ora gruppo Safran, unico altro produttore europeo di propulsori elettrici.

Sitael con quattro sedi distribuite in Italia e una in Grecia, dopo la fusione con Alta e Alma Space era in grado di offrire un'ampia gamma di prodotti spaziali comprendente dai nano ai minisatelliti facendo ricorso nella costruzione a tecnologie d'avanguardia e contenendo i costi (inferiori a 3 milioni di euro i micro e inferiore ai 10 milioni i mini).

La storia della società aveva origini nel 2001 a Modugno, vicino a Bari, e a Viareggio, per iniziativa di Nicola Zaccheo un fisico con alle spalle esperienze al CALTECH e al laboratorio del Gran Sasso dell'Istituto nazionale di fisica nucleare. Inizialmente creava due spin-off, Caen Aerospace e Aurelia Aerospace, poi fuse in Caen Aurelia Aerospace, impegnate in collaborazioni con l'Istituto nazionale di fisica nucleare (INFN) per la realizzazione dei progetti internazionali del satellite Pamela e del rivelatore di antimateria AMS-2 installato sulla Stazione spaziale internazionale. Ma lo sviluppo delle attività chiedevano anche maggiori risorse e nel 2009 la Angel Holding di Vito Pertosa acquisiva la piccola società con una trentina di dipendenti garantendo una rapida evoluzione. Altre integrazioni si aggiungevano in tempi brevi e alla fine del 2013 la società diventava Sitael S.p.A. ampliando la produzione dallo spazio ad altri settori dell'elettronica industriale. Quando l'anno prima la rover Curiosity della NASA sbarcava su Marte, a bordo c'era anche un chip fabbricato da Sitael. "Il futuro è nelle costellazioni di piccoli satelliti e per questo l'obiettivo, sin dall'inizio del nostro impegno industriale," spiega l'amministratore delegato Nicola Zaccheo, "era stato quello di puntare a sistemi ad alta tecnologia con i quali realizzare nano, micro e minisatelliti in tempi brevi a basso costo facilitando l'accesso allo spazio."

Nascevano così tre tipi di piattaforme spaziali da 50, 75 e 200 chilogrammi sulle quali potevano essere imbarcati apparati di telecomunicazioni e osservazione della Terra. Nel dicembre 2017 l'ASI assegnava un contratto a Sitael per la realizzazione del programma Platino (Mini piattaforma spaziale ad alta tecnologia) che prevedeva lo sviluppo di una piattaforma compatta per minisatelliti di 200 chilogrammi dotati di propulsione elettrica. In Platino sono coinvolte anche Thales

Alenia Space Italia, Leonardo e Space Engineering riunite in un raggruppamento temporaneo di imprese. Il programma prevede il lancio di due satelliti entro quattro anni, il primo dei quali per l'osservazione della Terra e il secondo per le telecomunicazioni. Entrambi devono dimostrare la possibilità di utilizzare la piattaforma per una costellazione.

In parallelo Sitael siglava un altro accordo con ESA e ASI per la fornitura del servizio in orbita "Striving" e sostenuto dalle due agenzie con lo scopo di favorire la nascita di Space Mission Providers in grado di offrire servizi in orbita affidabili e a costi contenuti facilitando così l'accesso allo spazio di enti pubblici o privati. Striving, finanziato rispettivamente al 50%, prevede l'impiego di vari tipi di piattaforme (dai Cubesat ai minisatelliti) sviluppate a seconda delle diverse necessità e mirate a generare innovazioni per servizi terrestri. In tal caso Sitael creava un team industriale italiano formato da tre piccole società Tyvak, IMT e Planetek. La prima missione dimostrativa prevedeva un microsatellite S-75 con imbarcati nuovi sistemi di telecomunicazioni. Una caratteristica delle nuove piattaforme è quella di essere collocate su orbite basse a 350 chilometri d'altezza, più basse cioè di quelle normalmente utilizzate da satelliti. Questa possibilità è permessa dal ricorso ai propulsori elettrici che neutralizzano gli effetti di abbassamento d'orbita generati dalla combinazione dell'attrito per le rarefatte molecole con l'attrazione gravitazionale.

I lanci dei programmi Platino e Striving saranno effettuati con il vettore italo-europeo Vega. Il primo a partire sarà l'S-75 di Striving nel 2019. Ma già il 3 dicembre 2018 viene lanciato con il vettore privato Falcon 9 di Elon Musk il satellite ESEO (European Student Earth Orbiter) sviluppato da Sitael con gli studenti di nove università europee nell'ambito dei programmi educativi dell'ESA Education Office. ESEO pesante 50 chilogrammi in orbita effettua osservazioni della Terra e alla fine della missione aprirà una minivela che rallentando la sua corsa lo porterà a disintegrarsi nell'atmosfera. Il sistema è sviluppato dalla Cranfield University inglese per dimostrare la fattibilità di un sistema finalizzato a evitare l'aumento dei debris. Nell'ambito di un altro programma di validazione in orbita, chiamato "uHETSat" si sviluppava un secondo satellite da 75 chilogrammi con il sostegno dell'ASI e sarà il primo microsatellite al mondo a essere dotato di propulsione elettrica. La partenza era programmata nel 2019 con il primo lancio del vettore LauncherOne a propellenti liquidi di Virgin Orbit trasportato sotto l'ala del Boeing-747-400 "Cosmic Girl".

In conclusione, Sitael rappresenta un "caso" significativo dell'evoluzione del mondo spaziale nazionale rivelando la capacità di costruire una società d'avanguardia nel settore integrando competenze maturate negli anni in varie piccole aziende dotate di conoscenze tecnologiche di primo piano e potenzialmente competitive sul mercato ma che rischiavano di andare perdute senza l'apporto di nuove risorse. In questo modo, invece, i loro valori integrati nella strategia di crescita della nuova società venivano rilanciati garantendo crescita ed evoluzione. Una formula efficace, che segnalava come anche nel nostro paese la Space Economy aveva trovato terreno fertile per sbocciare passando dalla ricerca al business valorizzando gli investimenti del passato.

A Padova motori a plasma per nanosatelliti

Ma Sitael non era l'unico caso che esprimeva la nascente proiezione economica dello spazio italiano. Sempre nel 2014 un altro esempio significativo era rappresentato da un'iniziativa che prendeva forma a Padova grazie allo spirito imprenditoriale di Daniele Pavarin. La propulsione spaziale era la sua passione coltivata all'Università di Padova e sviluppata dopo un dottorato negli Stati Uniti all'Oak Ridge National Laboratory dell'Università del Tennessee e del Department of Energy. Professore di propulsione spaziale e responsabile delle ricerche in questo campo al CISAS "Giuseppe Colombo", il centro interateneo, Pavarin creava uno spin-off per progettare propulsori spaziali trasferendo un impegno di ricerca iniziato ancora nel 2008 in un'attività produttiva. Dopo un avvio in varie direzioni la nuova startup battezzata T4i (Technology for Propulsion and Innovation) concentrava la pianificazione su tre indirizzi: la fabbricazione di propulsori elettrici per piccoli satelliti, propulsori ibridi per raggiungere l'orbita e propulsori chimici. "Mi ero reso conto," raccontava Pavarin, CEO della società, "che nel nascente mondo dei nanosatelliti inferiori ai 50 chilogrammi non esistevano ancora apparati di propulsione adeguati capaci di esprimere prestazioni inferiori ai noti motori a effetto Hall. Abbiamo quindi sviluppato una nuova tecnologia nel campo dei motori elettrici a plasma senza elettrodi esposti e senza neutralizzatore, che ben si adattava alle nuove necessità mantenendo, però, costi contenuti intorno ai cinquantamila euro." Nasceva così Regulus per piattaforme satellitari da 6 a 70 chilogrammi di massa e con una potenza da 10 a 80 watt, concepito secondo il concetto di box All-in-One. Il sistema può funzionare con gas diversi (CO_2, Argon, Xeno, Iodio e altri) a seconda del tipo di missione e può essere riavviato e regolato nella spinta.

Regulus veniva sviluppato e collaudato in varie versioni a partire dal 2008 arrivando a essere qualificato nel 2018, con una missione in orbita programmata nel 2019. Il secondo settore di sperimentazione riguardava i propellenti ibridi (liquido-solido) con spinte tra i 100 e 10.000 newton e ideali per fornire mobilità alle piattaforme satellitari e ai grandi deployer di altri satelliti consentendo varie funzioni: cambiamenti orbitali, mantenimento orbitale, smaltimento fine vita del satellite e pure la funzione di motore d'apogeo. Il propellente liquido impiegato è il perossido d'idrogeno altamente stabilizzato mentre il combustibile solido può essere di tipo diverso (paraffina o altri) comunque non reattivo e non tossico. Dal 2014 entravano in fase di sviluppo e collaudo differenti modelli, tutti riaccendibili più volte e con un impulso specifico di 285 secondi mentre la verifica in orbita era pianificata per il 2022. La terza attività della società padovana riguardava, infine, i propulsori monopropellenti ad acqua ossigenata con spinte fino a 50 newton e propulsori bipropellenti con acqua ossigenata e kerosene con spinte fino a 300 newton. Le nuove tecnologie erano il frutto di programmi di ricerca finanziati in ambito europeo (FP7/H2020) e sviluppati in collaborazione con grandi aziende aerospaziali.

Le indagini nei motori a plasma consentivano inoltre una ricaduta nel campo delle telecomunicazioni. Utilizzando, infatti, il plasma e cambiandone le caratteristiche, poteva funzionare da elemento attivo di un'antenna. Lo studio era finanziato dall'ASI e la nuova tecnologia era sperimentata per la prima volta al mondo. Le numerose iniziative consentivano di consolidare la startup raggiungendo i venti addetti alla fine del 2018 e aprendo un altro fronte nelle applicazioni spaziali che arricchiva sia il panorama nella frontiera della propulsione, sia le possibilità nel mercato internazionale.

10.
La cometa, AstroSamantha e il rientro dallo spazio

Tra la fine del 2014 e tutto il 2015 il periodo è segnato soprattutto da due imprese che dimostravano l'evoluzione delle attività spaziali italiane sia sul fronte dell'esplorazione con le sonde interplanetarie sia nel volo umano. Il 12 novembre 2014 il lander Philae dopo essersi staccato dalla sonda madre Rosetta scendeva sul suolo della cometa 67P/Churyumov-Gerasimenko distante allora 510 milioni di chilometri. Era il momento culminante della missione dell'ESA iniziata con il lancio il 2 marzo 2004. Dopo dieci anni di viaggio, nell'agosto 2014 la sonda entrava in orbita all'astro con la coda iniziando una straordinaria ricognizione da varie altezze. Il nome del piccolo lander era stato scelto dall'ESA dopo un bando aperto alle scuole di vari paesi ed era stato proposto da Serena Olga Vismara di Arluno, vicino a Milano, studentessa di 14 anni del liceo umanistico e appassionata di spazio. Philae era il nome del luogo in Egitto deve erano stati trovati gli obelischi le cui scritte avevano permesso di decifrare la stele di Rosetta rinvenuta lungo il Nilo, comprendendo i significati dei geroglifici egiziani. La sonda era stata, dunque, battezzata con lo stesso nome perché avrebbe consentito di rivelare numerosi segreti sulle origini degli astri con la coda. E così accadde grazie anche agli strumenti italiani preparati per la missione sotto il coordinamento dell'ASI che aveva garantito una notevole partecipazione. Tre erano sulla sonda (lo spettrometro all'infrarosso Virtis di Fabrizio Capaccioni dell'INAF, il rilevatore Giada per gli impatti delle polveri di Alessandra Rotundi dell'Università Parthenope di Napoli e la camera a grande angolo WAC del sistema ottico Osiris di cui era principal investigator Cesare Barbieri dell'Università di Padova e con la quale si identificava anche il luogo per lo sbarco di Philae. La realizzazione della camera era frutto del CISAS "Giuseppe Colombo", il centro per le attività spaziali dell'ateneo padovano diretto da Stefano Debei, e grazie a essa si potevano raccogliere immagini dettagliate del nucleo cometario. Su Philae, oltre ai pannelli solari preparati dal Politecnico di Milano, era stato installato uno strumento eccezionale, una trivella e un sistema di microforni (SD2) nei quali esaminare i campioni del sottosuolo prelevati dalla stessa trivella la quale nasceva sotto la guida di Amalia Ercoli Finzi del Politecnico di Milano e poi realizzati da Leonardo. Era la prima volta che si tentava uno sbarco su una cometa. Purtroppo il sistema di aggancio non funzionava e Philae rimbalzava sino a conficcarsi sotto un masso appoggiata di lato. I suoi strumenti rilevavano dati ambientali e anche la trivella entrava in azione perfettamente uscendo dal suo contenitore, ma a causa della posizione sbagliata non poteva perforare il suolo. Rosetta, intanto, scandagliava la superficie in continuazione per cercarla e finalmente la trovava il 5 settembre 2016 nella zona battezzata Abydos. Il 30 settembre successivo Rosetta veniva fatta adagiare al suolo concludendo una spedizione durata 12 anni. L'intera spedizione del costo di 1,4 miliardi di euro (valore 2014) in vent'anni, veniva gestita dal centro ESOC dell'ESA a Darmstadt (Germania) dove responsabile di tutte le operazioni delle varie sonde in orbita era Paolo Ferri mentre il direttore della missione Rosetta era Andrea Accomazzo.

AstroSamantha, prima italiana dello spazio

Poco dopo l'arrivo a destinazione di Rosetta, il 23 novembre 2014, Samantha Cristoforetti volava da Baykonur verso la stazione spaziale internazionale ISS a bordo della Sojuz TMA-15M assieme a Terry Virtis della NASA e Anton Škaplerov di Roskosmos (Expedition 42/43). Era la prima astronauta italiana e anche l'unica in servizio nell'ESA europea. Samantha, milanese di nascita (26 aprile 1977), dopo la laurea in ingegneria all'Università tecnica di Monaco di Baviera, nel 2001 entrava all'Accademia aeronautica di Pozzuoli. Completata la formazione, conduceva un'esperienza in Texas e poi era assegnata al 51mo Stormo Bombardieri sulla base di Istrana (Treviso). Era da qui, con i gradi di capitano e 500 ore di volo all'attivo, che Samantha avanzava la richiesta di diventare astronauta dell'ESA venendo selezionata nel 2009 assieme a Luca Parmitano. La missione di AstroSamantha (il suo nickname su Twitter) battezzata "Futura" e organizzata dall'ASI nell'ambito degli scambi con la NASA per la fornitura dei moduli di rifornimento MPLM della stazione, si protraeva sino all'8 maggio 2015 quando l'ESA annunciava un rinvio del rientro di circa un mese. Nei giorni precedenti il veicolo automatico russo Progress M-27M carico di rifornimenti non riusciva ad agganciarsi alla stazione ISS e, fuori controllo, finiva per ricadere e disintegrarsi sopra l'oceano Pacifico. L'incidente sconvolgeva i programmi dei lanci anche perché era necessario capire la causa del malfunzionamento; aspetto questo importante dal momento che molti sistemi della navicella automatica Progress sono analoghi a quelli della capsula abitata Sojuz. "Non sono dispiaciuta di rimanere nello spazio ancora un po'," affermava Samantha. "Anzi è un piacere e un privilegio per me restare ancora sulla Stazione spaziale internazionale, un vascello carico di tecnologie." Così proseguiva gli esperimenti avviati nei mesi precedenti e preparati da ricercatori italiani nel campo della biologia, della fisiologia umana e collaudando pure un sistema di produzione automatizzata di stampa in 3D. L'11 giugno 2015 la spedizione Futura si concludeva dopo 199 giorni, 16 ore e 42 minuti con l'atterraggio nelle steppe del Kazakistan. Samantha stabiliva così un record internazionale di permanenza femminile in orbita superando, in quel momento, l'americana della NASA Sunita Williams (195 giorni).

Caffè in orbita, piccoli satelliti e cibi spaziali

Quando mancavano pochi giorni al rientro nominale poi rinviato, il 3 maggio 2015 Samantha diventava protagonista di un evento apparentemente frivolo dietro il quale si nascondeva invece una sofisticata tecnologia con una buona dose di innovazione. Samantha, infatti, beveva un caffè per la prima volta preparato nello spazio a bordo della ISS. Poco tempo prima durante un volo di rifornimento della capsula Dragon di Space X arrivava una macchina in grado di produrre in sicurezza un buon caffè. A costruirla ci riusciva la piccola società Argotec di Torino fondata da David Avino con un passato da ingegnere al centro ESTEC dell'ESA a Noordwijk, nei Paesi Bassi e rientrato in Italia nel 2008 "con l'idea di creare qualcosa di italiano". Così nello stesso anno fondava con molto coraggio la società iniziando l'attività grazie a un piccolo contratto mirato all'addestramento degli astronauti. La produzione era limitata ad alcune tecnologie mentre per sostenere la crescita si investiva in ricerca e sviluppo il 65% del fatturato. Una precisa identità la società la conquistava cinque anni dopo quando proponeva di costruire in 18 mesi la macchina per il caffè battezzata "ISSpresso" da portare in orbita. L'iniziativa trovava la collaborazione della Lavazza e il sostegno dell'ASI diventando uno dei nove esperimenti condotti durante la missione di Samantha. L'obiettivo richiedeva infatti lo sviluppo di sistemi innovativi necessari per garantire il successo e soprattutto la sicurezza (i componenti critici erano a tal scopo ridondanti) tenendo conto che la fluidodinamica dei liquidi in assenza di gravità è diversa da quella sulla Terra. Nel caso specifico, inoltre, entravano in gioco alte pressioni (oltre 400 bar) ed elevate temperature. Tutto veniva monitorato da un sistema trasparente che permetteva di visualizzare il comportamento del liquido mentre i dati del funzionamento venivano registrati. L'obiettivo, naturalmente, era di mantenere la qualità e l'aroma del caffè ottenuto con l'impiego di capsule prodotte da Lavazza. La macchina pesante 25 chilogrammi doveva obbedire alle specifiche emesse dalla NASA e dall'ASI. E quando Samantha sorseggiava il primo caffè spaziale si celebrava anche un esempio di collaborazione pubblico-privato i cui risultati andavano oltre lo specifico progetto. "Le nostre iniziative," precisava David Avino alla direzione Argotec, "mirano sempre a realizzare applicazioni utili sulla Terra dagli investimenti spaziali. Con la macchina del caffè abbiamo ottenuto due brevetti con i quali migliorare la produzione delle macchine per il caffè dei nostri bar, riguardanti la pulizia dell'apparato e la riduzione fino al 40% del consumo di acqua rispetto a oggi. Un risparmio non da poco."

Tra il 2015 e 2016 nella società torinese si formava intanto un gruppo dedicato alla costruzione di piccoli satelliti di fascia intermedia tra i 15 e i 40 chilogrammi caratterizzati da alta affidabilità. Quando la NASA apriva la possibilità di far volare dei piccoli satelliti intorno alla Luna durante la prima missione di collaudo del vettore SLS con la capsula Orion, Argotec proponeva attraverso l'ASI il piccolo satellite Argomoon con tecnologie adeguate allo spazio profondo. La NASA selezionava 13 piccoli satelliti, dieci americani, due giapponesi e l'italiano Argomoon la cui tecnologia è immaginata per essere applicata anche in future spedizioni verso Marte o altri pianeti.

Il terzo fronte sul quale Argotec investiva, oltre ai sistemi di controllo termico, riguardava i cibi da consumare in orbita con l'intento di migliorare un'alimentazione spesso fonte di lamentele da parte degli astronauti. Nella fabbrica torinese si iniziava a pensare a questi aspetti mentre si era coinvolti nella fase di preparazione della missione di Luca Parmitano per il quale si realizzavano cinque piatti con caratteristiche vicine alla cucina italiana. Con un contratto dell'ESA si predisponevano poi altri piatti per l'astronauta tedesco Alexander Gerst (in questo caso affini alla cucina tedesca) e successivamente per i voli di Samantha Cristoforetti e Paolo Nespoli. I cibi predisposti dai nutrizionisti dello Space Food Lab, appositamente creato, hanno una durata da 18 a 24 mesi a temperatura ambiente senza subire alterazioni, e mirano in particolare a contenere bassi dosaggi di sodio mantenendo le stesse proprietà organolettiche e nutrizionali, garantendo inoltre colore, fragranza e gusto. La nuova area di produzione si estendeva presto alla commercializzazione degli stessi cibi con le medesime caratteristiche anche nel mercato terrestre. In questo modo, puntando alla diversificazione, Argotec raggiungeva nel 2017 un fatturato di 3,2 milioni di euro e gli addetti salivano a 40 unità.

Un veicolo per il ritorno dal cosmo

Mentre Samantha Cristoforetti era ancora sulla stazione ISS, l'11 febbraio 2015 il vettore Vega lanciava in un volo suborbitale dalla base di Kourou nella Guyana francese il piccolo, ma importante, veicolo sperimentale IXV (Intermediate Experimental Vehicle) dell'ESA nato nell'ambito del programma FLPP (Future Launchers Preparatory Programme). Con un finanziamento del 40% da parte dell'ASI, il ruolo italiano diventava rilevante e oltre la guida del progetto del costo totale di 150 milioni di euro, tutte le attività industriali di ideazione e realizzazione erano effettuate da Thales Alenia Space Italia di Torino la quale assumeva il coordinamento delle aziende europee degli altri paesi partecipanti (Belgio, Francia, Germania, Irlanda, Portogallo, Spagna, Svezia, Svizzera e Paesi Bassi). All'impresa collaborava il CIRA, il centro ricerche aerospaziali di Capua (Napoli) e alcune prove di caduta erano effettuate nel poligono militare di Salto di Quirra in Sardegna e nel mare davanti alle coste della Toscana. Il veicolo di cinque metri di lunghezza, 1,5 metri di altezza e largo 2,2 metri aveva un peso di 1,8 tonnellate. Con la sua forma di tipo *lifting body* (corpo portante) collaudava un rientro automatico dallo spazio. Dotato di un sistema di guida, navigazione e controllo, le sue superfici aerodinamiche mobili consentivano una grande manovrabilità dopo il superamento della fase "calda" dell'impatto con l'atmosfera durante la quale era protetto da uno scudo termico di materiale ceramico. L'IXV saliva sino a un'altezza di 413 chilometri iniziando poi una discesa e aumentando la velocità sino a 7,5 chilometri al secondo nel momento d'ingresso nell'atmosfera. Quattro paracaduti si aprivano a 30 chilometri di quota portandolo all'ammaraggio nell'oceano Pacifico in un punto a 4600 chilometri al largo delle coste della Colombia, poco sopra l'equatore. Qui, sostenuto da quattro galleggianti, veniva recuperato dalla nave *Nos Aries*. La missione durava complessivamente 1 ora e 38 minuti ed era gestita dal centro ALTEC di Torino dove erano giunti per sottolineare l'importanza dell'evento i ministri della ricerca Stefania Giannini, italiano, e Geneviève Fioraso, francese. Dalla sala di controllo torinese si coordinavano pure le stazioni di terra di Libreville nel Gabon e del centro ASI di Malindi in Kenya impegnate nell'inseguimento del test effettuato con pieno successo.

La tecnologia per l'astronave Orion

I dati raccolti con IXV erano preziosi per la tecnologia europea per la prima volta in grado di affrontare una simile esperienza utile alla realizzazione di un futuro sistema di trasporto in orbita finalizzato al recupero di detriti oppure ai rifornimenti della base abitata e, in prospettiva, pure al viaggio di astronauti. Lo sottolineava in un comunicato Jean-Jacques Dordain, il direttore generale dell'ESA che nel luglio successivo lasciava il suo incarico al successore Johann-Dietrich Wörner fino a quel momento presidente del DLR, il centro di ricerche aerospaziali tedesco. Il nuovo direttore rafforzava la posizione della Germania sulle scelte europee dei lanciatori, in particolare del nuovo Ariane 6, e sulla nuova visione dell'ESA nella quale emergeva l'esplorazione umana della Luna in sintonia con gli obiettivi annunciati dalla Cina e dalla Russia. Sulla stessa linea si collocherà poi il nuovo presidente americano Donald Trump appena insediato alla Casa bianca nel gennaio 2017. Intanto nel 2015 il presidente americano Barack Obama approvava il piano "Journey to Mars" che la NASA aveva elaborato e presentato nel 2010. Con tappe successive prevedeva, prima, la cattura con una sonda di un asteroide da trasportare intorno alla Luna. Qui gli astronauti avrebbero prelevato dei campioni riportandoli sulla Terra. Battezzata missione ARM (Asteroid Redirect Mission) con un'ipotesi di lancio nel 2021, doveva servire per collaudare operazioni e sistemi utili per il balzo verso Marte. L'operazione richiedeva lo sviluppo di nuove tecnologie robotiche e l'ASI avviava una collaborazione con la NASA per partecipare allo studio. "ASI ha una grande esperienza in missioni di esplorazione robotica e può contribuire con la sua significativa competenza. Siamo quindi entusiasti di poter discutere di una potenziale collaborazione al programma ARM," precisava Michele Gates, direttore del progetto alla NASA. Roberto Battiston, presidente dell'ASI condivideva l'impostazione del piano americano proiettato a volare direttamente verso Marte evitando la tappa intermedia di un ritorno sulla Luna con l'insediamento di una colonia analoga a quelle presenti in Antartide sulla Terra. Non a caso l'ASI era la principale sostenitrice del programma ExoMars dell'ESA. Intanto la NASA proseguiva nella realizzazione del grande vettore SLS (Space Launch System) e della capsula Orion concepiti per i viaggi verso la Luna e Marte. Ed è proprio su Orion che l'ESA dopo aver ottenuto nel novembre 2012 il via libera dagli Stati membri, annunciava nel gennaio 2013 un accordo con la NASA per la fornitura del modulo di servizio della capsula raccogliendo l'eredità tecnologica del veicolo automatico ATV (Automated Transfer Vehicle) sviluppato in Europa per i rifornimenti della ISS. La collaborazione dell'ESA con la NASA nel volo umano iniziata con lo Spacelab per lo shuttle e poi proseguita nella stazione spaziale trovava quindi una importante continuità coinvolgente le industrie europee. Il 17 novembre 2014 l'ESA assegnava il contratto di 390 milioni di euro ad Airbus Defence and Space per la realizzazione di un primo esemplare dell'European Service Module (ESM) destinato a Orion. Seguendo l'impostazione della partecipazione all'ATV, Thales Alenia Space Italia nel settembre 2015 riceveva un contratto da Airbus Defence and Space di 90 milioni di euro per lo sviluppo dei sistemi termomeccanici del modulo, incluse le strutture, le protezioni dai micrometeoriti, i sistemi di controllo termico, di immagazzinamento e distribuzione dei liquidi consumabili. Il tutto, realizzato negli stabilimenti di Torino, rappresentava il 25% dell'intero modulo. Un secondo contratto di 200 milioni veniva affidato il 16 febbraio 2017 da ESA ad Astrium Defence and Space per la costruzione di un secondo modulo EMS da utilizzare nella seconda missione di Orion EM-2 (Exploration Mission-2) con a bordo, per la prima volta, gli astronauti. Il modulo ESM (un cilindro alto e largo circa quattro metri pesante 13 tonnellate) è dotato di 32 piccoli propulsori per le manovre orbitali più un propulsore più potente (è l'Orbital Maneuvering System-Engine dello shuttle ed è fornito dalla NASA) che funzionerà per l'inserimento in orbita lunare e la successiva uscita. Ma oltre al sistema di propulsione, l'ESM contiene tutti i sistemi vitali per gli astronauti a bordo di Orion, come acqua e ossigeno e gli apparati di regolazione ambientale. Per la realizzazione del secondo modulo Thales Alenia Space Italia riceveva da Airbus un contratto di 50 milioni di euro.

Da Livorno a Bristol: ricerche in microgravità

Nel 2015 la società Kayser Italia di Livorno apriva a Bristol (UK) la filiale Kayser Space diretta da David Zolesi. Per la piccola società toscana era un passo rilevante proiettato a cogliere nel mondo anglosassone nuove opportunità economiche. Kayser Italia era una società unica in Europa per la sua attività e le sue caratteristiche. Le numerose ricerche in vari campi condotte dagli astronauti, italiani inclusi, sulla stazione spaziale

ISS avevano visto emergere e consolidare l'attività della Kayser Italia, un'azienda di medie dimensioni che si sviluppava intorno alle idee e alla passione del fisico Valfredo Zolesi e della sua famiglia. Zolesi dopo alcune esperienze negli Stati Uniti fondava nel 1986 una piccola impresa come ramo italiano della nota società tedesca. Nel 1993 costruiva e lanciava con un vettore russo Cyklon il microsatellite Temisat-1 per le telecomunicazioni. Ma la vocazione di Zolesi era un'altra e sarà quella vincente: progettare, sviluppare, costruire e provare sistemi con i quali effettuare esperimenti scientifici e tecnologici nello spazio. Era una specializzazione particolare, nuova, ma necessaria nel cercare di sfruttare le potenzialità offerte dall'ambiente cosmico con le sue condizioni di microgravità. Zolesi iniziava infatti a fabbricare apparati per esperimenti preparati da scienziati europei nell'ambito di progetti dell'ESA e dell'ASI italiana e trasportati dalle capsule automatiche russe Foton e Bion e, in alcuni casi, dai razzi sonda Texus e Maser. La svolta e il decollo della società avveniva nel 1995 quando la famiglia Zolesi assumeva il pieno controllo. L'anno successivo l'ampliamento delle iniziative vedeva il lancio del primo carico sullo shuttle della NASA in una missione verso la stazione russa Mir. Da allora sarà un crescendo aggiungendo, a partire dal 2002, gli esperimenti a bordo della stazione ISS che diventeranno l'asse portante della società e lanciati con veicoli diversi di tutte le maggiori agenzie spaziali: Sojuz, Progress, Shenzhou, ATV e le navicelle del nuovo mercato del trasporto spaziale privato Dragon di Space X e Cygnus di Orbital-ATK. Complessivamente sino al 2018 saranno oltre sessanta gli esperimenti nell'ambito delle scienze della vita, quindi soprattutto di natura biologica e legati alla fisiologia umana, condotti secondo le regole dell'ESA, della NASA e dell'ASI. I test effettuati in orbita sono anche seguiti da un centro di controllo creato all'interno della società (User Support Operation Center) che dal 2001 aveva una nuova e più ampia sede nella quale sono attivi 70 specialisti tra biologi, fisici, tecnici, ingegneri, elettronici.

A caccia delle onde gravitazionali

L'annata 2015 si chiudeva con un altro successo di cui era prima protagonista una società con sede in Italia. Il 3 dicembre il vettore italo-europeo Vega lanciava in orbita il satellite Lisa Pathfinder collocato in un punto di Lagrange (L-1) a un milione e mezzo di chilometri dalla Terra. Il satellite dell'ESA era il precursore della missione Lisa formata da una costellazione di tre satelliti concepiti per catturare onde gravitazionali molto deboli il cui lancio è previsto nel 2034. Lisa Pathfinder doveva collaudare la sofisticatissima tecnologia in grado di cogliere il passaggio delle famose onde emesse dalla fusione di buchi neri o stelle a neutroni e prevista dalla teoria della relatività di Albert Einstein. La prima onda veniva registrata dalle due stazioni terrestri americane Ligo nell'agosto 2015 e annunciata a Washington nel febbraio 2016. Al risultato partecipavano gli scienziati dell'Istituto nazionale di fisica nucleare italiano (INFN) attivi nella stazione Virgo di Cassina di Pisa dove nell'agosto 2017 si registrerà, assieme alle stazioni Ligo, la prima onda emessa dalla fusione di due stelle a neutroni avvenuta a 130 milioni di anni luce dalla Terra. In Italia una lunga tradizione di ricerca era legata alle onde gravitazionali e già negli anni settanta Edoardo Amaldi e Guido Pizzella avviavano gli esperimenti Explorer al CERN di Ginevra e Nautilus nei laboratori di Frascati. Sul fronte spaziale nasceva un gruppo all'Università di Trento guidato da Stefano Vitale, principal investigator del progetto dell'ESA sostenuto con una quota del 13% dall'ASI. Il gruppo trentino progettava i sensori inerziali del satellite Lisa Pathfinder, cioè il cuore del sistema capace di rilevare la presenza delle onde. La missione aveva infatti lo scopo di dimostrare capacità e sensibilità del rilevatore senza il quale non si poteva procedere verso l'ambiziosa meta del progetto "Lisa" dove i tre satelliti sono distanziati fra loro da 2,5 milioni di chilometri e sistemati a una unità astronomica dal Sole (150 milioni di chilometri). Con un interferometro laser sarà misurata la distanza reciproca e ogni variazione segnalerà il passaggio di onde gravitazionali anche di debole intensità (tra 0,1 MHz e 1 Hz); molto più deboli di quelle registrate dalle stazioni terrestri. Quindi Lisa permetterà un significativo balzo nelle ricerche. La difficile tecnologia dei sensori inerziali di Lisa Pathfinder veniva sviluppata da OHB Italia, la società controllata dalla OHB tedesca. OHB Italia, nata nel 1981, è attiva nel campo dei satelliti scientifici e per l'osservazione della Terra, realizzava anche esperimenti di microgravità imbarcati sulla stazione spaziale ISS. Con sede a Milano, costruiva il satellite Agile dell'ASI lanciato nel 2007 e dedicato allo studio delle sorgenti di radiazione gamma nell'universo. Inoltre, era prime contractor del satellite PRISMA (Precursore iperspettrale della missione applicativa) dell'ASI, con lancio programmato nel 2019 con il vettore Vega.

Il gruppo Airbus arriva in italia

Il panorama dell'industria spaziale italiana si rafforzava nel 2015 con il pieno ingresso del grande gruppo europeo Airbus. Nel 2012 aveva acquisito il 67,6% della proprietà di Space Engineering, una società nata nel 1989 con sede a Roma e produttrice di componenti per satelliti e stazioni di terra. Con il controllo del 100% l'azienda iniziava un nuovo corso sotto la guida di Serafino D'Angelantonio avviando una ristrutturazione interna e un ampliamento delle attività che facevano salire il numero di addetti a 118 unità nel 2018 e il fatturato a 18 milioni di euro. Un consolidamento della produzione era segnato dall'apertura nel 2017 di una nuova facility per l'integrazione e i test dei componenti con camera pulita, camere termo-vuoto e camera anecoica.

Space Engineering-Airbus Italia partecipava ai programmi dell'ESA e forniva elementi per i progetti realizzati da altri grandi società, oltre Airbus, come OHB, e Eutelsat. L'area di maggior interesse riguardava i sistemi per telecomunicazione e le nuove tecnologie sviluppate per i satelliti Metop di seconda generazione, per i satelliti francesi della difesa Pleiades e gli italiani Sicral e per il Quantum satellite di Eutelsat, il primo ad avere un payload riconfigurabile in orbita a seconda delle esigenze degli utilizzatori. Altre collaborazioni riguardano i satelliti di navigazione Galileo, COSMO-SkyMed dell'ASI per l'osservazione della Terra, la produzione di antenne per comunicazioni satellitari da veicoli mobili come treni e UAV e i sistemi di collegamento a basso costo (intersatellite link) sviluppati dall'ESA.

E negli USA i privati atterrano in verticale

Mentre il 2015 in Italia è caratterizzato da questi fatti, negli Stati Uniti la tecnologia spaziale compie un balzo sognato dalla fantascienza da decenni e capace di influenzare inevitabilmente i progetti di trasporto in orbita di tutti i paesi, a partire dall'Europa. Il 23 novembre Blue Origin, la società di Jeff Bezos fondatore di Amazon, lanciava dalla base in West Texas il vettore New Shepard sino a una quota di 100,53 chilometri e poi atterrava in verticale sulla piattaforma di partenza. Prima del rientro dal volo suborbitale, dal vettore si staccava una capsula che atterrava appesa ai paracadute. La capsula era stata concepita per il turismo spaziale. L'aspetto prevalente era però legato al recupero del vettore poi riutilizzabile per altre missioni che è appunto l'obiettivo inseguito da anni al fine di ridurre i costi di lancio i quali rappresentano una limitazione gravosa nel trasporto cosmico riducendone le possibilità d'accesso. Poco dopo un mese, il 22 dicembre, il primo stadio del vettore Falcon 9 di Space X ritornava su una piattaforma poco distante dalla rampa di lancio a Cape Canaveral, atterrando anch'esso in verticale. Era questa la prima volta che dopo il lancio in orbita, in tal caso di 11 satelliti Orbcomm-OG2, il primo stadio veniva recuperato per essere riutilizzato. La strada non è stata facile per Elon Musk, fondatore della società californiana, che predisponeva anche una piattaforma marina dedicata al recupero. Dopo lo storico primo evento, Musk dimostrerà con efficacia pure il riutilizzo con successo dei primi stadi nei successivi lanci. Tra Bezos e Musk si accenderà quindi una competizione su una frontiera tecnologica che presto avrebbe prodotto i suoi benefici effetti e di cui i concorrenti nel mercato del trasporto spaziale sconvolto dal loro arrivo dovevano tener conto. E a entrambi si guardava anche dall'Italia per le future necessità.

11.
Un piano per un'economia spaziale e un passo verso Marte

Il 2016 era un anno chiave per l'evoluzione delle attività spaziali nazionali. In maggio si pubblicava il *Piano strategico Space Economy – Quadro di posizionamento nazionale*, un documento frutto di un cambiamento nella visione e nell'azione politica del settore maturata con la decisione di creare nel 2014 da parte della presidenza del consiglio dei ministri nel governo di Matteo Renzi, la "Cabina di regia spazio" nell'ambito dell'ufficio del consigliere militare. Il suo coordinamento era assegnato al generale dell'aeronautica Paolo Puri già a Palazzo Chigi con diversi incarichi nello stesso ufficio nei precedenti governi Monti e Letta. Lo scopo era quello di definire una politica mirata a ricavare benefiche ricadute dalle attività in corso e costruire una strategia di evoluzione. Di conseguenza si metteva a punto un piano nazionale che nel 2015 era valutato e integrato dai diversi protagonisti pubblici e privati, comprese le amministrazioni delle regioni e le associazioni d'impresa (AIAD, ASAS, AIPAS), sino ad arrivare, appunto, al maggio 2016 alla sua presentazione con l'affidamento al ministero per lo sviluppo economico per la gestione. Era il primo passo concreto di un cambiamento di cui l'ASI diventava il primo attore esecutivo. Il piano, oltre a un'analisi della situazione e dei progetti, delineava le linee di sviluppo proiettate al 2030 indicando i programmi in grado di sostenerle. L'obiettivo – precisava il documento – è di "consentire all'Italia di trasformare il settore spaziale nazionale in uno dei motori propulsori della nuova crescita del paese". Il piano esaminava i campi nei quali l'Italia era coinvolta a livello nazionale, europeo e internazionale includendo telecomunicazioni, navigazione, osservazione della Terra, esplorazione, trasporto spaziale e ricerca. Si stimava che nel 2014 il valore della produzione per lo spazio fosse pari a 1,6 miliardi di euro, corrispondente allo 0,6% sulla scena mondiale, e proveniente per l'80% (1,3 miliardi di euro) dal mercato istituzionale e privato. Questo valore economico (battezzato *upstream*) derivato da ricerca, sviluppo e realizzazione di infrastrutture spaziali non era molto lontano nel 2014 da quello inglese pari a 1,6 miliardi di euro. La differenza con il Regno Unito stava, però, nel posizionamento sul mercato globale stimato intorno al 5% in gran parte ricavato dai servizi (telecomunicazioni, navigazione, monitoraggio ambientale, previsioni meteo ecc.). Il risultato dipendeva dal fatto che Londra aveva da tempo investito nello sviluppo della Space Economy ponendolo come uno dei maggiori obiettivi di politica industriale.

Su questa logica che seguiva le strategie europee espresse congiuntamente dall'ESA e dalla Commissione europea, si articolava anche il piano nazionale con una particolare e importante novità consistente nel coinvolgimento delle regioni in progetti cofinanziati in tre aree prioritarie: osservazione della Terra, telecomunicazioni ed esplorazione spaziale. La strategia, oltre a valorizzare potenzialità locali, rendeva disponibili maggiori risorse economiche favorendo nel contempo ricadute sul territorio. Inoltre si rispondeva alla richiesta espressa dalla Commissione europea di pianificare l'assegnazione dei fondi sulla base di una strategia unica integrata dalla ricerca alla produzione.

Dallo sviluppo delle tecnologie ai servizi

Il piano mirava allo sviluppo di tecnologie terrestri e spaziali e dei servizi frutto delle ricadute dai vari progetti e alla crescita di un'industria spaziale sempre più competitiva sul piano internazionale.

I programmi nazionali riguardavano l'osservazione della Terra con la costruzione di due satelliti radar COSMO-SkyMed di seconda generazione assieme al ministero della difesa e concepiti come i predecessori secondo un utilizzo duale civile-militare. Nel campo delle telecomunicazioni si prevedeva la realizzazione del satellite URBIS (UltRa-Broadband Italian Satellite) con banda ultra-larga in grado di garantire collegamenti su tutto il territorio nazionale coprendo le zone dove le reti terrestri non potranno mai essere installate. URBIS, in realtà, era immaginato come un sistema in banda Ka formato da due satelliti con una capacità di 200 Gbit al secondo. La sua copertura, inoltre, era estendibile ai paesi limitrofi come Svizzera e Austria o ad altri paesi di interesse politico italiano, per esempio il Nord Africa e l'Albania. L'obiettivo si inseriva nella "Strategia italiana per la banda ultralarga" che definiva gli interventi necessari per allineare l'Italia agli obiettivi della Digital Agenda for Europe allo scopo di ridurre il Digital Divide nelle popolazioni. Quando, però, il progetto prendeva il via veniva modificato negli obiettivi. Innanzitutto era concentrato su un solo satellite ribattezzato Ital-GovSatCom, mentre il suo impiego era ristretto alle comunicazioni istituzionali fra enti e inserito nella rete delle piattaforme orbitali GovSatCom della Commissione europea nate con la stessa logica.

Contemporaneamente il piano prevedeva lo studio di satelliti di comunicazione di taglia media (1,5-2 tonnellate) sempre a banda larga compatibili con il lanciatore Vega. Nell'ambito delle nuove tecnologie da sviluppare c'era inoltre la propulsione elettrica da applicare ai nuovi satelliti e il sostegno al trasporto spaziale concentrato sull'evoluzione del vettore Vega con uno stadio superiore a propulsione liquida innovativa (ossigeno-metano) nell'ambito del programma nazionale Lyra in collaborazione con l'agenzia giapponese JAXA. Altre ricerche erano orientate alla propulsione ibrida (solido-liquido) e alle tecniche di guida, navigazione e controllo nelle quali l'Italia si era resa indipendente a partire dal secondo lancio di Vega costruendo il suo sistema, appunto, di navigazione e guida, e sostituendo quello francese a cui si era ricorsi nel primo volo di collaudo.

Continuava inoltre il sostegno allo studio di veicoli da rientro riguardante in particolare le strutture e i materiali innovativi necessari; un'attività questa condotta in stretta cooperazione con il CIRA di Capua. In aggiunta si assicurava il sostegno delle varie tecnologie strategiche (dai radar alla sensoristica ai materiali) essenziali al mantenimento tecnologico delle attività produttive in buona parte coinvolgenti le piccole e medie aziende garantendo loro un posizionamento internazionale. È in tale ambito che si prevedeva la realizzazione di piattaforme satellitari mini (inferiori ai 500 chilogrammi) e micro (inferiori a 100 chilogrammi) sempre più protagoniste delle costellazioni satellitari e adattabili all'osservazione della Terra e alle telecomunicazioni consentendo l'ingresso dell'industria italiana nell'emergente mercato.

Sul fronte scientifico mentre proseguiva il lavoro con i numerosi satelliti scientifici e sonde interplanetarie in collaborazione con ESA, NASA e JAXA, nel volo umano legato alla stazione spaziale internazionale ISS, l'ASI assicurava alla NASA il supporto ingegneristico e logistico al modulo Leonardo connesso alla base orbitale. Ma grazie all'accordo bilaterale ASI/NASA dei moduli logistici per i rifornimenti della stazione, l'ASI continuava a esercitare il diritto della sua utilizzazione inviando propri astronauti e svolgendo attività di ricerca con progetti nazionali.

Nell'esplorazione, invece, l'interesse era rivolto alle nuove tecnologie connesse ai moduli abitati per l'esplorazione dello spazio profondo in collaborazione con altre agenzie spaziali.

Intanto in Europa l'Italia manteneva la partecipazione ai programmi Galileo per la navigazione satellitare e Copernicus per l'osservazione della Terra, considerati la base delle due principali linee di sviluppo della Space Economy europea.

In conclusione, il piano strategico Space Economy tracciava per la prima volta, segnando una svolta da tempo attesa, una linea d'azione in grado di coinvolgere in maniera strutturata tutti i potenziali partner pubblici e privati con lo spirito e l'obiettivo di consolidare e far crescere un settore d'avanguardia per l'economia nazionale. La strategia trovava presto le risorse finanziarie appropriate e il bilancio dell'ASI nel 2016 raggiungeva i 725 milioni di euro.

ExoMars: TGO *in orbita e la discesa di "Schiaparelli"*

Nell'autunno 2016 arrivava a compimento la prima parte del programma ExoMars dell'ESA condotto in collaborazione con l'agenzia spaziale russa Roskosmos, nel quale l'Agenzia spaziale italiana ASI aveva una partecipazione prevalente rispetto agli altri stati europei raggiungendo il 40%. Il 19 ottobre si inseriva in orbita attorno a Marte la sonda TGO (Trace Gas Orbiter) iniziando un'operazione di frenatura aerodinamica (*aerobraking*) che l'avrebbe portata sull'orbita circolare definitiva a 400 chilometri d'altezza il 20 febbraio 2018.

Tre giorni prima dell'arrivo, dalla sonda madre si staccava il modulo Schiaparelli-EDM Lander destinato a collaudare, per la prima volta in Europa, le tecnologie di sbarco sul Pianeta rosso fornendo a ESA e Roskosmos le conoscenze necessarie per lo sbarco di un rover nel 2020. Schiaparelli era un dimostratore tecnologico progettato e costruito da Thales Alenia Space a Torino e battezzato con l'illustre nome dell'astronomo che dall'osservatorio milanese di Brera aveva scoperto nella seconda metà dell'Ottocento i famosi canali marziani. Con la forma di un disco volante del diametro di 2,4 metri, Schiaparelli protetto da uno scudo termico entrava nell'atmosfera marziana proiettandosi verso il punto stabilito nella pianura Meridiani Planum vicino all'equatore. Purtroppo per un conflitto di informazioni giunte al computer di bordo in prossimità dell'arrivo questo spegneva i propulsori a razzo che rallentavano la corsa dopo tre secondi invece dei 30 stabiliti e così il modulo precipitava in caduta libera per 3,7 chilometri schiantandosi al suolo alla velocità di 540 chilometri orari. La causa, secondo la commissione d'inchiesta avviata dalla ESA, era legata a una velocità di rotazione di Schiaparelli, dopo la corretta apertura del paracadute, superiore al previsto. Di conseguenza i sensori trasmettevano dati contrastanti al computer che ritenendo l'atterraggio già avvenuto interrompeva il funzionamento dei retrorazzi mentre accendeva l'unico strumento scientifico installato a bordo di cui era mission scientist Francesca Esposito dell'INAF di Napoli. Battezzato Dreams e concepito come una stazione meteorologica, era realizzato dal CISAS dell'Università di Padova diretto da Stefano Debei. Doveva misurare venti, umidità, temperatura, pressione e campi elettrici strettamente legati alle polveri e per pochi secondi inviava informazioni certificando il suo perfetto funzionamento. I dati telemetrici trasmessi durante l'ultima fase del viaggio dimostravano il corretto comportamento dei sistemi di Schiaparelli i quali raccoglievano conoscenze preziose nell'attraversamento dell'atmosfera utili al successivo sbarco del rover nella missione ExoMars II. Anche in questa fase interveniva, tra gli altri, un altro strumento del CISAS, Amelia, di cui era responsabile Francesca Ferri. Il volo di Schiaparelli era corretto sino all'ultima sfortunata tappa generando alcune critiche da parte dei responsabili dell'ASI nei confronti della gestione dell'ESA per quanto riguarda i test che dovevano essere effettuati prima della partenza e che venivano invece rifiutati.

A caccia del metano marziano

La prima spedizione partita il 14 marzo da Baykonur, dell'ambizioso programma ExoMars nato dal precursore programma Aurora dell'ESA, era comunque un successo. La grande sonda TGO era in orbita pronta a indagare l'atmosfera marziana e in particolare la presenza del metano scoperto da uno strumento dello scienziato Vittorio Formisano dell'INAF imbarcato su Mars Express, la prima sonda europea lanciata verso Marte nel 2003. Tanto interesse per questo gas, infatti, era dato dal fatto che potrebbe essere di origine geologica o biologica e quindi essere un segnale della presenza della vita, obiettivo principale delle ricerche sul Pianeta rosso. Su TGO due strumenti sono forniti dall'ASI: la camera stereoscopica CaSSIS di cui è co-principal investigator Gabriele Cremonese dell'Osservatorio astronomico all'Università di Padova ideata per riprendere a colori zone di particolare interesse della superficie e aiutare nell'indagine del metano e dei gas analizzati dagli spettrometri ad alta risoluzione di Nomad, l'esperimento guidato come co-principal investigator da Giancarlo Bellucci dell'INAF di Roma.

Il programma ExoMars (Exobiology in Mars) nasceva in collaborazione con la NASA la quale poi nel 2012 si ritirava. Al suo posto entrava in modo significativo l'agenzia spaziale russa Roskosmos che forniva i due lanciatori Proton necessari per le due spedizioni ma anche strumenti e il veicolo di discesa su Marte che trasportava il rover europeo. L'ESA affidava la leadership di entrambe le missioni e la responsabilità dell'intero sistema a Thales Alenia Space Italia compresi lo sviluppo di TGO, del lander Schiaparelli e del rover di cui realizzava in particolare i sistemi "intelligenti" di bordo mentre Leonardo forniva sistemi fotovoltaici, unità di potenza e sensori d'assetto. Sul rover inoltre c'è la trivella capace di scendere nel sottosuolo per due metri, analizzarlo durante la discesa, prelevare dei campioni poi esaminati dal laboratorio automatico di bordo, sempre costruito da Thales Alenia Space Italia. La trivella è dotata dello spettrometro Ma_MISS di cui è responsabile Maria Cristina De Sanctis dell'INAF di Roma e disegnato per l'analisi geologica e biologica del sottosuolo. Lo spettrometro è il più piccolo finora realizzato essendo contenuto nei 25 millimetri di diametro della trivella. Trivella e spettrometro sono costruiti da Leonardo effettuando un'esplorazione nelle profondità marziane mai tentata prima. Sul modulo di sbarco russo troverà pure posto un altro strumento italiano integrato in uno russo rivolto alla meteorologia marziana e collegato idealmente a quello imbarcato su Schiaparelli. Il suo compito infatti sarà lo studio di venti e polveri marziane con i campi elettrici associati; tutti aspetti essenziali da conoscere per i rischi che potranno portare agli astronauti e alle apparecchiature su Marte. Battezzato MicroMed e sempre sotto la guida di Francesca Esposito, era frutto di una collaborazione internazionale tra INAF, Politecnico di Milano, INTA di Madrid e IKI di Mosca. Aspetto nuovo era il fatto che lo strumento veniva finanziato con 4 milioni di euro dalla regione Campania secondo il nuovo corso indicato dal piano nazionale Space Economy.

A rimarcare il ruolo guida dell'Italia sul piano scientifico, tecnologico e industriale nella missione ExoMars, si aggiunge il fatto che il centro di controllo del rover, il ROCC (Rover Operation Control Center), è all'ALTEC di Torino, una società creata da ASI e Thales Alenia Space Italia, e dove già è attivo un centro per i collegamenti con la stazione spaziale ISS.

Mentre la sonda TGO con Schiaparelli era in viaggio verso la destinazione, nel maggio 2016 durante la riunione a Mosca del Tiger Team creato da ESA e Roscomos per esaminare lo sviluppo del programma ExoMars si decideva di posticipare il lancio della seconda missione dal 2018 al luglio 2020 per far fronte alle difficoltà tecnologiche emerse nello sviluppo industriale. Per Marte infatti si può partire solo ogni due anni per cogliere la sua posizione favorevole rispetto alla Terra. Intanto proseguiva l'identificazione della zona preferibile per lo sbarco del rover scegliendo definitivamente nel 2017 come primo obiettivo la pianura Oxia Planum a 18 gradi sopra l'equatore il cui suolo ricco di argille, con ferro e magnesio, testimoniano l'antica presenza dell'acqua. Le altre aree considerate come alternative erano Aram Dorsum e Mawrth Vallis.

Marte era uno dei temi più importanti anche nel consiglio dei ministri europei che sovrintendono all'ESA e tenuto a Lucerna, in Svizzera, nei primi giorni del dicembre 2016. Nell'occasione, infatti, si approvavano i fondi per il completamento della missione ExoMars ma anche per gli sviluppi dello stadio a propellenti liquidi del vettore italo-europeo Vega E e della navetta automatica Space Rider; tre programmi nei quali l'Italia era impegnata da tempo con un ruolo guida.

Space strategy per l'Europa

Ma il consiglio era pure rilevante per la strategia di sostegno verso l'economia dello spazio. L'ESA adottava il piano Grand Challenge mirato a iniziative di ricerca e sviluppo per favorire l'innovazione e incoraggiare attività produttive nel campo delle applicazioni spaziali. Inoltre nella riunione si condivideva il documento *Space Strategy for Europe* varato dalla Commissione europea in ottobre il quale sollecitava un rafforzamento dei rapporti tra ESA e Commissione stabiliti nel 2004 al fine di assicurare un rapido trasferimento dalle idee ai prodotti e ai servizi derivati dagli investimenti.

L'indirizzo strategico invitava ad abbracciare nuove partnership anche con attori di altri campi oltre lo spazio cercando di attirare investimenti dal settore privato favorendo nuove attività commerciali. I ministri invitavano quindi il direttore generale dell'ESA a ottimizzare la politica industriale promuovendo partnership pubblico-privato, accettando la divisione dei rischi e dando priorità ai programmi che rivestivano potenzialità industriali e commerciali.

Mentre l'Europa si apriva in modo più significativo rispetto al passato sugli orizzonti economici favoriti dallo spazio e sul coinvolgimento privato, gli Stati Uniti offrivano nuovi esempi di consolidamento proprio del ruolo dei privati nell'ambito delle nuove tecnologie dei moduli abitabili gonfiabili in orbita e dei razzi recuperabili.

La Bigelow Aerospace nell'aprile 2016 lanciava in orbita uno dei suoi moduli per i quali aveva compiuto alcune sperimentazioni nello spazio negli anni precedenti. Ora il modulo dotato di vari sistemi veniva agganciato per la prima volta alla stazione spaziale ISS per un collaudo di oltre due anni garantendo al suo interno l'abitabilità degli astronauti. Nello stesso mese d'aprile Space X di Elon Musk riusciva a far atterrare il primo stadio del vettore Falcon 9 su una piattaforma oceanica durante il lancio della missione CRS-8 con la capsula Dragon che portava i rifornimenti alla stazione ISS. Era un altro passo tecnologico per ridurre i costi dei lanciatori ampliando le possibilità del trasporto in orbita. Ma Elon Musk, da visionario, guardava oltre, inserendo le sue attività commerciali in una stimolante proiezione futura. In settembre, infatti, all'International Astronautical Congress a Guadalajara, in Messico, proponeva la sua strategia per la conquista di Marte e lo sviluppo di una civiltà multiplanetaria. Il business cosmico iniziava così a volare al di là del circondario terrestre verso altre mete ormai sempre più concrete come il ritorno sulla Luna e il balzo verso Marte. Una nuova frontiera nella quale anche l'Italia si stava muovendo.

12.
Lo spazio governato dalla presidenza del consiglio

La Cina, con il lancio del primo taikonauta Yang Liwei nel 2005 e il primo laboratorio orbitale Tiangong-1 (Palazzo celeste) nel 2011, diventava la quarta grande potenza spaziale dopo Stati Uniti, Russia ed Europa. Dotata di vettori Lunga Marcia sempre più potenti in grado di lanciare carichi via via più pesanti manifestava programmi di sviluppo ambiziosi legati alle stazioni orbitanti intorno alla Terra, allo sbarco di taikonauti sulla Luna e poi ai viaggi umani verso Marte. Intanto con precise scadenze coronate da successo dimostrava lo sviluppo di capacità sulle quali l'evoluzione dei piani potevano trovare sicura concretezza. La China National Space Administration, l'agenzia spaziale cinese, aveva ripetuto l'interesse a collaborare alle attività della stazione spaziale internazionale ISS ma per il blocco posto dagli Stati Uniti, l'unica collaborazione era ristretta all'esperimento internazionale AMS-2 per la ricerca dell'antimateria guidato dal Nobel Samuel Ting e dal professor Roberto Battiston, il cui strumento del quale realizzava una parte era installato sulla trave centrale della ISS. Anzi quando veniva lanciato con lo shuttle Endeavour nel giugno 2011 (STS-134) gli scienziati cinesi coinvolti nell'esperimento non potevano entrare al Kennedy Space Center. Ma lentamente la situazione cambiava e la politica occidentale allentava i veti. Nel nuovo clima durante la visita di stato del presidente della repubblica Sergio Mattarella a Pechino il 23 febbraio 2017 il presidente dell'ASI Roberto Battiston e il direttore generale della China Manned Space Agency (CMSA), Wang Zhaoyao, siglavano un accordo di collaborazione per sperimentazioni scientifiche da condurre a bordo della stazione spaziale cinese.

In particolare si condivideranno gli studi per missioni di lunga durata nel campo biologico, biomedico e relative tecnologie e il loro coordinamento sarà affidato a un Joint Cooperation Committee guardando alle possibili attività da effettuare, appunto, sulla prima grande base orbitale cinese il cui primo dei diversi moduli di cui sarà formata dovrebbe essere lanciato intorno al 2020. Tra l'altro, grazie ai rapporti già esistenti tra l'agenzia spaziale cinese e l'ESA europea, l'astronauta Samantha Cristoforetti con il collega Matthias Maurer nell'agosto 2017 partecipavano a un addestramento di nove giorni in Cina assieme a 16 taikonauti. Era il primo del genere tra le due agenzie nella prospettiva che un astronauta europeo partecipi a una missione spaziale congiunta nel 2022 sulla nuova stazione di Pechino.

Un evento che segnava in modo rimarchevole la nuova realtà della Space Economy italiana era l'ingresso alla Borsa di Milano nell'aprile 2017 della società Avio produttrice sia del vettore Vega per lanciare piccoli satelliti nato nell'ambito dell'ESA, sia di varie parti del grande vettore Ariane 5 e del successore Ariane 6. Era la prima società al mondo attiva nella propulsione spaziale a quotarsi in Borsa e l'evento chiudeva nel modo migliore discussioni politico-industriali che si protraevano da qualche anno. Dato l'impegno della società nella fabbricazione di Vega, programma nel quale l'Italia aveva investito da anni notevoli risorse, emergeva sempre più forte l'interesse a un controllo nazionale della società controllata dal 2006 dal fondo Cinven dopo averla acquistata dal fondo Carlyle. Avio aveva anche un'attività aeronautica che nel 2012 era ceduta a General Electric per 3,3 miliardi di euro dopo che Cinven aveva espresso l'interesse a uscire dalla società. La restante parte spaziale con 760 addetti e cinque insediamenti produttivi tra Colleferro in Italia e Kourou in Guyana francese e un fatturato di 280 milioni di euro (dato 2016 alla vigilia della quotazione), diventava oggetto di vari interessi contrastanti. Il primo era espresso dal gruppo francese Safran con il quale Avio già collaborava. Ma anche Finmeccanica già detentrice di una quota del 14% della società, manifestava interesse per arrivare al controllo totale. Il mondo politico contrapposto dalle varie forze, tergiversava senza decidersi sino a che si costruiva l'operazione che la portava in borsa. Finmeccanica-Leonardo saliva al 28% del capitale e quaranta manager della società acquistavano il 4%. E Cinven usciva definitivamente.

Vega, un lanciatore in borsa

"Siamo una public company tecnologica con oltre cento anni di storia, la prima al mondo specializzata nella produzione di vettori spaziali che portano in orbita satelliti in grado di rendere la nostra vita sulla Terra più facile e sicura," dichiarava l'amministratore delegato Giulio Ranzo che aveva guidato l'ingresso in borsa. "La quotazione ci permetterà di accelerare i nostri investimenti per la crescita e lo sviluppo di nuovi prodotti. Dal 2015 stiamo lavorando al nuovo lanciatore Vega C il cui primo stadio più potente diventerà anche il booster del nuovo Ariane 6 europeo. Entrambi voleranno rispettivamente nel 2019 e 2020. Inoltre dal 2017 abbiamo iniziato lo sviluppo di Vega E che sarà pronto nel 2025." Il Vega C rispetto al predecessore ha i primi due stadi più potenti: il primo stadio P120C ha 141 tonnellate di propellente solido e il secondo stadio Z40 ne ha 36. Ciò aumenta la possibilità di trasporto del vettore da 1500 ai 2200 chilogrammi in orbita bassa. Il P120C è il più grande realizzato in fibra di carbonio e servirà anche come booster del nuovo vettore Ariane 6.

Lo sviluppo di Vega era stato sostenuto da ASI che partecipava con il 30% alla formazione della società ELV, capocommessa italiana per la produzione. A consolidare il successo in borsa contribuiva la buona immagine offerta dai dieci lanci di Vega di vario tipo e su orbite diverse, tutti avvenuti perfettamente a partire dal 2012: mai nessun nuovo vettore nella storia aveva conquistato un risultato del genere dimostrando un'affidabilità da record. Ed era anche il successo di un'intuizione e di un disegno politico che il ministro della ricerca Umberto Colombo aveva sostenuto nel 1994 affidando all'ASI il progetto da condurre in ambito europeo.

Sistemi di atterraggio planetario

L'evoluzione del settore industriale nazionale segnava anche mutazioni mirate a rafforzare l'asse spaziale nelle sue varie componenti. Ed è quello che accadeva nel maggio 2017 quando nasceva ad Aprilia la società AresCosmo. In realtà la sua creazione era il frutto della scissione della società Aero-Sekur dalla quale venivano scorporate le attività legate alla difesa e allo spazio mentre all'azienda originaria rimanevano quelle legate all'aeronautica civile. Presidente di AresCosmo era Silvio Rossignoli da anni protagonista del mondo spaziale industriale. AresCosmo ha alle spalle la preziosa esperienza della costruzione del paracadute utilizzato con successo dal modulo Schiaparelli dell'ESA per la discesa su Marte nell'ottobre 2016. "Una grandissima esperienza," dice Rossignoli, "che ci ha permesso di andare oltre, verso la nuova tappa ancora più complessa." Infatti si passava poi alla realizzazione dei due paracadute necessari per lo sbarco sul Pianeta rosso della sonda ExoMars II in partenza nel 2020. In tal caso il sistema deve frenare la discesa nell'atmosfera del veicolo realizzato da Roskosmos con a bordo il rover dell'ESA. L'operazione avviene in successione. Il primo paracadute principale ha un diametro di 15 metri e si apre mentre la velocità del veicolo è supersonica. Conclusa la prima fase di rallentamento, quando si arriva a velocità subsonica si apre il secondo paracadute principale ben più ampio e con il diametro di 35 metri. Il suo dispiegamento è preceduto da un paracadute pilota di 4,8 metri.

Un altro fronte di attività di AresCosmo proiettato al prossimo futuro è la partecipazione con il CIRA allo studio dei "pseudosatelliti", cioè dirigibili stazionanti in alta quota oltre i 18 mila metri per mesi in grado di fornire servizi di telecomunicazioni e osservazione terrestre con risoluzioni più elevate e a costi competitivi con altri sistemi. Tra le varie attività di AresCosmo (98 addetti, fatturato 18 milioni di euro nel 2017) ci sono dall'agricoltura spaziale (l'astronauta Paolo Nespoli aveva sperimentato sulla stazione ISS una piccola serra realizzata da AeroSekur), alle tecnologie di atterraggio planetario e le antenne gonfiabili.

Taxi spaziali e decommissioning

Nel nuovo clima di Space Economy si consolidava anche la visione coraggiosa di Luca Rossettini che nel giugno 2017 lanciava in orbita il nanosatellite D-Sat. Partiva a bordo di un vettore indiano ed era dotato dei sistemi necessari per rimuovere se stesso dall'orbita alla fine della missione senza creare *space debris*, la spazzatura spaziale. Era la prima missione della società D-Orbit che aveva sviluppato un sistema per il cosiddetto *decommissioning*, cioè il rientro programmato e guidato dei satelliti dopo il loro lavoro in orbita. La missione durava tre mesi collaudando il Decommissioning Device (D3) e tutti i sistemi del nanosatellite compresi i tre esperimenti scientifici che hanno raccolto dati utili. Il D3 è un sistema formato da un propulsore a propellenti solidi che una volta acceso porta il satellite a cadere nell'atmosfera. Purtroppo a causa di un allineamento imperfetto del motore D-Sat veniva invece immesso su un'orbita ellittica diversa da quella programmata per il rientro controllato.

"Nonostante le numerose difficoltà incontrate e le barriere abbattute durante i due anni in cui abbiamo costruito il nostro primo satellite D-Sat, i risultati raggiunti sono stati significativi," affermava Luca Rossettini fondatore e amministratore di D-Orbit. "Certo avrei voluto che funzionasse tutto al primo colpo e che D-Sat fosse tornato a casa ma quanto abbiamo ottenuto con questa missione rappresenta una serie di record unici che ha mostrato le competenze e le capacità di un'azienda in crescita in modo strutturato e con qualità. I traguardi raggiunti ci hanno infatti permesso di stipulare nuovi contratti soprattutto nel settore New Space. D-Orbit è nata proponendo sistemi di decomissioning, ma oltre questo siamo anche l'unica azienda a offrire un vero e proprio sistema di trasporto e consegna in orbita per piccoli satelliti. La strada è ancora lunga ma in D-Orbit abbiamo buoni muscoli e buone gambe."

Visione e passione hanno segnato la storia imprenditoriale di Luca Rossettini, ingegnere aerospaziale uscito dal Politecnico di Milano, il quale sognando di andare nello spazio come astronauta decise di farlo con razzi e satelliti dopo l'esclusione in una selezione dell'ESA. Nel 2009 volava negli Stati Uniti per studiare Business administration nella Silicon Valley. Poi lavorava per un anno al centro Ames della NASA, sempre in California, dove incontrava Renato Panesi e insieme decidevano di tentare l'avventura di una società proiettata in un settore quasi da fantascienza, come la pulizia cosmica la cui necessità è sempre più impellente per evitare problemi in orbita. Rossettini cerca risorse e un venture capital italiano gestito da due ingegneri, comprendendo la sfida assicurava un primo sostegno (300 mila euro); era esiguo, però consentiva di partire. Così nel 2011 nasceva la società D-Orbit mentre se ne apriva subito un'altra negli Stati Uniti, prima in California e poi nella capitale, Washington DC, perché bisognava affrontare il cuore del mercato spaziale. Intanto D-Orbit vinceva un premio del MIT per il migliore business plan e i dollari conquistati venivano raddoppiati in seguito all'offerta di un investitore portoghese che poneva come condizione la nascita di una società in Portogallo in cui investire il prezioso frutto. Quindi nel 2014 a Lisbona si costituiva la seconda società di D-Orbit dedicata allo sviluppo dei software spaziali in linguaggio ADA necessari ai propri satelliti. “L’obiettivo a lungo termine della società, la sua vision, è di diventare la prima azienda al mondo di trasporto spaziale-orbitale,” precisa Rossettini. “Come sulla Terra non è possibile fare business senza servizi di trasporto, siamo convinti che così sarà anche nello spazio dove un servizio di trasporto taxi o di servizio e soccorso analogo al soccorso stradale ampliabile in futuro al trasferimento di merci e persone, diventeranno fondamentali per lo sviluppo sostenibile dell’esplorazione dello spazio.”

Così nei laboratori di D-Orbit con un concetto di modularità, una tecnologia simile ai mattoncini Lego, si realizzava il primo sistema rivolto al decommissioning per satelliti. Era il D3 (D-Orbit Decommissioning Device), in pratica quasi un microsatellite a basso costo formato da un propulsore a propellente solido e un sistema di navigazione da integrare a un satellite da lanciare e applicabile in futuro a satelliti già in orbita. Parallelamente si costruiva il piccolo satellite D-Sat con i criteri della New Space, altra definizione della Space Economy, al quale veniva applicato D3 lanciandolo appunto in orbita nel 2017. L’esperienza maturata consentiva di procedere alla realizzazione di ION (In Orbit Now) primo taxi spaziale, cioè un satellite che si configura come un sistema di trasporto orbitale di 200 chilogrammi capace di trasportare fino a 48 Cubesat rilasciandoli sulle orbite stabilite. Per viaggiare con ION è possibile prenotare il posto di volo online (www.inorbitnow.space).

“Siamo la prima azienda New Space in Italia, la quarta in Europa,” sottolinea Rossettini, “e rappresentiamo un anello di congiunzione tra lo spazio tradizionale e lo spazio nuovo con tecnologie a costi più bassi e tempi di riapprovvigionamento e produzione più contenuti come le costellazioni richiedono.” In parallelo l’azienda formata da circa sessanta addetti produce altri sistemi spaziali come Simba, un computer multifunzionale per veicoli spaziali e piccoli satelliti.

Paolo Nespoli ritorna in orbita a 60 anni

Il 28 luglio 2017 Paolo Nespoli partiva da Baykonur per la sua terza missione sulla stazione spaziale ISS. Sulla navicella Sojuz MS-05 era in compagnia di Randy Bresnik della NASA e di Sergej Rjazanskij di Roskosmos. Il volo rientrava negli accordi ASI-NASA in cambio della fornitura dei moduli di rifornimento logistici della stazione. Organizzato dall'ASI e battezzato VITA (Vitalità, Innovazione, Tecnologia e Abilità) consentiva 11 esperimenti biomedici e tecnologici preparati da ricercatori italiani. Il logo della spedizione era ispirato al *Terzo Paradiso* dell'artista Michelangelo Pistoletto e una riformulazione del simbolo matematico dell'infinito. Quando decollava Paolo Nespoli aveva già compiuto in aprile il sessantesimo anno d'età ed era quindi l'astronauta più anziano dell'ESA europea. La missione si concluderà dopo 139 giorni e 2224 orbite terrestri con l'atterraggio nelle steppe del Kazakistan sulla stessa navicella con la quale era partito arrivando ad accumulare complessivamente con tre voli 313 giorni nello spazio collocandosi al secondo posto per la permanenza in orbita dopo l'astronauta tedesco Thomas Reiter.

PRISMA *e le immagini iperspettrali della Terra*

Durante il salone aerospaziale parigino di Le Bourget, nel giugno 2017, si compiva l'ultimo atto necessario per avere in orbita il satellite PRISMA dell'ASI. I rappresentanti di ASI, OHB Italia e Arianespace siglavano il contratto per il suo lancio dalla Guyana con il vettore italo-europeo Vega tra la fine del 2018 e l'inizio del 2019. PRISMA, acronimo di Precursore iperspettrale della missione applicativa, è un satellite sperimentale per l'osservazione della Terra dotato di uno strumento elettro-ottico innovativo, l'Hyperspectral Imager costruito da Leonardo, in grado di raccogliere immagini nella banda spettrale da 400 a 2500 nm e da una camera pancromatica a media risoluzione. "I dati raccolti," sottolineava Anna Sirica, direttore generale dell'ASI, "permetteranno una più corretta gestione dei rischi naturali, del monitoraggio e della gestione delle risorse agricole e forestali ma anche il controllo delle attività antropiche e dello sfruttamento delle risorse minerarie." La costruzione di PRISMA avveniva nelle camere bianche di OHB Italia a Milano. "Il satellite sarà in grado di fornire un contributo unico all'osservazione della Terra," spiega Roberto Aceti, amministratore delegato di OHB Italia. "Oggi i satelliti di telerilevamento riescono al massimo a scrutare la superficie in 15 bande spettrali mentre PRISMA arriverà a 350 bande spettrali e questo significa che ogni immagine avrà 350 livelli di osservazione diversa potendo così fornire molteplici servizi. È il primo satellite del genere nato in Europa." PRISMA è dunque un veicolo spaziale d'avanguardia che ha richiesto lo sviluppo di complesse tecnologie innovative conquistate a costi contenuti (il contratto di costruzione era di 80 milioni più 42 per il lancio).

OHB Italia (fondata nel 1981 ha 200 addetti ed è controllata dall'omonimo gruppo tedesco) è una società specializzata in particolare nella strumentazione spaziale scientifica con tecnologie innovative (tra questi ci sono anche i sensori per le onde gravitazionali del satellite Lisa Pathfinder dell'ESA). Oltre ad alcuni satelliti (come Agile per studiare i raggi gamma nell'universo) sviluppava per EUMETSAT il radiometro a radiofrequenza Microwave Imager installato a bordo del satellite Metop Second Generation con il quale compilare mappe delle precipitazioni, delle nubi ed effettuare profili di vapore e temperature dell'atmosfera; vale a dire un complesso di dati particolarmente utili per migliorare le previsioni meteorologiche. Ma diversi sono i programmi dell'ESA a cui collabora (tra cui Euclid e Solar Orbiter) incluso lo studio di telescopi per l'osservazione dei Near Earth Objects, asteroidi e comete, e dei debris, cioè i "rottami cosmici". "Nella nostra attività," nota Aceti, "abbiamo ruoli diversi: da prime contractor a livello di sistema alla fornitura di sottosistemi, strumenti ed equipaggiamenti per agenzie spaziali, istituzioni di ricerca, grandi gruppi industriali e anche per il mercato commerciale."

Un rafforzamento del sistema spaziale militare si materializzava nell'agosto successivo quando la difesa italiana lanciava (2 agosto) dal poligono europeo di Kourou in Guyana francese con un vettore Vega il satellite OPTSAT-3000, il primo di cui disponga con sensore ottico. Una volta in orbita agiva integrato con i satelliti radar COSMO-SkyMed dell'ASI dotati di un sistema duale civile e militare. Il satellite di fabbricazione israeliana (IAI) era frutto di un accordo di cooperazione Italia-Israele e forniva immagini ad alta risoluzione. L'intero sistema era gestito da Leonardo attraverso Telespazio che effettuava le operazioni in orbita dalla sua stazione del Fucino mentre i dati raccolti transitavano al Centro interforze di telerilevamento di Pratica di Mare e al Centro interforze di gestione e controllo SICRAL di Vigna di Valle.

Il tuffo di Cassini tra le nubi di Saturno

Il mondo degli scienziati celebrava il 15 settembre la fine della grande missione interplanetaria Cassini su Saturno realizzata dalla NASA con la collaborazione dell'ESA europea e dell'ASI italiana. L'ESA aveva costruito il lander Huygens che, distaccato dalla sonda-madre sbarcava nel 2005, per la prima volta, sulla superficie della luna Titano inviandoci le prime immagini di un mondo primordiale con caratteristiche paragonabili a quelle iniziali della Terra. A bordo c'erano strumenti preparati da scienziati italiani e altri erano sistemati su Cassini la quale era dotata di una grande parabola nata in Italia in Thales Alenia Space assieme al suo sistema di trasmissione e attraverso la quale compiva una doppia funzione: comunicava con le stazioni terrestri e scandagliava pure Saturno e le sue lune. Straordinario il bottino di dati scientifici raccolti sul pianeta inanellato con una missione durata vent'anni (era partita da Cape Canaveral il 15 ottobre 1997) e conclusa con un tuffo nelle nubi saturniane in settembre, dopo un volo quasi radente gli anelli, inviandoci immagini da fantascienza.

Space Rider, la navetta automatica europea

L'Italia del trasporto spaziale conquistava una nuova tappa e un riconoscimento importante alla fine del mese di novembre quando l'ESA assegnava a due società italiane due contratti di grande importanza per le attività in orbita dell'Europa. Il primo (di 36,7 milioni di euro) riguardava la costruzione dello Space Rider, un veicolo non abitato di rientro dallo spazio riutilizzabile affidato a Thales Alenia Space Italia e a ELV (European Launch Vehicle) società costituita da Avio e dall'ASI. Space Rider è un programma fortemente sostenuto dall'agenzia spaziale italiana al quale collabora anche il CIRA e che aveva visto il suo primo passo nella costruzione e nel lancio suborbitale nel 2015 del piccolo prototipo IXV (Intermediate Experimental Vehicle) con il quale si collaudavano le tecnologie e le operazioni di rientro nell'atmosfera. In pratica Space Rider è una navetta che può volare in orbita bassa per almeno sei missioni rimanendo intorno alla Terra per due mesi durante i quali consentire esperimenti scientifici e tecnologici con un carico utile riutilizzabile anch'esso. Tra questi si prevedono esperimenti in microgravità, collaudi di sistemi orbitali, test tecnologici per strumenti dedicati a vari tipi di esplorazione. Alla fine della missione la navicella è in grado di effettuare il ritorno con un atterraggio completamente automatizzato. Il lancio viene effettuato con un vettore Vega C dalla base di Kourou in Guyana francese. Mentre Thales è alla guida di un gruppo di imprese, università e centri di ricerca europei per la realizzazione del modulo di rientro RM (Re-entry Module) derivato da IXV che ospita gli strumenti, ELV-Avio è responsabile dello sviluppo del modulo di servizio AOM (Avum Orbital Module) il quale è una versione specifica di Avum (quarto stadio del vettore Vega C) ed è in grado di fornire energia e servizi di controllo d'assetto al veicolo di rientro durante la fase orbitale.

Il secondo contratto (53 milioni di euro) riguardava invece le attività di sviluppo affidate ad Avio per la nuova versione del lanciatore Vega E (Evolution). Si tratta, appunto, di un'ulteriore evoluzione di Vega che fa seguito alla "C" dalla quale si distingue per un maggior contenuto di innovazione tecnologica e un'architettura di sistema più compatta a tre stadi. Aspetto importante è che lo stadio superiore disporrà del nuovo propulsore M-10 da 10 tonnellate di spinta realizzato grazie al programma Lyra finanziato dall'ASI e comprendente anche il sistema di guida con i relativi algoritmi. Il motore Mira (M) è alimentato da ossigeno e metano liquidi, consente riaccensioni multiple garantendo al lanciatore una più elevata flessibilità nelle manovre orbitali. Inoltre oltre ad avere un bassissimo impatto ambientale consentirà (dal 2024) di aumentare del 30% le capacità di trasporto di Vega raggiungendo i 3 mila chilogrammi in orbita bassa sino a 700 chilometri d'altezza.

L'impresa di Vega rappresentava uno dei capitoli più belli della storia spaziale italiana perché dimostrava nel tempo una crescita costante facendo nel contempo evolvere le capacità nazionali sia nella propulsione che nei sistemi di navigazione e guida. E mentre l'ASI garantiva e sosteneva il programma sia a livello nazionale che in ambito ESA ampliando le possibilità di lancio dell'Europa, nel contempo coinvolgeva il sapere dei nostri tecnologi nelle università e stimolava un impegno industriale rendendo il costruttore Avio competitivo nel difficile mercato del trasporto in orbita. Altrettanto accadeva per Thales Alenia Space Italia che si rafforzava nella tecnologia dei veicoli recuperabili garantendo uno sfruttamento delle condizioni spaziali a fini scientifici e applicativi. Vega e Space Rider diventavano così un sistema che affermava il ruolo guida in Europa nel settore da parte italiana.

Un rafforzamento dei rapporti con la Russia si registrava in novembre a Mosca nell'ambito della XV sessione del Consiglio italo-russo di cooperazione economica, industriale e finanziaria presieduta dal ministro degli affari esteri italiano Angelino Alfano e dal viceministro del governo della Federazione russa Arkadij Dvorkovič. Nell'occasione il gruppo di esperti legati allo spazio facevano il punto della collaborazione in atto tra l'ASI e l'agenzia russa Roskosmos. Durante l'incontro avvenuto a San Pietroburgo nel 2016 tra il premier Matteo Renzi e Vladimir Putin tra i vari accordi economici si dava anche il via a un progetto comune molto ambizioso per l'osservazione della Terra sottoscritto dal presidente Roberto Battiston e dal direttore generale di Roskosmos, Igor' Anatol'evič Komarov. A Mosca, quindi, si definivano i dettagli del piano nel frattempo impostato e che comprendeva sia il satellite di telerilevamento Geosar con tecnologie radar da collocare su un'orbita geostazionaria ma anche il satellite astronomico Millimetron che consentirà di effettuare una missione di studio dell'universo nella banda submillimetrica indagando galassie, stelle, sistemi planetari, buchi neri e materia oscura.

Una stazione spaziale intorno alla Luna

Intanto nella strategia della NASA maturava sempre più seriamente la prospettiva di una stazione spaziale da collocare intorno alla Luna dalla quale gestire il ritorno sulla superficie con uomini e mezzi costruendo una colonia simile a quelle presenti in Antartico: un vecchio sogno che entrava nella fase di concretizzazione grazie anche alla decisione da parte americana di non sostenere oltre il 2024 la stazione ISS favorendone la privatizzazione. Il progetto sostituiva nel piano di esplorazione "Journey to Mars" approvato dal presidente Barack Obama nel 2015, il programma di cattura di un asteroide (Asteroid Redirect Mission) da trasferire in orbita lunare e dal quale gli astronauti avrebbero prelevato campioni da portare sulla Terra. La modifica era voluta dalla nuova presidenza Trump nella Space Policy Directive 1 firmata alla Casa bianca sotto gli occhi di Harrison "Jack" Schmitt, l'astronauta-geologo che aveva camminato sulla Luna nel dicembre 1972 nell'ultima spedizione Apollo. Nel bilancio 2019 per la NASA il presidente chiedeva una "cis-lunar strategy" per stabilire una preminenza americana intorno e sulla Luna. La richiesta di fondi prevista era rivolta alla realizzazione di una Lunar Orbital Platform-Gateway, cioè una facility tra la Terra e la Luna utile per le operazioni da condurre sul nostro satellite naturale e in seguito per le missioni verso lo spazio profondo come Marte. La strategia prevedeva che alle nuove mete esplorative partecipassero anche i privati con investimenti propri oltre alle agenzie spaziali di altre nazioni.

Alla NASA già nell'elaborazione delle nuove tappe dell'esplorazione si stava studiando una Deep Space Gateway in orbita lunare ma la decisione della Casa bianca di privatizzare la ISS nel 2024 accelerava la scelta del nuovo passo. L'agenzia spaziale americana per lo sviluppo delle tecnologie necessarie aveva avviato il programma NextSTEP secondo un modello di partnership pubblico-privato assegnando contratti a Boeing, Lockheed Martin, Orbital-ATK, e Bigelow Aerospace. In una successiva fase NextSTEP2 si aggiungevano anche Sierra Nevada e NanoRacks. In questo ambito Thales Alenia Space Italia collaborava con Lockheed Martin e Orbital-ATK e nel dicembre 2017 aggiungeva un accordo con Boeing finalizzando l'impegno nella direzione dei moduli abitati nei quali la società ha una lunga esperienza (dai moduli dell'ISS al cargo commerciale Cygnus) utile ora nella prospettiva del Deep Space Gateway lunare. "Proprio con Orbital-ATK," spiega Walter Cugno, vicepresidente per la scienza e l'esplorazione di Thales Alenia Space Italia, "adatteremo il modulo pressurizzato Cygnus per le missioni abitate verso la Luna e lo spazio profondo." Nel settembre 2018 TAS-Italia consolidava anche in Europa l'impegno sul nuovo obiettivo ottenendo l'incarico da parte dell'ESA per la prima fase dello studio di due elementi della Lunar Orbital Platform-Gateway (LOP-G) nel ruolo di prime contractor tra le società europee coinvolte. Il primo riguarda l'I-Hab (International Habitat) relativo a un modulo abitabile al quale potranno attraccare altri veicoli spaziali e il secondo, ESPRIT (European System Providing Refueling, Infrastructure and Telecommunications), prevede dei sistemi di stoccaggio e di rifornimento del propellente per il primo modulo americano di gateway.

Tra l'altro all'inizio dello stesso anno la società italiana aveva ricevuto un contratto dall'americana NanoRacks per realizzare la struttura di un airlock pressurizzato da agganciare a ISS attraverso il quale rilasciare satelliti e altri carichi utili all'esterno della stazione di tipo commerciale e per la ricerca scientifica.

Grottaglie, spazio-porto per turisti

La fine del 2017 è particolarmente importante e ricca di avvenimenti che segneranno il futuro dello spazio italiano. Nell'ambito della Next Generation Suborbital Researchers Conference tenuta a Broomfield in Colorado l'ASI siglava un accordo con Virgin Galactic per lo svolgimento di future missioni di ricerca in microgravità con voli suborbitali a bordo dello SpaceShipTwo e la prima dovrebbe svolgersi nel 2019 dallo Spaceport America in New Mexico. Nell'accordo è incluso l'addestramento del payload specialist che accompagnerà gli esperimenti e l'allestimento degli stessi esperimenti prima del volo. ASI diventava così la prima agenzia spaziale non americana ad assicurarsi in esclusiva un volo a bordo del velivolo a razzo di Virgin Galactic.

Nel precedente mese di maggio il ministero delle infrastrutture e dei trasporti e l'ENAC, l'Autorità nazionale per l'aviazione civile, avevano designato Grottaglie come lo spazio-porto italiano dal quale Virgin Galactic poteva effettuare i suoi voli suborbitali. Tra l'altro proprio sull'aeroporto di Grottaglie ci sono gli stabilimenti della divisione aeronautica di Leonardo dove si fabbricano parti degli aeroplani commerciali della Boeing. Un altro tassello della vicenda era rappresentato dall'accordo siglato nel dicembre 2016 tra la Virgin Galactic e ALTEC di Torino la società creata da ASI (36,25%) e Thales Alenia Space (63,75%) questa seconda a sua volta controllata da Leonardo e dalla francese Thales. ALTEC ospita un centro di collegamento con la stazione spaziale ISS e un'area di simulazione con il rover per la missione ExoMars dell'ESA le cui operazioni sul Pianeta rosso saranno gestite sempre da ALTEC. Il triangolo ASI, ALTEC e Virgin trovava quindi espressione di collaborazioni future a Grottaglie. Tra queste, in prospettiva, si prevedeva la partecipazione al progetto di un veicolo spaziale costruito da The Spaceship Company, società sempre di Virgin Galactic, e da assemblare anche in Puglia, integrando il contributo tecnologico di Sitael e di altre aziende aerospaziali italiane

Nell'ambito di queste iniziative l'ASI sceglieva di lanciare con il Launcher One di Virgin un satellite per ASI e ESA costruito da Sitael nella cui sede di Bari veniva firmato l'ordine nel luglio 2018 da parte di Roberto Battiston, presidente ASI e George Whitesides, CEO della società spaziale di Richard Branson, anche lui presente per l'occasione. "I voli suborbitali di Virgin Galactic," sottolineava Battiston, "offrono vari minuti in microgravità, condizione ideale per sviluppare e testare carichi utili simili a quelli che intendiamo operare a partire dal 2021 su Space Rider, lo shuttle europeo dell'ESA. I voli suborbitali aprono la strada a nuovi utilizzi dello spazio che si poggiano su partnership pubblico-privato, con l'obiettivo non solo di far volare esseri umani ma anche di fabbricare nuovi materiali e medicinali e svolgere esperimenti scientifici."

Nel team dei piloti selezionati dalla società di Branson per volare con lo SpaceShipTwo entrava nel 2015 anche un italiano di 42 anni, Nicola Pecile. Di origini friulane (nato a Fagagna in provincia di Udine) era pilota collaudatore nel Reparto sperimentale di volo dell'aeronautica militare nella base di Pratica di Mare. Nel 2011 con il grado di tenente colonnello, lasciava la divisa diventando direttore delle operazioni e istruttore per piloti collaudatori e sperimentali, sia per ala fissa che rotante, al National Test Pilot School (NTPS) di Mojave (USA), l'unica scuola civile riconosciuta dalla Society of Experimental Test Pilots al mondo.

Dicembre 2017: nasce il comitato per le politiche dello spazio

Il 22 dicembre 2017 il parlamento approvava una legge della cui necessità si discuteva dalla nascita dell'ASI nel 1988. Il passo compiuto era rilevante nella sostanza perché affidava alla presidenza del consiglio "l'alta direzione, la responsabilità politica generale e il coordinamento delle politiche dei ministeri relative ai programmi spaziali e aerospaziali". Al governo c'era il presidente Paolo Gentiloni. La legge cambiava radicalmente la gestione delle attività spaziali fino a quel momento sotto il controllo del solo ministero dell'istruzione, dell'università e della ricerca. Ora veniva istituito alla presidenza del consiglio il Comitato interministeriale per le politiche relative allo spazio e alla ricerca aerospaziale coordinato dal sottosegretario della presidenza con specifica delega. Componenti del comitato erano i ministri della difesa, dell'interno, dei beni e delle attività culturali e del turismo, dell'università e della ricerca, dello sviluppo economico, delle infrastrutture e dei trasporti, dell'ambiente e della tutela del territorio e del mare, degli affari esteri e della cooperazione internazionale e dell'economia e delle finanze. Si aggiungevano inoltre il presidente della Conferenza dei presidenti delle regioni e delle provincie autonome. Il governo presieduto da Giuseppe Conte entrato in carica nel giugno 2018 escludeva dal comitato la presenza del presidente dell'ASI, prima considerata, il quale rimaneva come consulente di riferimento.

L'agenzia spaziale era nata per sostenere la ricerca nel settore e lo sviluppo tecnologico legato alle industrie nella prospettiva di promuovere applicazioni che sarebbero state preziose sia alla gestione del paese sia alle attività economiche rafforzando le aziende nella competizione internazionale.

In realtà la dipendenza dell'agenzia dal ministero della ricerca limitava il raggio d'azione e non coinvolgeva altri ministeri che potevano essere utilizzatori e sostenitori dei programmi e quindi fonti di nuove risorse economiche. L'unico esempio concreto maturato era quello con il ministero della difesa nella realizzazione della costellazione di satelliti COSMO-SkyMed per l'osservazione della Terra con tecnologie radar. Un passo significativo era stato compiuto nel 2014 con la costituzione della Cabina di regia alla presidenza del consiglio che coinvolgeva i vari ministeri ma solo in un'azione di orientamento non avendo strumenti legislativi per governare le scelte.

La legge rispondeva finalmente a questa necessità affidando al comitato il potere di coordinare ministeri ed enti coinvolti, definiva gli indirizzi dello sviluppo e i programmi attraverso un documento strategico di politica spaziale, stabiliva le priorità e il quadro delle risorse da dedicare, promuoveva accordi tra i ministeri prevedendo il finanziamento interministeriale dei servizi applicativi, dei sistemi e delle infrastrutture spaziali, valutava i ritorni e i risultati dei programmi pluriennali per quanto riguarda gli aspetti sociali, strategici ed economici, favoriva le normative necessarie allo sviluppo dei servizi stessi ma anche il trasferimento di conoscenze dalla ricerca ai servizi di pubblica utilità, individuava le linee di partecipazione ai programmi europei dell'ESA e bilaterali con altre nazioni. Il comitato, infine, per svolgere i suoi compiti si avvaleva del supporto dell'ASI e di esperti di vari settori compreso quello industriale. "Con la Cabina di regia avevamo ideato un modello di azione," sottolineava il suo coordinatore Paolo Puri, "capace di coinvolgere concretamente dalle istituzioni alle industrie. In questo modo si raggiungevano dei risultati mettendo le basi per la costruzione dell'intervento legislativo necessario per assicurare continuità."

"L'approvazione della legge sul riordino della governance dell'Agenzia spaziale italiana," commentava il presidente dell'ASI Roberto Battiston, "istituzionalizzava il lavoro compiuto negli ultimi anni dalla Cabina di regia della presidenza del consiglio confermando il ruolo di architetto di sistema dell'ASI nell'ambito del comitato interministeriale previsto dalla legge. Non si trattava di una rivoluzione ma di un miglioramento che estende l'interazione con le attività spaziale a tutti i potenziali utenti."

La legge rappresentava un'evoluzione del pensiero nei riguardi delle attività spaziali passando da una concezione legata prevalentemente alla ricerca scientifica e per questo dipendente dall'omonimo ministero, a una visione trasversale che univa tutti gli attori coinvolti nella ricerca, nella produzione e nell'utilizzo dei beni generati, cioè nei servizi. Il processo non è stato facile ma la riforma, sostenuta politicamente in modo trasversale, era ormai indispensabile e giungeva in sintonia con il mutamento del mondo spaziale segnato da un profondo cambiamento; un cambiamento che conciliava l'esplorazione delle conoscenze con lo sviluppo delle tecnologie, il loro impiego, il rafforzamento e l'ampliamento di un settore industriale e dei servizi su scala internazionale. Era la nuova Space Economy che partendo da un'integrazione sempre più stretta fra pubblico e privato apriva prospettive di crescita capaci di favorire le possibilità di esplorazione da una parte e una nuova dimensione economica dall'altra. L'approvazione della legge di cui era primo firmatario il senatore Salvatore Tommaselli del PD raccoglieva consensi di altri partiti compreso Forza Italia e rappresentava uno degli ultimi atti significativi del parlamento italiano ormai proiettato verso le nuove elezioni del marzo 2018. Di fatto la legge regolamentava un processo decisionale e una strategia già avviati, appunto, dalla Cabina di regia del governo. E i primi risultati ottenuti dimostravano l'efficacia del cambiamento affrontato.

13.
Dalla stazione lunare alla Space Economy

Dopo il 2010 la scena spaziale internazionale mostrava segni di profondo cambiamento. Gli investimenti privati iniziavano a guardare al cosmo con occhi diversi cogliendo possibilità prima trascurate. Personaggi come Elon Musk di Space X, Jeff Bezos di Blue Origin e Richard Branson di Virgin Galactic che avevano accumulato ricchezze con altri business orientavano i loro affari oltre la Terra diventando anche i nuovi visionari dello spazio e trascinando verso mete che le agenzie spaziali erano riluttanti ad affrontare. I privati si trasformavano nei protagonisti della nuova Space Economy che accendeva iniziative non solo in Occidente, soprattutto negli Stati Uniti, ma anche in Russia e in Cina. Privati e agenzie si impegnavano nello sviluppo di nuove tecnologie necessarie alla costruzione di razzi sia di grandi dimensioni per portare i carichi rilevanti indispensabili alle missioni nello spazio profondo, sia di piccola capacità per facilitare l'accesso allo spazio a costi contenuti. In parallelo si assisteva allo sviluppo di piccoli satelliti sempre più "intelligenti" con i quali immaginare grandi costellazioni per le telecomunicazioni e l'osservazione della Terra. Nell'insieme, dunque, si assisteva a un lento ma deciso rinascimento spaziale internazionale mirato a un'evoluzione del settore fondato sulla Space Economy che imponeva nuove regole e nuovi tipi di rapporto tra pubblico e privato. Se Musk, Bezos e Branson dimostravano con i fatti il cambiamento in corso, l'arrivo alla Casa bianca nel gennaio 2107 del presidente Donald Trump, imprenditore di mestiere, accelerava il processo con scelte politiche che stimolavano il coinvolgimento del mondo privato anche nei piani futuri più ambiziosi. Accettando i suggerimenti del National Space Council presieduto dal vicepresidente Mike Pence ed emersi dalla prima riunione del 5 ottobre dopo la sua rifondazione nel luglio precedente, il presidente Trump l'11 dicembre firmava la Space Policy Directive 1 che segnava la nuova strategia spaziale con il ritorno sulla Luna degli astronauti americani e l'impegno a proseguire verso Marte secondo una logica di partecipazione internazionale. Ma era soprattutto la Space Policy Directive 2 approvata il 24 maggio 2018 a dettare le regole per l'uso commerciale dello spazio con un orientamento che vedeva anche i programmi della NASA da svilupparsi in un rapporto pubblico-privato. Alla base c'era la motivazione di estendere le attività commerciali promuovendo gli investimenti da parte di privati e di stranieri negli Stati Uniti e di rafforzare la presenza statunitense nel mercato spaziale internazionale il quale, con l'indotto, nel 2017 raggiungeva i 350 miliardi di dollari. I passi compiuti nei collegamenti con la stazione ISS, sia per i rifornimenti con le navicelle automatiche Dragon e Cygnus già attuati, sia nel trasporto degli astronauti con le navicelle abitate Dragon V2 di Space X e CST100-Spaceliner di Boeing a partire dal 2019 diventavano la base del nuovo orientamento il cui secondo passo rilevante riguardava la privatizzazione della stazione spaziale ISS a partire dal 2024 come annunciato dalla Casa bianca.

"L'amministrazione americana," sottolineava Paolo Messa direttore del Centro studi americani, "compiva una scelta molto chiara: investire ancora più massicciamente nello spazio e nella sua industria." Al fine di concretizzare e coordinare la direttiva politica il Commerce Department creava la Space Policy Advancing Commercial Enterprise (SPACE) Administration riunendo diversi uffici che si occupavano dell'argomento sparsi in vari enti. La nuova amministrazione era destinata a promuovere l'industria statunitense in particolare a livello internazionale – precisava il segretario al commercio Wilbur Ross in un articolo pubblicato sul *New York Times* il 25 maggio – facilitando la creazione di posti di lavoro e la crescita economica.

Le prime misure necessarie per raggiungere lo scopo erano contenute in una legge (American Space Commerce Free Enterprise Act) approvata dalla camera il mese precedente.

Il censimento delle aziende spaziali nazionali

A questi riferimenti americani l'Occidente doveva necessariamente guardare per trovare possibilità di cooperazione e sviluppo nell'ambito di una strategia di esplorazione che vedeva Luna e Marte come obiettivi e confermata dalla *The Global Exploration Roadmap*, il documento pubblicato nel gennaio 2018 dall'International Space Exploration Coordination Group. L'Italia si era incamminata per la stessa strada proprio con il varo del piano Space Economy approvato dal CIPE (Comitato interministeriale per la programmazione economica) nel 2016 garantendo un primo finanziamento di 350 milioni di euro e frutto del lavoro compiuto dalla Cabina di regia sullo spazio attivata dalla presidenza del consiglio. "Con una collaborazione tra il MISE, il ministero dello sviluppo economico, e l'ASI," notava il presidente dell'agenzia spaziale Roberto Battiston, "il piano veniva messo in pratica aprendo nuove forme di investimento tra pubblico e privato orientando investimenti di un miliardo di euro, metà da parte pubblica e l'altra metà da parte privata. E questa era riconosciuta a livello internazionale una misura altamente innovativa che l'Italia metteva in cantiere ben prima di altri stati." Fondamentale nel piano era l'estensione del coinvolgimento di nuovi potenziali utilizzatori dello spazio: dalle regioni a vari enti, oltre ai privati.

Nel 2018 l'ASI pubblicava il *Catalogo nazionale dell'industria spaziale italiana* preparato con le associazioni di categoria AIAD (Federazione delle industrie italiane per l'aerospazio, difesa e sicurezza), AIPAS (Associazione delle società spaziali italiane) e ASAS (Associazione per tecnologie spaziali Ict, applicazioni e servizi) nel quale erano censite 90 aziende grandi, medio e piccole attive nelle produzioni e nei servizi spaziali. In realtà il numero salirebbe a circa 250 considerando anche numerose "piccole" aziende parzialmente coinvolte nello spazio. L'insieme certificava l'esistenza di un ricco panorama di società impegnate sui vari fronti delle specializzazioni cosmiche con capacità comprendenti dalla realizzazione di sistemi completi, ai componenti, alla gestione dei satelliti in orbita, alla produzione di servizi.

Intanto il 9 maggio 2018 Valeria Fedeli, ministro dell'istruzione, dell'università e della ricerca al termine della procedura di selezione iniziata in febbraio confermava il professor Roberto Battiston alla presidenza dell'ASI per altri quattro anni dal 2018 al 2022 garantendo continuità nella gestione di un settore prezioso alla scienza, alla tecnologia e all'economia in un periodo di profonda trasformazione. Un periodo nel quale Battiston era stato un attore di primo piano durante la sua prima presidenza dal 2014 costruendo un efficace e produttivo rapporto tra l'agenzia, le istituzioni e il mondo politico, scientifico e industriale. A ciò si aggiungeva un rafforzamento nei rapporti internazionali e all'interno della stessa agenzia ponendola in grado di gestire più efficacemente i numerosi progetti di cui era responsabile.

In Sardegna la parabola SRT per missioni interplanetarie

Il 9 maggio 2018 era una giornata importante per l'esplorazione cosmica italiana. Il Sardinia Radio Telescope aggiungeva alle sue indagini di radioastronomia un nuovo ruolo diventando anche Sardinia Deep Space Antenna ed entrando a far parte della Deep Space Network della NASA secondo un accordo firmato nello stesso giorno dal presidente dell'ASI Roberto Battiston e dall'amministratore associato dell'ente spaziale americano William H. Gerstenmaier. L'accordo regolava lo sviluppo dell'impianto e le attività di supporto dell'antenna alle missioni interplanetarie della NASA.

Il Sardinia Radio Telescope (SRT) nasceva nel sud della Sardegna nella località Pranu Sanguni, nel comune di San Basilio in provincia di Cagliari, per iniziativa dell'Istituto nazionale di astronomia INAF in collaborazione con l'ASI che garantiva 15 milioni di finanziamento per la realizzazione e in compenso otteneva il 20% del tempo di utilizzazione. L'SRT è dotato di una gigantesca parabola di 64 metri di diametro in grado di raccogliere con efficienza frequenze fino a 115 GHz. La prima luce dello strumento era raccolta l'8 agosto 2012 diventando operativo dall'inizio 2016 dopo il periodo di validazione. L'SRT è il radiotelescopio più avanzato esistente in Europa ed è anche connesso alla rete Estrack dell'ESA. Nel settembre 2017 partecipava alla ricognizione delle ultime fasi della spedizione della sonda Cassini della NASA raccogliendo i segnali trasmessi dalla parabola del veicolo spaziale fornita dall'ASI e costruita da Thales Alenia Space, mentre si tuffava nelle nubi di Saturno. Le attività esclusive dell'ASI riguardano le operazioni di comunicazione e tracking legate alle missioni interplanetarie a cui si aggiungono ricerche nell'ambito della radio scienza, del tracciamento di space debris e space weather.

Il governo assegnava in luglio al sottosegretario alla presidenza del consiglio Giancarlo Giorgetti la delega per l'aerospazio, incarico che lo portava a presiedere quindi il Comitato interministeriale che si occupa del coordinamento della politica aeronautica e spaziale. Il comitato ha il supporto organizzativo di un ufficio presso la presidenza del consiglio nell'ambito dell'ufficio dell'ammiraglio Carlo Massagli, consigliere militare del premier Giuseppe Conte. All'ASI veniva quindi confermato il ruolo di "architetto di sistema" come fornitore di supporto tecnico e scientifico.

Nello stesso mese due incontri rafforzavano i rapporti con gli Stati Uniti. Il primo avveniva al Salone aeronautico di Farnborough durante il quale il presidente dell'ASI Battiston dialogava con il nuovo amministratore della NASA Jim Brindestine riconfermando l'accordo ancora in corso nato dalla realizzazione dei moduli di rifornimento MPLM per la stazione ISS grazie al quale astronauti italiani possono compiere missioni ed esperimenti sulla base spaziale. Il confronto si ampliava poi ai progetti per il volo suborbitale e per un veicolo spaziale supersonico. Sugli stessi temi si soffermava anche il presidente del consiglio Giuseppe Conte nella sua prima visita a Washington durante l'incontro con il presidente Donald Trump sottolineando l'interesse dell'Italia a "incrementare i rapporti con gli USA a tutti i livelli, in particolare nel campo spaziale e aerospaziale". La scelta dell'aeroporto di Grottaglie come base per i voli dello SpaceShipTwo di Virgin Galactic di Richard Branson e gli accordi che hanno coinvolto ALTEC e Sitael da una parte e ENAC, Federal Aviation Admnistration, ASI, ministeri della difesa e dei trasporti dall'altra, diventavano quindi punti di riferimento per iniziative tra pubblico e privato mirate allo sviluppo industriale e alle attività di ricerca.

Walter Villadei e le attività spaziali dell'aeronautica militare

Nell'agosto 2018 il tenente colonnello Walter Villadei dell'aeronautica militare tornava a Mosca al Gagarin Cosmonaut Training Center per un aggiornamento del suo addestramento come cosmonauta, già effettuato in passato a partire dal 2011, raggiungendo le qualifiche di ingegnere di volo e per le attività extraveicolari al di fuori della stazione spaziale internazionale. L'impegno dell'aeronautica militare nel campo del volo umano rientra in un'attività mirata a estendere naturalmente le competenze dall'aeronautica allo spazio come avviene nelle altre nazioni avanzate. Nel settembre 2017 la forza armata creava l'Ufficio generale per lo spazio come strumento dello stato maggiore dell'aeronautica al fine di articolare la policy e lo sviluppo delle capacità umane e tecnologiche sulla nuova frontiera cosmica. In tale ambito Villadei assumeva l'incarico di capo dell'Ufficio politica spaziale. Già l'aeronautica militare nell'ambito della Space Surveillance and Tracking (SST) gestisce e coordina il lavoro dell'Italian SST Operations Center (ISOC) attraverso il Gruppo ingegneria per l'aerospazio (GIAS) del Reparto sperimentale di volo di Pratica di Mare, contribuendo all'iniziativa europea SST Support Framework. Inoltre nell'ambito del Gruppo GIAS svolge studi di simulazione per gli ambienti aerospaziali e nell'aprile 2018 svolgeva le analisi di previsione per il rientro sulla Terra della stazione spaziale cinese Tiangong-1. Le attività riguardanti lo spazio sono svolte in cooperazione con l'Agenzia spaziale ASI, con alcune università e anche con l'ENAC, l'ente nazionale per l'aviazione civile, per i nuovi programmi rivolti al volo suborbitale che si svolgeranno dall'aeroporto pugliese di Grottaglie. Questi riguarderanno sia i voli di turisti spaziali sia il collaudo di sistemi nella fase di assenza di peso. Alla fine dell'anno, per la prima volta, l'aeronautica inviava quattro ufficiali (il tenente colonnello Walter Villadei, il tenente colonnello Angelo Landolfi, il maggiore ingegnere Fabio Monaci e il capitano Marco Civini, questi ultimi del Reparto sperimentale di volo) presso il Nastar Center (National Aerospace Training and Research) di Philadelphia negli Stati Uniti. Il gruppo seguiva un corso per sperimentare il profilo di volo dell'aereo a razzo SpaceShipTwo della Virgin Galactic che effettuerà le missioni anche dall'aeroporto italiano in Puglia oltre che dallo Spaceport America, in New Mexico.

Nello spazio comunque l'aeronautica militare ha sempre esercitato un suo ruolo a partire dal Programma San Marco di Luigi Broglio, professore all'Università La Sapienza di Roma e ufficiale del genio aeronautico. Tra le specializzazioni coltivate, inoltre, c'è sempre stata anche la medicina aerospaziale. Non a caso, dunque, gli astronauti, Samantha Cristoforetti, Roberto Vittori, Luca Parmitano e Maurizio Cheli erano piloti dell'aeronautica e gli ultimi tre provenienti dal Reparto sperimentale di volo. Con Walter Villadei si apre quindi una prospettiva al volo nel cosmo di nuovo tipo che si integra con le possibilità offerte oltre che dalle agenzie anche dalle iniziative private.

Business vettori, satelliti, moduli abitati e un think thank

La proiezione verso il consolidamento della Space Economy nazionale era intanto sottolineato proprio sul piano economico, dalla creazione all'Università Bocconi di Milano dello Space Economic Evolution Lab (SEE Lab) a cui collaboravano vari enti di ricerca italiani tra cui l'Agenzia spaziale italiana (ASI), l'Istituto nazionale di astrofisica (INAF), l'Agenzia spaziale europea, il Comitato per la ricerca spaziale (COSPAR) e il coinvolgimento di alcune imprese del settore come Telespazio, Sitael, e-GEOS, ALTEC e l'americana Excalibur Almaz. Il SEE Lab diretto da Andrea Sommariva nasceva come un think tank dedicato allo studio dei temi dello spazio legati all'utilizzo delle orbite basse e geostazionarie ma anche alle possibili indagini rivolte ai futuri temi di sfruttamento delle risorse della Luna e degli asteroidi. "SEE Lab," precisa Sommariva, "effettua ricerche e promuove la discussione internazionale inerente l'impatto economico dello sfruttamento dello spazio, l'economicità della sua filiera e i modelli di business delle imprese che vi sono coinvolte. L'obiettivo è rappresentare per le imprese un punto di vista autorevole e indipendente sulla catena del valore di settore."

È in questo contesto che il presidente dell'ASI Roberto Battiston presentava i cambiamenti positivi del mondo spaziale italiano avvenuti sui vari fronti tra il 2014 e il 2017. In questo periodo l'occupazione era cresciuta del 3% arrivando a 6270 unità e manifestando uno dei più significativi risultati fra i settori industriali nazionali. Positivo era anche il ritorno dagli investimenti per la Commissione dell'Unione europea salito a 16,4%. Assumendo una contribuzione al budget europeo di 12,48% si registrava un sovra-ritorno di 4 punti percentuali pari a 276 milioni di euro. Altrettanto significativi erano i ritorni all'industria italiana dalla partecipazione ai programmi dell'ESA saliti nel periodo di 1,12%; un valore equivalente a 170 milioni di euro. Nello stesso tempo era avviato un necessario riequilibrio tra le attività nazionali ed europee.

Importante era il dato relativo al sostegno del governo che concretizzava un mutamento di visione assegnando al settore un valore strategico per lo sviluppo del paese in un contesto di competitività internazionale. I fondi garantiti passavano infatti da 590 milioni di euro (2014) a 840 milioni di euro (2017).

L'industria beneficiava di accordi internazionali nei settori d'avanguardia e in particolare la politica, dopo i tentativi di acquisizione da parte francese e tedesca, sceglieva di mantenere sotto il controllo italiano la società Avio nella quale aveva investito quasi un miliardo di euro per lo sviluppo del vettore Vega nell'ambito dell'ESA. Il programma trovava ulteriore sviluppo nel consiglio dell'ESA del 2014 che approvava la realizzazione del Vega C aumentandone le capacità di trasporto da 1500 a 2200 chilogrammi. E nel 2017 Avio entrava in borsa diventando definitivamente di proprietà nazionale, unico caso al mondo di una società di lanciatori quotata in borsa.

E, trascorso un anno, Avio diventava anche un caso di eccellente economia spaziale con una serie di record ineguagliabili. I primi dodici lanci erano coronati da successo raggiungendo un'affidabilità del 93% in soli sei anni quando nella media internazionale occorrono 15 anni di attività. Nell'arco dei sei anni Avio siglava accordi per lanciare satelliti con Perù, Vietnam, Kazakistan, Marocco, Arabia Saudita, Israele, Corea del Sud e anche con società americane tra cui Google e Spaceflight Industries. Nel frattempo Vega cresceva nelle sue capacità con le nuove versioni Vega C e E in via di sviluppo e l'introduzione del sistema SSMS (Small Spacecraft Mission Service) frutto di un progetto sostenuto da ESA, ASI e Repubblica Ceca. Si tratta di un dispenser in orbita bassa di piccoli satelliti con un peso variabile da 1 chilogrammo (Cubesat) a 400 chilogrammi (Minisat) cogliendo in questo modo una fascia di mercato in rapida crescita. Due elementi giocavano a favore di Vega e sono l'affidabilità e il tempo preciso di lancio. "Nel frattempo Avio subiva anche una trasformazione interna," nota l'amministratore delegato Giulio Ranzo. "Il 10% dei dipendenti sono diventati azionisti della società e quindi oggi abbiamo 70 manager-imprenditori. Tutto ciò ha favorito un'accelerazione degli investimenti, la conquista di una solidità finanziaria e una visibilità internazionale di grande prestigio. Il tutto si traduceva in un aumento dei ricavi del 18% nel 2017 rispetto al 2016."

Il caso di successo, tuttavia, e frutto di una lunga storia di sviluppi tecnologici e investimenti, metteva però in risalto la necessità di una revisione in Europa nella gestione dei lanci. L'esperienza internazionale dove i nuovi protagonisti americani come Elon Musk e Jeff Bezos commercializzano direttamente i loro lanciatori, imporrebbe un cambiamento rispetto alle scelte compiute in passato e ormai superate adeguandosi così alla dinamicità del mercato. La commercializzazione dei vettori europei attraverso la società Arianespace era diventata un ostacolo che frenava interessi limitando i vantaggi. La liberalizzazione è il necessario passo da compiere per andare oltre quella burocratizzazione e rigidità gestionale di cui l'Europa spaziale è ancora prigioniera pesando negativamente sulla nuova Space Economy.

Oltre ad Avio, inoltre, nel mercato internazionale entrava anche Thales Alenia Space Italia con le sue forniture, tra le altre cose, del modulo pressurizzato di Cygnus all'americana ATK-Orbital, assorbita dalla metà del 2018 da Northrop Grumman. Nel campo dei servizi, grazie agli accordi tra ASI e diverse agenzie spaziali, la società e-GEOS, attiva nei prodotti di geo-informazione stipulava contratti in Cina, Giappone e Stati Uniti generando un impatto positivo sul bilancio 2017 del 30%.

"Leonardo con Thales Alenia Space Italia ha una lunga esperienza di produzioni a catena di satelliti secondo economie di scala. Dalla camera bianca di Roma sono usciti da Globalstar a Iridium Next per le rispettive costellazioni" nota Luigi Pasquali, responsabile Spazio del gruppo Leonardo e amministratore delegato di Telespazio. "La geoinformazione è il mercato emergente con tassi di crescita maggiori nel campo dei servizi spaziali integrando diversi aspetti, mentre le telecomunicazioni stanno cambiando le loro possibilità coinvolgendo sempre più dai collegamenti marittimi ai droni, ai vari mezzi mobili. Leonardo, attraverso Thales Alenia Space Italia e Telespazio, presidia l'intero mercato sia nelle costruzioni che nei servizi. Inoltre i programmi Mirror Galileo per la navigazione e Mirror Copernicus per l'osservazione della Terra consentono di valorizzare la partecipazione italiana ai corrispondenti piani europei agendo da leve di sviluppo della Space Economy europea e garantendo il ritorno del contributo finanziario nazionale in termini di commesse all'industria e sviluppo dei nuovi servizi. Inoltre," conclude Pasquali, "Leonardo ha avviato un approccio di condivisione con le piccole e medie aziende PMI nella realizzazione di sistemi destinato a stimolare la produzione nell'interesse reciproco."

Il nuovo contesto creato, dunque, favoriva la nascita e lo sviluppo delle iniziative industriali di varia dimensione e natura che abbiamo raccontato, compreso l'insediamento in Italia di sedi distaccate della Space Economy statunitense come Tyvak e NanoRacks. Ciò testimoniava un cambiamento di fiducia in un settore nel quale si era maturata una capacità di intervento scientifico e tecnologico di alto livello mentre si attendeva una strategia politica per garantire un'evoluzione. E questo passo si materializzava prima con la nascita della Cabina di regia istituita dal governo Renzi trasformata poi nel Comitato interministeriale per la politica aeronautica e spaziale sotto la guida della presidenza del consiglio. Anche l'agenzia ASI si adeguava al suo interno al nuovo corso con un aumento di efficienza che migliorava del 60% i processi decisionali riducendo del 30% il tempo impiegato mentre veniva stabilizzato il 75% degli addetti precari rafforzando, in tal modo, le risorse umane.

Un simulatore marziano a Capua

Sul fronte della ricerca un passo positivo riguardava il Centro ricerche aerospaziali CIRA (di cui ASI controlla il 47%)

dove nel febbraio 2018 si insediava il nuovo presidente Paolo Annunziato, economista, professore alla Scuola superiore Sant'Anna di Pisa con un passato da direttore generale del Consiglio nazionale delle ricerche e incarichi sia in grandi aziende come Telecom sia alla Commissione europea. Confermato per il triennio 2018-2021 Annunziato accompagnava la nascita del nuovo piano PRORA (programma nazionale ricerche aerospaziali) che approvato dal MIUR (ministero istruzione, università e ricerca) approdava nel 2018 al MISE (ministero sviluppo economico) per la definitiva sottoscrizione. Il piano prevedeva un finanziamento di 140 milioni di euro per il triennio al quale si aggiungevano altri 250 milioni dopo il 2020. Le risorse del bilancio complessivo (43 milioni di euro nel 2017) provenivano dal MIUR (21,5 milioni di euro), dall'ASI, dal CNR, dalla regione Campania e dal settore industriale. Nove sono i programmi indicati dal piano tra i quali si inseriva la realizzazione di un laboratorio di simulazione marziana di grandi dimensioni dove testare tecnologie destinate all'esplorazione del Pianeta rosso di cui si riprodurranno le condizioni ambientali per effettuare pure ricerche sulla crescita di vegetali. Il CIRA usciva così da una fase gestionale tormentata che aveva reso difficile la sua attività. I nuovi impegni di programma in particolare sul fronte "marziano" e sul trasporto in orbita si integravano. Proprio su questo secondo fronte il CIRA partecipava al potenziamento del vettore Vega di Avio e al progetto dello Space Rider, il minishuttle automatico dell'ESA, anch'esso realizzato in buona parte in Italia sotto la guida dell'ASI. "Lavorando con la società di Bergamo Vetroceramica che produce elementi per l'industria automobilistica abbiamo sviluppato un nuovo materiale che è stato adottato per la protezione del veicolo europeo quando rientra nell'atmosfera," precisa Paolo Annunziato. "È un esempio positivo che dimostra come gli investimenti spaziali possono sostenere lo sviluppo tecnologico di aziende attive nel mercato terrestre trovando nuove prospettive commerciali."

Il CIRA grazie ai suoi impianti è un centro che svolge attività di ricerca anche per enti e società nazionali e internazionali. Nella primavera 2018 nei suoi laboratori si completavano dei test su parti in scala reale del sistema di protezione termica del veicolo spaziale Dream Chaser, sviluppato dalla società americana SNC (Sierra Nevada Corporation) per portare i rifornimenti alla stazione spaziale ISS su contratto della NASA. Il Dream Chaser è un minishuttle alato e i suoi componenti sono stati provati nella galleria Scirocco, il Plasma Wind Tunnel, in cui si riproducono le condizioni di volo incontrate nella fase di rientro dal cosmo. Al suo interno si genera un getto di plasma fino a due metri di diametro, con velocità di 12 mach e temperature che raggiungono i 10 mila gradi Kelvin. Per queste caratteristiche "Scirocco" è uno degli impianti più potenti esistenti al mondo.

Un lago di acqua liquida nel sottosuolo di Marte

Una notizia che il 25 luglio 2018 sorprende con entusiasmo la comunità spaziale internazionale è la scoperta di un lago di acqua liquida nel sottosuolo di Marte, conquistata da un gruppo di ricercatori italiani e pubblicata dalla rivista americana *Science* ("Radar Evidence of Subglacial Liquid Water on Mars"). La scoperta era il frutto di uno studio a cui avevano collaborato 22 ricercatori dell'ASI, dell'Istituto nazionale di astrofisica INAF, del Consiglio nazionale delle ricerche CNR e delle università La Sapienza e Roma Tre, di Roma e dell'Università Gabriele d'Annunzio di Chieti-Pescara. Il gruppo dei ricercatori era guidato da Roberto Orosei dell'INAF, primo firmatario dell'articolo su *Science*, Enrico Flamini, chief scientist dell'ASI ed Elena Pettinelli di Roma Tre. La superficie del lago è alla profondità di 1500 metri e l'acqua è allo stato liquido grazie alla presenza di sali probabilmente simili a quelli rilevati dalla sonda Phoenix della NASA nel ghiaccio del polo nord marziano.

L'estensione è di circa 20 chilometri quadrati mentre la profondità del lago situato nella zona battezzata Planum Australe è di almeno alcuni metri. È la prima volta che si raccoglie la prova di acqua liquida su Marte e la scoperta è stata possibile grazie alle ricognizioni attraverso il radar Marsis imbarcato sulla sonda europea Mars Express dell'ESA lanciata nel giugno 2003. Ideato dal professor Giovanni Picardi dell'Università di Roma La Sapienza purtroppo scomparso nel 2005, il radar veniva costruito sotto la gestione dell'ASI da Thales Alenia Space Italia con il contributo del JPL (Jet Propulsion Laboratory) della NASA per le antenne lunghe 20 metri in Kevlar e dell'University of Iowa per il ricevitore. Il risultato degli scienziati italiani è di grande importanza ed era uno degli obiettivi a lungo inseguiti dalle ricerche sul Pianeta rosso perché la presenza di acqua liquida apre prospettive interessanti sia nella ricerca della vita sia per la futura esplorazione umana.

Trasferimenti tecnologici e iniziative finanziarie

Nella nuova logica della Space Economy prendeva forma un'altra iniziativa necessaria per stimolare e favorire il trasferimento di know-how dalla ricerca alle applicazioni industriali. Nel 2017 l'ASI assieme al Consorzio di ricerca Hypatia formato dal Consiglio nazionale delle ricerche, l'Istituto nazionale di fisica nucleare e le Università di Roma La Sapienza e Tor Vergata nato anch'esso per la diffusione e lo sviluppo delle risorse scientifiche, tecnologiche e umane del territorio, promuovevano la costituzione della Fondazione Edoardo Amaldi secondo il modello tedesco del Fraunhofer Institute. Tre gli obiettivi principali: la costituzione di una rete di centri nazionali pubblici e privati in grado di agire come partner per potenziare le rispettive capacità, la creazione di laboratori di ricerca e sviluppo in grado di mettere a disposizione le loro *facilities* (competenze e attrezzature) per generare servizi destinati a utenti esterni; realizzazione di un acceleratore di trasferimento tecnologico rivolto in particolare alle piccole e medie aziende. In questo ambito si muoveva nel 2018 il fondo Primomiglio SGR lanciando un nuovo fondo di venture capital di 80 milioni di euro per avviare finanziamenti nel settore spaziale in collaborazione con l'Agenzia spaziale italiana che agiva come "cornerstone investor" mentre la Fondazione E. Amaldi supportava il team di investimento nelle attività di scouting e advisory. Nella stessa direzione andavano l'acceleratore Spark Me di Matera e il progetto di call aperta del valore di 1,9 milioni di euro cofinanziato dall'Agenzia spaziale italiana, dall'ESA e dall'impresa locale Openet Technologies e mirato a selezionare 20 aziende attive nelle tecnologie spaziali. L'interesse a sostenere investimenti industriali emergeva altrettanto nell'ambito bancario che vedeva nel nuovo fronte prospettive di crescita economica. In particolare Banca Intesa San Paolo promuoveva incontri manifestando la disponibilità verso l'avvio di progetti di innovazione legati allo spazio.

Con queste operazioni l'Italia condivideva un'apertura finanziaria internazionale verso il cosmo in rapida crescita. Dei 6,3 miliardi di dollari investiti in startup spaziali negli ultimi vent'anni – secondo Space Angels di New York, società di servizi finanziari specializzati nell'aerospazio che raggruppa 214 investitori di 26 Paesi – l'80% riguarda gli ultimi tre anni fino al 2017. In tale periodo gli investitori privati hanno finanziato imprese commerciali del settore con 3,9 miliardi di dollari, e di questi il 40% è stato sottoscritto da 120 fondi di venture capital. Negli ultimi otto anni, inoltre, il valore complessivo delle exit (acquisizioni o quotazioni) effettuate dalle startup ha toccato quota 25 miliardi di dollari.

Dalla scena non poteva mancare il governo cinese che decideva di aprire ancora nel 2014 il settore spaziale al capitale privato per far crescere iniziative di business nel campo dei lanciatori derivati perlopiù da quelli esistenti e dei piccoli e grandi satelliti. Tra le società così nate vi sono Landspace,

Onespace e Expace creata quest'ultima dalla China Aerospace Science and Industry Corporation, grande industria di Stato, e il China Sanjiang Space Group privato.

La Space Economy sta trasformando il mondo spaziale il quale si trova in una fase di sviluppo paragonabile – secondo Space Angels – a quella di Internet a metà degli anni novanta. Dunque si offre come una preziosa opportunità nella quale l'Italia ha iniziato a giocare il suo ruolo. E la dimensione del business ormai va ben oltre l'orbita della Terra. Tanto che anche il ritorno sulla Luna sostenuto dall'amministrazione americana è proposto nell'ottica di un'impresa commerciale. Quindi l'avventura della scienza e dell'esplorazione è trasformata in un business. È un modo innovativo, sicuramente più redditizio di guardare allo spazio, e in grado di fornire risorse altrimenti difficili da trovare. Le stesse risorse, inoltre, sono capaci di alimentare il settore trasformandolo in un'attività industriale e commerciale sempre più diffusa garantendo sia lo sviluppo della ricerca secondo regole adeguate ai tempi sia la crescita di una nuova economia.

Dal commissario al nuovo presidente Giorgio Saccoccia

Nel maggio 2018 Valeria Fedeli, ministro uscente dell'istruzione, dell'università e della ricerca in un parlamento ormai rinnovato dalle elezioni politiche, riconfermava Roberto Battiston alla presidenza dell'ASI fino al 2022. Ma il ministro successore del nuovo governo retto da Giuseppe Conte, Marco Bussetti, il 6 novembre comunicava le dimissioni a Battiston. La decisione generava critiche da diversi ambienti e dieci giorni dopo il ministro nominava un commissario per la gestione dell'agenzia fino alla scelta del nuovo presidente. La scelta cadeva sul professor Piero Benvenuti dell'Università di Padova (dove aveva diretto il Centro CISAS "Giuseppe Colombo"), con un illustre passato nazionale e internazionale. In Italia era stato presidente dell'Istituto nazionale di astrofisica INAF, subcommissario dell'ASI e poi nel consiglio di amministrazione. Nell'agenzia spaziale europea ESA aveva diretto l'Osservatorio IUE nella stazione di Villafranca del Castillo (Madrid) e poi era stato direttore del Centro ESA per il telescopio spaziale Hubble presso l'European Southern Observatory ESO a Monaco di Baviera. Infine, fino al 2018 aveva ricoperto la carica di segretario generale dell'International Astronomical Union a Parigi. Con Benvenuti si nominava anche un subcommissario, l'avvocato di diritto aerospaziale Giovanni Cinque. I due avevano l'incarico di reggere l'agenzia sino alla nomina del nuovo presidente scelto tra i nomi di cinque esperti indicati dalla commissione formata dal sottosegretario Giancarlo Giorgetti, alla guida del Comitato interministeriale per le politiche relative a spazio e aerospazio, e composta da Amalia Ercoli Finzi, Alessandra Rotundi, Mauro Ferrari, Andrea Maltoni ed Ezio Bussoletti.

Il 22 marzo 2019 partiva dalla base europea di Kourou il satellite PRISMA dell'ASI con un vettore Vega di Avio al suo quattordicesimo lancio. Il programma è costato 126 milioni di euro e il satellite è stato realizzato da un raggruppamento temporaneo di imprese, guidato da OHB Italia (vedi capitolo 6), responsabile della missione e della gestione dei tre principali segmenti (terra, volo e lancio), e Leonardo, che ha realizzato la strumentazione elettro-ottica iperspettrale. PRISMA in orbita a 615 chilometri d'altezza, è il satellite più avanzato finora costruito per l'osservazione del nostro pianeta. Il suo "occhio" iperspettrale riesce a cogliere fino a 240 sfumature dello spettro elettromagnetico, rivelando dettagli e caratteristiche del suolo, delle acque e dell'ambiente come mai era stato possibile. "PRISMA ha portato in orbita la capacità del sistema Italia di fare Spazio e rappresenta la prima missione iperspettrale in Europa," ha commentato il commissario Piero Benvenuti. "Come tale ha offerto l'opportunità di sviluppare know-how avanzato e la possibilità di garantire un contributo innovativo nell'utilizzo dei dati iperspettrali nelle applicazioni di osservazione della Terra." Il centro di controllo della missione è stato realizzato da Telespazio mentre l'acquisizione e l'elaborazione dei dati viene effettuata dal Centro spaziale di Matera.

Il commissariamento dell'ASI si concludeva formalmente il 9 aprile 2019 quando Piero Benvenuti, in un incontro nell'auditorium "Luigi Broglio", ufficializzava la nomina del nuovo presidente dell'Agenzia scelto dal ministro Bussetti e convalidato dal Comitato interministeriale. Il successore di Roberto Battiston era Giorgio Saccoccia, 56 anni di origine bellunese, e dal 1990 al centro ESTEC dell'ESA a Noordwijk, in Olanda. Laureatosi in ingegneria aerospaziale all'Università di Pisa, costruiva una lunga esperienza nel campo della propulsione spaziale tradizionale e d'avanguardia. La sua carriera iniziava nel laboratorio Centrospazio legato all'università pisana, svolgendo attività di ricerca nel campo della propulsione spaziale elettrica e collaborava anche con la società BPD (ora Avio) nell'avvio del progetto per il vettore Vega. Entrato all'ESTEC continuava a occuparsi di propulsione elettrica diventando il capo della Divisione propulsione e aerotermodinamica. Nel frattempo, conseguiva un master in Business Administration all'Università di Leiden (Olanda).

Assieme al presidente venivano nominati i primi membri del consiglio di amministrazione tra i quali c'è l'ex astronauta Maurizio Cheli.

Per l'ASI e lo spazio nazionale iniziava un'altra stagione con all'orizzonte le nuove sfide della scena internazionale, tra le quali emerge il ritorno sulla Luna degli astronauti: un obiettivo che il presidente americano Trump intende raggiungere entro il 2025 coinvolgendo privati e altre nazioni anche europee. Così la Luna può ridiventare, come negli anni Sessanta accade per l'America, una grande opportunità per chi condivide la meta, favorendo un rinascimento spaziale più ampio a vantaggio delle economie e dello sviluppo tecnologico.

BIBLIOGRAFIA
E ALTRE FONTI

PRINCIPALI FONTI CONSULTATE PER I VARI CAPITOLI

CAPITOLO 1

BIRINGUCCIO V., *De la pirotechnia* (1540), Milano, Il Polifilo, 1977.

CAU P., "La guerra di Chioggia", in *Rivista Italiana Difesa*, 2, febbraio 2012.

DI LORENZO C., *Il teatro del fuoco. Storie, vicende e architetture della pirotecnica*, Padova, Muzzio, 1990.

FORTUNÉ R. C., *Eléments de pyrotechnie*, Paris, Barba Libraire, 1811.

NEEDHAM J., *Scienza e civiltà in Cina*, Torino, Einaudi, 1981.

RENDINA C., *I Dogi, storia e segreti*, Roma, Newton Compton, 2007.

ROSSI P., *La nascita della scienza moderna in Europa*, Roma-Bari, Laterza, 1997.

SISMI A., *Teofilo Gallaccini, matematico e teorico dell'architettura nella Siena del '500*, Max Planck Institut fur Wissenschaftsgeschichte.

SMITH C. S., "Vannoccio Biringuccio", in *Dictionary of Scientific Biography*, New York, Charles Scribner's Sons, 1970-80.

URSO P. M., *Guida pirotecnica: in giro per l'Italia tra fuochi e spettacoli pirotecnici*, Ceglie Messapica (BR), UPM, 2007.

WERRET S., *Fireworks: Pyrotechnic Arts and Sciences in European History*, Chicago, University of Chicago Press, 2010.

Capitolo 2

AA.VV., *Al di là della scienza attuale. Francesco de Grisogono*, Atti del convegno di studi, Trieste, Archivio e centro di documentazione della cultura regionale, 2006.

AA.VV., *Memorie della Reale Accademia di Scienze. Lettere e d'Arti di Modena*, tomo I, Modena, Reale tipografia, 1883.

Biblioteca Reale di Torino, Decreti del re Carlo Felice (25 novembre 1830) e del re Carlo Alberto (11 ottobre 1831).

BRIGNOLI M., *Carlo Alberto ultimo re di Sardegna. 1798-1849*, Milano, Franco Angeli, 2007.

DEL POZZO L., *Cronaca civile e militare delle Due Sicilie sotto la dinastia borbonica dall'anno 1734 in poi compilata dal Monsignor Luigi Del Pozzo cappellano di camera del re*, Napoli, Dalla stamperia reale, 1857.

ELLENA G., *Corso di materiale d'artiglieria*, Torino, Scuola d'applicazione delle armi d'artiglieria e genio, 1877.

ELLENA G., *Nozioni sulle polveri, sulle munizioni e sugli artifizi da guerra*, Torino, Stamperia dell'Unione tipografica editrice, 1873.

FERRISI G. – CROZZOLI A., *Dai manoscritti di Francesco De Grisogono (1861-1921)*, Trieste, Archeografo Triestino, 2007.

FERRISI G., *Francesco De Grisogono (1861-1921) tra letteratura, filosofia e scienze*, Trieste, Archeografo Triestino, 2006.

FERRISI G. – GUAGNINI E. (a cura di), *Al di là della scienza attuale. Francesco de Grisogono (1861-1921)*, Mostra documentaria, I quaderni dell'Archivio, 2006.

GRISOGONO F. DE, *Germi di scienze nuove*, Trieste, Lint, 1918.

GRISOGONO F. DE, *Sulla possibilità di viaggiare gli spazi celesti*, Trieste, Tipografia del Lloyd Austro-Ungarico, 1883.

Istruzioni sul servizio delle Officine di costruzione, Torino, Atlante, 1845.

MAGRIS C., "La Grande Guerra tra mitologie e realtà", in *Il nostro tempo*, 45, 13 dicembre 2009.

MAGRIS C., "Perdonaci Signore perché siamo Dalmati", in *Corriere della Sera*, 1° novembre 2006.

MAGRIS C., *Microcosmi*, Milano, Garzanti, 1997.
MAROCCHI M. (a cura di), *Tracce di storia*, Quaderni Guidizzolesi, Amministrazione comunale-Centro culturale San Lorenzo, 2005.
MONTÙ C., *Storia della artiglieria italiana*, Roma, Rivista d'artiglieria e genio, 1942.
PICTET A., *Essai sur les propriétés et la tactique des fusées de guerre*, Torino, Antoine Pavesio, 1848.
Prontuario dell'artificiere per il corpo reale d'artiglieria, Torino, Litografia del Reale Arsenale, 1855.
SANTINI G., *Diario dell'assedio e difesa di Ancona nel 1849*, Aquila degli Abruzzi, Officine grafiche Vecchioni, 1925.
WERRETT S., "William Congreve's Rational Rockets", in *Notes and Records of the Royal Society*, 63, 2009.
WINTER F. H., *A History of Italian Rocketry during the 19th Century*, USAF.
WINTER F. H., *The First Golden Age of Rocketry*, Washington DC, Smithsonian, 1990.

Capitolo 3

AA.VV., *L'attività aeronautica dei fratelli Ricci*, documento privato.
BRAUN W. VON – ORDWAY F.I., *Historie mondiale de l'astronautique*, Paris, Larousse, 1968.
CAPRARA G. (a cura di), *Luigi Gussalli pioniere dello spazio*, Fondazione Civiltà Bresciana 2002.
Centro studi di propulsione a reazione, *Propulsione a reazione*, Torino, Arti grafiche ditta Fratelli Pozzo, 1939.
COMETTI G., *Piero Magni Aviazione*, Milano, Giorgio Melocchi Editore, 1969.
DIDIMO, "Il primo uomo a razzo volò a Milano nel 1931", in *Domenica del Corriere*, 18 giugno 1961.
EVANGELISTI G., *Gente dell'aria: Ettore Cattaneo ideò l'unico velivolo a razzo italiano*, Sesto Fiorentino, Editoriale Olimpia, 1995, vol. III.

FENOGLIO A., *A che punto siamo con i razzi*, Torino, G. Lavagnolo Editore, 1949.

GUSSALLI L., *I viaggi interplanetari per mezzo delle radiazioni solari*, Brescia, Vannini, 1946.

GUSSALLI L., *Propulsori a reazione per l'astronautica*, Brescia, Vannini, 1941.

GUSSALLI L., *Si può già tentare un viaggio dalla terra alla luna?*, Milano, Società editrice libraria Milano, 1923.

LEY W., *I razzi*, Milano, Bompiani, 1948.

RICCI E., *Il segreto della propulsione a reazione*, Milano, Hoepli, 1945.

Capitolo 4

AA.VV., *Convegno di scienze fisiche, matematiche e naturali*, Roma, Reale Accademia d'Italia, 1940.

AA.VV., *Il contributo italiano alla colonizzazione dello spazio da Leonardo a Crocco*, Istituto Schiller, 1987.

AA.VV., *L'uomo, l'universo, la scienza*, Roma, Edindustria editoriale, 1963.

AA.VV., *Poligono sperimentale e di addestramento interforze del salto di Quirra*, Roma, Stato Maggiore Aeronautica, 1981.

ALEGY G., "50 anni Salto di Quirra", in *Rivista Aeronautica*, 5/6, 2006.

BUSEMANN A., *Antonio Ferri. 1912-1975*, National Academy of Engineering, 1979.

CANALI M., "Guidonia e il regime fascista. Una 'città nuova' dagli anni del consenso alla guerra (1935-1945)", in *Innamorarsi del futuro. Guidonia Montecelio 1937-2007*, Ancona, Affinità Elettive, 2007.

CIAMPAGLIA G., *Come ebbe effettivo inizio a Roma la "Operazione Paperclip"*, Strenna dei romanisti, 2005.

CIAMPAGLIA G., *La propulsione a reazione in Italia dalle origini al 1943*, Roma, Aeronautica Militare, 2002.

Costanzi G., "Cinquantenario dell'aviazione italiana", estratto da *Rivista Aeronautica*, 3, 1959.

Cremona C., *Il sorgere dell'industria per le attività spaziali*, XIII Convegno nazionale degli ingegneri italiani (Milano, 17-20 giugno 1962).

Crocco B., *Questa terra non ci basta*, Roma, Cappelli, 1957.

Dawidoff N., *The Catcher Was a Spy: The Misterious Life of Moe Berg*, New York, Vintage Books, 1995.

Durant F. C. III – James G. S., *First Steps toward Space*, Washington DC, Smithsonian Institution Press, 1974.

Engel R., *Raketenbauer der ersten Stunde*, München, Technische Universität, 1992.

Eula A., *Gaetano Arturo Crocco*, Roma, commemorazione al CNR, 1969.

Flight, 4 luglio 1974.

Flight, 6 dicembre 1957.

Gaetano A. Crocco, *Opere*, Roma, Accademia Nazionale dei Lincei, 1978, voll. I, II e III.

Graziani F., *Crocco Mission 25 Years Later: the Kickoff for the Gravity-Assisted Trajectories Design*, Rome, XXXII IAF Congress, September 1981.

Maraldi U., "Preparato per il prossimo giugno il lancio del satellite artificiale, Congresso IAF-Roma", in *Corriere della Sera*, 20 settembre 1956.

Maraldi U., "Un viaggio immaginario dalla Terra a Venere e ritorno, Congresso IAF-Roma", in *Corriere della Sera*, 22 settembre 1956.

Mencarelli I., *Gaetano Arturo Crocco*, Ufficio Storico Aeronautica Militare, 1970.

Mormino G., "Dall'aeroplano razzo all'astronautica", in *Illustrazione Italiana*, 7 febbraio 1932.

Neufeld M. J., "Rolf Engel vs. The German Army: A Nazi Career in Rocketry and Repression", in *History and Technology*, 13, 1996.

Nuti L., *La sfida nucleare. La politica estera italiana e le armi atomiche 1945-1991*, Bologna, il Mulino, 2007.

PESCE G., *Vigna di Valle, la Peenemunde italiana*, Roma, Ufficio Storico Aeronautica Militare, 1979.

PIGNATO N., "I razzi in Italia", in *Rivista Aeronautica*, dicembre 1964.

ROBOTTI A. C., "1941-1961: vent'anni di attività missilistica", in *Missili*, Rivista dell'Associazione Italiana Razzi, III, 5, ottobre 1961.

ROBOTTI A. C., *Alcune considerazioni sul fall-out derivate dalla ricerca spaziale*, Torino, Fondazione Giovanni Agnelli, 1970.

ROBOTTI A. C., *Generazione di energia elettrica nello spazio*, Torino, Levrotto & Bella, 1965.

ROBOTTI A. C., *La scelta dei propellenti nel progetto degli endoreattori per aviazione*, Comunicazione al XVI Congresso nazionale di aerotecnica (Pisa, 5-8 ottobre 1959).

ROBOTTI A. C. – OGGERO M., *Esperienze su di un arcogetto*, Roma, Edizioni Italiane, 1963.

ROBOTTI A. C., *Rapporto sull'evoluzione della propulsione spaziale negli anni '70*, Torino, "Problemi spaziali", collana di studi promossi dalla FIAT, 1970.

ROBOTTI A. C., *Ricerche sperimentali sulla combustione in un microendoreattore a propellenti liquidi*, Roma, Consiglio Nazionale delle Ricerche, 1960.

ROBOTTI A. C., *Un modo di lanciare i satelliti artificiali (il lancio da alte quote di razzi di grande tonnellaggio)*, Roma, Associazione Italiana Razzi, 17 settembre 1956.

Scientific Intelligence Memorandum, *The United Arab Republic Missile Program*, CIA, 1963.

SORRENTI D., *L'Italia nella guerra fredda. La storia dei missili Jupiter 1957-1963*, Roma, Edizioni Associate, 2003.

TESSAROTTO M., "Contributo italiano alla evoluzione degli studi in campo astronautico prima dell'ultimo conflitto mondiale", in *Rivista Aeronautica*, gennaio 1972.

TOMPKINS P., *L'altra resistenza*, Milano, il Saggiatore, 2005.

TOMPKINS P., *Una spia a Roma*, Milano, il Saggiatore, 2002.

VENTO A., *In silenzio gioite e soffrite. Storia dei servizi segreti italiani dal Risorgimento alla Guerra Fredda*, Milano, il Saggiatore, 2010.

Capitolo 5

AA.VV., *Rendiconti della tavola rotonda internazionale dedicata a Giuseppe Occhialini*, Firenze, Istituto "A. Garbasso", 4 dicembre 1987.

AA.VV., *Esplorazione dell'alta atmosfera con razzi meteorologici*, Roma, Centro nazionale di fisica dell'atmosfera e meteorologia, 1966.

AA.VV., *Il centro ricerche aerospaziali*, Università degli studi di Roma, Istituto di costruzioni aeronautiche, Scuola di ingegneria aerospaziale.

Ambasciata Americana, *Memorandum della visita di Henry Kissinger*, Roma, gennaio 1963.

ANZIDEI G. – CASTRO L. (a cura di), *25 anni del San Marco*, Roma, Editing S.p.A.

Associazione Italiana Razzi, rivista *Missili*, Roma, varie annate dal 1958.

BROGLIO L., "Il primo esperimento italiano mediante la tecnica della nube di sodio", in *Missili*, Roma, 5, 1961.

BROGLIO L., *Prospettive internazionali del programma spaziale italiano*, Roma, CRA, 1967.

BROGLIO L., *Storia e prospettive del progetto San Marco*, Roma, CRA, 1967.

BUONGIORNO C., *The San Marco Project*, Oslo, 46th IAF Congress, 1995.

CARLIER C. – GILLI M., *Les trente premières années du CNES*, Paris, La documentation française, 1994.

"Costruttivi i colloqui di Johnson con Segni e Fanfani", in *Corriere della Sera*, 6 settembre 1961.

DE MARIA M. – ORLANDO L., *Italy in Space. In Search of a Strategy 1957-1975*, Beachesne, 2008.

Di Bernardo Nicolai G., *Nella nebbia, in attesa del sole. Breve storia di Luigi Broglio padre dell'astronautica italiana*, Roma, Di Renzo Editore, 2005.

"Disordine amministrativo nel progetto San Marco", in *Il Giornale*, 28 luglio 1974.

Ferrone E., *Carlo Buongiorno. Lo spazio di una vita*, Vicchio, Logisma, 2011.

Fiorio F., *L'aviazione moderna e il suo futuro spaziale*, Milano, Vallardi, 1967.

Giovagnoli A. – Tosi L. (a cura di), *Amintore Fanfani e la politica estera italiana*, Venezia, Marsilio, 2010.

Goy F., "Ecco il satellite italiano che sarà lanciato nel 1963", in *Corriere dello spazio*, IV, maggio 1962.

Graziani F., *Dall'aeronautica all'astronautica*, Appunti sulla storia della scuola di ingegneria aerospaziale, Roma, Università "La Sapienza", 2010.

"Il primo satellite americano sarà una sfera di mezzo metro, Comitato Anno geofisico internazionale, Barcellona", in *Corriere della Sera*, settembre 1956.

Jacchia L. G. – Verniani F. (a cura di), *Research in Space Science Special Report*, Smithsonian Institution Astrophysical Observatory, November 1965.

"Johnson definisce importanti i colloqui che avrà con Fanfani", in *Corriere della Sera*, 5 settembre 1962.

"Johnson ha lasciato l'Italia dopo essere stato ricevuto dal Papa", in *Corriere della Sera*, 8 settembre 1962.

Laurienzo P., "La propulsione a endoreazione in Italia", in *Rivista Aeronautica*, 4, 1981.

Oltre il cielo, dal n. 1, settembre 1957 al n. 155, 30 settembre 1975.

Partel G., *Razzi sonda in Italia. Missili e Razzi*, Milano, Stifani Editore, 1961.

Ponzi U., *Luigi Broglio e i satelliti San Marco*, Roma, 1st IAA Conference on University Satellite Missions, 2010.

Quintilli F., *Nel 1960 con il Progetto San Marco*, Testimonianze CNR.

RODA R., *Reparto sperimentale volo*, Roma, Bizzarri, 1974.

RESTANTE MOSCATELLI N. *et al.*, *Memorie sulla vita di Michele Dicran Sirinian*, nota personale.

Senato della Repubblica, 259ma seduta pubblica, Resoconto stenografico: giovedì 14 febbraio 1974.

Senato della Repubblica, Prima Commissione (Affari della Presidenza del Consiglio e dell'Interno), giovedì 5 febbraio 1970.

SILVESTRI A., "I missili terranno in rispetto ogni nemico", in *Ali Nuove*, XII, 1960.

United States of America and Italy, *Exchange of Notes (with Memorandum of Understanding date 31 May 1962) Constituting an Agreement Relating to a Space Science Research Program*, Rome, 5 September 1962.

United States of America and Italy, *Exchange of Notes Constituting an Agreement Concerning the Conditions under which Launching and Associated Services for NASA Experimental Satellites Will Be Furnished to NASA at the San Marco Range (with Memorandum of Understanding dated 18 February 1969)*, Rome, 30 April 1969.

Capitolo 6

"L'attività spaziale europea. La conferenza di Granada", in *Università Ricerca*, 11/12, novembre/dicembre 1992.

AA.VV., *Annual Report*, 1975-2011, ESA.

AA.VV., *European Space Directory*, Paris, Seig Press, 1992.

AA.VV., *The Scientific Legacy of Beppo Occhialini*, Bologna, SIF, 2006.

AA.VV., *Vingt années de coopération européenne dans l'espace 64-84*, ESA, 1984.

ANDREUCCI, M., "Giannini, Ducati and the Dawn of MPD Propulsion", in *Space Propulsion 2010*, Atti del convegno di San Sebastian, 3-6 maggio 2010.

AMALDI A., *An Esa Pioneer*, Accademia dei Lincei, 2012.

CALCAGNI A., *Via satellite*, Telespazio, 1987.
CAPRARA G., *Dallo spazio alla Terra: una storia di uomini e tecnologie*, Milano, Electa Mondadori, 2011.
CASCI C., *E guardando il futuro*, lezione conclusiva dell'attività accademica (Politecnico di Milano, 17 dicembre 1987).
CASCI C., *Il centro di studio sulla propulsione e sull'energetica e l'attività svolta nel quinquennio 1967-1972*, Milano, CNPM-CHR, 1973.
CASCI C., *Il centro nazionale di ricerca sulla tecnologia della propulsione e dei materiali relativi e la sua attività nel quadriennio 1963-1967*, Milano, CNPM-CNR, 1967.
CASCI C., *La ricerca tecnologica e il CNPM, Attività svolta e prospettive future*, Conferenza Fast, dicembre 1967.
CHIESI F., *Nuovo motore a razzo sperimentale con camera di combustione munita di rivestimento in Teflon*, Genova, XVII Convegno Internazionale delle comunicazioni, ottobre 1969.
DE MARIA M., "Il sogno spaziale: lanciare un'Euroluna entro il 1965", in *Scienza e Società*, 5/6, settembre 2008.
DELLE CAVE V., *Giuseppe Occhialini. Biografia di un fisico italiano*, Roma, Muzzio, 2009.
Eldo/Esro Bulletin, 1968, 1975.
KIM, V., POPOV, G., "Electric Propulsion Activity in Russia", paper presentato alla 27ª International Electric Propulsion Conference, Pasadena, CA, 15-19 ottobre 2001.
KRIGE J. – GUZZETTI L., *History of European Scientific and Technological Cooperation*, European Science and Technology Forum, European Commission (Firenze, 9-11 novembre 1995).
KRIGE J. – RUSSO A., *Europe in Space, 1960-1973: From ESRO to ELDO to ESA*, Noordwijk, ESA SP-1172, 1994.
KRIGE J. – RUSSO A. – SEBESTA L., *A History of the European Space Agency 1958-1987*, Noordwijk, ESA, 2000, voll. I e II.
LAUNIUS R. D., *The View from Washington. The History of Esa*, Proceedings of an International symposium (11-13 November 1998), London, Science Museum.
MILLARD D., *An Overview of United Kingdom Space Activity*, HSR-36, ESA, 2005.

PARTEL G. *et al.*, "Low Cost Reusable Rockets", in *Spaceflight*, vol. X, 1, January 1968.
PIGLIACELLI F., "Like a Stone Guest. European Space Cooperation and the Birth of Community Research Policy", in *Humana.Mente. Journal of Philosophical Studies*, vol. XVI, 2011, pp. 105-132.
SEBESTA L., *Alleati competitivi. Origini e sviluppo della cooperazione spaziale fra Europa e Stati Uniti 1957-1973*, Roma-Bari, Laterza, 2003.
SEIBERT G., *The History of Sounding Rockets and Their Contribution to European Space Research*, HSR-38, ESA, 2006.
TRISCHLER H., *The "Triple Helix" of Space: German Space Activities in a European Perspective*, HSR-28, ESA 2002.
VITALE A., *La Fondazione Giuseppe Occhialini: Presentazione e Manifestazioni Inaugurali*, Urbania, Collana Marche Scienza, Arti Grafiche Stibu, 2006.

Capitolo 7

AA.VV., "Il satellite Sirio", in *Elettronica e telecomunicazioni*, 2, 1978.
AA.VV., "In memoria di Giampietro Puppi (1917-2006)", in *Il nuovo saggiatore*, a. 23, supplemento al 5-6, 2007.
AA.VV., *Le "Generali" per l'industria spaziale*, Trieste, Generali, 1977.
AA.VV., *Piano Spaziale Nazionale (proposta di aggiornamento) 1982-1986*, CNR (Roma, 15 dicembre 1981).
AA.VV., *Presente e futuro delle attività spaziali*, Atti del convegno, Democrazia Cristiana (Roma, dicembre 1980).
AA.VV., *Programma Alfa*, Roma, Ministero della Difesa, 1976.
AA.VV., *Rapporto del comitato incaricato di esaminare i problemi riguardanti il coordinamento, la programmazione e l'indirizzo in materia di sistemi via satellite*, Roma, Ministero delle Poste e delle Telecomunicazioni, 1985.
AA.VV., *Relazione sulle attività svolte con particolare riferimento agli*

esperimenti condotti con satellite Sirio nel suo primo anno di vita, Milano, CSTS, dicembre 1978.

AA.VV., *Scritti scelti di Francesco Carassa*, Politecnico di Milano Dipartimento di Elettronica e Informazione.

AA.VV., *Tecnologie d'avanguardia*, Roma, Spazio domani, Finmeccanica, 1980.

Air Press, *Rapporto 1982 sullo stato delle attività spaziali in Italia*.

BALDO CEOLIN M., *Ricordando Giampietro Puppi*, Venezia, Istituto Veneto di Scienze, Lettere e Arti, 2008.

BRUNO L., *Cinque anni di gestione operativa del satellite Sirio*, Roma, 3 febbraio 1983.

CANTELLI F. P., "Sirio: la qualità-spazio tra entusiasmo e scoramento", in *Analysis*, 3-4, 2009.

CARASSA F., *Il sogno dei gigahertz*, Milano, Franco Angeli, 2002.

Commissione VIII, Seduta di mercoledì 12 giugno 1985, Roma, Camera dei Deputati.

Consiglio Nazionale delle Ricerche, *L'attività aerospaziale in Italia*, indagine Soris, Milano, Ufficio studi per la ricerca tecnologica, 1971.

DE PAOLI P. – MASINI G., *Le piste della ricerca*, Milano, Fiera Milano, 1986.

FONTANA S. (a cura di), *Mario Pedini, 1918-2003*, Brescia, Fondazione civiltà bresciana, 2010.

GRANDE G., *Advanced Technologies of Solid Propellant Motors for Launchers, Rockets, Missiles*, Roma, Gruppo studi e ricerche Snia, 1976.

GRANDE G., *The Apogee Boost Motor for the Geos Satellite*, Defence and Space Division Snia, 1976.

GUERRIERO L. – VALLERANI E., *Space Made in Italy*, Milano, 14 aprile 1986.

International Interdisciplinary Symposium: In Honour of Giampietro Puppi (Bologna, 25 October 1988), Conference Proceedings, Italian Physical Society.

MACCHIA M., "Un'occhiata dentro al Sirio" (n. 109, 1976), "Così il Sirio andrà nello spazio" (n. 110, 1976); "E l'Italia partorì un satellite" (n. 111, 1977); "Sirio: a terra andrà così" (n. 115, 1977), in *Aviazione di linea Difesa e Spazio.*

Marcantoni M. – Fenner D., *Giorgio Postal*, Fondazione Museo Storico del Trentino, 2010.

Ministro Dario Antoniozzi, *Relazione sullo stato di avanzamento dei programmi spaziali nazionali e internazionali*, 22 maggio 1978, Roma, Camera dei deputati.

Ministro Mario Pedini, *Relazione sullo stato della partecipazione italiana ai programmi spaziali internazionali*, 18 aprile 1975, Roma, Camera dei deputati.

Ministro Mario Pedini, *Relazione sullo stato di avanzamento dei programmi spaziali nazionali*, 31 dicembre 1975, Roma, Camera dei deputati.

Ministro Pier Luigi Romita, *Relazione sullo stato di avanzamento dei programmi spaziali nazionali e internazionali (anno 1980)*, 23 giugno 1981, Roma, Camera dei deputati.

Ministro Pier Luigi Romita, *Relazione sullo stato di avanzamento dei programmi spaziali nazionali e internazionali (anno 1982)*, 27 luglio 1983, Roma, Camera dei deputati.

Ministro Vito Scalia, *Relazione sullo stato d'avanzamento dei programmi spaziali nazionali e internazionali*, 10 gennaio 1980, Roma, Camera dei deputati.

Napolitano L. G., *Gli scritti*, Napoli, Istituto di Aerodinamica "Umberto Nobile" Ateneo Fridericiano, 1982.

NASA, *Project Sirio*, Press Kit, 28 July 1977.

Pedini M., *Quando c'era la DC. Ricordi personali di vita politica (1945-1984)*, Brescia, Fondazione civiltà bresciana, 1984.

PSN-CNR, *Piano Spaziale Nazionale. Proposta di aggiornamento 1984-1988*, dicembre 1983.

Ragno L. – Amatucci B., *L'Italia nello spazio prima e dopo Sirio*, Roma, Fratelli Palombi Editori, 1978.

Ratti B. *et al.*, *Progetto Sirio: problematica delle tecniche di base*, XVIII Convegno internazionale delle comunicazioni (Genova, 12 ottobre 1970).

RATTI B., *Progetto Sirio: analisi della missione*, XVIII Convegno internazionale delle comunicazioni (Genova, 12 ottobre 1970).

Seduta di mercoledì 1° giugno 1977, Roma, Camera dei deputati.

SETTI G., *In ricordo di Giampietro Puppi*, Rendiconti Accademia Nazionale delle Scienze detta dei XL, Memorie di scienze fisiche e naturali, 124, 2006, vol. XXX, pp. 45-49.

TRUMPY S., *L'avventura del satellite Sirio ed il gruppo di dinamica del volo spaziale del* CNUCE, Testimonianze, CNR.

ZICHICHI A., "Puppi: Promoting New Horizons in Physics", in *Cern Courier*, June 4, 2007.

ZICHICHI A., *Giampietro Puppi, il suo triangolo e la sua visione di promuovere nuovi orizzonti in fisica (1917-2006)*, Società Italiana di Fisica, vol. XXIII, 1/2, 2007.

XV Convegno internazionale sullo spazio, *L'esplorazione spaziale, la conversione e lo sfruttamento dell'energia solare*, Roma, XXII Rassegna Internazionale Elettronica Nucleare e Aerospaziale, 1975.

XVI Convegno internazionale tecnico scientifico sullo spazio, *Rilevamento spaziale delle risorse terrestri, tecnologie dei sistemi e componenti spaziali, rilevamento spaziale e dei fenomeni atmosferici, energia solare e fonti di energia terrestre non convenzionali*, Roma, Rassegna Internazionale Elettronica Nucleare ed Aerospaziale, 1976.

XVII Convegno internazionale tecnico scientifico sullo spazio, *Tecnologie spaziali e satelliti scientifici di applicazione, rilevamenti terrestri dallo spazio, energia solare e fonti energetiche non convenzionali*, Roma, Rassegna Internazionale Elettronica Nucleare e Aerospaziale, 1977.

XVIII Convegno internazionale scientifico sullo spazio, *Lo spazio al servizio dell'uomo*, Roma, Rassegna Internazionale Elettronica Nucleare e Aerospaziale, 1978.

XXI Convegno internazionale scientifico sullo spazio, *Energia dallo spazio? Come renderlo possibile. Gli esperimenti scientifici e tecnologici sul primo volo Spacelab*, Roma, Rassegna Internazionale Elettronica Nucleare e Aerospaziale, 1981.

XXII Convegno internazionale scientifico sullo spazio, *Piani spaziali nazionali e internazionali: loro proiezione nel futuro*, Roma, Rassegna Internazionale Elettronica Nucleare e Aerospaziale, 1982.
XXIII Convegno scientifico internazionale sullo spazio, *La cooperazione fra paesi emergenti e industrializzati nelle attività spaziali*, Roma, Rassegna Internazionale Elettronica Nucleare e Aerospaziale, 1983.
XXIV Convegno internazionale sullo spazio, Roma, Rassegna Internazionale Elettronica Nucleare e Aerospaziale, 1984.
XXV Convegno internazionale sullo spazio, *Stazioni spaziali e loro utilizzazione*, Roma, Rassegna Internazionale Elettronica Nucleare e Aerospaziale, 1985.
XXXII Congresso per l'elettronica, *Radiodiffusione da satellite*, Roma, Rassegna Internazionale Elettronica Nucleare e Aerospaziale, 1985.

Capitolo 8

185° Seduta pubblica, Senato della Repubblica, Roma, 23 giugno 1995.
AA.VV., "Il vettore della discordia", in *Spazio Italia*, a. III, 1, 1993.
AA.VV., "Olympus", in *Rivista tecnica Selenia*, 1989.
AA.VV., *Linee di sviluppo della politica spaziale italiana*, Roma, Ministero della Ricerca, ASI, 17 luglio 1990.
AA.VV., *Present Status and Prospects of the Italian Soviet Space Cooperation at the Beginning of the 21st Century*, Genova, ASI, 1990.
AA.VV., *Sulle onde della radiofrequenza*, FIAR, 2001.
AA.VV., *Tethers in Space*, San Diego, An American Astronautical Society Publication, 1987.
AA.VV., *The Tethered Satellite System Reflight*, NASA, 1996.
ABBOTT A., "Former Italian Minister Accused over Space Funds", in *Nature*, 13 October 1994.
ABBOTT A., "Italian Space Scientist Face More Upheaval", in *Nature*, 22-29 December 1994.

ABBOTT A., "Italy Pursues Cut In Manned Space Efforts", in *Nature*, 9 February 1995.

ABBOTT A., "Satellite Delay Adds to Italy's Space Blues", in *Nature*, 10 March 1994.

ABBOTT A., "X-Ray Satellite Faces Its Final Showdown", in *Nature*, 11 November 1993.

AGRILLI F. – BERNACCA P. L. – BIANCHINI G. (a cura di), *Ideas for Space Research After the Year 2000. On the 10th Anniversary of the Departure of Giuseppe Colombo*, Padova, Università di Padova, 1985.

Air Press, Articoli su Agenzia spaziale italiana, vari anni.

ARRIGO G. – BIGNAMI G. F., "L'Europa nello spazio o spazio per l'Europa?", in *La comunità internazionale*, 2, 2008.

ASI, *L'Italia e la stazione spaziale*, Roma.

ASI, *Piano AeroSpaziale Nazionale 2006-2008*, Roma.

ASI, *Piano Spaziale Nazionale 1990-1994*, Roma, 1989.

ASI, *Piano 1996-2003*, Roma, 1996.

ASI, *Piano Spaziale Nazionale 1998-2002*, Roma, ottobre 1997.

ASI, *Piano Spaziale Nazionale 2003-2005*, Roma, 2002.

ASI, *Piano triennale delle attività 2007-2009*, Roma, 2006.

ASI, *Relazione annuale al Parlamento per il 1993*, Roma, Camera dei Deputati, 1994.

ASI, *The National Space Plan and the Role of the Italian Space Agency*, Torino, 48° IAF Congress, ottobre 1997.

BENVENUTI P., *ASI. Strategies and Programs for the Space Exploration an Exploitation*, ASI, 2008.

BENVENUTI P., *Pianificazione della politica spaziale italiana e programmazione in ambito europeo: l'Italia dopo la conferenza ESA dell'Aja del 25-26 novembre*, Commissione attività produttive, Comitato Vast, dicembre 2008.

BOLOGNA V. – PASCOLINI A. (a cura di), *All'estremo orizzonte dell'Universo: la missione spaziale Agile*, ASI/INFN/CNR, 2000.

CANTELLI F. P., "Il futuro del lanciatore Vega analizzato nel contesto dei trattati internazionali e delle convenzioni Onu sull'uso pacifico dello spazio", in *Analysis*, 1, 2010.

CAPRARA G., "A Granada per risolvere la crisi dell'Europa spaziale: intervista al direttore generale dell'ESA Jean-Marie Luton", in *Corriere della Sera*, 8 novembre 1992.

CAPRARA G., "A terra l'Europa spaziale", in *Corriere della Sera*, 10 novembre 1992.

CAPRARA G., "Lo spazio? Un affare tra Francia e Germania", in *Corriere della Sera*, 19 novembre 1991.

CAPRARA G., "Sax, il cacciatore di buchi neri", in *Corriere della Sera*, 28 aprile 1996.

CAPRARA G., "Sbloccati i fondi per l'Agenzia spaziale italiana", in *Corriere della Sera*, 14 marzo 1993.

CAPRARA G., "Si decide l'Europa spaziale del Duemila: intervista al direttore generale dell'ESA Jean-Marie Luton", in *Corriere della Sera*, 12 novembre 1991.

CAPRARA G., "Spazio: minimissioni, minilanciatore, meno voli umani", in *Corriere della Sera*, 4 febbraio 1996.

CAPRARA G., "Tetto di mille miliardi l'anno per l'Agenzia spaziale italiana", in *Corriere della Sera*, 27 febbraio 1994.

CAPRARA G., "Vi porto su Marte in 45 giorni: intervista a Carlo Rubbia", in *Corriere della Sera*, 20 settembre 1998.

CNPM – CNR, *Space for a New Cooperation Between Italy and Japan*, Proceedings of the Seminar, December 1995.

CNR, *Piano Spaziale Nazionale*, Roma 1988.

COLETTA A. – GANDOLFI G., *Il secondo Big Bang, esplosioni cosmiche ai confini dell'universo*, Napoli, CUEN, 2000.

COLOMBO U., *Intervento alla riunione di insediamento del Consiglio di amministrazione dell'Agenzia spaziale italiana*, 13 aprile 1994.

COLOMBO U., *Risposte scritte e interrogazioni*, Roma, Senato della Repubblica, 23 marzo 1994.

Commissione CIPE per l'esame delle prospettive delle iniziative spaziali in materia di vettori, *Rapporto finale*, Roma 1993.

Commissione CIPE, *Rapporto finale per l'esame delle prospettive delle iniziative spaziali in materia di vettori*, 30 novembre 1993.

D. Lgs. 27, 30 gennaio 1999, *Riordino dell'ASI.*

D. Lgs. 128, 4 giugno 2003, *Riordino dell'ASI.*
D'ANGELO P. – DI BERNARDO G., *STS-134 Endeavour, l'azzurro oltre il cielo*, Roma, Edizioni Rivista Aeronautica, 2011.
Decima Commissione permanente, Seduta di giovedì 16 marzo 1989, Senato della Repubblica.
DI PIPPO S., *Astronauti*, Milano, Mursia, 2002.
FABRIZI A. – LARSON V., *A Parametric Study of Space Transfer/Upper Propulsion Stages*, IAF-83-401, 34th Congress IAF (October 10-15, 1983, Budapest, Hungary).
GIACCONI R., *Considerazioni sul programma spaziale italiano*, Milano, Osservatorio Astronomico di Fisica Cosmica del CNR, 1995.
GUERRIERO L. – BEKEY I. (a cura di), *Space Tethers for Science in the Space Station Era*, Venezia, Editrice Compositori, 1987.
GUIDONI U., *Un passo fuori*, Roma-Bari, Laterza, 2006.
Legge istitutiva dell'ASI, n. 186, 30 maggio 1988.
MALERBA F., *La vetta*, Genova, Tormena Editore, 1993.
Ministero Ricerca Scientifica, *Guida operatori spaziali italiani*, 1988.
Ministro Giorgio Salvini, *Relazioni dell'ASI sulle attività svolte per la definizione e la gestione del piano spaziale nazionale e per partecipazione italiana all'ESA (Anni 1992-1993-1994)*, Roma, Senato della Repubblica, 21 giugno-11 luglio 1995.
Ministro Letizia Moratti, *Relazione sulle attività svolte dall'agenzia spaziale italiana: anno 2001*, Roma, Senato della Repubblica, giugno 2002.
Ministro Luigi Berlinguer, *Relazioni dell'Agenzia spaziale italiana sulle attività svolte per la definizione e la gestione del piano spaziale nazionale e per la partecipazione italiana all'agenzia spaziale europea: anno 1996*, Roma, Senato della Repubblica, luglio 1997.
NESPOLI P., *Dall'alto i problemi sembrano più piccoli*, Milano, Mondadori, 2012.
PODESTÀ S., "Alla ricerca serve tanto denaro", in *l'Unità*, 17 novembre 1994.
Risposte a interrogazioni, Roma, Senato della Repubblica, 23 marzo 1994.

Risposte scritte a interrogazioni, Roma, Camera dei Deputati, 25 luglio 1988.

Ruffini R., *Relazione sulla Proposta del Comitato Scientifico 1991*, Roma, ASI, 13 novembre 1991.

Ruffini R., *Scientific Programs of ASI to the Space Program Committee of ESA*, Capri, ASI, 3 maggio 1990.

Ruffini R., *Università, enti di ricerca, industrie e mismanagement*, Roma, Università "La Sapienza", documento ASFOR, ICRA (International Center for Relativistic Astrophysics).

Saggese E., *Pianificazione della politica spaziale italiana e programmazione in ambito europeo: l'Italia dopo la Conferenza ESA dell'Aja del 25-26 novembre 2008*, Roma, 2008.

Salvini G., *Relazioni dell'Agenzia spaziale italiana (ASI) sulle attività svolte per la definizione e la gestione del Piano spaziale nazionale e per la partecipazione italiana all'Agenzia spaziale europea (ESA)*, anni 1993, 1994, 1995, Roma, Senato della Repubblica, 21 giugno e 11 luglio 1995.

Salvini G., *Resoconto stenografico*, Roma, Senato della Repubblica, venerdì 23 giugno 1995.

Scarsi L., *Il programma SAX*, Sax Science Steering Committee, Roma, ASI, 16 aprile 1996.

Scarsi L. – Trumper J., "Benefits from Sax", in *Nature Correspondence*, 3 February 1994.

Settima Commissione permanente, Seduta di giovedì 1° marzo 1990, 66° resoconto stenografico, Senato della Repubblica.

Stanglini R. – Mocci A., *COSMO-SkyMed*, Firenze, 2008.

Vallerani E., *L'Italia nello spazio: i moduli abitativi*, Milano, McGrawHill, 1995.

Capitoli 9-13

ASI, *Aggiornamento dello Statuto dell'ASI a seguito delle osservazioni comunicate dal Ministero vigilante*, Stralcio verbale seduta n. 8 del 20 luglio 2017, deliberazione n. 138/2017.

ASI, *Documento di visione strategica 2016-2025.*

BATTISTON R., *Space Economy: A Window on the Future*, Milano, Università Bocconi, ASI, 4 giugno 2018.

Conferenza delle regioni e delle province autonome, Contributo delle regioni alla cabina di regia sulla politica spaziale nazionale, 14/152/CR11a/C11.

GRAZIOLA G., *L'industria spaziale italiana (ISPI) nel 2010. Un rapporto preliminare con dati dal database del Distretto virtuale dell'ASI*, Dipartimento di scienze aziendali ed economiche, Università di Bergamo, Milano, 13 febbraio 2013.

LANDONI M., *L'Agenzia Spaziale Italiana*, Bologna, Il Mulino, 2017.

Legge n. 7, *Misure per il coordinamento della politica spaziale e aerospaziale e disposizioni concernenti l'organizzazione e il funzionamento dell'Agenzia spaziale italiana*, 11 gennaio 2018, Gazzetta Ufficiale n. 34 del 10 febbraio 2018.

Ministero dello Sviluppo Economico, *Decreto istituzione del Comitato di sorveglianza del Piano Space Economy 2014-2020*, 2 agosto 2017.

Misure per il coordinamento della politica spaziale aerospaziale e disposizioni concernenti l'organizzazione e il funzionamento dell'ASI, Camera dei deputati, Proposta di legge approvata, in un testo unificato, dal Senato della Repubblica, 24 maggio 2017.

Piano strategico Space Economy. Quadro di posizionamento nazionale, 2 maggio 2016.

Space Policy Directive-1, Presidential Memorandum on Reinvigorating America's Human Space Exploration Program, White House, December 11, 2107.

Space Policy Directive-2, Streamlining Regulations on Commercial Use of Space, White House, May 24, 2018.

OPERE DI CARATTERE GENERALE

AA.VV., "L'importanza militare dello spazio", Centro militare di studi strategici, Rivista militare, 1990.

AA.VV., *Aeritalia per lo spazio*, voll. I, II, II B, Aeritalia, 1988-1989.

AA.VV., Convegno Annuale Assicurazioni Generali, Atti 1979-2011, Trieste, Assicurazioni Generali.

AA.VV., *Guida operatori spaziali italiani*, Roma, Ministero per il coordinamento delle iniziative per la ricerca scientifica e tecnologica, 1988.

AA.VV., *Italspace. The role of Italy in Space Programs and Technology*, Air Press Book, 1985.

AA.VV., *Storia d'Italia, scienza e tecnica*, Torino, Einaudi, 1980.

AA.VV., *Un'azienda sulla frontiera tecnologica 1908-1998*, Torino, FIAT Avio, 1998.

BIGNAMI G. F., *La storia nello spazio*, Milano, Mursia, 2001.

CAPOCACCIA A. *et al.*, *Storia della tecnica*, Torino, UTET, 1977.

CAPRARA G. *et al.*, *La Galileo*, Firenze, Alinari, 2000.

CAPRARA G., *Abitare nello spazio*, Milano, Mondadori, 1998.

CAPRARA G., *Dallo spazio alla terra una storia di uomini e tecnologie*, Milano, Mondadori, 2011.

CAPRARA G., *Era spaziale. La scoperta dello spazio dallo Sputnik al viaggio verso Marte*, Milano, Mondadori, 2007.

CAPRARA G., *Il libro dei voli spaziali*, Milano, A. Vallardi, 1984.

CAPRARA G., *In viaggio tra le stelle*, Milano, Boroli Editore, 2005.

CAPRARA G., *L'avventura della scienza*, Milano, Rizzoli, 2009.

CAPRARA G., *L'Italia nello spazio*, Milano, Valerio Levi Editore, 1992.

CAPRARA G., *La stella Italsat*, Roma, Ervin, 1990.

CAPRARA G., *Lo spazio il quarto ambiente. Storia di Gerardo Napolitano*, Milano, Gruppo 24 Ore, 2010.

CAPRARA G., *Più lontano nello spazio. Storia di Giuseppe Colombo*, Milano, Sperling & Kupfer, 2006.

CAPRARA G. – REIBALDI G., *Space Base Europe*, Noordwijk-Novara, ESA-DeAgostini, 2002.

CAPRARA G. – S. CHELI, *Dallo spazio per la terra, tutte le applicazioni utili all'uomo*, Novara, DeAgostini, 2003.

CAPRARA G., *The Complete Encyclopedia of Space Satellites*, New York, Portland House, 1986.

Castronovo V., *fiat. Una storia del capitalismo italiano*, Milano, Rizzoli, 2005.

Catalanotto B. – Falessi C., *Aeritalia 1969-1989*, Milano, Libri Scheiwiller, 1989.

Giannola A., *L'evoluzione della politica economica e industriale*, in *Storia dell'Italia Repubblicana*, Torino, Einaudi, 1996, vol. III.

Joseph M., *The Timetable of Technology*, London, Marshall Edition, 1982.

Nones M., "Il mercato spaziale italiano", in *L'industria*, 1, gennaio-marzo 1988.

Pagliano M. (a cura di), *Ali italiane*, Milano, Rizzoli, 1978.

Rea F. *et al.*, *L'Italia, le stelle e la storia*, Dossier Storia in rete, 2009.

Rivista Aeronautica, varie annate, Aeronautica militare.

Simili S. – Paoloni G. (a cura di), *Per una storia del Consiglio Nazionale delle Ricerche*, Roma-Bari, Laterza, 2001, voll. I e II.

Singer C. *et al.* (a cura di), *Storia della tecnologia*, Torino, Boringhieri, 1961.

Zamagni Z., *Finmeccanica*, Bologna, il Mulino, 2009.

COLLOQUI E INTERVISTE

Fonti del libro sono anche i personali resoconti di colloqui e interviste con i protagonisti dello spazio italiano, alcuni dei quali scomparsi. Ecco i principali:

Edoardo Amaldi, Ettore Ancona, Francesco Angrilli, Piero Benvenuti, Franco Bevilacqua, Silvio Bergamaschi, Alberto Beretta, Giovanni F. Bignami, Renato Bonifacio, Roger Bonnet, Luigi Broglio, Carlo Buongiorno, Gianni Cammarano, Giorgio Capra, Francesco Carassa, Corrado Casci, Silvano Casini, Maurizio Cheli, Franco Chiesi, Giuseppe Colombo, Umberto Colombo, Sergio De Jiulio, Luigi De Magistris, Jean-Jacques Dordain,

Antonio Fabrizi, Amalia Ercoli Finzi, Giorgio Fiocco, Giovanni Fontana, Mariastella Gelmini, Marco Gerevini, Riccardo Giacconi, Giuseppe Grande, Filippo Graziani, Luigi Granelli, Mario Grossi, Luciano Guerriero, Umberto Guidoni, Pier Giuliano Lasagni, Mario Di Leo, Jean-Marie Luton, Franco Malerba, Claudio Mastracci, Rodolfo Monti, Fabio Mussi, Paolo Nespoli, Giuseppe Occhialini, Luigi Gerardo Napolitano, Marcello Onofri, Benito Pagnanelli, Marco Pascucci, Mario Pedini, Francesco Piccari, Stefano Podestà, Ugo Ponzi, Antonio Rodotà, Carlo Rubbia, Antonio Ruberti, Carlo Ulivieri, Ugo Sacerdote, Enrico Saggese, Giorgio Salvini, Sergio Vetrella, Glauco Partel, Guido Possa, Giorgio Postal, Giampietro Puppi, Aurelio Robotti, Pier Giorgio Romiti, Remo Ruffini, Learco Saporito, Irvin Shapiro, Giancarlo Setti, Antonio Teofilatto, Giancarlo Tesini, Ernesto Vallerani, Giuseppe Viriglio, Roberto Vittori.

ARCHIVI

Archivi della Camera dei Deputati e del Senato
Archivio Accademia Nazionale dei Lincei
Archivio Agenzia Spaziale Italiana
Archivio Amintore Fanfani
Archivio Consiglio Nazionale delle Ricerche
Archivio Corriere della Sera
Archivio di Stato di Torino
Archivio Fondazione La Pira
Archivio Giorgio Apostolo
Archivio Giovanni Caprara
Archivio Giulio Andreotti
Archivio Marina Militare
Archivio Museo Nazionale della Scienza e della Tecnologia Leonardo da Vinci
Archivio Museo storico nazionale dell'artiglieria, Torino
Archivio Politecnico di Milano

Archivio Politecnico di Torino
Archivio Progetto San Marco
Archivio *Rivista Aeronautica Militare*
Archivio Scuola militare "Teulié", Milano
Archivio AIDAA, Associazione Italiana di Aeronautica e Astronautica

INDICE DEI NOMI

INDICE

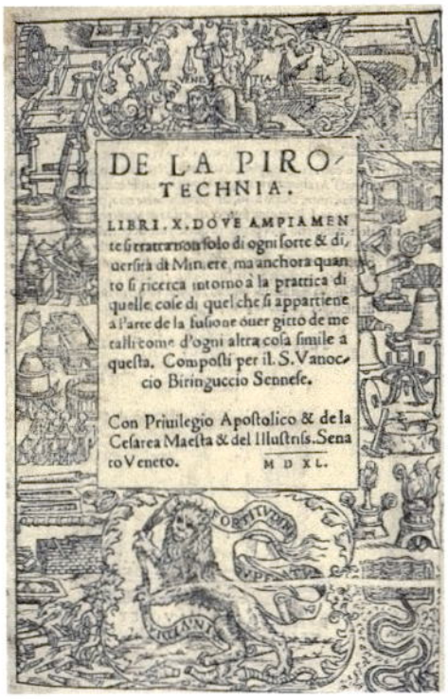

DE LA PIRO-TECHNIA.

LIBRI. X. DOVE AMPIAMENTE si tratta non solo di ogni sorte & diuersità di Miniere, ma anchora quanto si ricerca intorno à la prattica di quelle cose di quel che si appartiene à l'arte de la fusione ouer gitto de metalli come d'ogni altra cosa simile a questa. Composti per il S. Vanoccio Biringuccio Sennese.

Con Priuilegio Apostolico & de la Cesarea Maestà & del Illustriss. Senato Veneto. M D XL.

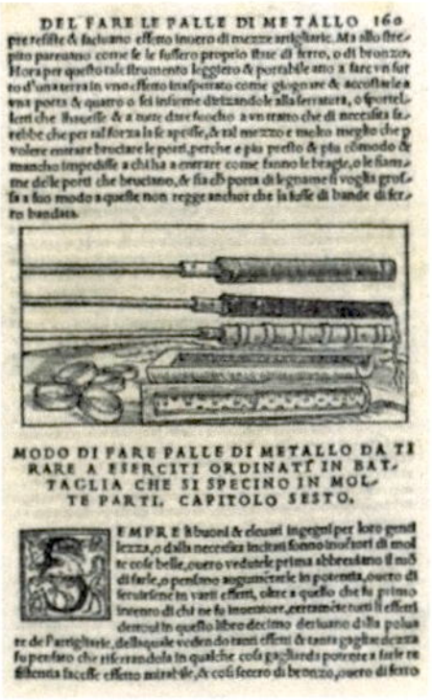

DEL FARE LE PALLE DI METALLO 160

pre resiste & faciuano effetto inuero di mezze artiglierie. Ma allo strepito pareuano come se le fussero proprio stue di ferro, o di bronzo. Hora per questo tale strumento leggiero & portabile ano a fare vn fatto d'una terra in vno effetto inasperato come giognere & accostarle a vna porta & quattro o sei insieme dirizzandole alla ferratura, o sportelletti che hauesse & a tutte dare fuocho a vn tratto che di necessità farebbe che per tal forza la se apesse, & tal mezzo e molto meglio che volere entrare bruciare le porti, perche e piu presto & piu comodo & mancho impedisse a chi ha a entrare come fanno le braghe, o le fiamme de le porti che bruciano, & sia ch porta di legname si vogli grossa a suo modo a queste non regge anchor che la fusse di bande di ferro bandata.

MODO DI FARE PALLE DI METALLO DA TIRARE A ESERCITI ORDINATI IN BATTAGLIA CHE SI SPECINO IN MOLTE PARTI. CAPITOLO SESTO.

SEMPRE li buoni & eleuati ingegni per loro gentilezza, o dalla necessita incitati sonno inuetori di molte cose belle, ouero vedutele prima abbreuiatino il modi di farle, o pensino augumentarle in potentia, ouero di seruirsene in varii effetti, oltre a quello che fu primo inuento di chi ne fu inuentore, certamente tutti li effetti dentoui in questo libro decimo deriuano dalla poluere de l'artiglierie, dellequale vedendo tanti effetti & tanta gagliardezza fu pensato che riserrandola in qualche cosa gagliarda potente a farle resistentia facesse effetto mirabile, & cosi fecero di bronzo, ouero di ferro

ISTRUZIONI PRATICHE

PER

L' INGEGNERO CIVILE,

O SIA

PERITO AGRIMENSORE, E PERITO D'ACQUE,

DI

GIUSEPPE ANTONIO ALBERTI

BOLOGNESE.

Novamente ristampate coll'aggiunta di molte cose utili e necessarie, e particolarmente il modo con cui si distribuiscono per gradi le spese pei lavori, e riparazioni de' Fiumi, e il modo di fabbricar Fontane, ed in fine la nuova Diottra, e Squadra Monicomera ec.

IN VENEZIA, MDCCLXXXII.

Appresso Pietro Savioni

Stampatore e Librajo sul Ponte de' Baretteri, all' Insegna della Nave.

CON LICENZA DE' SUPERIORI, E PRIVILEGIO.

Nel 1540 veniva pubblicato a Venezia il libro di Vannoccio Biringuccio *De la pirotechnia* (frontespizio a sinistra e accanto una pagina interna). Tradotto in Francia e in Germania è considerato il primo testo sull'arte mineraria e metallurgica e anche il primo testo che affronta la fabbricazione dei razzi, a cui dedica l'ultima parte. Nel 1795 l'ingegnere idraulico Giuseppe Antonio Alberti di Bagnacavallo stampava il *Trattato di fuochi d'artificio* (frontespizio a destra) che rimarrà un'opera di riferimento.

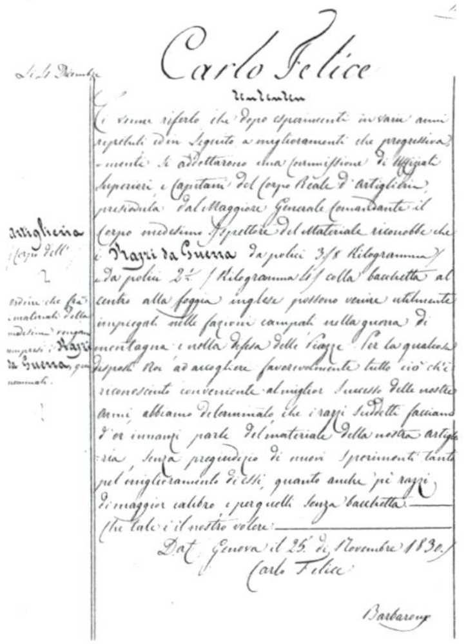

Carlo Felice

[illegible]

Ci venne riferito che dopo esperimenti in varii anni ripetuti ed in seguito a miglioramenti che progressivamente si adottarono una Commissione di Uffiziali superiori e Capitani del Corpo Reale d'Artiglieria, presieduta dal Maggiore Generale Comandante il Corpo medesimo Ispettore del Materiale riconobbe che i Razzi da Guerra da pollici 3/8 Kilogramma 7 e da pollici 2½ Kilogramma 4 colla bacchetta al centro alla foggia inglese possono venire utilmente impiegati nelle fazioni campali nella guerra di montagna e nella difesa delle Piazze. Per la qual cosa disposti Noi ad accogliere favorevolmente tutto ciò ch'è riconosciuto conveniente al miglior successo delle nostre armi, abbiamo determinato che i razzi suddetti facciano d'or innanzi parte del materiale della nostra artiglieria, senza pregiudizio di nuovi sperimenti tanto pel miglioramento di essi, quanto anche pei razzi di maggior calibro e per quelli senza bacchetta.

Che tale è il nostro volere.

Dat. Genova il 25 di Novembre 1830.

Carlo Felice

Barbaroux

Artiglieria

(Corpo dell')

2

Ordine che fra i materiali della medesima vengano compresi i Razzi da Guerra, quivi nominati.

Il re Carlo Felice il 25 novembre 1830 approvava un decreto con il quale avviava la ricerca e la costruzione di razzi per l'esercito sabaudo. È il via ufficiale nella storia d'Italia degli studi sulla propulsione a razzo.

Un gruppo di razzi "tipo Congrève" inglese con bacchetta centrale, fabbricati a Torino per l'esercito sabaudo e conservati al Museo storico nazionale dell'artiglieria di Torino. (A sinistra)

In basso un cavalletto per lo sparo dei razzi sabaudi.

L'ingegner Enrico Forlanini (in alto con il cappello bianco) realizzò e sperimentò nel 1890 un modello di aeroplano a razzo senza pilota: era il primo del genere realizzato in Italia.

Nel 1883 il triestino Francesco de Grisogono, ex ufficiale della marina austriaca e poi insegnante, pubblicava il libro *Sulla possibilità di viaggiare gli spazi celesti*. Nel suo studio ipotizzava un tipo di propulsore spaziale che chiama "oscillante".

Ettore Cattaneo (in alto e in basso) nel giugno 1931 volava decollando dal campo di Taliedo a Milano durante una manifestazione dell'Aero Club con l'aeroplano a razzo R.R. ricavato da un aliante. Nella fusoliera aveva installato sei propulsori a propellente solido che venivano accesi in successione. Cattaneo era un campione di volo a vela. I risultati erano superiori a quelli ottenuti da analoghe esperienze tre anni prima in Germania.

Giorgio Cicogna, di origine veneziana, il 3 agosto 1932, durante un test rimane vittima dell'esplosione del propulsore a razzo a propellenti liquidi che stava sperimentando in un laboratorio di Torino. Era la prima vittima dello spazio italiano.

Nel 1936 Alberto Fenoglio (sopra tra alcuni modelli) creava a Torino l'Associazione Piemontese Razzi, la quale progettava e sperimentava alcuni razzi a propellente solido e anche un aeroplano a razzo.

L'ingegner Luigi Gussalli, di Brescia, costruisce intorno al 1920 un "propulsore a doppia reazione" che installa per le prove sullo chassis di un'automobile (foto sotto). Nel 1923 pubblica *Si può già tentare un viaggio dalla Terra alla Luna?* raccontando le sue esperienze. In seguito conduce altre ricerche teoriche in cui applica il suo propulsore ad un'astronave che utilizza la radiazione solare.

L'ingegner Antonio Ferri (a sinistra), responsabile delle ricerche ad alta velocità negli anni Trenta al centro di ricerca di Guidonia. Alla fine della seconda guerra mondiale Ferri accettava di trasferirsi negli Stati Uniti.

Il professor Luigi Crocco (seduto al centro) con alcuni colleghi all'Università di Princeton (Usa) dove si era trasferito dopo la guerra.

Il professor Luigi Crocco (secondo da sinistra nella prima fila) con, alla sua sinistra, Theodore von Karman, il maestro dell'aerodinamica di origini ungheresi poi trasferitosi negli Stati Uniti. Crocco insegnava all'Università di Princeton (Usa) e successivamente in Francia.

I due scienziati tedeschi arrivati in Italia negli anni Cinquanta: a sinistra l'ingegner Rolf Engel e (ultimo a destra con gli occhiali) Hermann Oberth, il maestro di Wenher von Braun. Engel lavorerà per la Sispre e l'Aeronautica Militare e Oberth per la Marina Militare.

Il professore torinese Aurelio Robotti al banco di prova di un suo propulsore. Robotti costruiva e lanciava il 9 maggio 1952 da Pian della Mussa (alta Val di Lanzo) il primo razzo italiano a propellenti liquidi A.R.3 (a destra prima del lancio).

Wernher von Braun (a destra) durante la visita nel 1964 nel laboratorio della Plasmadyne Division di Geotel, a Santa Ana in California, mentre osserva l'arcogetto sviluppato da Adriano Cavalieri Ducati nella foto accanto all'innovativo propulsore.

Nel 1956 il centro Cespre avviava la progettazione del primo missile italiano aria-aria C-7 per l'Aeronautica Militare qui ritratto nell'illustrazione di copertina del periodico "Oltre il cielo" (dicembre 1959).

Il tenente colonnello Gelsomino Metallo dell'Aeronautica Militare e l'ingegner Antonio Angeloni della Sispre accanto al razzo bistadio C-41 a propellenti solidi. Il primo lancio avveniva nel 1960 dalla Sardegna.

Il professor Gaetano Arturo Crocco dell'Università di Roma e ufficiale del Genio Aeronautico progettava e sperimentava la prima camera di combustione a propellenti liquidi nel 1930 assieme al figlio Luigi. Nella foto mostra alcuni modelli di razzi da lui studiati.

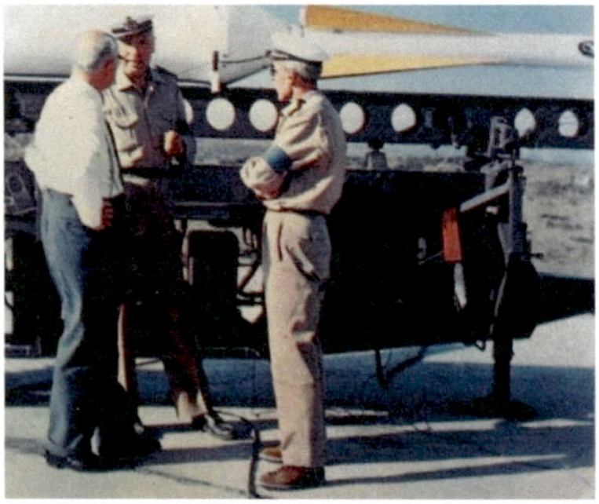

Il professor Luigi Broglio (secondo da sinistra) nel Poligono di Salto di Quirra in Sardegna, durante la preparazione del lancio del primo razzo sonda Nike-Cajun nel gennaio 1961. Il razzo liberava una nube di sodio a 170 chilometri d'altezza per studiare l'alta atmosfera.

Il vicepresidente americano Lindon B. Johnson all'arrivo a Roma nel settembre 1962. durante la visita firmerà con il ministro degli Esteri Piccioni l'accordo di collaborazione spaziale Stati Uniti-Italia per il Progetto San Marco che sarà effettato con la Nasa. A sinistra nella foto il presidente del consiglio Amintore Fanfani.

A sinistra, il sindaco di Firenze Giorgio La Pira nel 1961 ospita nella sua città il Congresso internazionale del Cospar, il comitato internazionale delle ricerche spaziali. La Pira era molto vicino ad Amintore Fanfani, e insieme aiuteranno la nascita del Progetto San Marco del professor Luigi Broglio.

A destra, il vicepresidente americano Lindon B. Johnson durante l'incontro in Vaticano con il Papa Giovanni XXIII, al quale regala il modellino del primo satellite per telecomunicazioni Telstar lanciato dalla Nasa pochi mesi prima, che il pontefice tiene tra le mani.

La cerimonia di benvenuto al centro di Wallops Island della Nasa sulla costa Est degli Stati Uniti, in occasione del primo lancio, nell'aprile 1963, del razzo sonda Shotput, con a bordo il satellite San Marco-1 per un primo collaudo in volo parabolico. Il professor Broglio (a destra) stringe la mano ad Abraham D. Spinak della direzione della base di Wallops.

Il lancio del satellite San Marco-1 dalla base di Wallops Island (Usa) il 14 dicembre 1964 con un vettore americano Scout. Le operazioni di lancio erano effettuate dai tecnici del Progetto San Marco e così l'Italia diventava il terzo paese a lanciare con propri tecnici un satellite, dopo Unione Sovietica e Stati Uniti, e il quarto dopo la Francia, che l'anno successivo lancerà il suo primo satellite utilizzando anche un razzo francese. Nella foto, il professor Luigi Broglio (da sinistra) accanto all'ambasciatore Fenoaltea e al vice amministratore della Nasa Hugh Dryden a Wallops Island dopo il lancio del satellite San Marco-1.

La copertina della "Domenica del Corriere" del 19 gennaio 1964 che illustra il difficile viaggio della piattaforma Santa Rita verso le coste del Kenya. Durante il tragitto, a causa di una tempesta, la piattaforma rischiò di andare perduta. La Santa Rita, con la piattaforma più grande San Marco, avrebbe formato il poligono spaziale italiano ancorato nelle acque dell'Oceano Indiano, all'Equatore, davanti alle coste del Kenya.

La piattaforma San Marco (a destra) ancorata nelle acque dell'Oceano Indiano, all'Equatore, prima del lancio del satellite San Marco-2 con il vettore americano Scout pronto alla partenza. Il centro di controllo del lancio era sulla piattaforma Santa Rita (sopra). Accanto verrà poi installata una piattaforma più piccola per ospitare i sistemi di generazione elettrica.

Sopra, la preparazione del satellite San Marco-2 e, a sinistra, il suo lancio dalla piattaforma San Marco il 26 aprile 1967. Era il primo lancio dalla base italiana in Kenya. Il San Marco-2 rimaneva intorno alla Terra per 171 giorni durante i quali la Bilancia Broglio misurava la densità dell'atmosfera alle varie quote nella fascia equatoriale, e l'esperimento del professor Nello Carrara indagava la ionosfera e le sue variazioni nell'intensità elettronica.

Il 14 ottobre 1967, dopo 2.680 orbite, il San Marco-2 completava la sua esplorazione disintegrandosi nell'atmosfera.

Nel 1971 Wernher von Braun (a sinistra), all'epoca vice amministratore della Nasa per le attività future, assieme al professor Broglio durante la visita al poligono equatoriale italiano in Kenya nel 1971.

A sinistra, il banco di prova del razzo Quirra nel poligono della Valle del Diavolo, vicino a Roma. Il progetto, realizzato in collaborazione con Oerlikon-Contraves e seguito dal gruppo del professor Broglio, mirava alla realizzazione di un razzo sonda. Nel 1960 si effettuavano gli ultimi test e poi veniva abbandonato.

A destra una vista aerea del campo base di Malindi sulle coste del Kenya davanti alle piattaforme ancorate in oceano. Il campo base ospitava gli alloggiamenti per il personale, i servizi di supporto alle piattaforme e la stazione di ricezione dei satelliti. Il centro è tutt'ora attivo e serve alle attività dell'Agenzia spaziale italiana Asi e dell'Agenzia spaziale europea Esa.

I fondatori delle attività spaziali europee i fisici Pierre Auger (a sinistra), francese, ed Edoardo Amaldi dell'Università di Roma. Insieme avevano dato vita anche al Cern di Ginevra per le ricerche nucleari. Dalla loro iniziativa nasceranno l'Esro e l'Eldo, i primi organismi che si occuperanno di satelliti scientifici e di un vettore spaziale europeo.

L'ambasciatore italiano Renzo Carrobio di Carrobio (a sinistra) era stato nominato nel 1964 primo segretario generale dell'Eldo, rimanendo in carica sette anni.

Il satellite sperimentale (sopra) e uno dei due semigusci dell'ogiva del vettore europeo Europa-1 in preparazione al lancio dalla base australiana di Woomera, in Australia. I due semigusci e il satellite erano realizzati dalla Fiat, e per le parti elettroniche collaboravano altre società italiane.

Un lancio del razzo a vapore Grillo realizzato da Partel a partire dal 1963.

Il comandante Glauco Partel mentre parlava durante la terza conferenza internazionale di tecnologia spaziale a Roma nel 1971 da lui organizzata. Alla sua destra il professor Luigi Gerardo Napolitano. Il primo a sinistra nella foto è il professor Boris N. Petrov, presidente dell'organismo sovietico per la collaborazione internazionale.

Il ministro della ricerca italiano Mario Pedini (a destra) assieme al primo direttore generale dell'Esa Roy Gibson.

Il professor Giampietro Puppi (a destra), primo presidente del consiglio dell'Esro. Nato a Bologna da antica famiglia veneta, era uno personaggio-chiave delle prime attività spaziali europee, sino alla nascita dell'Esa. Altrettanto importante fu in seguito il suo ruolo nelle attività spaziali italiane.

Il professor Corrado Casci del Politecnico di Milano che fondava, con il Politecnico e il Cnr, il Centro nazionale di ricerca sulla tecnologia della propulsione e dei materiali (CNPM). Nei suoi laboratori si progettavano e sperimentavano diversi propulsori a propellenti solidi e liquidi. Nella foto a destra il test di un motore a propellenti liquidi.

Il missile Alfa progettato e costruito dalla Marina Militare con la collaborazione delle altre forze armate sulla rampa nel poligono di Salto di Quirra in Sardegna. I suoi lanci avvennero nel 1976, poi venne sospeso.
A destra il professor Francesco Carassa del Politecnico di Milano, "padre" del Sirio, primo satellite sperimentale italiano per le telecomunicazioni spaziali.

Al centro della foto il ministro della Ricerca Mario Pedini con in mano l'anello metallico che unisce il satellite al vettore Delta, e causa di un'anomalia che provocò il rinvio del lancio da Cape Canaveral nell'agosto 1977. Alla sua destra il presidente del Cnr Ernesto Quagliariello e alla sua estrema sinistra il professor Carassa.

Il satellite italiano Sirio (Satellite italiano per la ricerca industriale operativa) installato alla sommità del vettore spaziale Delta della Nasa a Cape Canaveral.

Il lancio del satellite italiano Sirio dalla rampa 17B di Cape Canaveral il 26 agosto 1977 con il vettore Delta 2313.

Il professor Luciano Guerriero, direttore del Piano Spaziale Nazionale del Cnr e poi, dal 1998, primo presidente dell'agenzia spaziale italiana Asi.

Mercoledì 7 novembre 1984 — CORRIERE DELLA SERA — 9

ATTUALITA'

Il «Corriere della Sera» a Pechino, il «Quotidiano del Popolo» (Renmin Ribao) e «China Daily» a Milano con il satellite Sirio

Scambio di giornali tra Italia e Cina alla velocità della luce

Un esempio di amicizia e di collaborazione

Lin Zhong

Ambasciatore Straordinario e Plenipotenziario della Repubblica Popolare Cinese in Italia

Un successo italiano nello spazio

Giovanni Caprara

人民日报

RENMIN RIBAO

CHINA DAILY

China to resume ties with world peace groups

Trade with Italy shows steady progress

Views on Sino-Soviet relations exchanged

Oil plan for Inner Mongolia

Soviet grain purchases to increase

Indira Gandhi cremated as toll reaches 1,100

Helicopter crashes into China Sea

Moscow retracts remarks on CIA

Aid for Mali drought victims

Special policies boost Tibet economy

Il «Renmin Ribao», l'influente quotidiano da 5 milioni di copie

Ricostruite a Roma le pagine cinesi

C. De Si.

La pagina del "Corriere della Sera" del 7 novembre 1984 che presenta la trasmissione del "Corriere" a Pechino con il satellite Sirio. Dalla capitale cinese venivano invece inviati a Milano il "Quotidiano del Popolo" e "China Daily".

Il sottosegretario al ministero della Ricerca Learco Saporito (al centro) assieme al professor Luigi Gerardo Napolitano, (alla sua destra) dell'Università di Napoli e al professor Ernesto Vallerani, presidente di Alenia Spazio.

Il ministro della Ricerca Luigi Granelli (al centro con le braccia aperte) dopo la prima missione dello Spacelab-1 nel 1983. Alla sua destra il professor Luigi Gerardo Napolitano responsabile dell'esperimento Fuid Phisycs Module condotto durante la missione con lo shuttle Columbia dall'astronauta Ulf Merbold dell'Esa (alla destra di Napolitano). Il comandante dello shuttle John Young è alla sinistra del ministro.

Il professor Giuseppe Occhialini (a sinistra) assieme a Riccardo Giacconi, futuro Premio Nobel per la fisica e responsabile del satellite americano SAS-1/Uhuru lanciato dalla base San Marco il 12 dicembre 1970 compiendo la prima mappa delle sorgenti X del cielo.

Il ministro per la Ricerca Umberto Colombo (a sinistra) tra il 1992 e il 1993 riorientò in maniera decisa le attività dell'Agenzia spaziale ASI.

Il lancio di prova del razzo Zefiro nel marzo 1992 dal poligono interforze di Santo di Quirra in Sardegna. Zefiro faceva parte del programma per il nuovo piccolo lanciatore progettato dalla BPD Difesa e Spazio.

I primi quattro astronauti europei selezionati nel 1977 dall'Esa europea. Da sinistra: l'olandese Wubbo Ockels, il tedesco Ulf Merbold, l'italiano Franco Malerba e lo svizzero Claude Nicollier.

Franco Malerba (al centro), primo astronauta italiano, in orbita sullo shuttle Atlantis durante la prima missione con il satellite a filo Tethered nell'agosto 1992.

Il satellite per telecomunicazioni Italsat-1 dell'Asi durante i test dei pannelli di celle solari. Il satellite sarà lanciato da Kourou, nella Guyana francese, il 16 gennaio 1991 con un vettore Ariane-44L.

Il professor Giuseppe Colombo (a sinistra) dell'Università di Padova e dello Smithsonian Observatory (Usa), "padre" del satellite a filo Tethered (a destra) sperimentato nel 1992 e nel 1996.

Il lancio del razzo Iris con il satellite Lageos-2 il 23 ottobre 1992 dalla stiva dello shuttle Columbia. Si trattava di due programmi dell'Asi: il primo destinato ad offrire al mercato la possibilità di trasferimenti orbitali a piccoli satelliti; il secondo ad ampliare e migliorare gli studi di geodesia spaziale.

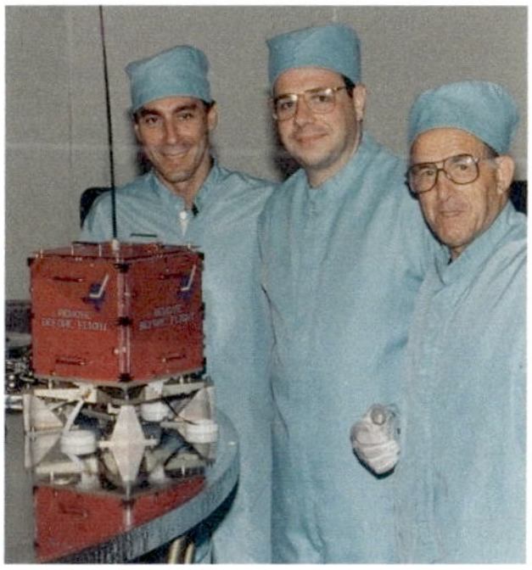

Il primo satellite dei radioamatori italiani Itamsat-1 (alto 30 centimetri e pesante 10 chilogrammi) lanciato con Ariane il 23 settembre 1993. Il coordinatore del programma era l'ingegner Alberto Zagni (primo da sinistra).

Il modulo Spacelab (a sinistra) durante la missione IM2-2 con lo shuttle Columbia (STS-65) effettuata nel luglio 1994.

L'equipaggio dello shuttle Columbia per la seconda missione del satellite a filo Tethered (TSS-1R). Da sinistra gli astronauti italiani Maurizio Cheli e Umberto Guidoni. Il decollo avveniva il 22 febbraio 1996.

Il professor Sergio Vetrella, presidente dell'Asi dal 2001 al 2007.

Una foto di gruppo della missione in Cina dell'Asi guidata dal presidente Sergio De Julio nel marzo 1998. Da sinistra il professor Giovanni Fabrizio Bignami, allora responsabile delle missioni scientifiche dell'Agenzia e nel 2007 nominato presidente, e il professor De Julio.

Il satellite Unisat con il gruppo dell'Università La Sapienza di Roma che l'ha realizzato con il coordinamento del professor Filippo Graziani.

Il satellite Agile dell'Asi sul vettore indiano PSLV nel poligono sul golfo del Bengala mentre viene preparato al lancio nell'aprile 2007.

Antonio Fabrizi, direttore dei sistemi di lancio all'Agenzia spaziale europea e "padre" del vettore italo-europeo Vega dell'Esa.

Sotto, il primo lancio di Vega dalla base di Kourou nella Guyana Francese il 13 febbraio 2012, che portò in orbita il satellite Lares e altri sette piccoli satelliti.

Walter Villadei nel simulatore della navicella Sojuz alla Città delle Stelle vicino a Mosca.

Amalia Ercoli Finzi del Politecnico di Milano progettava la trivella del modulo Philae della sonmda Rosetta dell'Esa, il quale scendeva sulla cometa Churyumov-Gerasimenko nel novembre 2014.

Il modulo di rifornimento Leonardo, trasformato in modulo permanente portato dallo shuttle Discovery, nel febbraio 2011 veniva agganciato stabilmente alla stazione, diventando un angolo italiano della base orbitale.

Gli astronauti italiani dell'Esa Paolo Nespoli (a sinistra) e Roberto Vittori sulla stazione spaziale internazionale nel maggio 2011. Vittori era arrivato con lo shuttle Endeavour trasportando nella stiva il rilevatore di antimateria AMS-02, che sarebbe stato agganciato alla stazione spaziale. Nespoli stava concludendo nello stesso mese una missione di lunga durata (157 giorni) sulla base orbitale.

L'incontro degli astronauti italiani dell'Esa con il Presidente della Repubblica al Palazzo del Quirinale, il 13 luglio 2011. Da sinistra: il Presidente Giorgio Napolitano, il presidente dell'Asi Enrico Saggese, Roberto Vittori e Paolo Nespoli. Gli astronauti donavano al presidente la bandiera italiana portata nello spazio per celebrare i 150 anni dell'Unità d'Italia.

Luca Parmitano il 28 maggio 2013 volava sulla stazione spaziale ISS. Era il primo astronauta italiano a compiere anche una passeggiata spaziale.

Nicola Pecile, pilota italiano dello SpaceShipTwo di Virgin Galactic.

Il 23 novembre 2014 Samantha Cristoforetti arrivava sulla stazione spaziale ISS dove rimaneva per 199 giorni.

Il satellite astronomico Beppo-Sax durante i test prima del lancio avvenuto da Cape Canaveral il 30 aprile 1996. Rimarrà in attività per sette anni rivelando l'origine extragalattica dei lampi di raggi gamma.

Simonetta Di Pippo direttore del volo umano in Esa dal 2008 al 2011. Durante la sua direzione sono selezionati gli astronauti italiani Samantha Cristoforetti e Luca Parmitano. Dal 2014 è direttore dell'Ufficio per gli affari dello spazio extra-atmosferico delle Nazioni Unite.

Il presidente dell'Asi Roberto Battiston assieme all'amministratore della Nasa Jim Bridenstine durante il congresso della Federazione Astronautica Internazionale avvenuto a Brema (Germania) nell'ottobre 2018.

La visita nel febbraio 2016 del presidente Sergio Mattarella al Johnson Space Center della Nasa a Houston, accompagnato da tutti gli astronauti italiani e dal presidente dell'Asi Battiston.

Il satellite Prisma dell'Asi lanciato con il vettore Vega dalla Guyana francese il 22 marzo 2019. A bordo ha un innovativo sensore iperspettrale per l'osservazione della Terra.

Il presidente dell'Asi Giorgio Saccoccia nominato dal ministro dell'istruzione, dell'università e della ricerca Marco Bussetti nell'aprile 2019.

Made in the USA
Las Vegas, NV
03 November 2026

57421981R00316